高职高专"十三五"规划教材

化工分析

第二版
Second Edition

李继睿　李赞忠

HUAGONG FENXI

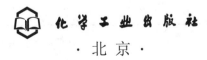

化学工业出版社

·北京·

《化工分析》第二版根据高职高专化工类专业对化工分析课程的教学要求编写。本书理论阐述简明扼要，通俗易懂，着重于运用化工分析基本理论解决化工生产中的实际问题，突出各种分析方法在化工分析中的具体应用，符合职业技术教育的特点。

本书介绍了化工分析基本知识、常用分析方法和基本操作规范，内容包括滴定分析概论、化工分析基本操作技能、酸碱滴定法、配位滴定法、氧化还原滴定法、称量分析法和沉淀滴定法、常用的分离与富集方法、可见分光光度法、电位分析法、气相色谱法等。并附有电子版习题和解题指导、电子课件。技能实训内容以现行标准为参考，紧密联系生产实践，实用性强。

本书可作为高职高专化工类专业教材，也可作为材料、环保、食品和医药等相关专业的教学用书，同时可用作企业分析人员培训教材或参考用书。

图书在版编目（CIP）数据

化工分析/李继睿，李赞忠主编．—2版．—北京：化学工业出版社，2017.9（2024.8重印）
高职高专"十三五"规划教材
ISBN 978-7-122-30314-1

Ⅰ.①化… Ⅱ.①李…②李… Ⅲ.①化学工业-分析方法-高等职业教育-教材 Ⅳ.①TQ014

中国版本图书馆CIP数据核字（2017）第181318号

责任编辑：旷英姿　李　瑾　　　　　　　装帧设计：王晓宇
责任校对：王　静

出版发行：化学工业出版社（北京市东城区青年湖南街13号　邮政编码100011）
印　　刷：三河市航远印刷有限公司
装　　订：三河市宇新装订厂
787mm×1092mm　1/16　印张21　字数514千字　2024年8月北京第2版第6次印刷

购书咨询：010-64518888　　　　　　　售后服务：010-64518899
网　　址：http://www.cip.com.cn
凡购买本书，如有缺损质量问题，本社销售中心负责调换。

定　　价：49.00元　　　　　　　　　　　　　　　　　　　　版权所有　违者必究

前言

《化工分析》第一版出版以来,得到了兄弟院校同行的关心和支持,本书内容体系与结构得到了认可。为了进一步扩大适用范围和适应教学的需要,根据我们在教学中的体会和各兄弟院校使用本教材中提出的宝贵意见和建议,我们对本书第一版进行了修改、补充,本次修订的主要特点如下。

1. 贯彻"少而精、精而新"的原则,努力做到突出重点、加强基础。
2. 努力把教学内容与生产实际结合起来,力求使本教材具有较强的科学性和实用性。
3. 附录中补充部分实用数据,使教材使用更方便,可供企业化验人员参考。
4. 为方便教学,本书配有教学课件,也配套有电子版习题和解题指导,帮助读者学习理解。

本次修订由李继睿整体负责,原各章作者负责各章的修订。新增高效液相色谱法由湖南化工职业技术学院李继睿编写。习题解题指导由湖南化工职业技术学院陈杰山、李继睿编写,电子课件由湖南化工职业技术学院石慧、李继睿编写制作。感谢湖南化工职业技术学院姜玉梅老师提出的许多宝贵意见,也感谢长期使用本教材的教师和其他人员。

由于编者水平有限,书中疏漏之处在所难免,敬请广大读者批评、指正。

编者

2017 年 7 月

第一版前言

本书根据高职高专化工类专业对化工分析的要求编写，教材体系与结构符合高等职业教育教学规律和学生的认知特点，内容力求深浅得当。其中，理论以"必需、够用"为度，阐述简明扼要、深入浅出、通俗易懂，重点在于运用基本理论解决化工分析中的实际问题，突出各种分析方法在化工分析中的具体应用；技能实训项目结合生产实际，贯彻国家标准，操作方法叙述较详细，目的是使学生尽快将理论知识转化为技能。本书编写中注重实用性，理论知识与实训环节紧密结合，有利于教学实施和保证教学效果。

书中介绍了化工分析基本知识、常用的化学分析和仪器分析方法。全书除绪论外，共有10章，包括滴定分析概论、化学分析基本操作技能、酸碱滴定法、配位滴定法、氧化还原滴定法、称量分析法和沉淀滴定法、常用的分离与富集方法、可见分光光度法、电位分析法和气相色谱法等。每章后都有习题，有些习题选用了化工生产中的实际分析数据。

本书由李继睿、李赞忠主编。其中绪论由内蒙古化工职业技术学院李赞忠和湖南化工职业技术学院王织云编写，第1章由王织云编写，第2、3、4章由李赞忠编写，第5章由湖南化工职业技术学院刘松长编写，第6、7章由湖南化工职业技术学院罗桂甫编写，第8、9、10章由湖南化工职业技术学院李继睿编写。全书由李继睿统稿，由四川化工职业技术学院杨迅主审。湖南化工职业技术学院的陈杰山、王潇蕤、张桂文等对本教材的编写提出了非常宝贵的意见，编者在此深表谢意。

本书可作为高职高专化工类专业教材，也可作为材料、环保、医药等其他相关专业的教学用书。

由于编者水平有限，不足之处在所难免，恳请读者批评、指正。

编者
2008 年 4 月

目录

第一篇　　化工分析基本知识　　001

绪论　　002
0.1　化工分析的任务和方法　　002
0.1.1　化工分析的任务和作用　　002
0.1.2　化工分析方法　　003
0.1.3　化工分析过程　　005
0.2　定量分析中的误差　　005
0.2.1　准确度与误差　　006
0.2.2　精密度与偏差　　006
0.2.3　精密度与准确度的关系　　008
0.2.4　误差产生的原因及其分类　　008
0.2.5　公差　　009
0.3　有效数字及其运算规则　　010
0.3.1　有效数字　　010
0.3.2　有效数字修约规则　　010
0.3.3　有效数字运算规则　　011
0.3.4　有效数字运算规则在分析测试中的应用　　011
0.4　回归分析法　　012
0.4.1　一元线性回归方程　　012
0.4.2　相关系数　　013
0.5　提高分析结果准确度的方法　　013
习题　　015

第1章　滴定分析概论　　016
1.1　滴定分析基本术语　　016
1.2　滴定分析法的分类　　016
1.3　滴定分析对滴定反应的要求　　017
1.4　滴定方式　　017
1.5　标准溶液　　018
1.5.1　标准溶液的配制　　018
1.5.2　标准溶液浓度的表示　　018
1.6　滴定分析计算　　019
1.6.1　滴定剂与被测组分的计量关系　　019
1.6.2　标准溶液浓度的计算　　020
1.6.3　被测组分含量的计算　　022

习题 ·· 024

第2章 化工分析基本操作技能 ·· 025

2.1 溶液的制备 ·· 025
2.1.1 化学试剂 ·· 025
2.1.2 实验室用水 ·· 027
2.1.3 标准溶液的制备 ·· 030

2.2 玻璃仪器及其他用品 ·· 031
2.2.1 常用玻璃仪器 ·· 031
2.2.2 常用量器 ·· 034
2.2.3 其他器皿及用品 ·· 035

2.3 分析天平和称量 ·· 037
2.3.1 天平的构造原理及分类 ·· 037
2.3.2 半机械加码电光天平 ·· 038
2.3.3 全机械加码电光天平 ·· 040
2.3.4 电子天平 ·· 041
2.3.5 称量方法 ·· 042

2.4 滴定分析基本操作 ·· 044
2.4.1 滴定管的准备和使用 ·· 044
2.4.2 容量瓶的准备和使用 ·· 047
2.4.3 移液管和吸量管的洗涤及使用 ·· 048
2.4.4 滴定分析仪器的校准 ·· 049

2.5 试样的采集、制备与分解 ·· 054
2.5.1 概述 ·· 054
2.5.2 固体试样的采取和制备 ·· 056
2.5.3 液体试样的采集和制备 ·· 059
2.5.4 气体样品的采集和制备 ·· 062
2.5.5 试样的溶解 ·· 064

2.6 化工分析实验学习的目的和方法 ·· 064

习题 ·· 066

第3章 酸碱滴定法 ·· 067

3.1 水溶液中的酸碱平衡 ·· 067
3.1.1 酸碱质子理论 ·· 067
3.1.2 活度和活度系数 ·· 067
3.1.3 酸碱反应的平衡常数 ·· 068

3.2 酸碱溶液中 pH 的计算 ·· 069
3.2.1 溶液的酸碱性和 pH ·· 069
3.2.2 水溶液中 H^+ 浓度的计算公式及使用条件 ···························· 070
3.2.3 酸碱水溶液中 H^+ 浓度计算示例 ·· 070

3.3 缓冲溶液 ·· 072

    3.3.1 缓冲溶液 pH 的计算 …………………………………………………… 072
    3.3.2 缓冲容量和缓冲范围 …………………………………………………… 072
    3.3.3 缓冲溶液的选择 ………………………………………………………… 073
    3.3.4 缓冲溶液的配制 ………………………………………………………… 073
  3.4 酸碱指示剂 …………………………………………………………………… 074
    3.4.1 酸碱指示剂的作用原理 ………………………………………………… 074
    3.4.2 指示剂的变色范围 ……………………………………………………… 075
    3.4.3 常用酸碱指示剂及其配制 ……………………………………………… 076
    3.4.4 混合指示剂 ……………………………………………………………… 076
  3.5 酸碱滴定法的基本原理 ……………………………………………………… 077
    3.5.1 强碱（酸）滴定强酸（碱） …………………………………………… 077
    3.5.2 强碱（酸）滴定一元弱酸（碱） ……………………………………… 080
    3.5.3 多元酸的滴定 …………………………………………………………… 082
    3.5.4 多元碱的滴定 …………………………………………………………… 082
    3.5.5 酸碱滴定可行性的判断 ………………………………………………… 083
  习题 ………………………………………………………………………………… 083

第4章 配位滴定法 …………………………………………………………………… 086
  4.1 常用配合物和稳定常数 ……………………………………………………… 086
    4.1.1 简单配合物 ……………………………………………………………… 086
    4.1.2 螯合物 …………………………………………………………………… 086
    4.1.3 乙二胺四乙酸 …………………………………………………………… 087
    4.1.4 乙二胺四乙酸的螯合物 ………………………………………………… 088
    4.1.5 配合物的稳定常数 ……………………………………………………… 088
  4.2 副反应系数和条件稳定常数 ………………………………………………… 090
    4.2.1 副反应系数 ……………………………………………………………… 090
    4.2.2 条件稳定常数 …………………………………………………………… 092
  4.3 金属指示剂 …………………………………………………………………… 093
    4.3.1 金属指示剂的作用原理 ………………………………………………… 093
    4.3.2 金属指示剂的选择 ……………………………………………………… 093
    4.3.3 金属指示剂的理论变色点 ……………………………………………… 093
    4.3.4 常用金属指示剂 ………………………………………………………… 094
    4.3.5 金属指示剂的封闭与僵化 ……………………………………………… 095
  4.4 配位滴定法的基本原理 ……………………………………………………… 096
    4.4.1 配位滴定曲线 …………………………………………………………… 096
    4.4.2 单一离子的滴定 ………………………………………………………… 098
    4.4.3 单一离子准确滴定的酸度选择 ………………………………………… 099
  4.5 混合离子的选择性滴定 ……………………………………………………… 101
    4.5.1 控制溶液酸度分别滴定 ………………………………………………… 101
    4.5.2 分步滴定的判别 ………………………………………………………… 101

4.5.3　分别滴定的酸度控制 ··· 102
　4.6　提高滴定选择性的途径 ··· 103
　　4.6.1　配位掩蔽法 ··· 103
　　4.6.2　氧化还原掩蔽法 ··· 104
　　4.6.3　沉淀掩蔽法 ··· 104
　4.7　配位滴定方式 ·· 105
　　4.7.1　直接滴定法 ··· 105
　　4.7.2　返滴定法 ·· 105
　　4.7.3　置换滴定法 ··· 106
　　4.7.4　间接滴定法 ··· 106
　习题 ··· 106

第5章　氧化还原滴定法 ··· 109
　5.1　氧化还原电极电位 ··· 109
　　5.1.1　氧化还原电对和原电池 ·· 109
　　5.1.2　标准电极电位 ··· 110
　　5.1.3　标准电极电位的应用 ··· 111
　　5.1.4　电极电位的计算 ·· 111
　5.2　影响氧化还原反应方向的因素 ·· 113
　　5.2.1　氧化剂和还原剂浓度的影响 ··· 113
　　5.2.2　溶液酸度的影响 ·· 113
　　5.2.3　生成沉淀的影响 ·· 114
　　5.2.4　形成配合物的影响 ··· 114
　5.3　氧化还原反应进行的程度与速率 ··· 114
　　5.3.1　氧化还原反应进行的程度 ·· 114
　　5.3.2　氧化还原反应的速率 ··· 115
　5.4　氧化还原滴定曲线 ··· 116
　5.5　氧化还原滴定指示剂 ·· 118
　　5.5.1　氧化还原型指示剂 ··· 118
　　5.5.2　自身指示剂 ··· 119
　　5.5.3　专属指示剂 ··· 119
　5.6　常用的氧化还原滴定法 ·· 119
　　5.6.1　高锰酸钾滴定法 ·· 119
　　5.6.2　重铬酸钾滴定法 ·· 120
　　5.6.3　碘量法 ·· 120
　　5.6.4　硫酸铈法 ·· 121
　　5.6.5　溴酸钾法 ·· 122
　　5.6.6　氧化还原滴定的预处理 ·· 122
　5.7　氧化还原滴定法的计算 ·· 122
　习题 ·· 124

第 6 章 称量分析法和沉淀滴定法 ············ 125
6.1 称量分析法概述 ············ 125
6.1.1 称量分析法的分类和特点 ············ 125
6.1.2 称量分析对沉淀形式与称量形式的要求 ············ 125
6.2 沉淀的溶解度及其影响因素 ············ 126
6.2.1 溶解度、溶度积和条件溶度积 ············ 126
6.2.2 影响沉淀溶解度的因素 ············ 127
6.3 沉淀的类型和沉淀的形成过程 ············ 129
6.3.1 沉淀的类型 ············ 129
6.3.2 沉淀的形成过程 ············ 129
6.4 影响沉淀纯度的主要因素 ············ 130
6.4.1 共沉淀现象 ············ 130
6.4.2 后沉淀现象 ············ 131
6.4.3 减少沉淀沾污的方法 ············ 131
6.5 沉淀条件的选择 ············ 132
6.5.1 晶形沉淀的沉淀条件 ············ 132
6.5.2 无定形沉淀的沉淀条件 ············ 133
6.5.3 均匀沉淀法 ············ 133
6.6 有机沉淀剂 ············ 133
6.6.1 有机沉淀剂的特点 ············ 133
6.6.2 有机沉淀剂的分类及应用 ············ 134
6.7 称量分析中的换算因数及计算 ············ 134
6.8 沉淀滴定法及应用 ············ 135
6.8.1 莫尔法 ············ 136
6.8.2 福尔哈德法 ············ 137
6.8.3 法扬司法 ············ 138
习题 ············ 139

第 7 章 常用的分离与富集方法 ············ 140
7.1 概述 ············ 140
7.1.1 沉淀分离法 ············ 140
7.1.2 挥发和萃取分离法 ············ 141
7.2 萃取分离法 ············ 142
7.2.1 萃取分离法的基本原理 ············ 142
7.2.2 重要的萃取体系 ············ 144
7.2.3 萃取操作方法 ············ 145
7.3 离子交换分离法 ············ 145
7.3.1 离子交换树脂的种类与性质 ············ 145
7.3.2 离子交换树脂的亲和力 ············ 146
7.3.3 离子交换分离技术 ············ 147

  7.3.4 离子交换分离法的应用 148
 7.4 液相色谱分离法 148
  7.4.1 柱色谱分离法 149
  7.4.2 纸色谱分离法 149
  7.4.3 薄层色谱分离法 149
 7.5 膜分离法 150
 习题 150

第8章 可见分光光度法 152
 8.1 分光光度法的基本原理 152
  8.1.1 光的特性 152
  8.1.2 物质对光的选择性吸收 153
 8.2 光吸收的基本定律——朗伯-比耳定律 154
  8.2.1 摩尔吸光系数 155
  8.2.2 质量吸光系数 156
  8.2.3 偏离朗伯-比耳定律的因素 156
 8.3 分光光度计的组成 158
 8.4 可见分光光度计的分类 160
  8.4.1 单光束分光光度计 160
  8.4.2 双光束分光光度计 160
  8.4.3 双波长分光光度计 160
  8.4.4 仪器波长的检验与校正 161
  8.4.5 可见分光光度计的日常维护与保养 161
 8.5 显色与操作条件的选择 162
  8.5.1 显色反应与显色剂 162
  8.5.2 对显色反应的要求 163
  8.5.3 显色条件的选择 163
  8.5.4 测量条件的选择 165
 8.6 定量分析方法 167
  8.6.1 工作曲线法 167
  8.6.2 比较法 167
  8.6.3 多组分定量 168
  8.6.4 高含量组分的测定——示差分光光度法 169
 习题 170

第9章 电位分析法 172
 9.1 基本原理 172
  9.1.1 电极电位的产生及其测量 172
  9.1.2 能斯特方程式 173
  9.1.3 液接电位及其消除 174
 9.2 电极与测量仪器 174

- 9.2.1 参比电极及其构成 … 174
- 9.2.2 指示电极 … 176
- 9.2.3 离子选择性电极的选择性 … 180
- 9.2.4 测量仪器 … 180
- 9.3 直接电位法测溶液 pH … 181
  - 9.3.1 pH 的实用定义 … 181
  - 9.3.2 标准缓冲溶液的配制 … 182
  - 9.3.3 水溶液 pH 的测定 … 182
- 9.4 直接电位法测定离子浓度 … 183
  - 9.4.1 测定原理 … 183
  - 9.4.2 标准曲线法 … 183
  - 9.4.3 标准加入法 … 183
  - 9.4.4 影响电位测定准确性的因素 … 184
- 9.5 电位滴定法 … 185
  - 9.5.1 电位滴定法的分析过程 … 185
  - 9.5.2 电位滴定法的基本仪器装置 … 185
  - 9.5.3 电位滴定确定终点的方法 … 186
- 习题 … 187

第 10 章 气相色谱法 … 189

- 10.1 色谱法简介 … 189
  - 10.1.1 色谱法的由来 … 189
  - 10.1.2 色谱法的分类 … 189
  - 10.1.3 气相色谱法的特点 … 190
  - 10.1.4 气相色谱法的分离原理 … 191
- 10.2 气相色谱术语 … 191
- 10.3 气相色谱仪 … 193
  - 10.3.1 气相色谱分析的流程 … 193
  - 10.3.2 气路系统 … 194
  - 10.3.3 进样系统 … 196
  - 10.3.4 分离系统 … 197
  - 10.3.5 检测系统 … 198
  - 10.3.6 温度控制系统 … 203
  - 10.3.7 记录系统 … 203
- 10.4 气相色谱固定相 … 203
  - 10.4.1 液体固定相 … 203
  - 10.4.2 固体固定相 … 205
  - 10.4.3 合成固定相 … 205
  - 10.4.4 色谱柱的制备 … 205
- 10.5 定性分析方法 … 206

10.6　定量分析 ··· 207
　　10.6.1　峰面积的测量 ··· 208
　　10.6.2　定量校正因子 ··· 208
　　10.6.3　定量方法 ··· 208
10.7　色谱基本理论与操作条件的选择 ·· 210
　　10.7.1　塔板理论——柱分离效能指标 ································· 210
　　10.7.2　速率理论——影响柱效的因素 ································· 212
　　10.7.3　分离度 ·· 213
　　10.7.4　色谱操作条件的选择 ·· 214
　　10.7.5　气相色谱进样方法 ··· 215
　　10.7.6　应用实例 ··· 216
习题 ··· 218

第二篇　化工分析应用技能训练　221

实训1　实验室安全规范细则 ·· 222
1.1　实验室安全操作基本规范 ··· 222
1.2　实验室安全操作及防护 ·· 223

实训2　化验室试剂溶液使用管理 ··· 227
2.1　保证试剂溶液的质量 ··· 227
2.2　溶液的使用与保存 ·· 227
2.3　各种溶液的保质期 ·· 228
2.4　常用洗涤液的配制和使用方法 ·· 232
2.5　标准滴定溶液的配制 ··· 232
2.6　杂质测定用标准贮备溶液的配制 ··· 242

实训3　酸碱滴定应用技能训练 ··· 245
3.1　工业硫酸含量的测定 ··· 245
3.2　工业硝酸含量的测定 ··· 246
3.3　工业氢氧化钠中氢氧化钠和碳酸钠含量的测定 ······················· 247
3.4　氨水中氨含量的测定 ··· 248
3.5　食醋中总酸度的测定 ··· 250
3.6　铵盐中氮含量的测定 ··· 250

实训4　配位滴定应用技能训练 ··· 252
4.1　自来水总硬度的测定 ··· 252
4.2　钙制剂中钙含量的测定 ·· 254
4.3　铝盐中铝含量的测定 ··· 255
4.4　镍盐中镍含量的测定 ··· 257
4.5　胃舒平药片中铝和镁含量的测定 ·· 258
4.6　铜合金中铜含量的测定 ·· 260

实训 5　氧化还原滴定应用技能训练 ································· 262
　5.1　硫酸铜中铜含量的测定 ································· 262
　5.2　亚硝酸钠纯度的测定 ································· 263
　5.3　过氧化氢含量的测定 ································· 264
　5.4　铁矿中全铁含量的测定 ································· 266
　5.5　水中化学需氧量的测定 ································· 267
　5.6　水质高锰酸盐指数的测定 ································· 270

实训 6　称量分析法和沉淀滴定法应用技能训练 ································· 273
　6.1　工业循环冷却水和锅炉用水中氯离子的测定 ································· 273
　6.2　工业氯化钠中氯含量的测定 ································· 275
　6.3　工业氯化钡中钡含量的测定 ································· 277
　6.4　过磷酸钙中有效磷的含量测定 ································· 278

实训 7　可见分光光度法应用技能训练 ································· 281
　7.1　紫外-可见分光光度计操作规程 ································· 281
　7.2　工业循环冷却水中铁含量的测定 ································· 281
　7.3　水质　镍的测定 ································· 283
　7.4　尿素中缩二脲含量的测定 ································· 286
　7.5　水中磷酸盐含量的测定 ································· 288
　7.6　水中挥发酚的测定 ································· 289

实训 8　电位分析法应用技能训练 ································· 292
　8.1　酸度计操作规程及注意事项 ································· 292
　8.2　工业循环冷却水 pH 的测定 ································· 293
　8.3　水中氯离子含量的测定 ································· 294
　8.4　生活饮用水中氟化物含量的测定 ································· 296
　8.5　电位滴定法测定硫酸亚铁的含量 ································· 298

实训 9　气相色谱法应用技能训练 ································· 300
　9.1　气相色谱仪操作规程及注意事项 ································· 300
　9.2　苯系混合物的分析 ································· 302
　9.3　丁醇异构体混合物的分析 ································· 304
　9.4　乙醇中微量水分的分析 ································· 305
　9.5　丙酮中微量水分的测定 ································· 307
　9.6　白酒中甲醇的测定 ································· 308

附录 ································· 310
　一、原子量表 ································· 310
　二、常见化合物分子量表 ································· 311
　三、实验室常用酸、碱的密度和浓度（298K） ································· 312
　四、弱电解质的离解常数（298K） ································· 312
　五、EDTA 的 $\lg\alpha_{Y(H)}$ 值 ································· 313
　六、常见指示剂的配制 ································· 313

七、常用缓冲溶液的配制 ……………………………………………………………… 316

八、难溶化合物的溶度积常数 K_{sp}（298K） ……………………………………… 318

九、标准电极电位（298K） ……………………………………………………… 319

参考文献 ………………………………………………………………………………… 321

第一篇
化工分析基本知识

绪 论

0.1 化工分析的任务和方法

0.1.1 化工分析的任务和作用

化工分析是一门实践性很强的专业课，它以分析化学为理论基础，是分析化学在工业生产中的应用。它涉及化学工业及相关的各个领域（包括化工、轻工、煤炭、石油、医药、食品、农药和环保等），是解决化工生产中各种物料（包括原料、辅料、中间体、成品、副产品和"三废"等）组成的分析方法和相关理论的一门学科。

分析化学是人们获取物质的化学组成和结构信息的科学，即表征和测量的科学。分析化学的任务是对物质进行组成分析和结构鉴定，研究物质化学信息的理论和方法。物质组成的分析主要包括定性分析和定量分析两部分，定性分析的任务是确定物质由哪些组分（元素、离子、基团或化合物）组成；定量分析的任务是确定物质中有关组分的含量。

分析化学是研究物质及其变化的重要手段之一。在化学及其相关科学领域中，分析化学都起着重要作用。在环境科学研究中，分析化学对推动人们研究环境中的化学问题起着关键的作用；在新材料科学的研究中，材料的性能与其化学组成和结构有着密切的关系；在资源和能源科学中，分析化学是获取地质矿产组分、结构和性能信息以及揭示地质环境变化过程的重要手段；在生命科学、生物工程领域中，分析化学在揭示生命起源、研究疾病和遗传奥秘等方面起着重要的作用；在医学科学领域中，生化分析和药物分析也是必不可少的环节；在航空航天科学研究中，星际物质分析也是其中的重要组成部分。

在国民经济建设中，分析化学具有更加重要的地位和作用。在工业上，资源的探测、原料的配比、工艺流程的控制、产品检验与"三废"处理；在农业上，土壤的普查、化肥和农药的生产、农产品的质量检验；在尖端科学和国防建设中，原子能材料、半导体材料、超纯物质、航天技术等研究，都需要分析化学。在法制社会中，分析化学又是执法取证的重要手段。所以，分析化学不仅在科学研究中发挥巨大的作用，也是工农业生产的"眼睛"。

在化工生产的过程控制分析和化工产品分析中，在物料组成基本已知的情况下，主要对原料、中间产物和产品进行定量分析，以检验原料和产品的质量，监督生产或商品流通过程。对于产品检验，国家颁布了各种化工产品的质量标准和检验方法标准，分析工作者必须严格遵照执行。另外，为了确保产品质量还必须对生产过程进行严格的中间控制分析，通过分析检验评定原料和产品的质量，检查生产工艺过程是否在正常进行，使人们在生产上能最经济地使用原料和燃料，降低废次品率，及时消除生产事故隐患，保护环境。因此，化工技术人员必须掌握化工分析知识，才能熟悉整个生产过程的全貌，根据各控制点的分析数据进行有效地调节，确保优质、高产、低耗和安全地进行生产。

化工分析实践性很强，是以实验为基础的科学，在学习过程中一定要理论联系实际，加强操作技能的训练。通过本课程的学习，要求学生掌握化工分析的基本理论知识、基本分析方法和基本操作技能，培养细致严谨、实事求是的科学态度，树立准确的"量"的概念，提高分析问题和解决问题的能力，提高综合素质，为从事化工分析和产品检验工作打下良好的基础。

0.1.2 化工分析方法

根据测定原理、分析对象、待测组分含量、试样用量的不同，化工分析方法的分类方法不同，见表0-1。

（1）化学分析法和仪器分析法　按测定方法基本原理和操作技术的不同，分析方法分为化学分析法和仪器分析法。

化学分析法是以物质的化学反应及其计量关系为基础的分析方法。化学分析法主要有滴定分析法和称量分析法两类。

① 滴定分析法　滴定分析法是通过滴定操作，根据所需滴定剂的体积和浓度确定试样中待测组分含量的一种分析方法。滴定分析法分为酸碱滴定法、配位滴定法、氧化还原滴定法和沉淀滴定法。

② 称量分析法　称量分析法是通过称量操作测定试样中待测组分的质量，以确定其含量的一种分析方法。称量分析法分为沉淀称量法、汽化（挥发）法、电解称量法和萃取法。

仪器分析法是以物质的物理性质和物理化学性质为基础的分析方法。由于这类分析都要使用特殊的仪器设备，所以一般称为仪器分析法。常用的仪器分析法如下。

① 光学分析法　光学分析法是根据物质的光学性质建立起来的分析方法。主要有分子光谱法（如比色法、紫外-可见分光光度法、红外光谱法、分子荧光及磷光分析法等）、原子光谱法（如原子吸收光谱法、原子发射光谱法、原子荧光光谱法等）、激光拉曼光谱法、光声光谱法和化学发光分析法等。

② 电化学分析法　电化学分析法是根据被分析物质溶液的电化学性质建立起来的一种分析方法。主要有电位分析法、电导分析法、电解分析法、极谱法和库仑分析（伏安）法等。

③ 色谱分析法　色谱分析法是一种分离与分析相结合的方法。主要有气相色谱法、液相色谱法（包括柱色谱法、纸色谱法、薄层色谱法及高效液相色谱法）和离子色谱法。

随着科学技术的发展，近年来，质谱法、核磁共振波谱法、X衍射法、电子显微镜分析法以及毛细管电泳法等大型仪器分析法已成为强大的分析手段。仪器分析由于具有快速、灵敏、自动化程度高和分析结果信息量大等特点，备受分析工作者的青睐。

（2）无机分析和有机分析　按物质的属性分类，分析方法主要分为无机分析和有机分析。无机分析的对象是无机化合物；有机分析的对象是有机化合物。另外还有药物分析和生化分析等。

（3）常量分析、半微量分析和微量分析　按被测组分的含量来分，分析方法可分为常量组分分析（质量分数＞1%）、微量组分分析（质量分数为0.01%～1%）、痕量组分分析（质量分数＜0.01%）。按所取试样的量来分，分析方法可分为常量试样分析（固体试样质量＞0.1g，液体试样体积＞10mL）、半微量试样分析（固体试样质量为0.01～0.1g，液体试样体积为1～10mL）、微量试样分析（固体试样质量＜0.01g，液体试样体积＜1mL）和超微量试样分析（固体试样质量＜0.1mg，液体试样体积＜0.01mL）。

常量分析一般采用化学分析法；微量分析一般采用仪器分析法。

表 0-1 定量分析方法分类

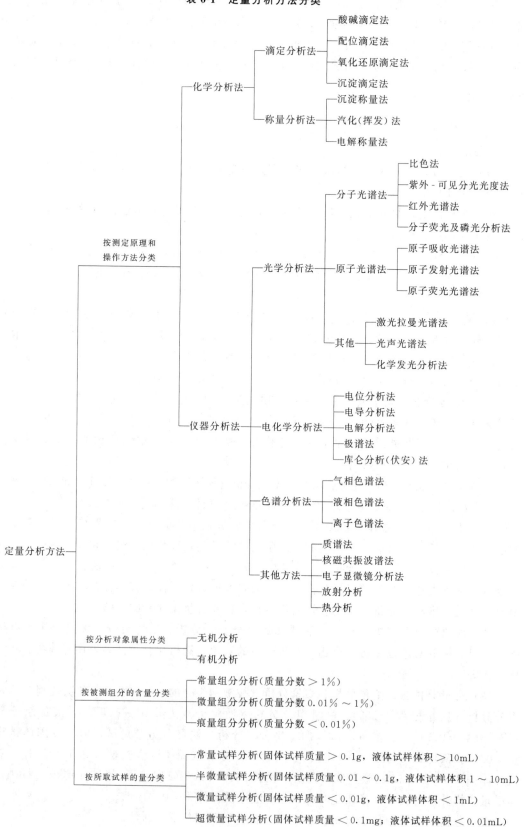

为满足当代科学技术发展的需要，分析化学正朝着从常量分析、微量分析到微粒分析，从总体分析到微区、表面分析，从宏观结构分析到微观结构分析，从组织分析到形态分析，从静态追踪到快速反应追踪，从破坏试样分析到无损分析，从离线分析到在线分析，从直接分析到遥控分析，从简单体系分析到复杂体系分析等方面发展和完善。分析化学由于广泛吸取了当代科学技术的最新成就，已成为当今最富活力的学科之一。

0.1.3 化工分析过程

化工分析一般要经过以下几个步骤。

(1) 取样与制样　样品或试样是指在分析工作中被用来进行分析的物质体系，它可以是固体、液体或气体。分析化学要求被分析试样在组成和含量上具有一定的代表性，能代表被分析的总体。否则分析工作将毫无意义，甚至可能导致错误结论，给生产或科研带来很大的损失。

采取有代表性的样品必须用特定的方法或程序。对不同的分析对象取样方式也不相同。有关的国家标准或行业标准对不同分析对象的取样步骤和细节都有严格的规定，应按规定进行。采样的通常方法是：从大批物料的不同部分、不同深度选取多个取样点随机采样，然后将各点取得的样品按制样步骤经粉碎、过筛、缩分之后得到混合均匀的试样，然后取两份，一份留存，一份用作分析试样进行分析。

(2) 试样的分解　化工分析中，除使用特殊的分析方法可以不需要破坏试样外，大多数分析方法需要将干燥好的试样分解后转入溶液中，然后进行测定。分解试样的方法很多，主要有溶解法和熔融法。实际工作中，应根据试样性质和分析要求选用适用的分解方法。

(3) 干扰的消除　复杂物质中常含有多种组分，在测定其中某一组分时，若共存的其他组分对待测组分的测定有干扰，则应设法消除。采用加入试剂（称为掩蔽剂）来消除干扰在操作上简便易行。但在多数情况下难以找到合适的掩蔽方法，此时需要将被测组分与干扰组分进行分离。目前常用的分离方法有沉淀分离、萃取分离、离子交换和色谱法分离等。

(4) 试样的测定　各种测定方法在灵敏度、选择性和适用范围等方面有较大的差别，因此应根据被测组分的性质、含量和对分析结果准确度的要求选择合适的分析方法进行测定。如常量组分通常采用化学分析法进行测定，而微量组分需要使用仪器分析法进行测定。

(5) 分析结果的计算及评价　根据分析过程中有关反应的计量关系及分析测定所得数据计算试样中有关组分的含量。应用统计学方法对测定结果及其误差分布情况进行评价。

应该指出的是，化工分析是一个复杂的过程，是从未知、无序走向确定、有序的过程，试样的多样性也使分析过程不可能一成不变，上述的基本步骤只是各种分析过程中的共性部分，只能进行一般性指导。

0.2　定量分析中的误差

准确测定试样中组分的含量是定量分析的主要任务。测定的结果要求必须达到一定的准确度，方能满足生产和科学研究的需要，不准确的分析结果将会导致生产的损失、资源的浪费，甚至科学上的错误结论。在分析过程中，即使技术很熟练的分析人员，用同一种最完善的分析方法和最精密的仪器，对同一试样仔细地进行多次分析，也不可能得到完全一致的分析结果，而是在一定范围内波动。这说明，在分析过程中，客观上存在着难以避免的误差。因此，在定量分析中应该了解误差产生的原因，采取相应措施减小误差，并对分析结果进行评价，判断分析结果的可靠程度，使分析结果满足生产与科学研究等方面的要求。

0.2.1 准确度与误差

（1）准确度　分析结果与真实值相符合的程度叫准确度。通常用误差表示准确度的高低。误差愈小，说明测定结果愈准确。

（2）误差的表示方法　误差有绝对误差和相对误差两种表示方法。

① 绝对误差　测定值与真实值之差称为绝对误差，以 E 表示。

$$E = x_i - x_T \tag{0-1}$$

式中　x_i——个别测定值；

　　　x_T——真实值。

【例 0-1】 称得某一物质的质量为 1.6380g，而该物质的真实质量为 1.6381g，则绝对误差为：

$$1.6380 - 1.6381 = -0.0001 \text{ (g)}$$

称得另一物质的质量为 0.1637g，其真实质量为 0.1638g，则绝对误差为：

$$0.1637 - 0.1638 = -0.0001 \text{ (g)}$$

上述两种物质的真实质量相差 10 倍，但测定的绝对误差均为 −0.0001g。二者的绝对误差数值相同，但它们的准确度并不相同，这是由于误差在测定结果中所占的比例没有反映出来。

② 相对误差　绝对误差在真实值中所占的百分率称为相对误差。

$$相对误差 = \frac{E}{x_T} \times 100\% \tag{0-2}$$

例 0-1 中，相对误差分别为：

$$\frac{-0.0001}{1.6381} \times 100\% = -0.006\%$$

$$\frac{-0.0001}{0.1638} \times 100\% = -0.06\%$$

由相对误差的计算可以看出，在测定过程中称量的绝对误差虽然相同，但由于被测物质的质量不同，相对误差也就不同。显然，当被测物的量较大时，相对误差比较小，测定的准确度也就比较高。因此，用相对误差可以更确切地反映测定结果的准确度。但有时为了说明一些仪器测量的准确度，用绝对误差描述更清楚。例如，分析天平的称量误差是 ±0.0002g，常量滴定管的读数误差是 ±0.02mL 等，这些都是用绝对误差来说明的。

绝对误差与相对误差都有正值和负值，正值表示测定结果偏高，负值表示测定结果偏低。

0.2.2 精密度与偏差

几次平行测定结果互相接近的程度称为精密度。通常用偏差来衡量精密度的高低。几次平行测定结果愈接近，说明偏差愈小，分析结果的精密度愈高。偏差也有绝对偏差和相对偏差两种表示方法。

(1) 绝对偏差　个别测定值与几次平行测定结果的算术平均值之差,以 d_i 表示。

$$d_i = x_i - \overline{x} \tag{0-3}$$

$$\overline{x} = \frac{\sum_{i=1}^{n} x_i}{n} \quad (i=1,2,3,\cdots,n)$$

式中　$\overline{x}$ ——几次平行测定的算术平均值;

x_i ——个别测定值;

n ——测定次数。

(2) 相对偏差　绝对偏差在平均值中所占的百分率称为相对偏差。

$$相对偏差 = \frac{d_i}{\overline{x}} \times 100\% \tag{0-4}$$

由于在几次平行测定中各次测定的偏差有负有正,有些还可能是零,为了说明分析结果的精密度,通常以单次测量偏差绝对值的平均值来表示精密度。

(3) 绝对平均偏差　各次测定值的绝对偏差绝对值之和除以测定次数所得的数值称为绝对平均偏差,以 $\overline{d}$ 表示,简称平均偏差。

$$\overline{d} = \frac{\sum_{i=1}^{n} |d_i|}{n} = \frac{\sum_{i=1}^{n} |x_i - \overline{x}|}{n} \quad (n=1,2,3,\cdots,n) \tag{0-5}$$

(4) 相对平均偏差　绝对平均偏差在平均值中所占的百分率称为相对平均偏差。

$$相对平均偏差 = \frac{\overline{d}}{\overline{x}} \times 100\% \tag{0-6}$$

当测定所得的数据分散程度大时,常用标准偏差和变异系数来衡量精密度。

(5) 标准偏差(均方根偏差)　对于有限次测定($n<20$),个别测定值的偏差平方和 $\sum d_i^2$ 除以测定次数减1后的开方值,称为标准偏差,以 S 表示。

$$S = \sqrt{\frac{\sum d_i^2}{n-1}} = \sqrt{\frac{\sum (x_i - \overline{x})^2}{n-1}} \tag{0-7}$$

标准偏差将单次测量偏差加以平方,这样做不仅能避免单次测量偏差的正负抵消,更重要的是大偏差能更显著地反映出来,因而比平均偏差能更好地说明数据的精密度。例如,以下是两组测量数据的各单次测量偏差。

1	d_i	+0.3,-0.2,-0.4,+0.2,+0.1,+0.4,0.0,-0.3,+0.2,-0.3
2	d_i	0.0,+0.1,-0.7,+0.2,-0.1,-0.2,+0.5,-0.2,+0.3,+0.1

由数据计算其平均偏差均为 0.24,但是第二组数据包含两个较大的偏差(-0.7 和 +0.5),精密度明显小于第一组数据,若用标准偏差来表示,则可将它们的精密度区分开来:

$$S_1 = \sqrt{\frac{\sum d_i^2}{n-1}} = \sqrt{\frac{0.3^2 + (-0.2)^2 + \cdots + (-0.3)^2}{10-1}} = 0.28$$

$$S_2 = \sqrt{\frac{\sum d_i^2}{n-1}} = \sqrt{\frac{0.0^2 + 0.1^2 + \cdots + 0.1^2}{10-1}} = 0.33$$

(6) 变异系数(相对标准偏差)　标准偏差在平均值中所占的百分率称为变异系数,以

CV 表示。

$$CV = \frac{S}{\bar{x}} \times 100\% \tag{0-8}$$

【例 0-2】 标定某 HCl 溶液浓度的四次结果分别为 0.2041mol/L、0.2049mol/L、0.2039mol/L、0.2043mol/L，计算平均值、平均偏差、相对平均偏差、标准偏差和变异系数。

解
$$\bar{x} = \frac{0.2041 + 0.2049 + 0.2039 + 0.2043}{4} = 0.2043 \text{ （mol/L）}$$

$$\bar{d} = \frac{|-0.0002| + |0.0006| + |-0.0004| + |0.0000|}{4} = 0.0003$$

$$\text{相对平均偏差} = \frac{\bar{d}}{\bar{x}} \times 100\% = \frac{0.0003}{0.2043} \times 100\% = 0.15\%$$

$$S = \sqrt{\frac{(-0.0002)^2 + (0.0006)^2 + (-0.0004)^2 + (0.0000)^2}{4-1}} = 0.0004$$

$$CV = \frac{S}{\bar{x}} \times 100\% = \frac{0.0004}{0.2043} \times 100\% = 0.2\%$$

0.2.3 精密度与准确度的关系

在分析工作中要求测量值或分析结果应达到一定的准确度和精密度，值得注意的是，并非精密度高者准确度就高。精密度和准确度的关系可由图 0-1 说明。

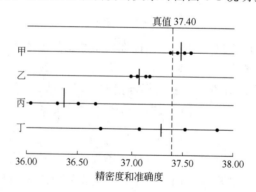

图 0-1 不同工作者分析同一试样的结果（·表示个别测定值，|表示平均值）

图 0-1 表示甲、乙、丙、丁四人测定同一试样中铁含量时所得的结果。由图可见：甲的分析结果的准确度和精密度均好；乙的分析结果的精密度很高，但准确度较低；丙的精密度和准确度都低；丁的精密度很低，虽然平均值接近真值，但带有偶然性，是大的正负误差抵消的结果，其结果也是不可靠的。

由上例可以看出，精密度是保证准确度的前提，但精密度高不一定准确度就高。准确度高一定要求精密度高，即一组数据精密度很差自然失去了衡量准确度的前提。对于一个合乎要求的分析测定，应该是精密度高，准确度也高。

0.2.4 误差产生的原因及其分类

在定量分析中，对于各种原因导致的误差，根据其性质不同，可以区分为系统误差与偶然误差两大类。

(1) 系统误差（可测误差） 由于分析过程中某些固定的经常性的原因所造成的误差称为系统误差。系统误差具有重复性、单向性，它的大小、正负在理论上是可以测量的，所以又称为可测误差。

根据系统误差产生的原因，又可将其分为以下几类。

① 方法误差 由于方法本身的缺陷所造成的误差。例如，滴定过程中反应不完全，或者滴定终点与化学计量点不一致所引起的误差。

② 仪器误差 由于使用的仪器精度不够所造成的误差。例如，所用滴定管刻度数与真实值不相符而引起的误差。

③ 试剂误差 由于使用的试剂纯度不够所造成的误差。例如，配制溶液的蒸馏水中含有微量待测元素而引起的误差。

④ 个人误差 由于分析人员主观因素所造成的误差。例如，对指示剂颜色变化感觉迟钝而引起的误差。

(2) 偶然误差（随机误差） 由于某些难以控制的偶然因素所引起的误差称为偶然误差。例如，实验环境的温度、压力、湿度的变化，仪器性能的微小变化，分析人员操作的微小变化等都可能带来误差。这类误差产生的原因是多种多样的，经常有大、小、正、负的变化，似乎没有什么规律性。但是，若在相同情况下进行很多次重复测定，并用数理统计方法处理测得数据，便可发现测定数据的分布符合一般的统计规律。这种规律性，可用图 0-2 的曲线表示。这条曲线称为偶然误差的正态分布曲线。由曲线可以发现：

① 同样大小的正误差和负误差出现的机会相等；
② 小误差出现的机会多，大误差出现的机会少。

由此可见，在消除系统误差的前提下，平行测定的次数越多，测得值的算术平均值越接近于真实值。因此适当增加平行测定次数，取其平均值，可以减小偶然误差。

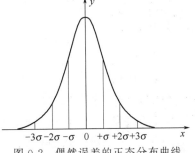

图 0-2 偶然误差的正态分布曲线

在定量分析中，除系统误差和偶然误差外，还有一类"过失误差"，它是指工作中的差错，一般是因粗枝大叶或违反操作规程引起的。例如，溶液溅失、沉淀穿滤、加错试剂、读错刻度、记录和计算错误等，往往引起分析结果有较大的"误差"。这种"过失误差"不能算作偶然误差，如证实是过失引起的，应弃去此结果。

0.2.5 公差

公差（$d_差$）是生产部门对分析结果允许误差的一种限量，又称为允许误差。如果分析结果超出允许的公差范围称为"超差"。遇到这种情况，则该项分析应该重做。公差的确定一般是根据生产需要和实际情况而制定的，所谓根据实际情况是指试样组成的复杂情况和所用分析方法的准确程度。对于一项具体的分析工作，各主管部门都规定了具体的公差范围。例如钢铁中碳含量的公差范围，国家标准规定见表 0-2。

表 0-2 钢铁中碳含量的公差范围（用绝对误差表示）

碳含量范围/%	0.10~0.20	0.20~0.50	0.50~1.00	1.00~2.00	2.00~3.00	3.00~4.00	>4.00
公差/%	±0.015	±0.020	±0.025	±0.035	±0.045	±0.050	±0.060

在一般分析中，若 x_1 和 x_2 为同一试样的两个平行分析测定结果，当 $|x_1-x_2|\leqslant 2d_差$ 时，则说明这两个分析结果有效；当 $|x_1-x_2|>2d_差$ 时，则为超差，说明 x_1 和 x_2 两个分析结果中至少有一个不可靠，必须重新分析。

0.3 有效数字及其运算规则

在定量分析中，分析结果所表达的不仅仅是试样中待测组分的含量，还反映了测量的准确程度。因此，在实验数据的记录和结果的计算中，保留几位数字不是任意的，要根据测量仪器、分析方法的准确度来决定。这就涉及有效数字的概念。

0.3.1 有效数字

在分析工作中有效数字是指实际能测得到的数字。在保留的有效数字中只有最后一位是可疑的，可能有 ± 1 的误差，其余数字都是准确的。例如，在分析天平上称取一试样质量，记录为 0.6050g（四位有效数字）是正确的，它与该天平所能达到的准确度相适应，表明试样的质量在 0.6049~0.6051g 之间。如果把它记录为 0.605g 则显然是错误的，因为它降低了仪器的精度，表明试样的质量在 0.604~0.606g 之间。可见，数据的位数不仅表示数量的大小，而且反映了测量的准确程度。现将定量分析中经常遇到的各类数据，举例如下。

试样的质量	0.6050g	四位有效数字（用分析天平称量）
	12.8g	三位有效数字（用台秤称量）
天平的零点	0.0032g	两位有效数字
溶液的体积	25.36mL	四位有效数字（用滴定管量取）
	25mL	两位有效数字（用量筒量取）
溶液的浓度	0.0990mol/L	三位有效数字（相当于四位有效数字）
	0.1mol/L	一位有效数字
质量分数	34.34%	四位有效数字
离解常数	$K_a=1.9\times 10^{-5}$	两位有效数字
pH	4.30	两位有效数字

以上数据的有效数字的读取并不是随意的，而是有一定原则。"0"在数据中有几种意义。在第一个非零数字前面的0，只起定位作用，与测定精度无关；第一个非零数字之后的0都是有效数字；以0结尾的整数，如1000，一般认为是四位有效数字，但也可能是两位或三位有效数字，对于这种情况，根据实际情况最好用10的幂指数表示为 1.0×10^3、1.00×10^3、1.000×10^3，这时前面的系数代表有效数字。对于 pH、pK 的负对数值，其小数部分才为有效数字。

若某一数据的第一位有效数字大于等于8，则有效数字的位数可多算一位，如上面例子中的 0.0990 可视作四位有效数字。

对于计算公式中含有的自然数，如测定次数 $n=2$，化学反应计量系数 2、3 等，不是测量所得，可视为无穷多位有效数字。

0.3.2 有效数字修约规则

分析测试结果一般由测得的某些物理量进行计算，结果的有效数字位数必须能正确表达实验的准确度。运算过程及最终结果，都需要对数据进行修约，即有效数字位数确定后，将它后面多余的数字舍弃。数字修约遵循"四舍六入五成双"规则，即当多余尾数小于等于4时舍去，尾数大于等于6时进位，尾数正好是5时分两种情况，若5后数字不为0，一律进位，若5后无数字或为0，采用5前是奇数则进位，5前是偶数则舍弃的原则，简称"奇进偶舍"。例如，按以上有效数字修约规则将下列数据修约到两位有效数字：

$$1.54626 \rightarrow 1.5$$
$$1.5631 \rightarrow 1.6$$
$$1.5507 \rightarrow 1.6$$
$$1.4500 \rightarrow 1.4$$
$$1.5500 \rightarrow 1.6$$

另外有效数字修约时要一次修约到所需要的位数，不能连续多次地修约。例如上述数据1.54626修约到两位，应为1.5。如果连续修约则为1.54626→1.55→1.6，则是错误的。

0.3.3 有效数字运算规则

在分析测定中，往往要经过几个不同的环节，每个环节都有其相应的测量值，在结果计算中每个测量值的误差都要传递到结果中，因此，在进行结果计算时应遵循下列规则。

① 作加减运算时，结果的绝对误差应与各数中绝对误差最大者相等，即结果所保留的有效数字位数，应以各数中小数点后位数最少的那个数为准。例如：

$$0.0121 + 25.64 + 1.05782 = 26.71$$

② 作乘除运算时，结果的相对误差应与各数中相对误差最大者相对应，通常是以有效数字位数最少的数据为准。例如：

$$0.0121 \times 25.64 \times 1.05782 = 0.328$$

当某数据首位数为"8"或"9"时，有效数字位数可多取一位。

③ 在混合计算中，有效数字的保留以最后一步计算的规则计算。

④ 在表示分析结果时，组分含量大于等于10%时，用四位有效数字；含量在1%～10%时，用三位有效数字。表示误差大小时有效数字常取一位，最多取两位。

0.3.4 有效数字运算规则在分析测试中的应用

在化工分析中，常涉及大量数据的处理及计算工作。下面是化工分析中记录数据及计算分析结果的基本规则。

① 记录测定结果时，只应保留一位可疑数字。在分析测试过程中，几个重要物理量的测量误差一般为：质量，$\pm 0.000x$ g；容积，$\pm 0.0x$ mL；pH，$\pm 0.0x$ 单位；电位，$\pm 0.000x$ V；吸光度，$\pm 0.00x$ 等。由于测量仪器不同，测量误差可能不同，因此，应根据具体情况正确记录测量数据。

② 有效数字位数确定以后，按"四舍六入五成双"规则进行修约。

③ 几个数据相加减时，以绝对误差最大的数为标准，使所得数只有一位可疑数字。几个数相乘时，一般以有效数字位数最少的数为标准，弃去过多的数字，然后进行乘除。在计算过程中，为了提高计算结果的可靠性，可以暂时多保留一位数字，再多保留就完全没有必要了，而且会增加运算时间。但是，在得到最后结果时，一定要注意弃去多余的数字。在用计算器（或计算机）处理数据时，对于运算结果，应注意正确保留最后计算结果的有效数字位数。

④ 对于高含量组分（如＞10%）的测定，一般要求分析结果有四位有效数字；对于中含量组分（如1%～10%），一般要求有三位有效数字；对于微量组分（＜1%），一般只要求有两位有效数字。通常以此为标准，报出分析结果。

⑤ 在化工分析的许多计算中，当涉及各种常数时，一般视为准确的，不考虑其有效数字的位数。对于各种误差的计算，一般只要求两位有效数字。对于各种化学平衡的计算（如计算平衡时某离子的浓度），根据具体情况保留两位或三位有效数字。

此外，在化工分析的有些计算过程中，常遇到pH＝4、pM＝8这样的数值，有效数字位数未明确指出。这种表示方法不恰当，应当避免。

0.4 回归分析法

在分析化学中，经常使用标准曲线来获得试样中某组分的浓度。如光度分析中，标准溶液的浓度和吸光度在一定范围内符合朗伯-比耳定律，可以用直线描述。但是由于实验误差等因素的存在，各测量点往往会对直线有一定的偏离，这就需要用数理统计方法找出对各数据点误差最小的直线。较好的办法就是对数据进行回归分析。

0.4.1 一元线性回归方程

以分光光度法的校正模式为例。设标准溶液浓度 x 为自变量，测量的吸光度值 y 为因变量。当用实验数据 x_i 与 y_i 绘图时，为了找出一条直线，使各实验点到直线的距离最短（误差最小），需要用数理统计方法，利用最小二乘法关系算出相应的方程 $y=a+bx$ 中的系数 a 和 b，然后再绘出相应的直线。这样的方程称为 y 对 x 的回归方程，相应的直线称为回归直线，从回归方程或回归直线上求得的数值，误差小，准确度高。式中，a 为直线的截距，与系统误差大小有关；b 为直线的斜率，与方法灵敏度有关。a 与 b 的确定方法如下。

设各实验点为 $(x_i, y_i)(i=1,2,\cdots,n)$，则平均值为：

$$\overline{x}=\frac{\sum\limits_{i=1}^{n}x_i}{n} \qquad \overline{y}=\frac{\sum\limits_{i=1}^{n}y_i}{n}$$

由最小二乘法关系得

$$a=\frac{\sum\limits_{i=1}^{n}y_i-b\sum\limits_{i=1}^{n}x_i}{n}=\overline{y}-b\overline{x} \tag{0-9}$$

$$b=\frac{\sum\limits_{i=1}^{n}(x_i-\overline{x})(y_i-\overline{y})}{\sum\limits_{i=1}^{n}(x_i-\overline{x})^2} \tag{0-10}$$

a 和 b 一旦确定后，一元线性回归方程和回归直线也就确定了。

【例0-3】 用邻菲啰啉法测定亚铁得到下列实验数据：

Fe^{2+}浓度 $c/(mol/L)$	1.00×10^{-5}	2.00×10^{-5}	3.00×10^{-5}	4.00×10^{-5}	6.00×10^{-5}	8.00×10^{-5}	未知样
吸光度 A	0.114	0.212	0.335	0.434	0.670	0.868	0.380

请确定工作曲线的直线回归方程和未知样中 Fe^{2+} 的浓度。

解 设直线回归方程为 $y=a+bx$，令 $x=10^5 c$，则得 $\overline{x}=4.00$，$\overline{y}=0.439$

计算得

$$b=\frac{\sum_{i=1}^{n}(x_i-\overline{x})(y_i-\overline{y})}{\sum_{i=1}^{n}(x_i-\overline{x})^2}=\frac{3.71}{34}=0.109$$

$$a=\frac{\sum_{i=1}^{n}y_i-b\sum_{i=1}^{n}x_i}{n}=\overline{y}-b\overline{x}=0.439-0.109\times 4.00=0.003$$

得直线回归方程为： $y=0.003+0.109x$

则实验所得工作曲线为： $A=0.003+0.109\times 10^5 c$

故 $c_{未知样}=\dfrac{0.380-0.003}{0.109\times 10^5}=3.46\times 10^{-5}$ (mol/L)

0.4.2 相关系数

当两个变量之间直线关系不够严格，数据的偏离较严重时，虽然也可以求得一条回归直线，但是，实际上只有当两个变量之间存在某种线性关系时，这条回归线才有意义。判断回归直线是否有意义，可用相关系数 r 来检验。

相关系数 r 按下式计算：

$$r=b\sqrt{\frac{\sum_{i=1}^{n}(x_i-\overline{x})^2}{\sum_{i=1}^{n}(y_i-\overline{y})^2}} \tag{0-11}$$

当 $r=1$ 时，两变量完全线性相关，实验点全部在回归直线上；

当 $r=0$ 时，两变量毫无相关关系；

当 $0<r<1$ 时，两变量有一定的相关性。只有当 r 大于某临界值时，二者相关才显著，所求回归方程才有意义。

【例 0-4】 求例 0-3 中工作曲线回归方程的相关系数，并判断该曲线线性关系如何（$r_{临}=0.959$）。

解 $r=b\sqrt{\dfrac{\sum_{i=1}^{n}(x_i-\overline{x})^2}{\sum_{i=1}^{n}(y_i-\overline{y})^2}}=0.109\times\sqrt{\dfrac{34}{0.405}}=0.999$

$r>r_{临}$，因此，该工作曲线具有很好的线性关系。

0.5 提高分析结果准确度的方法

为了得到较准确的分析结果，在实际工作中可采取以下措施。

(1) 选择合适的分析方法 各种分析方法的准确度和灵敏度是不相同的，在实际工作中要根据分析的要求、组分的含量和实验室条件等从中选择合适的方法。对组分含量较高、分析准确度要求较高的试样，一般采用化学分析法；而对组分含量较低、分析灵敏度要求较高的试样，则应采用仪器分析法。例如，要测定铁矿石中铁的含量，由于其含量较高，而且对分析准确度要求也高，就应选用滴定分析法；而要测定天然水中铁的含量，因其含量一般较低，用化学分析法无法测定，故应选用分光光度法等灵敏度较高的仪器分析法。此外，由于一般试样成分比较复杂，因此应尽量选用共存组分不会干扰的方法，即选择性较好的方法。例如，用重量法测定镍时，若用碱作沉淀剂则会引入大量其他离子；而用丁二酮肟作沉淀剂，则干扰很少，有很好的选择性。

（2）减小测量误差　各测量值的误差会影响最后分析结果的准确度，因此提高测量值的准确度，可减小分析结果的误差。

例如，分析天平的称量误差为±0.0002g，若要使称量的相对误差小于0.1%，则要求称样量至少为：

$$试样质量 = \frac{绝对误差}{相对误差} = \frac{0.0002}{0.1\%} = 0.2 \ (g)$$

可见，在分析工作中称量质量必须在0.2g以上才能保证称量的相对误差小于等于0.1%。

又如在滴定分析中，滴定管读数的绝对误差为±0.02mL，若要使测量体积的相对误差小于0.1%，则要求消耗的溶液体积至少为20mL，一般常控制在25mL以上。

若对准确度的要求不同，则对称样量和体积测量误差的要求也不同。例如在仪器分析中，由于被测组分含量较低，相对误差可允许达到2%，而且所称的试样量也较多，可达0.5g，这时：

$$称量的绝对误差 = 相对误差 \times 试样质量 = 2\% \times 0.5 = 0.01 \ (g)$$

也就是说，不必用分析天平就可满足准确度的要求。

（3）减小随机误差　在分析过程中，随机误差是无法避免的，但在消除系统误差的前提下，根据统计学原理，通过增加测定次数，可提高测量平均值的精密度。一般化学分析中，平行测定次数在2~4次，由图0-2可知，测定次数超过10次意义不大。

（4）消除系统误差　消除系统误差的方法如下。

① 做对照试验　未知试样的分析结果乘以校正系数，即为校正后的样品含量。对照试验是消除系统误差的有效方法。

对照试验是检验系统误差的有效方法。进行对照试验时，常用已知准确结果的标准试样与被测试样一起进行对照试验，或用其他可靠的分析方法进行对照试验。也可由不同人员、不同单位进行对照试验。

用标准试样进行对照试验时，应尽量选择与试样组成相近的标准试样进行对照分析。根据标准试样的分析结果，采用统计检验方法确定是否存在系统误差。

与标准样品进行对照试验时，可求出校正系数：

$$校正系数 = \frac{标准样品含量}{标准样品分析结果}$$

由于标准试样的数量和品种有限，所以有些单位又自制一些所谓"管理样"来代替标准试样进行对照分析。管理样事先经过反复多次分析，其中各组分的含量也是比较可靠的。

如果没有适当的标准试样和管理样，有时可以自己制备"人工合成试样"来进行对照分析。人工合成试样是根据试样的大致成分由纯化合物配制而成，配制时要注意称量准确，混合均匀，以保证被测组分的含量是准确的。

进行对照试验时，如果对试样的组成不完全清楚，则可以采用"加入回收法"进行试验。这种方法是向试样中加入已知量的被测组分，然后进行对照试验，以加入的被测组分是否能定量回收来判断分析过程是否存在系统误差。

用国家颁布的标准分析方法和所选的方法同时测定某一试样进行对照试验也是经常采用的一种办法。

在许多生产单位中，为了检查分析人员之间是否存在系统误差和其他问题，常在安排试样分析任务时将一部分试样重复安排在不同分析人员之间，相互进行对照试验，这种方法称为"内检"。有时又将部分试样送交其他单位进行对照分析，这种方法称为"外检"。

② 做空白试验　在不加入待测试样的情况下，按所用的分析方法，在同样条件下加入试剂进行分析，测得结果称为空白值。从试样分析结果中扣除空白值，就得到比较可靠的分析结果。这样做可以减免由于蒸馏水、试剂和器皿带进杂质所引起的系统误差。

空白值一般很小。当空白值较大时，就必须提纯试剂或改用其他适当的器皿来解决问题。

③ 校准仪器　对于分析的准确度要求较高时，应对测量仪器进行校准，并将校正值考虑到分析结果的计算中去。一般情况下，在一系列操作过程中使用同一套仪器，这样可以使仪器误差抵消。

习　题

1. 化工分析的任务和作用是什么？学习本课程有何意义？
2. 简答化工分析有哪些方法。
3. 简述化工分析有哪些步骤。
4. 举例说明为什么说在工农业生产中离不开化工分析检验工作。
5. 在分析过程中，下列情况各造成何种（系统、偶然）误差？
(1) 称量过程中天平零点略有变动；
(2) 分析用试剂中含有微量待测组分；
(3) 重量分析中，沉淀溶解损失；
(4) 滴定管读数时，最后一位数值估测不准。
6. 按照有效数字运算规则，下列算式的计算结果应包括几位有效数字？
(1) $213.64+4.402+0.3244$　＿＿＿＿＿位有效数字
(2) $\dfrac{0.1000\times(25.00-1.52)\times246.47}{1.100}$　＿＿＿＿＿位有效数字
7. 在定量分析中，精密度与准确度的关系是（　　）。
A. 精密度高，准确度必然高　　B. 准确度高，精密度也就高
C. 精密度是保证准确度的前提　D. 准确度是保证精密度的前提

第 1 章 滴定分析概论

滴定分析又称容量分析，是使用滴定管将一种已知准确浓度的试剂溶液即标准溶液滴加到待测物的溶液中，直到待测组分恰好完全反应，即加入标准溶液的物质的量与待测组分的物质的量符合反应式的化学计量关系，然后根据标准溶液的浓度和所消耗的体积，计算出待测组分的含量的分析方法。

1.1 滴定分析基本术语

（1）标准溶液 用基准物质标定或直接配制的已知准确浓度的溶液。

（2）滴定 将标准滴定剂通过滴定管滴加到试样溶液中，与待测组分进行化学反应，达到化学计量点时，根据所需滴定剂的体积和浓度计算待测组分含量的操作。

（3）化学计量点 滴定过程中，待测组分的物质的量和滴定剂的物质的量符合化学计量关系时的点。

（4）指示剂 在滴定分析中，为判断试样的化学反应程度而加入的本身能改变颜色或其他性质的试剂。

（5）滴定终点 利用指示剂颜色发生明显变化来确定滴定反应进行完全而停止滴定，停止滴定的这一点称为滴定终点。

（6）终点误差 因滴定终点和化学计量点不完全符合而引起的分析误差。滴加标准溶液到待测溶液中的操作过程称为滴定。滴加的标准溶液与待测组分恰好反应完全的这一点，称为化学计量点。在化学计量点时，反应往往没有易为人察觉的任何外部特征，因此一般是在待测溶液中加入指示剂，利用指示剂颜色的突变来判断，当指示剂变色时即停止滴定，停止滴定的这一点称为滴定终点。实际分析操作中滴定终点与理论上的化学计量点不一致，它们之间往往存在很小的差别，由此而引起的误差称为终点误差。

1.2 滴定分析法的分类

滴定分析是以化学分析为基础的，按照所利用的化学反应的不同，滴定分析法可分为以下四类。

（1）酸碱滴定法 以质子传递反应为基础的一种滴定分析法。可用来测定一般的酸、碱以及能与酸、碱直接或间接发生质子传递的物质，其反应实质可表示为：

$$H^+ + OH^- \rightleftharpoons H_2O$$

（2）配位滴定法 以配位反应为基础的一种滴定分析法。可用于对金属离子进行测定，常用 EDTA 作配位滴定剂。例如，用 EDTA 滴定测钙，其反应式如下：

$$Ca^{2+} + Y^{4-} \rightleftharpoons CaY^{2-}$$

（3）氧化还原滴定法 以氧化还原反应为基础的一种滴定分析法。可用于测定具有氧化还原性质的物质及某些不具有氧化还原性质的物质。例如，重铬酸钾法测铁，其反应式如下：

$$Cr_2O_7^{2-} + 6Fe^{2+} + 14H^+ = 2Cr^{3+} + 6Fe^{3+} + 7H_2O$$

（4）沉淀滴定法　以沉淀反应为基础的一种滴定分析法。可用于对 Ag^+、CN^-、SCN^- 及卤素离子进行测定。例如银量法测 Cl^-，其反应式为：

$$Ag^+ + Cl^- = AgCl\downarrow$$

1.3　滴定分析对滴定反应的要求

化学反应很多，但是适用于滴定分析法的化学反应必须具备下列条件。

（1）反应定量地完成。即反应按一定的反应式进行，无副反应发生，而且进行完全（>99.9%），这是定量计算的基础。

（2）反应速率要快。对于速率慢的反应可采取适当措施提高其反应速率，如加热、增加反应物浓度、添加催化剂等。

（3）有适当的方法确定滴定的终点。

1.4　滴定方式

在滴定分析中有时滴定剂与被测物的反应不符合滴定分析的要求，甚至有些根本就不发生直接反应，这时就必须采用不同的滴定方式来进行滴定分析。在进行滴定分析时，滴定的方式主要有以下几种。

（1）直接滴定法　凡是能满足滴定分析要求的反应，都可以应用直接滴定法，即用标准溶液直接滴定被测物质。例如用 NaOH 标准溶液可直接滴定 HCl、HAc 等试样。直接滴定法简便、快速，引入的误差较小，是滴定分析法中最常用和最基本的滴定方法。

（2）返滴定法　当反应速率较慢或待测物是固体时，待测物中加入符合化学计量关系的滴定剂后，反应常常不能立即完成。此种情况下可采用返滴定方式，即于待测物中先加入一定量且过量的滴定剂，待反应完成后，再用另一种标准溶液滴定剩余的滴定剂。例如，Al^{3+} 与 EDTA 的配位反应的速率很慢，不能用直接滴定法进行测定，可于 Al^{3+} 溶液中先加入过量 EDTA 标准溶液并加热，待 Al^{3+} 与 EDTA 反应完全后，用 Zn^{2+} 标准溶液或 Cu^{2+} 标准溶液滴定剩余的 EDTA，从而计算出试样中 Al^{3+} 的含量。

（3）置换滴定法　对于没有定量关系或伴有副反应的反应，可采用置换滴定法，即先加入适当的试剂与待测物反应，转换成一种能被定量滴定的物质，然后再用标准溶液进行滴定。例如，在酸性溶液中，强氧化剂可将 $S_2O_3^{2-}$ 氧化为 $S_4O_6^{2-}$ 及 SO_4^{2-} 等的混合物，而且它们之间没有一定的化学计量关系，因此不能用硫代硫酸钠溶液直接滴定重铬酸钾强氧化剂，但是，若在 $K_2Cr_2O_7$ 的酸性溶液中加入过量 KI，$K_2Cr_2O_7$ 与 KI 定量反应后析出的 I_2 就可以用 $Na_2S_2O_3$ 标准溶液直接滴定。

（4）间接滴定法　对于不能与滴定剂直接起反应的物质，有时可以通过另一种化学反应，以间接滴定法进行测定。例如 Ca^{2+} 没有可变价态，不能直接用氧化还原法滴定，但若将 Ca^{2+} 沉淀为 CaC_2O_4，过滤并洗净后溶解于硫酸中，再用 $KMnO_4$ 标准溶液滴定与 Ca^{2+} 结合的 $C_2O_4^{2-}$，从而可以间接测定试样中 Ca^{2+} 的含量。

返滴定法、置换滴定法及间接滴定法的应用，扩展了滴定分析的应用范围。

滴定分析法一般适用于常量组分分析，测定的准确度较高，相对误差通常为 0.1% 左右。与其他分析法相比，滴定分析法具有简便、快速、仪器简单便宜等优点，因此它在化学分析实践中具有很大的实用价值。

1.5 标准溶液

滴定分析中必须使用标准溶液，最后要通过标准溶液的浓度和用量来计算待测组分的含量，因此正确地配制标准溶液，准确地标定标准溶液的浓度，对于提高滴定分析的准确度具有重大意义。

1.5.1 标准溶液的配制

配制标准溶液一般有下列两种方法。

(1) 直接法 准确称取一定量的物质，溶解后，定量转移到一定体积的容量瓶中，然后根据溶质的质量和容量瓶的体积算出该溶液的准确浓度。通常用直接法配制标准溶液的物质是基准物质。所谓基准物质就是可用于直接配制标准溶液或标定溶液浓度的物质。作为基准物质必须具备下列条件。

① 物质必须具有足够的纯度，即含量>99.9%，其杂质的含量应低至滴定分析所允许的误差限度以下。

② 物质的组成与化学式应完全符合。若含结晶水，其含量也应与化学式相符。

③ 性质稳定，不易吸收空气中的水分和二氧化碳，不易分解，不易被空气氧化。

但是用来配制标准溶液的物质大多不能满足上述条件，如酸碱滴定法中所用的 NaOH 极易吸收空气中的 CO_2 和水分，称得的质量不能代表纯 NaOH 的质量。因此，对这一类物质，不能用直接法配制标准溶液，而要用间接法配制。

(2) 标定法 粗略地称取一定量物质或量取一定量体积溶液，配制成接近于所需要浓度的溶液。这样配制的溶液，其准确浓度还是未知的，必须用基准物质或另一种标准溶液来测定它的准确浓度。这种确定浓度的操作，称为标定。

如欲配制 0.1mol/L NaOH 标准溶液，先配制成浓度约为 0.1mol/L 的溶液，然后用该溶液滴定经准确称量的邻苯二甲酸氢钾基准物质，根据两者完全作用时 NaOH 溶液的用量和邻苯二甲酸氢钾的质量，即可算出 NaOH 标准溶液的准确浓度。

1.5.2 标准溶液浓度的表示

(1) 物质的量浓度 标准溶液中所含溶质 B 的物质的量除以溶液的体积即为物质的量浓度，以符号 c_B 表示：

$$c_B = \frac{n_B}{V}$$

式中，n_B 为溶液中溶质 B 的物质的量，mol；V 为溶液的体积，L。因而溶液物质的量浓度 c_B 的常用单位为 mol/L。

物质的量正比于基本单元的数目，基本单元可以是原子、分子、离子、电子及其他粒子，或是这些粒子的某种特定组合。例如硫酸的基本单元可以是 H_2SO_4，也可以是 $\frac{1}{2}H_2SO_4$。当

用 H_2SO_4 作基本单元时，98.08g 的硫酸，其基本单元数与 0.012kg 碳-12 的原子数目相等，因而 $n(H_2SO_4)$ 为 1mol；而用 $\frac{1}{2}H_2SO_4$ 作基本单元时，98.08g 的硫酸，其基本单元数是 0.012kg 碳-12 的原子数目的两倍，因而 $n\left(\frac{1}{2}H_2SO_4\right)$ 为 2mol。可见同样质量的物质，其物质的量随所选的基本单元不同而不同，因此在表明溶液的物质的量浓度时，必须指明基本单元，如 $c\left(\frac{1}{5}KMnO_4\right)=0.1000mol/L$。

(2) 滴定度　在工矿企业的例行分析中，有时也用"滴定度"表示标准溶液的浓度。滴定度是指每毫升标准溶液相当于被测物质的质量。用 $T_{被测物/滴定剂}$ 表示。例如用来测定铁含量的 $KMnO_4$ 标准溶液，其浓度可用 $T_{Fe/KMnO_4}$ 表示。若 $T_{Fe/KMnO_4}=0.005585g/mL$，则表示 1mL $KMnO_4$ 溶液相当于 0.005585g 铁，即 1mL $KMnO_4$ 标准溶液能把 0.005585g Fe^{2+} 氧化成 Fe^{3+}。

用滴定度计算被测物的含量时，只需将滴定度乘以所消耗标准溶液的体积即可求得被测物的质量，计算十分方便。

1.6　滴定分析计算

1.6.1　滴定剂与被测组分的计量关系

在直接法滴定分析中，设滴定剂 A 与被测组分 B 发生下列反应：

$$aA+bB = cC+dD$$

则被测组分 B 与滴定剂 A 的物质的量之间的关系可用以下两种方式求得。

(1) 化学计量数比关系　根据滴定剂 A 与被测组分 B 的化学反应式可得

$$n_A : n_B = a : b$$

故

$$n_A = \frac{a}{b}n_B \quad 或 \quad n_B = \frac{b}{a}n_A \tag{1-1}$$

例如，用 HCl 标准溶液滴定 Na_2CO_3 时，滴定反应为：

$$2HCl+Na_2CO_3 = 2NaCl+CO_2\uparrow+H_2O$$

则有

$$n(Na_2CO_3)=\frac{1}{2}n(HCl)$$

(2) 等物质的量关系　等物质的量规则是指对于一定的化学反应，如选定适当的基本单元，那么在任何时候所消耗的反应物和生成物的物质的量均相等。因此在滴定分析中，只要基本单元选择合适，在化学计量点时就一定有如下关系：

$$n\left(\frac{1}{Z_A}A\right)=n\left(\frac{1}{Z_B}B\right) \tag{1-2}$$

式中，滴定剂和被测组分的基本单元分别为 $\frac{1}{Z_A}A$ 和 $\frac{1}{Z_B}B$，Z_A 和 Z_B 分别是滴定剂 A 和被测组分 B 在反应过程中转移的质子数或得失的电子数。

例如，在上例中 HCl 给出的质子数是 1，以 HCl 为基本单元；Na_2CO_3 接受的质子数为 2，以 $\frac{1}{2}Na_2CO_3$ 为基本单元。则有

$$n(\text{HCl}) = n\left(\frac{1}{2}\text{Na}_2\text{CO}_3\right)$$

又如以重铬酸钾法测定铁矿石中铁的含量时,滴定剂 $\text{K}_2\text{Cr}_2\text{O}_7$ 得到的电子数是 6,以 $\frac{1}{6}\text{K}_2\text{Cr}_2\text{O}_7$ 为基本单元,被测物中 Fe^{2+} 失去的电子数是 1,以 Fe^{2+} 为基本单元,则有

$$n\left(\frac{1}{6}\text{K}_2\text{Cr}_2\text{O}_7\right) = n(\text{Fe}^{2+})$$

在间接法滴定中涉及两个或两个以上反应,应从所有发生的反应中找出滴定剂与被测组分之间的物质的量关系。例如,在酸性溶液中,以 $\text{K}_2\text{Cr}_2\text{O}_7$ 为基准物标定 $\text{Na}_2\text{S}_2\text{O}_3$ 溶液的浓度,反应分两步进行:

$$\text{Cr}_2\text{O}_7^{2-} + 6\text{I}^- + 14\text{H}^+ =\!\!=\!\!= 2\text{Cr}^{3+} + 3\text{I}_2 + 7\text{H}_2\text{O}$$

$$\text{I}_2 + 2\text{S}_2\text{O}_3^{2-} =\!\!=\!\!= 2\text{I}^- + \text{S}_4\text{O}_6^{2-}$$

根据上述反应式可知

$$n\left(\frac{1}{6}\text{K}_2\text{Cr}_2\text{O}_7\right) = n\left(\frac{1}{2}\text{I}_2\right) \qquad n\left(\frac{1}{2}\text{I}_2\right) = n(\text{Na}_2\text{S}_2\text{O}_3)$$

因而被测组分 $\text{Na}_2\text{S}_2\text{O}_3$ 与基准物 $\text{K}_2\text{Cr}_2\text{O}_7$ 之间的物质的量关系为:

$$n(\text{Na}_2\text{S}_2\text{O}_3) = n\left(\frac{1}{6}\text{K}_2\text{Cr}_2\text{O}_7\right)$$

又如用高锰酸钾法测定血液中钙含量时,经过以下过程:

$$\text{Ca}^{2+} \xrightarrow{\text{C}_2\text{O}_4^{2-}} \text{CaC}_2\text{O}_4 \downarrow \xrightarrow{\text{H}^+} \text{C}_2\text{O}_4^{2-} \xrightarrow{\text{KMnO}_4} \text{CO}_2 \uparrow$$

根据各反应过程的反应式可知

$$n(\text{Ca}^{2+}) = n(\text{C}_2\text{O}_4^{2-}) \qquad n\left(\frac{1}{2}\text{C}_2\text{O}_4^{2-}\right) = n\left(\frac{1}{5}\text{KMnO}_4\right)$$

因而滴定剂与被测组分之间的物质的量关系为:

$$n\left(\frac{1}{5}\text{KMnO}_4\right) = n\left(\frac{1}{2}\text{Ca}^{2+}\right)$$

1.6.2 标准溶液浓度的计算

(1) 直接配制法 准确称取 $m_A(\text{g})$ 基准物质 A,将其溶解后定容为 $V_A(\text{mL})$。根据

$$n\left(\frac{1}{Z_A}A\right) = \frac{m_A}{M\left(\frac{1}{Z_A}A\right)} \tag{1-3}$$

$$n\left(\frac{1}{Z_A}A\right) = c\left(\frac{1}{Z_A}A\right)\frac{V_A}{1000} \tag{1-4}$$

则该标准溶液的浓度为:

$$c\left(\frac{1}{Z_A}A\right) = \frac{m_A \times 1000}{V_A M\left(\frac{1}{Z_A}A\right)} \tag{1-5}$$

【例 1-1】 准确称取基准物质 $\text{K}_2\text{Cr}_2\text{O}_7$ 1.47g,溶解后定量转移至 500.00mL 容量瓶中。已知 $M(\text{K}_2\text{Cr}_2\text{O}_7) = 294.2\text{g/mol}$,计算此 $\text{K}_2\text{Cr}_2\text{O}_7$ 溶液的浓度 $c(\text{K}_2\text{Cr}_2\text{O}_7)$ 及 $c\left(\frac{1}{6}\text{K}_2\text{Cr}_2\text{O}_7\right)$。

解 按式(1-5)可得

$$c(K_2Cr_2O_7) = \frac{1.47 \times 1000}{500 \times 294.2} = 0.01000 \text{ (mol/L)}$$

$$c\left(\frac{1}{6}K_2Cr_2O_7\right) = \frac{1.47 \times 1000}{500 \times \frac{1}{6} \times 294.2} = 0.06000 \text{ (mol/L)}$$

【例1-2】 欲配制 $c\left(\frac{1}{2}Na_2CO_3\right) = 0.1000 \text{mol/L}$ 的碳酸钠标准溶液 250.00mL，问应称取基准物质 Na_2CO_3 多少克？已知 $M(Na_2CO_3) = 106.0 \text{g/mol}$。

解 由式(1-5)可得

$$m_A = c\left(\frac{1}{Z_A}A\right)\frac{V_A}{1000}M\left(\frac{1}{Z_A}A\right)$$

设应称取的基准物质质量为 $m(Na_2CO_3)$，则

$$m(Na_2CO_3) = c\left(\frac{1}{2}Na_2CO_3\right)\frac{V(Na_2CO_3)}{1000}M\left(\frac{1}{2}Na_2CO_3\right)$$

$$= 0.1000 \times \frac{250}{1000} \times \frac{1}{2} \times 106.0 = 1.3250 \text{ (g)}$$

答：应称取基准物质 Na_2CO_3 1.3250g。

(2) 标定法 若以基准物质B标定标准溶液A的浓度，准确称取基准物质 m_B(g)，溶解后用标准溶液滴定至终点，消耗标准溶液 V_A(mL)，根据等物质的量关系，有

$$n\left(\frac{1}{Z_B}B\right) = n\left(\frac{1}{Z_A}A\right)$$

则

$$\frac{m_B}{M\left(\frac{1}{Z_B}B\right)} = c\left(\frac{1}{Z_A}A\right)\frac{V_A}{1000} \tag{1-6}$$

因此

$$c\left(\frac{1}{Z_A}A\right) = \frac{m_B \times 1000}{V_A M\left(\frac{1}{Z_B}B\right)} \tag{1-7}$$

【例1-3】 准确称取基准物质邻苯二甲酸氢钾（$KHC_8H_4O_4$）0.5208g，用于标定NaOH溶液，至化学计量点时消耗NaOH溶液25.20mL，求该NaOH溶液的浓度。已知 $M(KHC_8H_4O_4) = 204.22 \text{g/mol}$。

解 由等物质的量关系可知

$$n(NaOH) = n(KHC_8H_4O_4)$$

根据式(1-7)可得

$$c(NaOH) = \frac{m(KHC_8H_4O_4) \times 1000}{V(NaOH)M(KHC_8H_4O_4)} = \frac{0.5208 \times 1000}{25.20 \times 204.22} = 0.1012 \text{ (mol/L)}$$

答：该NaOH溶液的浓度为0.1012mol/L。

【例1-4】 用基准试剂无水 Na_2CO_3 标定 0.1mol/L 的 HCl 溶液，要求在滴定时消耗 0.1mol/L HCl 溶液 25~30mL，应称取基准试剂无水 Na_2CO_3 多少克？已知 $M(Na_2CO_3) = 106.0 \text{g/mol}$。

解 用无水 Na_2CO_3 标定 HCl 溶液的反应式为：

$$2HCl + Na_2CO_3 = 2NaCl + CO_2\uparrow + H_2O$$

等物质的量关系为：
$$n(\text{HCl}) = n\left(\frac{1}{2}\text{Na}_2\text{CO}_3\right)$$

由式(1-7)可得
$$m(\text{Na}_2\text{CO}_3) = c(\text{HCl})\frac{V(\text{HCl})}{1000}M\left(\frac{1}{2}\text{Na}_2\text{CO}_3\right)$$

则
$$m_1 = 0.1 \times \frac{25}{1000} \times \frac{1}{2} \times 106.0 = 0.13 \ (\text{g})$$

$$m_2 = 0.1 \times \frac{30}{1000} \times \frac{1}{2} \times 106.0 = 0.16 \ (\text{g})$$

答：应称取基准试剂无水 Na_2CO_3 0.13～0.16g。

（3）滴定度与物质的量浓度之间的换算　根据滴定度的定义可知，当标准溶液的体积为 V_A mL 时，能滴定的基准物质的质量 m_B 为 $T_{B/A}V_A$，将其代入式(1-7)中可得

$$c\left(\frac{1}{Z_A}A\right) = \frac{T_{B/A} \times 1000}{M\left(\frac{1}{Z_B}B\right)} \tag{1-8}$$

则
$$T_{B/A} = \frac{c\left(\frac{1}{Z_A}A\right)M\left(\frac{1}{Z_B}B\right)}{1000} \tag{1-9}$$

【例 1-5】　计算 $c(\text{HCl}) = 0.1015 \text{mol/L}$ 的 HCl 溶液对 Na_2CO_3 的滴定度。已知 $M(\text{Na}_2\text{CO}_3) = 106.0 \text{g/mol}$。

解　根据式(1-9)，可得

$$T_{\text{Na}_2\text{CO}_3/\text{HCl}} = \frac{c(\text{HCl})M\left(\frac{1}{2}\text{Na}_2\text{CO}_3\right)}{1000} = \frac{0.1015 \times \frac{1}{2} \times 106.0}{1000} = 0.005380 \ (\text{g/mL})$$

答：0.1015mol/L 的 HCl 溶液对 Na_2CO_3 的滴定度为 0.005380g/mL。

1.6.3　被测组分含量的计算

被测组分含量是指被测组分占样品质量的百分数。设样品质量为 $m_s(\text{g})$，样品中被测组分的质量为 $m_B(\text{g})$，则被测组分的含量（用质量分数表示）为：

$$w_B = \frac{m_B}{m_s} \times 100\% \tag{1-10}$$

在滴定分析中，被测组分 B 的质量是由与之反应的滴定剂 A 的浓度、消耗的体积根据它们二者之间的关系求得的。设滴定剂 A 的浓度为 $c\left(\frac{1}{Z_A}A\right)$ (mol/L)，滴定所消耗的体积为 V_A(mL)，根据等物质的量规则可知

$$n\left(\frac{1}{Z_B}B\right) = n\left(\frac{1}{Z_A}A\right)$$

则
$$\frac{m_B}{M\left(\frac{1}{Z_B}B\right)} = c\left(\frac{1}{Z_A}A\right)\frac{V_A}{1000}$$

因此
$$m_B = c\left(\frac{1}{Z_A}A\right)\frac{V_A}{1000}M\left(\frac{1}{Z_B}B\right) \tag{1-11}$$

将上式代入式(1-10)中得

$$w_B = \frac{c\left(\frac{1}{Z_A}A\right)V_A M\left(\frac{1}{Z_B}B\right)}{m_s \times 1000} \times 100\% \quad (1\text{-}12)$$

在分析实践中，有时不是滴定全部的样品溶液，而是取其一部分进行滴定。这种情况应将 m_s 乘以适当的分数。如将 m_s 样品溶解后定容为 250mL，取出 25.00mL 进行滴定，则滴定的样品质量应是 $m_s \times \frac{25}{250}$。如果滴定样品溶液之前做了空白试验，则式中的 V_A 应减去空白试验所消耗的滴定剂的体积。

【例 1-6】 测定工业纯碱中 Na_2CO_3 的含量时，称取 0.2457g 试样，用 0.2071mol/L 的 HCl 标准溶液滴定，以甲基橙指示终点，用去 HCl 标准溶液 21.45mL，求纯碱中 Na_2CO_3 的质量分数。

解 以甲基橙为指示剂，滴定反应为：

$$2HCl + Na_2CO_3 = 2NaCl + CO_2\uparrow + H_2O$$

等物质的量关系为：$n(HCl) = n\left(\frac{1}{2}Na_2CO_3\right)$

根据式(1-12)可得

$$w(Na_2CO_3) = \frac{c(HCl)V(HCl)M\left(\frac{1}{2}Na_2CO_3\right)}{m_s \times 1000} \times 100\%$$

$$= \frac{0.2071 \times 21.45 \times \frac{1}{2} \times 106.0}{0.2457 \times 1000} \times 100\% = 95.82\%$$

答：纯碱中 Na_2CO_3 的质量分数为 95.82%。

【例 1-7】 称取工业草酸（$H_2C_2O_4 \cdot 2H_2O$）1.680g，溶解于 250mL 容量瓶中，移取 25.00mL，以 0.1045mol/L NaOH 溶液滴定，消耗 24.65mL。求工业草酸的纯度。已知 $M(H_2C_2O_4 \cdot 2H_2O) = 126.1$g/mol。

解 滴定反应为：

$$H_2C_2O_4 + 2NaOH = Na_2C_2O_4 + 2H_2O$$

等物质的量关系为：$n(NaOH) = n\left(\frac{1}{2}H_2C_2O_4\right)$

因为不是滴定全部样品，而是滴定部分样品，所以有

$$w(H_2C_2O_4 \cdot 2H_2O) = \frac{c(NaOH)V(NaOH)M\left(\frac{1}{2}H_2C_2O_4 \cdot 2H_2O\right)}{m_s \times \frac{25}{250} \times 1000} \times 100\%$$

$$= \frac{0.1045 \times 24.65 \times \frac{1}{2} \times 126.1}{1.680 \times \frac{25}{250} \times 1000} \times 100\% = 96.67\%$$

答：该工业草酸的纯度为 96.67%。

【例 1-8】 分析不纯 $CaCO_3$（其中不含干扰物质）时，称取试样 0.3000g，加入

0.2500mol/L 的 HCl 标准溶液 25.00mL。煮沸除去 CO_2，用 0.2012mol/L 的 NaOH 标准溶液返滴定过量的酸，消耗 NaOH 溶液 5.84mL。计算试样中 $CaCO_3$ 的质量分数。已知 $M(CaCO_3)=100.09g/mol$。

解 测定过程中的反应式为：

$$CaCO_3 + 2HCl = CaCl_2 + CO_2 \uparrow + H_2O$$

$$HCl + NaOH = NaCl + H_2O$$

等物质的量的关系为：

$$n\left(\frac{1}{2}CaCO_3\right) = n(HCl) \quad n(HCl) = n(NaOH)$$

按题意，与 $CaCO_3$ 反应所消耗的 HCl 的物质的量应是 HCl 的总物质的量减去返滴定时与 NaOH 所消耗的 HCl 的物质的量，即

$$n\left(\frac{1}{2}CaCO_3\right) = c(HCl)V(HCl) - c(NaOH)V(NaOH)$$

因此

$$w(CaCO_3) = \frac{[c(HCl)V(HCl) - c(NaOH)V(NaOH)]M\left(\frac{1}{2}CaCO_3\right)}{m_s \times 1000} \times 100\%$$

$$= \frac{(0.2500 \times 25 - 0.2012 \times 5.84) \times \frac{1}{2} \times 100.09}{0.3000 \times 1000} \times 100\% = 84.66\%$$

答：试样中 $CaCO_3$ 的质量分数为 84.66%。

习 题

1. 用已知准确浓度的 HCl 溶液滴定 NaOH 溶液，以甲基橙来指示反应化学计量点的到达。HCl 溶液称为_____溶液，甲基橙称为_____，甲基橙变色停止滴定的点称为_____。

2. 对某试样中铝的质量分数的测定值为 1.62%、1.60%、1.34%、1.22%，计算平均值、平均偏差、相对平均偏差及标准偏差。

3. 现有 0.1200mol/L 的 NaOH 标准溶液 200mL，欲使其浓度稀释到 0.1000mol/L，问要加水多少 mL？

4. 若 $T_{Na_2CO_3/HCl} = 0.005300g/mL$，试计算 HCl 标准溶液的物质的量浓度。

5. 准确称取基准物质 $K_2Cr_2O_7$ 5.8836g，配制成 1000mL 溶液。试计算 $c(K_2Cr_2O_7)$ 和 $c\left(\frac{1}{6}K_2Cr_2O_7\right)$ 以及 $K_2Cr_2O_7$ 对 Fe_2O_3 和 Fe_3O_4 的滴定度。已知：$M(K_2Cr_2O_7) = 294.2g/mol$，$M(Fe_2O_3) = 159.7g/mol$，$M(Fe_3O_4) = 231.5g/mol$。

6. 将 25.00mL 食醋样品（密度为 1.06g/mL）准确稀释至 250.0mL，从中移取 25.00mL，以酚酞为指示剂，用 0.09000mol/L NaOH 溶液滴定，滴定消耗 NaOH 溶液 21.25mL。计算食醋中醋酸的质量分数。

7. 测定铁矿中铁的含量时，称取试样 0.3029g，使之溶解并将 Fe^{3+} 还原成 Fe^{2+} 后，用 0.01643mol/L $K_2Cr_2O_7$ 溶液滴定耗去 35.14mL，计算试样中铁的质量分数。

8. 称取含铝试样 0.2000g，溶解后加入 0.02082mol/L EDTA 标准溶液 30.00mL。控制条件使 Al^{3+} 与 EDTA 配位反应完全，然后以 0.02012mol/L Zn^{2+} 标准溶液返滴定，消耗 Zn^{2+} 标准溶液 7.20mL。计算试样中 Al_2O_3 的质量分数。已知 $M(Al_2O_3) = 102.0g/mol$。

9. 有一玻璃试样 0.1032g，以碱熔融，将其中的 SiO_2 定量转变为可溶性硅酸盐后，加入过量的 KCl 与 KF，待 K_2SiF_6 沉淀完全后，加入沸水，K_2SiF_6 水解生成的 HF 以 0.1014mol/L NaOH 溶液滴定，终点时消耗 NaOH 溶液 28.48mL。求玻璃中 SiO_2 的质量分数。已知 $M(SiO_2) = 60.09g/mol$。

第 2 章 化工分析基本操作技能

2.1 溶液的制备

2.1.1 化学试剂

实验室提供的试剂品质，直接影响分析结果准确度。分析者应当对试剂分类、规格有所了解。分析测定时正确选用化学试剂，既能保证测定结果的准确性，又符合节约原则，而不应盲目选用高纯试剂。

2.1.1.1 化学试剂的分类和规格

化学试剂的规格反映试剂的品质，试剂规格一般按试剂的纯度及杂质含量划分为若干级别。为了保证和控制试剂产品的品质，国家或有关行业制定和颁布了相应的国家标准（代号GB）、化工标准（代号HG），没有国家标准和行业标准的产品执行企业标准（代号QB）。近年来，一部分试剂的国家标准采用或部分采用或参考了国际标准或国外先进标准。

我国的化学试剂规格按纯度和使用要求分为高纯（有的叫超纯、特纯）、光谱纯、分光纯、基准、优级纯、分析纯、化学纯等7种。国家和主管部门颁布的质量标准主要是后3种，即优级纯、分析纯、化学纯。

国际纯粹化学与应用化学联合会（IUPAC）对化学标准物质分级的规定见表2-1。

表 2-1 IUPAC 对化学标准物质的分级

级别	说明
A 级	原子量标准
B 级	和 A 级最接近的基准物质
C 级	含量为 100%±0.02% 的标准物质
D 级	含量为 100%±0.05% 的标准物质
E 级	以 C 级或 D 级试剂为标准进行的对比测定所得的纯度或相当于这种纯度的试剂,比 D 级低

下面介绍各种规格的试剂的应用范围。

(1) 基准试剂　它是一类用于标定滴定分析中标准溶液的标准物质，可作为滴定分析中的基准物用，也可精确称量后用直接法配制标准溶液。我国试剂标准的基准试剂（纯度标准物质）相当于 C 级和 D 级。我国习惯将容量分析用的标准试剂和相当于 IUPAC 的 C 级的pH 标准试剂称为基准试剂。在我国的标准试剂中，有一部分品种有两个级别。高一级的是由中国计量科学研究院测定和发放的，即第一基准；低一级的是由生产厂用第一基准作标准物来测定其含量的标准，称为第二基准或工作基准，作为常规分析中的基准物。标准试剂本身分为许多类别，最常用的是18类，每类又各自包含有许多试剂品种。例如：容量分析基准试剂包括氯化钠、草酸钠、无水碳酸钠、重铬酸钾等；pH 基准试剂包括四草酸钾、酒石酸氢钾、邻苯二甲酸氢钾、磷酸二氢钾等。

（2）优级纯　主成分含量高，杂质含量低。主要用于精密的科学研究和测定工作。

（3）分析纯　主成分略低于优级纯，杂质含量略高。用于一般的科学研究和重要的测定工作。

（4）化学纯　品质较分析纯差。用于工厂、教学实验的一般分析工作。

（5）实验试剂　杂质含量更高，但比工业品纯度高。主要用于普通的实验和研究。

（6）高纯、光谱纯及纯度99.99%以上的试剂　主成分含量高，杂质含量比优级纯低，且规定的检验项目多。主要用于微量及痕量分析中试样的分解及试液的制备。高纯试剂多属于通用试剂，如HCl、$HClO_4$、$NH_3 \cdot H_2O$、Na_2CO_3、H_3BO_3等。

（7）分光纯试剂　要求在一定的波长范围内干扰物质的吸收小于规定值。

2.1.1.2 化学试剂的标志

中国国家标准GB/T 15346—2012《化学试剂　包装及标志》规定用不同颜色的标签来标记化学试剂的等级及门类（见表2-2）。

表2-2　化学试剂的标签颜色

级别(沿用)	中文标志	英文标志	标签颜色(沿用)	级别(沿用)	中文标志	英文标志	标签颜色(沿用)
一级	优级纯	G. R.	深绿色		基准试剂		深绿色
二级	分析纯	A. R.	金光红色		生物染色剂		玫红色
三级	化学纯	C. P.	中蓝色				

2.1.1.3 化学试剂的包装单位

化学试剂的包装单位是指每个包装容器内盛装化学试剂的净重（固体）或体积（液体）。包装单位的大小根据化学试剂的性质、用途和经济价值而定。

我国规定化学试剂以下列5类包装单位包装：

（1）第一类　0.1g、0.25g、0.5g、1g、5g或0.5mL、1mL。

（2）第二类　5g、10g、25g或5mL、10mL、25mL。

（3）第三类　25g、50g、100g或25mL、50mL、100mL，以安瓿包装的液体化学试剂增加20mL包装单位。

（4）第四类　100g、250g、500g或者100mL、250mL、500mL。

（5）第五类　500g、1~5kg（每0.5kg为一间隔），或500mL、1L、2.5L、5L。

2.1.1.4 化学试剂的选用

选用试剂应综合考虑对分析结果的准确度要求，所选方法的灵敏度、选择性、分析成本等，正确选用不同级别的化学试剂。因为试剂的价格与其级别关系很大，在满足实验要求的前提下，选用的试剂级别就低不就高。

痕量分析要选用高纯或优级纯试剂，以降低空白值和避免杂质干扰，同时对所用的纯水制取方法和仪器的洗涤方法也应有特殊的要求。化学分析可使用分析纯试剂，有些教学实验，如酸碱滴定也可用化学纯试剂代替；但配位滴定最好选用分析纯试剂，因试剂中有些金属离子杂质会封闭指示剂，使终点难以观察。

高纯试剂和基准试剂的价格比一般试剂要高许多倍。例如，若分析方法对Fe^{3+}要求高，在溶样、配制溶液时，应选用优级纯HCl，因为HCl的各级试剂差别主要在Fe^{3+}含量。通常滴定分析配制标准溶液用分析纯试剂；仪器分析一般使用专用试剂或优级纯试剂；而微量、超微量分析应选用高纯试剂。

对分析结果准确度的要求高的工作，如仲裁分析、进出口商品检验、试剂检验等，可选用优级纯、分析纯试剂；车间控制分析可选用分析纯、化学纯试剂；制备实验、冷却浴或加热浴的药品可选用工业品。

2.1.1.5 化学试剂的取用方法和注意事项

化学试剂一般在准备实验时分装，把固体试剂装在易于取用的广口瓶中；液体试剂或配制成的溶液则盛放在易于倒取的细口瓶或带有滴管的滴瓶中；见光易分解的试剂（如硝酸银等）则应盛放在棕色瓶中。每一试剂瓶上都应贴上标签，上面写明试剂的名称、浓度（若为溶液时）和日期。在标签外面涂一薄层蜡来保护标签。

（1）固体试剂的取用规则

① 要用干净的试剂勺（药匙）取试剂。用过的试剂勺必须洗净并擦干后才能再使用，以免玷污试剂。

② 取出试剂后应立即盖紧瓶盖，千万不能盖错瓶盖。

③ 称量固体试剂时，注意不要取多。取多的试剂不能放回原瓶，可放在指定容器中供他人使用。

④ 一般的固体试剂可以称量在干净的称量纸或表面皿上。具有腐蚀性、强氧化性，或易潮解的固体试剂不能称在纸上，不准使用滤纸来盛放称量物。

⑤ 有毒试剂要在教师指导下取用。

（2）液体试剂或溶液的取用规则

① 从滴瓶中取用液体试剂时，滴管绝不能触及所使用的容器器壁，以免沾污；滴管放回原瓶时不要放错；不能用滴管直接到试剂瓶中取用试剂。

② 取用细口瓶中的液体溶液时，先将瓶塞反放在桌面上，不要弄脏。把试剂瓶上贴有标签的一面握在手心中，逐渐倾斜瓶子，倒出试液。试液应沿着洁净的试管壁流入试管或沿着洁净的玻璃棒注入烧杯。取出所需量后，逐渐竖起瓶子，把瓶口剩余的一滴试液碰到试管或烧杯中去，以免液滴沿着瓶子外壁流下。

③ 定量使用时可根据要求分别使用量筒（杯）或移液管。多取的试液不能倒回原瓶，可倒入指定容器内供他人使用。

④ 在夏季由于室温高，试剂瓶中易冲出气液，最好把瓶子在冷水中浸一段时间再打开瓶塞。取完试剂后要盖紧塞子，不可盖错瓶塞。

⑤ 如果需要嗅试剂的气味，可将瓶口远离鼻子，用手在试剂瓶上方扇动，使空气流吹向自己而闻出其味。绝不可去品尝试剂。

2.1.2 实验室用水

在分析工作中，洗涤仪器、溶解样品、配制溶液均需用水。一般的天然水和自来水（生活饮用水）中常含有氯化物、碳酸盐等少量无机物和有机物以及泥沙等杂质，影响分析结果的准确度。作为分析用水，必须先经一定的方法净化达到国家规定。实验室用水规格，根据分析任务和要求的不同，采用不同纯度的水。

我国已建立了实验室用水规格的国家标准 GB/T 6682—2008，标准中规定了实验室用水的技术指标、制备方法及检验方法。这一基础标准的制定，对规范我国分析实验室的分析用水、提高分析方法的准确度起到了重要的作用。

2.1.2.1 分析用水的级别和用途

国家标准规定的实验室用水分为三级。不同级别的分析用水适用于不同的化学分析。

（1）一级水　基本上不含有溶解或胶态离子杂质及有机物。用于有严格要求的分析实验，包括对颗粒有要求的实验，如高效液相色谱分析用水。

（2）二级水　可含有微量的无机、有机或胶态杂质。用于无机痕量分析等实验，如原子吸收光谱分析用水。

（3）三级水　最普遍使用的纯水。适用于一般实验室实验工作，由于过去多采用蒸馏方法制备，故通常称为蒸馏水。

2.1.2.2 分析用水的制备

制备实验室用水的原料水，应当是饮用水或比较纯净的水。如有污染，则必须进行预处理。纯水常用以下 3 种方法制备。

（1）蒸馏法制备纯水　蒸馏法制备纯水是根据水与杂质的沸点不同，将自来水（或其他天然水）用蒸馏器蒸馏而得到的。用这种方法制备纯水操作简单，成本低廉，能除去水中非蒸发性杂质，但不能除去易溶于水的气体。由于蒸馏一次所得蒸馏水仍含有微量杂质，因此只能用于定性分析或一般化工分析。

目前使用的蒸馏器一般是由玻璃、镀锡铜皮、铝皮或石英等材料制成的。由于蒸馏器的材质不同，带入蒸馏水中的杂质也不同。用玻璃蒸馏器制得的蒸馏水含有 Na^+、SiO_3^{2-} 等离子；用铜蒸馏器制得的蒸馏水通常含有 Cu^{2+}。蒸馏水中通常还含有一些其他杂质，原因是二氧化碳及某些低沸点易挥发性物质，随水蒸气带入蒸馏水中；少量液态水成雾状飞出，直接进入蒸馏水中；微量的冷凝管材料成分也能带入蒸馏水中。

必须指出，以生产中的废汽冷凝制得的"蒸馏水"，因含杂质较多，是不能直接用于化工分析的。

（2）离子交换法制备纯水　蒸馏法制备纯水产量低，一般纯度也不够高。化学实验室广泛采用离子交换树脂来分离出水中的杂质离子，这种制备纯水的方法叫离子交换法。因此，用此法制得的水通常称为"去离子水"。这种方法具有出水纯度高、操作技术易掌握、产量大、成本低等优点，很适合于各种规模的实验室采用。该方法的缺点是设备较复杂，制备的水含有微生物和某些有机物。

（3）电渗析法制备纯水　这是在离子交换技术基础上发展起来的一种纯水制备方法。它是在外电场的作用下，利用阴阳离子交换膜对溶液中离子的选择性透过而使杂质离子自水中分离出来，从而制得纯水的方法。

2.1.2.3 分析用水的规格

国家标准 GB/T 6682—2008 中只规定了一般技术指标。在实际工作中，有些实验对水有特殊要求，还要检查有关项目，例如 Cl^-、Fe^{3+}、Cu^{2+}、Zn^{2+}、Pb^{2+}、Ca^{2+}、Mg^{2+} 等离子。实验室用水规格见表 2-3。

2.1.2.4 分析用水的检验

为保证纯水的质量符合分析工作的要求，对于所制备的每一批纯水，都必须进行质量检查。

（1）pH 的测定　普通纯水 pH 应在 5.0～7.5 之间（25℃），可用精密 pH 试纸或酸碱指示剂检验。对甲基红不显红色，对溴百里酚蓝不呈蓝色。用酸度计测定纯水的 pH 时，先用 pH 为 5.0～8.0 的标准缓冲溶液校正酸度计，再将 100mL 三级水注入烧杯中，插入玻璃电极和甘汞电极，测定 pH。

表 2-3　实验室用水的级别及主要指标

指　标　名　称		一　级	二　级	三　级
pH 范围		—	—	5.0～7.5
电导率(25℃)/(mS/m)	≤	0.01	0.10	0.50
吸光度(254nm,1cm 光程)	≤	0.001	0.01	—
可氧化物(以 O 计)/(mg/L)	≤	—	0.08	0.4
蒸发残渣(105℃±2℃)/(mg/L)	≤	—	1.0	2.0
可溶性硅(以 SiO_2 计)/(mg/L)	≤	0.01	0.02	—

注：1. 由于在一级水、二级水的纯度下，难于测定其真实的 pH，因此，对一级水、二级水的 pH 范围不作规定。

2. 一级水、二级水的电导率需用新制备的水"在线"测定。

3. 由于在一级水的纯度下，难以测定可氧化物和蒸发残渣，因此对其限量不作规定，可用其他条件和制备方法来保证一级水的质量。

(2) 电导率的测定　纯水是微弱导体，水中溶解了电解质，其电导率将相应增加。测定电导率应选用适于测定高纯水的电导率仪。一级水、二级水电导率极低，通常只测定三级水。测量三级水电导率时，将 300mL 三级水注入烧杯中，插入光亮铂电极，用电导率仪测定其电导率。测得的电导率小于或等于 0.5mS/m 时，即为合格。

(3) 吸光度的测定　将水样分别注入 1cm 和 2cm 的比色皿中，用紫外可见分光光度计于波长 254nm 处，以 1cm 比色皿中水为参比，测定 2cm 比色皿中水的吸光度。一级水的吸光度应≤0.001；二级水的吸光度应≤0.01；三级水可不测水样的吸光度。

(4) SiO_2 的测定　SiO_2 的测定方法比较繁琐，一级水、二级水中的 SiO_2 可按 GB/T 6682—92 方法中的规定测定。通常使用的三级水可测定水中的硅酸盐。其测定方法如下：取 30mL 水于一小烧杯中，加入 5mL 4mol/L HNO_3、5mL 5％的 $(NH_4)_2MoO_4$ 溶液，室温下放置 5min 后，加入 5mL 10％ Na_2SO_4 溶液，观察是否出现蓝色。如呈现蓝色，则不合格。

(5) 可氧化物的限度实验　将 100mL 二级水或 100mL 三级水注入烧杯中，然后加入 10.0mL 1mol/L H_2SO_4 溶液和新配制的 1.0mL 0.002mol/L $KMnO_4$ 溶液，盖上表面皿，将其煮沸并保持 5min，与置于另一相同容器中不加试剂的等体积的水样作比较。此时溶液呈淡粉色，如未完全褪尽，则符合可氧化物限度实验；如完全褪尽，则不符合可氧化物限度实验。

另外，在某些情况下，还应对水中的 Cl^-、Ca^{2+}、Mg^{2+} 进行检验。

Ca^{2+}、Mg^{2+} 的检验：取 10mL 待检查的水，加 $NH_3 \cdot H_2O$-NH_4Cl 缓冲溶液（pH≈10），调节溶液 pH 至 10 左右，加 1 滴铬黑 T 指示剂，不显红色为合格。

Cl^- 的检验：取 10mL 待检查的水，用 4mol/L 的 HNO_3 酸化，加 2 滴 1％的 $AgNO_3$ 溶液，摇匀后未见浑浊现象，为合格。

2.1.2.5　分析用水的贮存

分析用水的贮存影响到分析用水质量。各级分析用水的贮存均应使用密闭的专用聚乙烯容器。三级水也可使用密闭的专用玻璃容器。新容器在使用前需要在盐酸溶液（20％）中浸泡 2～3 天，再用待盛水反复冲洗，并注满待盛水浸泡 6h 以上。

各级分析用水在贮存期间，其污染的主要来源是聚乙烯容器中可溶成分的溶解及空气中 CO_2 和其他杂质。所以，一级水不可贮存，使用前制备。二级水、三级水可适量制备，分别贮存于预先经同级水清洗过的相应容器中。各级水在运输过程中应避免污染。

2.1.3 标准溶液的制备

制备标准溶液的方法一般有直接法和间接法两种。

（1）直接法　准确称取一定量的基准物质，溶解后转移至容量瓶中，用去离子水稀释至刻度，根据基准物质的称量质量和容量瓶体积计算标准溶液的浓度。

用于直接法配制标准溶液或标定溶液浓度的物质称为基准物质，也称标准物质。基准物质必须符合以下要求：①纯度达99.9%以上；②组成恒定并与化学式相符；③稳定性高，不易吸收空气中水分、二氧化碳和发生其他化学变化；④具有较大的摩尔质量，以降低称量误差；⑤参加反应时，应按反应式定量进行，没有副反应发生。

常用的基准物质见表2-4。

表2-4　常用的基准物质

名称	化学式	相对分子质量	使用前的干燥条件
碳酸钠	Na_2CO_3	105.99	270～300℃干燥2～2.5h
邻苯二甲酸氢钾	$KHC_8H_4O_4$	204.22	110～120℃干燥1～2h
重铬酸钾	$K_2Cr_2O_7$	294.18	研细，100～110℃干燥3～4h
三氧化二砷	As_2O_3	197.84	105℃干燥3～4h
草酸钠	$Na_2C_2O_4$	134.00	130～140℃干燥1～1.5h
碘酸钾	KIO_3	214.00	120～140℃干燥1.5～2h
溴酸钾	$KBrO_3$	167.00	130～140℃干燥1.5～2h
铜	Cu	63.55	用2%乙酸、水、乙醇依次洗涤后，放入干燥器中保存24h以上
锌	Zn	65.38	用1+3 HCl、水、乙醇依次洗涤后，放入干燥器中保存24h以上
氧化锌	ZnO	81.39	800～900℃干燥2～3h
碳酸钙	$CaCO_3$	100.09	105～110℃干燥2～3h
氯化钠	NaCl	58.45	500～650℃干燥40～45min
氯化钾	KCl	74.55	500～650℃干燥40～45min
硝酸银	$AgNO_3$	169.87	在有浓H_2SO_4的干燥器中干燥至恒重

（2）间接法　对于不符合基准物质条件的物质，如HCl、NaOH、$KMnO_4$、I_2、$Na_2S_2O_3$等试剂，不能用直接法配制标准溶液，可采用间接法。即先大致配成所需浓度的溶液，然后用基准物质来确定它的准确浓度。这个过程称为标定，这种制备标准溶液的方法也叫标定法。

标准溶液的浓度准确与否直接影响分析结果的准确度。因此，配制标准溶液在方法、使用仪器、量具和试剂方面都有严格的要求。一般按照国标GB/T 601—2002要求制备标准溶液，它有如下一些规定。

① 制备标准溶液用水，在未注明其他要求时，应符合GB/T 6682—92中三级水的规格。

② 所用试剂的纯度应在分析纯以上。

③ 所用分析天平的砝码、滴定管、容量瓶及移液管均需定期校准。

④ 标定标准溶液所用的基准试剂应是滴定分析工作基准试剂，制备标准溶液所用试剂应为分析纯以上试剂。

⑤ 制备标准溶液的浓度系指20℃时的浓度，在标定和使用时，若温度有差异，应按附录进行补正。

⑥ "标定"或"比较"标准溶液浓度时，平行试验不得少于8次，两人各做4次平行测

定，每人 4 次平行测定结果的极差（即最大值和最小值之差）与平均值之比不得大于 0.1％。结果取平均值。浓度值取四位有效数字。

⑦ 凡规定用"标定"和"比较"两种方法测定浓度时，不得略去其中任何一种，且两种方法测得的浓度值之相对偏差不得大于 0.2％，以标定结果为准。

⑧ 制备的标准溶液浓度与规定浓度相对误差不得大于 5％。

⑨ 配制浓度等于或低于 0.02mol/L 的标准溶液时，应于临用前将浓度高的标准溶液用煮沸并冷却的水稀释，必要时重新标定。

⑩ 碘量法反应时，溶液的温度不能过高，一般在 15～20℃之间进行。

⑪ 滴定分析用标准溶液在常温（15～25℃）下，保存时间一般不得超过两个月。

标准溶液要定期标定，它的有效期要根据溶液的性质、存放条件和使用情况来确定。

(3) 溶液配制注意事项　配制溶液时，应注意以下事项。

① 某些不稳定的试剂溶液，如淀粉指示液应在使用时现配。

② 对易水解的试剂如氯化亚锡溶液，应先加适量盐酸溶解后再加水稀释。

③ 配制指示液时，需称取的指示剂量往往很小，可用分析天平称量，只要读取两位有效数字即可。

④ 配制硫酸、磷酸、硝酸、盐酸等溶液时，都应把酸倒入水中。对于溶解时放热较多的试剂，不可在试剂瓶中配制，以免炸裂。配制硫酸溶液时，应将浓硫酸分为小份慢慢倒入水中，边加边搅拌，必要时以冷水冷却烧杯外壁。

⑤ 用有机溶剂配制溶液时，如配制指示剂溶液，有时有机物溶解较慢，应不时搅拌，可以在热水浴中温热溶液，不可直接加热。易燃溶剂使用时要远离明火。几乎所有的有机溶剂都有毒，应在通风橱内操作。为避免有机溶剂不必要的蒸发，烧杯应加盖。

⑥ 配制溶液时，要合理选择试剂的级别，不要超规格使用，以免造成浪费。

⑦ 对见光易分解的溶液如 $KMnO_4$、$AgNO_3$、I_2 等，要贮存于棕色试剂瓶中。浓碱液应用塑料瓶装；若要求不高时装在玻璃瓶中，要用橡皮塞塞紧，不能用玻璃磨口塞。

⑧ 配制好的溶液要及时贴上标签。标签上的内容包括溶液名称、浓度和配制日期。对标准溶液要标明有效期。溶液中组分含量的表示一律使用法定计量单位。标签粘贴的位置应适中，大小要匹配，腐蚀性溶液应在标签上刷一层石蜡。

⑨ 不能用手接触腐蚀性及有剧毒的溶液。剧毒废液应作解毒处理，不可直接倒入下水道。

2.2　玻璃仪器及其他用品

2.2.1　常用玻璃仪器

玻璃是多种硅酸盐、铝硅酸盐、硼酸盐和二氧化硅等物质的复杂混熔体，具有良好的透明度、相当好的化学稳定性（对氢氟酸除外）、较强的耐热性、价格低廉、加工方便、适用面广等一系列优点。因此，化工分析实验室中大量使用的仪器是玻璃仪器。定量分析用一般玻璃仪器和量器类玻璃仪器的化学成分见表 2-5。

这类仪器均为软质玻璃，具有很好的透明度、一定的机械强度和良好的绝缘性能。与硬质玻璃（SiO_2 79.1％、B_2O_3 12.5％）比较，热稳定性、耐腐蚀性能差。常用玻璃仪器的规格、用途及使用注意事项见表 2-6。

表 2-5　一般玻璃仪器和量器类玻璃仪器化学成分

项　目	化学成分(质量分数)/%					
	SiO_2	Al_2O_3	B_2O_3	Na_2O	CaO	ZnO
一般玻璃仪器	74	4.5	4.5	12.0	3.3	1.7
量器类玻璃仪器	73	5.0	4.5	13.2	3.8	0.5

表 2-6　常用玻璃仪器的规格、用途及使用注意事项

名　称	主要规格	主要用途	使用注意事项
烧杯	容量(mL):10,15,25,50,100,200, 250,400,500,600,800,1000,2000	配制溶液;溶样;进行反应;加热;蒸发;滴定等	不可干烧;加热时应受热均匀;液量一般勿超过容积的2/3
锥形瓶	容量(mL):5,10,25,50,100,150, 200,250,300,500,1000,2000	加热;处理试样;滴定	磨口瓶加热时要打开瓶塞,其余同烧杯使用注意事项
碘量瓶	容量(mL):50,100,250,500,1000	碘量法及其他生成挥发物的定量分析	磨口瓶加热时要打开瓶塞,其余同烧杯使用注意事项
圆底、平底烧瓶	容量(mL):50,100,250,500,1000	加热,蒸馏	避免直火加热
蒸馏烧瓶	容量(mL):50,100,250,500, 1000,2000	蒸馏	避免直火加热
凯氏烧瓶	容量(mL):50,100,250,500, 800,1000	消化分解有机物	使用时瓶口勿冲人,其余同蒸馏烧瓶使用注意事项
量筒、量杯	容量(mL):5,10,25,50,100,250, 500,1000,2000 量出式	粗略量取一定体积的溶液	不可加热,不可盛热溶液;不可在其中配制溶液;加入或倾出溶液应沿其内壁
容量瓶	容量(mL):5,10,25,50,100,200, 250,500,1000,2000 量入式 A级、B级 无色、棕色	准确配制一定体积的溶液	瓶塞密合;不可烘烤、加热,不可贮存溶液;长期不用时应在瓶塞与瓶口间夹上纸条
滴定管	容量(mL):25,50,100 量出式、座式 A级、A2级、B级 无色、棕色、酸式、碱式	滴定	不能漏水,不能加热,不能长期存放碱液;碱式管不能盛氧化性物质溶液
微量滴定管	容量(mL):1,2,5,10 量出式、座式 A级、A2级、B级(无碱式)	微量或半微量滴定	不能漏水,不能加热,不能长期存放碱液;碱式管不能盛氧化性物质溶液
自动滴定管	容量(mL):10,25,50 量出式 A级、A2级、B级 三路阀、侧边阀、侧边三路阀	自动滴定	不能漏水,不能加热,不能长期存放碱液;碱式管不能盛氧化性物质溶液
移液管(无分度吸管)	容量(mL):1,2,5,10,15,20,25,100 量出式 A级、B级	准确移取一定体积溶液	不可加热,不可磕破管尖及上口
吸量管(直接吸管)	容量(mL):0.1,0.2,0.5,1,2,5, 10,25,50 A级、A2级、B级 完全流出式、吹出式、不完全流出式	准确移取各种不同体积溶液	不可加热,不可磕破管尖及上口

续表

名　称	主要规格	主要用途	使用注意事项
称量瓶	高形 容量(mL):10,20,25,40,60 外径(mm):25,30,30,35,40 瓶高(mm):40,50,60,70,70 低形 容量(mL):5,10,15,30,45,80 外径(mm):25,35,40,50,60,70 瓶高(mm):25,25,25,30,30,35	高形用于称量试样、基准物，低形用于在烘箱中干燥试样、基准物	磨口应配套;不可盖紧塞烘烤
细口瓶 广口瓶 下口瓶	容量(mL):125,250,500,1000,2000,3000,10000,20000 无色、棕色	细口瓶、下口瓶用于存放液体试剂;广口瓶用于存放固体试剂	不可加热;不可在瓶内配制热效应大的溶液;磨口塞应配套;存放碱液瓶应用胶塞
滴瓶	容量(mL):30,60,125 无色、棕色	存放需滴加的试剂	同细口瓶使用注意事项
漏斗	上口直径(mm):45,55,60,70,80,100,120 短颈、长颈、直渠、弯渠	过滤沉淀;作加液器	不可直火烘烤
分液漏斗	容量(mL):50,100,250,500,1000,2000 球形、锥形、筒形、无刻度、具刻度	两相液体分离;萃取富集;作制备反应中加液器	不可加热;不能漏水;磨口塞应配套
试管	容量(mL):10,15,20,25,50,100 无刻度、具刻度、具支管	少量试剂的反应容器;具支管试管可用于少量液体的蒸馏	所盛溶液一般不超过试管容积的1/3;硬质试管可直火加热,加热时管口勿冲人
离心试管	容量(mL):5,10,15,20,25,50 无刻度、具刻度	定性鉴定;离心分离	不可直火加热
比色管	容量(mL):10,25,50,100 具塞、不具塞 带刻度、不带刻度	比色分析	不可直火加热;管塞应密合;不能用去污粉刷洗
干燥管	球形 有效长度(mm):100,150,200 U形 高度(mm):100,150,200 U形带阀及支管	气体干燥;除去混合气体中的某些气体	干燥剂或吸收剂必须有效
干燥塔	干燥剂容量(mL):250,500	动态气体的干燥与吸收	干燥剂或吸收剂必须有效
冷凝器	外套管有效冷凝长度(mm):200,300,400,500,600,800 直形、球形、蛇形、蛇形逆流、直形回流、空气冷凝器	将蒸气冷凝为液体	不可骤冷、骤热;直形、球形、蛇形冷凝器要在下口进水,上口出水
抽气管	伽氏、艾氏、孟氏、改良氏	装在水龙头上,抽滤时作真空泵	用厚胶管接在水龙头上并拴牢;除改良式外,使用时应接安全瓶,停止抽气时,先开启安全瓶阀
抽滤瓶	容量(mL):50,100,250,500,1000	抽滤时承接滤液	不可加热;选配合适的抽滤垫;抽滤时漏斗管尖远离抽气嘴
表面皿	直径(mm):45,65,70,90,100,125,150	可作烧杯和漏斗盖;称量、鉴定器皿	不可直火加热

续表

名 称	主要规格	主要用途	使用注意事项
研钵	直径(mm):70,90,105	研磨固体物质	不可加热;研磨操作时,应放在不易滑动的物体上,研杵应保持垂直;固体盛放量不得超过研钵容积的1/3;洗涤时先用水冲洗,耐酸腐蚀的研钵可用稀盐酸洗涤
干燥器	上口直径(mm):160,210,240,300 无色、棕色	保持物质的干燥状态	磨口部分涂适量凡士林;干燥剂应有效;不可放入红热物体,放入热物体后要时刻开盖,以放走热空气
砂芯滤器	容量(mL):10,20,30,60,100,250,500,1000 微孔平均直径(μm):P_{40}为16~40,P_{16}为10~16,P_{10}为4~10,P_4为1.6~4	过滤	必须抽滤;不能骤冷骤热;不可过滤氢氟酸、碱液等;用毕及时洗净

2.2.2 常用量器

(1) 移液管 移液管是用于准确移取一定体积溶液的量出式玻璃量器,正规名称是"单标线吸量管",习惯称为移液管。它的中间有一膨大部分(见图 2-1),管颈上部刻一标线,用来控制所吸取溶液的体积,移液管的容积单位为毫升(mL),其容量为在 20℃ 时,按规定方式排空后所流出纯水的体积。

(2) 吸量管 吸量管的全称是"分度吸量管"。它是带有分度的量出式量器(见图 2-2),用于移取非固定量的溶液。

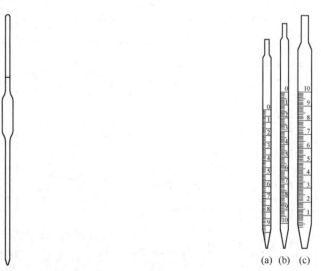

图 2-1 移液管的操作   图 2-2 分度吸量管

吸量管的使用方法与移液管大致相同,这里只强调几点:

① 由于吸量管的容量精度低于移液管,所以在移取 2mL 以上固定量溶液时,应尽可能使用移液管。

② 使用吸量管时,尽量在最高标线调整零点。

③ 吸量管的种类较多,要根据所做实验的具体情况合理地选用吸量管,但由于种种原因,目前市场上的产品不一定都符合标准,有些产品标志不全,有的产品质量不合格,使得用户无法分辨其类型和级别。如果实验精度要求很高,最好经容量校准后再使用。

2.2.3 其他器皿及用品

2.2.3.1 瓷器皿

陶瓷材料在性能上有其独特的优越性,在热和力学性能方面,有耐高温、隔热、高硬度、耐磨耗等特点。对酸、碱的稳定性均优于玻璃,而且价廉易购,故应用也很广。涂有釉的瓷器皿吸水性极低,易于恒重,常用作称量分析中的称量器皿。瓷器皿和玻璃相似,主要成分仍然是硅酸盐,所以不能用氢氟酸在瓷器皿中分解处理样品,不适于熔融分解碱金属的碳酸盐、氢氧化物、过氧化物及焦硫酸盐等。表 2-7 和图 2-3 列出常用瓷器皿。

表 2-7 常用瓷器皿

名 称	规 格	主 要 用 途
瓷坩埚	容量(mL):20,25,30,50	灼烧沉淀,灼烧失重测定,高温处理样品
蒸发皿	带柄及不带柄	灼烧分子筛、γ-Al_2O_3、色谱用载体、蒸发溶液
瓷管	容量(mL):30,60,100,250 内径(mm):22,25 长(mm):610,760	高温管式炉中,燃烧法测定 C、H、S 等元素
瓷舟	长(mm):30,50	燃烧法测定 C、H、S 时盛样品
布氏漏斗	直径(mm):51,67,85,106	用于减压过滤,与抽滤瓶配套使用
瓷研钵	直径(mm):60,100,150,200	研磨固体试剂和试样

(a) 瓷坩埚

(b) 蒸发皿

(c) 瓷管

(d) 瓷舟

(e) 布氏漏斗

(f) 瓷研钵

图 2-3 各种瓷器皿

2.2.3.2 玛瑙器皿

玛瑙是天然石英的一种,属贵重矿物,主要成分是二氧化硅,另外,还含有少量铝、铁、钙、镁、锰的氧化物。玛瑙的特点是硬度大、性质稳定,与大多数试剂不发生作用,一般很少带入杂质,用玛瑙制作的研钵是研磨各种高纯物质的极好器皿。在一些精度要求高的分析中,常用它研磨样品。

玛瑙研钵不能受热,不能在烘箱中烘烤,不能用力敲击,也不能与氢氟酸接触。玛瑙研钵价格昂贵,使用时要特别小心。

玛瑙研钵用毕应用水洗净。必要时可用稀盐酸洗涤或放入少许氯化钠研磨,然后用水冲净后自然干燥。

2.2.3.3 石墨器皿

常用的石墨器皿如石墨坩埚。石墨坩埚可代替一些贵金属坩埚进行熔融操作,使用时最好外罩上一个瓷坩埚。石墨坩埚在使用前,应先在王水中浸泡 10h 后,用纯水冲净,再于

105℃的烘箱中干燥 10h；使用后在 10% 的盐酸溶液中煮沸浸泡 10min，然后洗净烘干。

石墨器皿的优点是质地致密，透气性小，极耐高温，即使在 2500℃ 时也不熔化，而且在高温下其强度不减。同时，它具有耐腐蚀性的特点，在常温下不与各种酸（高氯酸除外）、碱起作用，有良好的导电性和耐急冷、急热性。

2.2.3.4 塑料器皿

实验室常见的塑料器皿大多是聚乙烯材料。聚乙烯是热塑性塑料，短时间内可使用到 100℃。耐一般酸、碱腐蚀，但能被氧化性酸（浓 HNO_3、H_2SO_4）慢慢侵蚀；室温下不溶于一般有机溶剂，但与脂肪烃、芳香烃、卤代烃等长时间接触发生溶胀。低相对密度（0.92）聚乙烯熔点为 108℃，其加热温度不能超过 70℃；高相对密度（0.95）聚乙烯熔点为 135℃，加热不能超过 100℃。

塑料具有绝缘、耐化学腐蚀、不易传热、强度较好、耐撞击等特点，在实验室中可作为金属、木材、玻璃等的代用品。如取样袋，代替橡胶球胆取气体试样；聚乙烯桶可用于装蒸馏水，小桶用于取水样；聚乙烯烧杯漏斗用于含氢氟酸的实验中。聚乙烯细口瓶代替玻璃瓶，装碱标准溶液、强碱、碱金属盐的溶液及氢氟酸而不受腐蚀。聚乙烯细口瓶还可制成洗瓶，使用方便。

2.2.3.5 铂器皿

铂又称白金，是一种比黄金还要贵重的软质金属。铂的熔点高达 1774℃，可耐 1200℃ 的高温。化学性质稳定，在空气中灼烧不发生化学变化。能耐包括氢氟酸在内的大多数化学试剂的侵蚀。实验室中常见的铂器皿有铂坩埚、铂蒸发皿、铂舟、铂丝、铂电极及铂铑热电偶等。铂坩埚适于灼烧及称量沉淀，用于碱熔法（使用 Na_2CO_3）分解样品及用氢氟酸从样品中除去 SiO_2 的实验。

由于铂器皿质地柔软，不能用玻璃棒或其他硬物刮剥铂器皿内附着物，以防刮伤；铂在高温下易与碳素形成脆性碳化铂，所以铂器皿只能在高温炉或煤气灯的氧化焰中加热或灼烧，不能在含有碳粒和碳氢化合物的还原焰中灼烧；防止铂器皿在高温下与易还原的金属、非金属及其化合物，碱金属及钡的氧化物、氢氧化物，碱金属的硝酸盐、亚硝酸盐、氰化物，含碳的硅酸盐、磷、砷、硫及其化合物，卤素等物质接触。

铂器皿应保持清洁光亮，以防止有害物质继续与铂作用。铂器皿如沾上污迹，可先用盐酸或硝酸单独处理。无效时，可将焦硫酸钾置于铂器皿中，在较低的温度下熔融 5~10min，将熔融物弃去后，再用盐酸洗涤，若仍无效，可用碳酸钠熔融处理。

由于铂价格昂贵，代用品例如用难熔氧化物制成的刚玉（Al_2O_3）坩埚、二氧化锆坩埚，可以在较高温度（800~900℃）下使用。二氧化锆坩埚可以耐过氧化钠的腐蚀，因此，在许多地方可以代替铂坩埚。

2.2.3.6 镍坩埚

镍坩埚常用于 NaOH、KOH、Na_2O_2、Na_2CO_3、$NaHCO_3$ 熔融法分解样品，如硅氟酸钾容量法测定 SiO_2。镍的熔点为 1455℃，一般使用温度为 700℃，不能超过 900℃。由于镍在空气中易被氧化，生成氧化膜会增重，所以镍坩埚不能用于称量分析中灼烧和称量沉淀。根据镍的性质，硫酸氢钠、硫酸氢钾、焦硫酸钠、焦硫酸钾、硼砂、碱性硫化物及铝、锌、锡、铅、钒、银、汞等金属盐，不能用镍坩埚来熔融或灼烧。

新购入的镍坩埚在使用前，应先于 700℃ 下灼烧 2~3min，以除去油污，并使其表面形成氧化膜（处理后应呈暗绿色或灰墨色）而延长使用寿命。

处理后的镍坩埚，每次使用前均应先在水中煮沸洗涤，必要时可滴加少量盐酸稍煮片刻，最后用纯水洗净并干燥。

2.3 分析天平和称量

分析天平是精确测定物体质量的计量仪器，也是化学化工实验中常用的仪器。熟练使用分析天平进行称量是分析工作者应具有的一项基本实验技能。

2.3.1 天平的构造原理及分类

2.3.1.1 杠杆式机械天平的构造原理

杠杆式机械天平是基于杠杆原理制成的一种衡量用的精密仪器，即用已知质量的砝码来衡量被称物体的质量。根据力学原理，设杠杆 ABC（见图 2-4）的支点为 B，力点分别在两端 A 和 C 上，两端所受的力分别为 Q 和 P，m_Q 表示被称物体的质量，m_P 表示砝码的质量。对等臂天平而言，支点两边的臂长相等，即 $L_1=L_2$，当杠杆处于水平平衡状态时，支点两边的力矩也相等。即

$$QL_1=PL_2$$

因为 $L_1=L_2$，$Q=m_Qg$，$P=m_Pg$，所以

$$m_Q=m_P$$

上式说明，当等臂天平处于平衡状态时，被称物体的质量等于砝码的质量，这就是等臂天平的称量原理。

等臂分析天平用三个玛瑙三棱体的锐利的棱边（刀口）作为支点 B（刀口朝下）和力点 A、C（刀口朝上）。这三个刀口必须完全平行并且位于同一水平面上（如图 2-5 中虚线所示）。

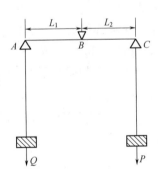

图 2-4 等臂天平原理

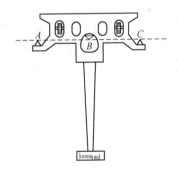

图 2-5 等臂天平横梁

2.3.1.2 分析天平的灵敏度和级别

分析天平必须具有足够的灵敏度。天平的灵敏度是指在一个秤盘上增加一定质量时所引起指针偏转的程度，一般以分度/mg 表示。指针倾斜程度大，表示天平的灵敏度高。设天平的臂长为 l，d 为天平横梁的重心与支点间的距离，m 为梁的质量，α 为在一个盘上加 1mg 质量时引起指针倾斜的角度，它们之间存在如下关系：

$$\alpha=l/(md)$$

α 即为天平的灵敏度。由上式可见，天平梁越轻，臂越长，支点与重心间的距离越短（即重心越高），则天平的灵敏度越高。

天平的灵敏度还可用感量或分度值表示，它们之间的关系如下：

感量＝分度值＝1/灵敏度

对于一台天平而言，横梁臂长及质量是一定的，所以只能通过调整重心螺丝的高度，来适当改善并得到合适的灵敏度。

根据天平计量检定规程行业标准 JJG 1036—2008 的有关规定，天平的精确度级别可由最大称量与分度值之比来确定，两者的比值（即检定标尺分度数）越大，说明天平的质量和性能越好。分析天平的分度数（n）与级别的对应关系见表2-8。

表 2-8 分析天平的精确度级别

精确度级别		最大称量与分度值之比	精确度级别		最大称量与分度值之比
I	1	$1\times10^7\leqslant n$	II	6	$2\times10^5\leqslant n<5\times10^5$
	2	$5\times10^6\leqslant n<1\times10^7$		7	$1\times10^5\leqslant n<2\times10^5$
	3	$2\times10^6\leqslant n<5\times10^6$		8	$5\times10^4\leqslant n<1\times10^5$
	4	$1\times10^6\leqslant n<2\times10^6$		9	$2\times10^4\leqslant n<5\times10^4$
	5	$5\times10^5\leqslant n<1\times10^6$		10	$1\times10^4\leqslant n<2\times10^4$

注：表中 I 为高精密天平，II 为精密天平，两者共同构成了10个级别，1级最好，10级较差。

2.3.1.3 分析天平的分类

根据被称量物体的平衡特点，可将天平分为杠杆天平、扭力天平和特种天平。利用杠杆原理进行称量，测定的结果为物体的质量；利用虎克原理进行称量，测定的结果为物体的重量。而特种天平通常是采用液压原理、电磁作用原理、石英振荡原理等设计制作的天平，电子天平即属此类。

根据天平的结构特点，可将其分为等臂（双盘）天平、不等臂（单盘）天平和电子天平等。

在实验室常用天平中，又根据分度值大小，将其细分为常量分析天平（0.1mg/分度）、微量分析天平（0.01mg/分度）和超微量分析天平（0.001mg/分度）。

常用分析天平的型号及规格见表2-9。下面对几类常用分析天平加以介绍。

表 2-9 常用分析天平的型号及规格

种 类	型 号	名 称	规 格
双盘天平	TG-328A	全机械加码电光天平	200g/0.1mg
	TG-328B	半机械加码电光天平	200g/0.1mg
	TG-332A	微量天平	20g/0.01mg
单盘天平	DT-100	单盘精密天平	100g/0.1mg
	DTG-160	单盘电光天平	160g/0.1mg
	BWT-1	单盘微量天平	20g/0.01mg
电子天平	MD100-2	上皿式电子天平	100g/0.1mg
	MD200-3	上皿式电子天平	200g/1mg

2.3.2 半机械加码电光天平

各种型号和规格的双盘等臂天平，其构造和使用方法大同小异，现以 TG-328B 型半机械加码电光天平为例，介绍这类天平的构造和使用方法。

2.3.2.1 结构

天平的外形和结构如图 2-6 所示。

① 天平横梁是天平的主要构件，一般由铝合金制成，三个玛瑙刀等距安装在梁上，梁的两边装有 2 个平衡螺丝，用来调整横梁的平衡位置（即粗调零点），梁的中间装有垂直的指针，用以指示平衡位置。支点刀的后上方装有重心螺丝，用以调整天平的灵敏度。

② 天平正中是立柱，安装在天平底板上。柱的上方嵌有一块玛瑙平板，与支点刀口相接触。柱的上部装有能升降的托梁架，关闭天平时它托住天平梁，使刀口脱离接触，以减少磨损。柱的中部装有空气阻尼器的外筒。

③ 悬挂系统：a. 吊耳，它的平板下面嵌有光面玛瑙，与力点刀口相接触，使吊钩及秤盘、阻尼器内筒能自由摆动。b. 空气阻尼器，由两个特制的铝合金圆筒构成，外筒固定在立柱上，内筒持在吊耳上，两筒间隙均匀，没有摩擦，开启天平后，内筒能自由上下运动，由于筒内空气阻力的作用使天平横梁很快停摆而达到平衡。c. 秤盘，两个秤盘分别挂在吊耳上，左盘放被称物，右盘放砝码。

吊耳、阻尼器内筒、秤盘上一般都刻有"1"、"2"标记，安装时要分左右配套使用。

④ 读数系统：指针下端装有缩微标尺，光源通过光学系统将缩微标尺上的分度线放大，再反射到投影屏上，从屏上（光幕）可看到标尺的投影，中间为零，左负右正。屏中央有一条垂直刻线，标尺投影与该线重合处即为天平的平衡位置。天平箱下的投影屏调节杆可将光屏在小范围内左右移动，用于细调天平零点。

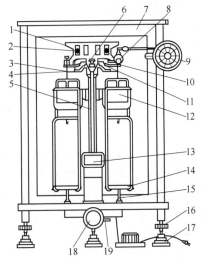

图 2-6　TG-328B 型半机械加码电光天平
1—横梁；2—平衡砣；3—吊耳；4—翼子板；
5—指针；6—支点刀；7—框罩；8—圆形砝码；
9—指数盘；10—支柱；11—折叶；
12—阻尼内筒；13—投影屏；
14—秤盘；15—盘托；16—螺旋脚；
17—垫脚；18—升降旋钮；
19—投影屏调节杆

⑤ 天平升降旋钮位于天平底板正中，它连接托梁架、盘托和光源。开启天平时，顺时针旋转升降旋钮，托梁架即下降，梁上的三个刀口与相应的玛瑙平板接触，吊钩及秤盘自由摆动，同时接通了光源，屏幕上显出标尺的投影，天平已进入工作状态。停止称量时，关闭升降旋钮，则横梁、吊耳及秤盘被托住，刀口与玛瑙平板离开，光源切断，屏幕黑暗，天平进入休止状态。

⑥ 天平箱下装有三个脚，前面的两个脚带有旋钮，可使底板升降，用以调节天平的水平位置。天平立柱的后上方装有气泡水平仪，用来指示天平的水平位置。

⑦ 机械加码器：转动圈码指数盘，可使天平梁右端吊耳上加 10～990mg 圈形砝码。指数盘上刻有圈码的质量值，内层为 10～90mg 组，外层为 100～900mg 组。

⑧ 砝码：每台天平都附有一盒配套使用的砝码，盒内装有 1g、2g、2g、5g、10g、20g、20g、50g、100g 的三等砝码共 9 个。标称值相同的砝码，其实际质量可能有微小的差异，所以分别用单点"·"或单星"*"、双点"··"或双星"**"作标记以示区别。

我国生产的砝码（不包括机械挂码）过去分为 5 等，其中 1、2 等砝码主要在计量部门作为基准或标准砝码使用；3～5 等为工作用砝码。双盘分析天平上通常配备 3 等砝码。

砝码产品均附有质量检定证书，无检定证书或其他合格印记的砝码不能使用。砝码使用一定时期（一般为 1 年）后应对其质量进行校准。

砝码在使用及存放过程中要保持清洁，4 级以上的砝码不得赤手拿取，要防止划伤或腐蚀砝码表面，应定期用无水乙醇或丙酮擦拭，擦拭时应使用真丝绸布或麂皮，要避免溶剂渗入砝码的调整腔。

2.3.2.2 使用方法

分析天平是精密仪器，使用时要认真、仔细，要预先熟悉使用方法，否则容易出错，使得称量不准确或损坏天平部件。

① 准备　拿下防尘罩，叠平后放在天平箱上方。检查天平是否正常，如天平是否水平、秤盘是否洁净、圈码指数盘是否在"000"位、圈码有无脱位、吊耳是否错位等。

② 调节零点　接通电源，打开升降旋钮，此时在光屏上可以看到标尺的投影在移动，当标尺稳定后，如果屏幕中央的刻线与标尺上的 0.00 位置不重合，可拨动投影屏调节杆，移动屏的位置，直到屏中刻线恰好与标尺中的"0"线重合，即为零点。如果屏的位置已移到尽头仍调不到零点，则需关闭天平，调节横梁上的平衡螺丝（这一操作由教师进行），再开启天平继续拨动投影屏调节杆，直至调定零点。然后关闭天平，准备称量。

③ 称量　将欲称物体先在托盘天平上粗称，然后放到天平左盘中心，根据粗称的数据在天平右盘上加砝码至克位。半开天平，观察标尺移动方向或指针倾斜方向（若砝码加多了，则标尺的投影向右移，指针向左倾斜）以判断所加砝码是否合适及如何调整。克码调定后，再依次调整百毫克组和十毫克组圈码，每次均从中间量（500mg 或 50mg）开始调节。调定圈码至 10mg 位后，完全开启天平，准备读数。

加减砝码的原则是："由大到小，折半加入"。砝码未完全调定时不可完全开启天平，以免横梁过度倾斜，造成错位或吊耳脱落。

④ 读数　砝码调定，待标尺停稳后即可读数，被称物的质量等于克码总量加圈码总量加标尺读数。

标尺读数在 9～10mg 时，可再加 10mg 圈码，从屏上读取标尺负值，记录时将此读数从砝码总量中减去。

⑤ 复原　称量、记录完毕，随即关闭天平，取出被称物，将砝码夹回盒内，圈码指数盘退回到"000"位，关闭两侧门，盖上防尘罩。

还需指出的是：按照双盘半机械加码分析天平的缩微标尺，它的灵敏度是每增加 10mg 砝码，天平指针应偏转 98～102 小格，准确地说是偏转 100 小格，因此其分度值为：

$$S = \frac{10\text{mg}}{100 \text{ 格}} = 0.1\text{mg/格}$$

分度值为 0.1mg/格 的天平，称为万分之一分析天平，TG-328B 型电光天平即属此类。

化工分析教学用的天平，其最大荷载多为 200g，分度值为 0.1mg/格，故分度数 $n = 200/0.0001 = 2 \times 10^6$，由表 2-8 可知，此类天平级别为 3 级。

2.3.3　全机械加码电光天平

TG-328A 型分析天平系全机械加码电光天平，见图 2-7。

这种全机械加码电光天平的结构与半机械加码电光天平基本相似，不同之处在于所有的砝码都是用机械加码装置（设置在天平左侧）添加的。全部砝码分三组（10g 以上；1～9g；10～990mg），装在三个机械加码转盘的挂钩上，10mg 以下也是从光幕标尺直接读数。目前工厂实验室较多采用这种天平，该天平使用简便，称量速度快，但学生操作时易发生加码器故障。

2.3.4 电子天平

2.3.4.1 称量原理

电子天平是最新一代的天平，目前应用的主要有顶部承载式（吊挂单盘）和底部承重式（上皿式）两种。尽管不同类型的电子天平的控制方式和电路不尽相同，但其称量原理大都依据电磁力平衡理论。

把通电导线放在磁场中时，导线将产生电磁力，力的方向可以用左手定则来判定。当磁场强度不变时，力的大小与流过线圈的电流强度成正比。重物的重力方向向下，如果使电磁力的方向向上，并与重力相平衡，则通过导线的电流与被称物体的质量成正比。电子天平的结构如图 2-8 所示，秤盘通过支架连杆与线圈相连，线圈置于磁场中。秤盘

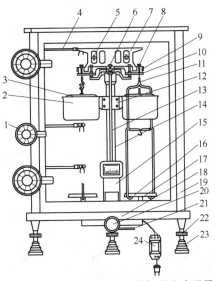

图 2-7 TG-328A 型全机械加码电光天平
1—指数盘；2—阻尼器外筒；3—阻尼器内筒；
4—加码杆；5—平衡螺丝；6—中刀；7—横梁；
8—吊耳；9—边刀盒；10—托翼；11—挂钩；
12—阻尼架；13—指针；14—立柱；
15—投影屏座；16—天平盘；17—盘托；
18—底座；19—框罩；20—开关旋钮；
21—调零杆；22—调水平底脚；
23—脚垫；24—变压器

及被称物体的重力通过连杆支架作用于线圈上，方向向下。线圈内有电流通过，产生一个向上作用的电磁力，与秤盘重力方向相反，大小相等。位移传感器处于预定的中心位置，当秤盘上的物体质量发生变化时，位移传感器检出位移信号，经调节器和放大器改变线圈的电流直至线圈回到中心位置为止。通过数字显示出物体的质量。

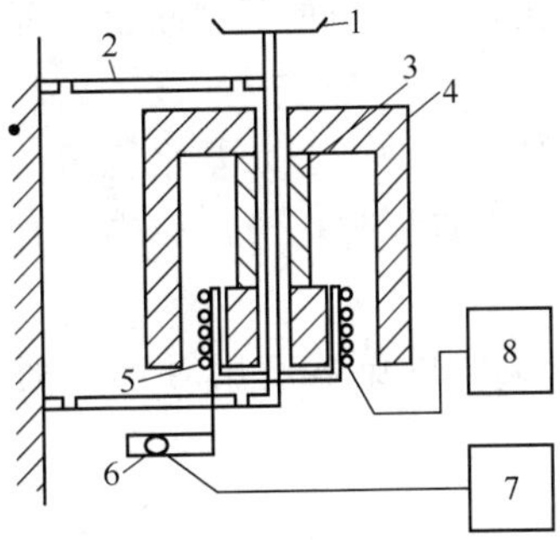

2.3.4.2 性能特点

电子天平具有下述性能特点：

① 电子天平支撑点采用弹性簧片，没有机械天平的玛瑙刀，取消了升降框装置，采用数字显示方式代替指针刻度式显示。使用寿命长，性能稳定，灵敏度高，操作方便。

② 电子天平采用电磁力平衡原理，称量时全量程不用砝码。放上被称物后，在几秒钟内即达到平衡、显示读数，称量速度快，精度高。

图 2-8 电子天平结构示意图（上皿式）
1—秤盘；2—簧片；3—磁钢；
4—磁回路体；5—线圈及线圈架；
6—位移传感器；7—放大器；
8—电流控制电路

③ 有的电子天平具有称量范围和读数精度可变的功能，如瑞士梅特勒 AE240 天平，在 0～205g 称量范围，读数精度为 0.1mg；在 0～41g 称量范围内，读数精度 0.01mg，可以一机多用。

④ 分析及半微量电子天平一般具有内部校正功能。天平内部装有标准砝码，使用校准功能时，标准砝码被启用，天平的微处理器将标准砝码的质量值作为校准标准，以获得正确

的称量数据。

⑤ 电子天平是高智能化的，可在全量程范围内实现去皮重、累加、超载显示、故障报警等。

⑥ 电子天平具有质量电信号输出，这是机械天平无法做到的。它可以连接打印机、计算机，实现称量、记录和计算的自动化。同时也可以在生产、科研中作为称量、检测的手段，或组成各种新仪器。

2.3.4.3 安装和使用方法

电子天平对天平室和天平台的要求与机械天平相同，同时应使天平远离带有磁性或能产生磁场的物体和设备。

电子天平的安装较简单，一般按说明书要求进行即可。图 2-9 是电子天平（ES-J 系列）外形及各部件图。清洁天平各部件后，放好天平，调节水平，依次放上防尘隔板、防风环、盘托和秤盘，连接电源线即可。

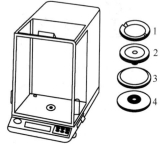

图 2-9　电子天平外形及相关部件
1—秤盘；2—盘托；
3—防风环；4—防尘隔板

电子天平的使用方法如下。

① 使用前检查天平是否水平，调整水平。

② 称量前接通电源预热 30min。

③ 校准：首次使用天平必须先校准；将天平从一地移到另一地使用时或在使用一段时间（30 天左右）后，应对天平重新校准。为使称量更为精确，也可随时对天平进行校准。校准可按说明书，用内装校准砝码或外部自备有修正值的校准砝码进行。

④ 称量：按下显示屏的开关键，待显示稳定的零点后，将物品放到秤盘上，关上防风门。显示稳定后即可读取称量值。操纵相应的按键可以实现"去皮"、"增重"、"减重"等称量功能。

例如用小烧杯称取样品时，可先将洁净干燥的小烧杯放在秤盘中央，显示数字稳定后按"去皮"键，显示即恢复为零，再缓缓加样品至显示出所需样品的质量时，停止加样，直接记录称取样品的质量。

短时间（如 2h）内暂不使用天平，可不关闭天平电源开关，以免再使用时重新通电预热。

2.3.5 称量方法

根据不同的称量对象，需采用相应的称量方法。对机械天平而言，大致有如下几种常用的称量方法。

2.3.5.1 直接法

天平零点调定后，将被称物直接放在秤盘上，所得读数即为被称物的质量。这种称量方法适用于称量洁净干燥的器皿、棒状或块状的金属及其他整块的不易潮解或升华的固体样品。注意，不得用手直接取放被称物，而应采用戴汗布手套、垫纸条、用镊子或钳子等适宜的办法。

2.3.5.2 减量法（差减法）

取适量待称样品置于一干燥洁净的容器（称量瓶、纸簸箕、小滴瓶等）中，在天平上准确称量后，取出欲称取量的样品置于实验器皿中，再次准确称量，两次称量读数之差，即为所称得样品的质量。如此重复操作，可连续称取若干份样品。这种称量方法适用于一般的颗粒状、粉末状试剂或试样及液体试样。

称量瓶的使用方法：称量瓶（见图 2-10）是减量法称量粉末状、颗粒状样品最常用的容器。用前要洗净烘干，用时不可直接用手拿，而应用纸条套住瓶身中部，用手指捏紧纸条进行操作，这样可避免手汗和体温的影响。先将称量瓶放在台秤上粗称，然后将瓶盖打开放在同一秤盘上，根据所需样品量（应略多些）向右移动游码或加砝码。用药勺缓缓加入样品至台秤平衡。盖上瓶盖，再拿到天平上准确称量并记录读数。拿出称量瓶，在盛接样品的容器上方打开瓶盖并用瓶盖的下面轻敲称量瓶口的右上部，使样品缓缓倾入容器（见图2-11）。估计倾出的样品已够量时，再边敲瓶口边将瓶身扶正，盖好瓶盖后方可离开容器的上方，再准确称量。如果一次倾出的样品质量不够，可再次倾倒样品，直至倾出样品的量满足要求后，再记录第二次天平称量的读数。

图 2-10 称量瓶的拿取方法　　　　图 2-11 倾出试样的操作

2.3.5.3 固定量称量法（增量法）

直接用基准物质配制标准溶液时，有时需要配成一定浓度值的溶液，这就要求所称基准物质的质量必须是一定的。例如配制 100mL 含钙 1.000mg/mL 的标准溶液，必须准确称取 0.2497g $CaCO_3$ 基准试剂。称量方法是：准确称量一洁净干燥的小烧杯（50mL 或 100mL），读数后再适当调整砝码，在天平半开状态下，小心缓慢地向烧杯中加 $CaCO_3$ 试剂，直至天平读数正好增加 0.2497g 为止。这种称量操作的速度很慢，适用于不易吸潮的粉末状或小颗粒（最大颗粒应小于 0.1mg）样品。

2.3.5.4 液体样品的称量

液体样品的准确称量比较麻烦，根据不同样品的性质有多种称量方法，现就主要的称量方法予以简单介绍。

① 性质较稳定、不易挥发的样品可装在干燥的小滴瓶中用减量法称取，应预先粗测每滴样品的大致质量。

② 较易挥发的样品可用增量法称量。例如，称取浓 HCl 试样时，可先在 100mL 具塞锥形瓶中加 20mL 水，准确称量后，加入适量的试样，立即盖上瓶塞，再进行准确称量，然后即可进行测定（例如用 NaOH 标准溶液滴定 HCl 溶液）。

③ 易挥发或与水作用强烈的样品需要采取特殊的方法进行称量。例如，冰醋酸样品可用小称量瓶准确称量，然后连瓶一起放入已盛有适量水的具塞锥形瓶中，摇开称量瓶盖，样品与水混匀后进行测定。发烟硫酸及浓硝酸样品一般采用直径约 10mm、带毛细管的安瓿球称取。已准确称量的安瓿球经火焰微热后，毛细管尖插入样品，球泡冷却后可吸入 1～2mL

样品，用火焰封住管尖后准确称量。将安瓿球放入盛有适量水的具塞锥形瓶中，摇碎安瓿球，样品与水混合并冷却后即可进行测定。

2.4 滴定分析基本操作

2.4.1 滴定管的准备和使用

滴定管是可放出不固定量液体的量出式玻璃量器，主要用于滴定分析中对滴定剂体积的测量。

滴定管大致有以下几种类型：普通的具塞和无塞滴定管、三通活塞自动定零位滴定管、侧边活塞自动定零位滴定管、侧边三通活塞自动定零位滴定管等。滴定管的全容量最小的为 1mL，最大的为 100mL，常用的是 10mL、25mL、50mL 容量的滴定管。国家规定的常用滴定管的容量允差和水的流出时间列于表 2-10。

表 2-10 常用滴定管

标称总容量/mL		5	10	25	50	100
分度值/mL		0.02	0.05	0.1	0.1	0.2
容量允差/mL	A	±0.010	±0.025	±0.04	±0.05	±0.10
	B	±0.020	±0.050	±0.08	±0.10	±0.20
水的流出时间/s	A	30～45		45～70	60～90	70～100
	B	20～45		35～70	50～90	60～100
等待时间/s		30				

自动定零位滴定管（见图 2-12）是将贮液瓶与具塞滴定管通过磨口塞连接在一起的滴定装置，加液方便，可自动调零点，适用于常规分析中的经常性滴定操作。使用时用打气球向贮液瓶内加压，使瓶中的标准溶液压入滴定管中，滴定管顶端熔接了一个回液尖嘴，使零线以上的溶液自动流回贮液瓶而调定零点。这种滴定管结构比较复杂，清洗和更换溶液都比较麻烦，价格较贵，因此并不普遍使用。在教学和科研中广泛使用的是普通滴定管（见图 2-13），在此主要对其进行介绍。

2.4.1.1 滴定管的准备

新拿到一支滴定管，用前应先作一些初步检查，如酸式管旋塞是否匹配，碱式管的乳胶管孔径与玻璃球大小是否合适，乳胶管是否有孔洞、裂纹和硬化，滴定管是否完好无损等。初步检查合格后，进行下列准备工作。

（1）洗涤　滴定管可用自来水冲洗或用细长的刷子蘸洗衣粉液洗刷，但不能用去污粉（去污粉的细颗粒很容易黏附在管壁上，不易清洗除去）。也不要用铁丝做的毛刷刷洗，因为容易划伤器壁，引起容量的变化，并且划伤的表面更易藏污垢。如果经过刷洗后内壁仍有油脂（主要来自于旋塞润滑剂）或其他能用铬酸洗液洗去的污垢，可用铬酸洗液荡洗或浸泡。对于酸式滴定管，可直接在管中加入洗液浸泡，而碱式滴定管则要先拔去乳胶管，换上一小段塞有短玻璃棒的橡皮管，然后用洗液浸泡。总之，为了尽快而方便地洗净滴定管，可根据脏物的性质、弄脏的程度，选择合适的洗涤剂和

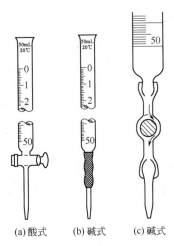

图 2-12 侧边活塞自动定零位滴定管　　　　图 2-13 普通滴定管

洗涤方法。无论用哪种方法洗，最后都要先用自来水充分洗涤，继而用蒸馏水荡洗三次。洗净的滴定管在水流去后，内壁应均匀地润上一薄层水，若管壁上还挂有水珠，说明未洗净，必须重洗。

（2）涂凡士林　使用酸式滴定管时，为使旋塞旋转灵活而又不致漏水，一般需将旋塞涂一薄层凡士林。其方法是将滴定管平放在实验台上，取下旋塞芯，用吸水纸将旋塞芯和旋塞槽内擦干。然后分别在旋塞的大头表面上和旋塞槽小口内壁沿圆周均匀地涂一层薄薄的凡士林，将涂好凡士林的旋塞芯插进旋塞槽内，向同一方向旋转旋塞，直到旋塞芯与旋塞槽接触处全部呈透明而没有纹路为止（见图 2-14）。涂凡士林要适量，过多可能会堵塞旋塞孔，过少则起不到润滑的作用，甚至造成漏水。把装好旋塞的滴定管平放在桌面上，让旋塞的小头朝上，然后在小头上套一个小橡皮圈以防旋塞脱落。在涂凡士林过程中要特别小心，切莫让旋塞芯跌落在地上，造成整支滴定管报废。

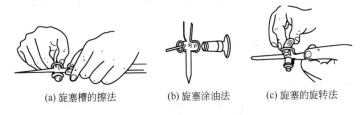

图 2-14 旋塞涂凡士林

（3）检漏　检漏的方法是将滴定管用水充满至"0"刻度附近，然后夹在滴定管夹上，用吸水纸将滴定管外擦干，静置 1min，检查管尖或旋塞周围有无水渗出，然后将旋塞转动 180°，重新检查，如有漏水，必须重新涂油。

（4）滴定剂溶液的加入　加入滴定剂溶液前，先用蒸馏水荡洗滴定管三次，每次约 10mL，荡洗时，两手平端滴定管，慢慢旋转，让水遍及全管内壁，然后从两端放出。再用待装溶液荡洗三次，用量依次为 10mL、5mL、5mL，荡洗方法与用蒸馏水荡洗时相同。荡洗完毕，装入滴定液至"0"刻度以上，检查旋塞附近（或橡皮管内）及管端有无气泡。如有气泡，应将其排出。排出气泡时，对酸式滴定管是用右手拿住滴定管使它倾斜约 30°，左手迅速打开旋塞，使溶液冲下将气泡赶掉；对碱式滴定管可将橡皮管向上弯曲，捏住玻璃珠

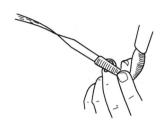

图 2-15 碱式滴定管中气泡的赶出

的右上方，气泡即被溶液压出，如图 2-15 所示。

2.4.1.2 滴定管的操作方法

滴定管应垂直地夹在滴定管架上。使用酸式滴定管滴定时，左手无名指和小指弯向手心，用其余三指控制旋塞旋转（见图 2-16）。不要将旋塞向外顶，也不要太向里紧扣，以免使旋塞转动不灵。

使用碱式滴定管时，左手无名指和中指夹住尖嘴，拇指与食指向侧面挤压玻璃珠所在部位稍上处的乳胶管（见图 2-17），使溶液从缝隙处流出。但要注意不能使玻璃珠上下移动，更不能捏玻璃珠下部的乳胶管。

无论用哪种滴定管，都必须掌握三种加液方法：①逐滴滴加；②加1滴；③加半滴。

（1）滴定方法　滴定操作一般在锥形瓶内进行（见图 2-16 和图 2-17）。

图 2-16　酸式滴定管的操作

图 2-17　碱式滴定管的操作

在锥形瓶中进行滴定时，右手前三指拿住瓶颈，瓶底离瓷板 2～3cm。将滴定管下端伸入瓶口约 1cm。左手如前述方法操作滴定管，边摇动锥形瓶，边滴加溶液。滴定时应注意以下几点。

① 摇瓶时，转动腕关节，使溶液向同一方向旋转（左旋、右旋均可），但勿使瓶口接触滴定管出口尖嘴。

② 滴定时，左手不能离开旋塞任其自流。

③ 眼睛应注意观察溶液颜色的变化，而不要注视滴定管的液面。

④ 溶液应逐滴滴加，不要流成直线。接近终点时，应每加1滴，摇几下，直至加半滴使溶液出现明显的颜色变化。加半滴溶液的方法是先使溶液悬挂在出口尖嘴上，以锥形瓶口内壁接触液滴，再用少量蒸馏水吹洗瓶壁。

⑤ 用碱式滴定管滴加半滴溶液时，应放开食指与拇指，使悬挂的半滴溶液靠入瓶口内，再放开无名指与中指。

⑥ 每次滴定应从"0"刻度开始。

⑦ 滴定结束后，弃去滴定管内剩余的溶液，随即洗净滴定管，并用水充满滴定管，以备下次再用。

若在烧杯中进行滴定，烧杯应放在白瓷板上，将滴定管出口尖嘴伸入烧杯约 1cm，滴定管应放在左后方，但不要靠杯壁，右手持玻璃棒搅动溶液。加半滴溶液时，用玻璃棒末端承接悬挂的半滴溶液，放入溶液中搅拌。注意玻璃棒只能接触液滴，不能接触管尖。

溴酸钾法、碘量法（滴定碘法）等需在碘量瓶中进行反应和滴定。碘量瓶是带有磨口玻璃塞和水槽的锥形瓶（见图 2-18），喇叭形瓶口与瓶塞柄之间形成一圈水槽，槽中加纯水可形成水封，防止瓶中溶液反应生成气体（Br_2、I_2 等）逸失。反应一定时间后，打开瓶塞，水即流下并可冲洗瓶塞和瓶壁，接着进行滴定。

（2）滴定管的读数　读数应遵照下列原则。

① 读数时，可将滴定管夹在滴定管架上，也可以右手指夹持滴定管上部无刻度处。不管用哪一种方法读数，均应使滴定管保持垂直状态。

② 读数时，视线应与液面呈水平，视线高于液面，读数将偏低；反之，读数偏高（见图 2-19）。

③ 对于无色或浅色溶液，应该读取弯月面下缘的最低点，溶液颜色太深而不能观察到弯月面时，可读两侧最高点（见图 2-20）。初读数与终读数应取同一标准。

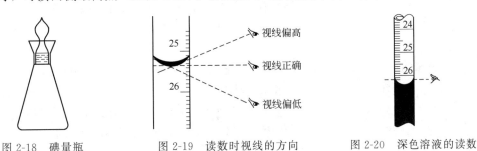

图 2-18　碘量瓶　　　　图 2-19　读数时视线的方向　　　图 2-20　深色溶液的读数

④ 读数应估计到最小分度的 1/10。对于常量滴定管，读到小数后第二位，即估计到 0.01mL。

⑤ 初学者练习读数时，可在滴定管后衬一黑白两色的读数卡（见图 2-21）。将卡片紧贴滴定管，黑色部分在弯月面下约 1mm 处，即可看到弯月面反映层呈黑色。若用白色背景，观察到的是弯月面反映层的虚像，但因这一影像随卡片与滴定管的距离、卡片倾斜角度及光线强弱等因素而变化，因此不宜采用。

⑥ 乳白板蓝线衬背的滴定管，应当以蓝线的最尖部分的位置读数（见图 2-22）。

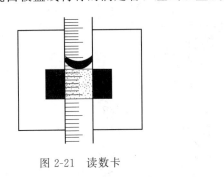 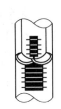

图 2-21　读数卡　　　　　　　图 2-22　蓝条滴定管

2.4.2　容量瓶的准备和使用

容量瓶是细颈梨形平底玻璃瓶（见图 2-23），由无色或棕色玻璃制成，带有磨口玻璃塞，颈上有一标线。容量瓶均为量入式，颈上应标有"In"字样。精度级别分为 A 级和 B 级。国家规定的容量允差列于表 2-11。

容量瓶的容量定义为：在 20℃时，充满至刻度线所容纳水的体积，以 mL 计。调定弯液面的正确方法是：调节液面，使弯液面的最低点与刻度线水平相切，视线应在同一水平面。

表 2-11　常用容量瓶的规格

标称容量/mL		10	25	50	100	200	250	500	1000	2000
容量允差/mL	A	±0.02	±0.03	±0.05	±0.10	±0.15	±0.15	±0.25	±0.40	±0.60
	B	±0.04	±0.06	±0.10	±0.20	±0.30	±0.30	±0.50	±0.80	±1.20

容量瓶的主要用途是配制准确浓度的溶液或定量地稀释溶液，它常和移液管配合使用，可把配成溶液的某种物质分成若干等份。

使用容量瓶时应注意以下几点。

① 检查瓶口是否漏水：加水至刻线，盖上瓶塞颠倒 10 次（每次颠倒过程中要停留在倒置状态 10s）以后不应有水渗出（可用滤纸片检查）。将瓶塞旋转 180°再检查一次，合格后用橡皮筋或塑料绳将瓶塞和瓶颈上端系在一起，以防摔碎或与其他瓶塞混淆。

② 用铬酸洗液清洗内壁，然后用自来水和纯水洗净，某些仪器分析实验中还需用硝酸或盐酸洗液清洗。

③ 用固体物质（基准试剂或被测样品）配制溶液时，应先在烧杯中将固体物质完全溶解后再转移至容量瓶中。转移时要使溶液沿搅拌棒流入瓶中，其操作方法如图 2-23(a) 所示。烧杯中的溶液倒尽后，烧杯不要直接离开搅拌棒，而应在烧杯扶正的同时使杯嘴沿搅拌棒上提 1～2cm，随后烧杯再离开搅拌棒，这样可避免杯嘴与搅拌棒之间的一滴溶液流到烧杯外面。然后再用少量水（或其他溶剂）涮洗烧杯 3～4 次，每次用洗瓶或滴管冲洗杯壁和搅拌棒，按同样的方法移入瓶中。当溶液达 2/3 容量时，应将容量瓶沿水平方向轻轻摆动几周以使溶液初步混匀。再加水至刻线以下约 1cm，等待 1～2min，最后用滴管从刻线以上 1cm 以内的一点沿颈壁缓缓加水至弯液面最低点与标线上边缘水平相切。随即盖紧瓶塞，左手捏住瓶颈上端，食指压住瓶塞，右手三指托住瓶底 [见图 2-23(b)]，将容量瓶颠倒 15 次以上，每次颠倒时都应使瓶内气泡升到顶部，倒置时应水平摇动几周 [见图 2-23(c)]，如此重复操作，可使瓶内溶液充分混匀。100mL 以下的容量瓶，可不用右手托瓶，一只手抓住瓶颈及瓶塞进行颠倒和摇动即可。

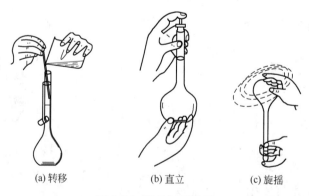

(a) 转移　　(b) 直立　　(c) 旋摇

图 2-23　容量瓶的使用

④ 对玻璃有腐蚀作用的溶液，如强碱溶液，不能在容量瓶中久贮，配好后应立即转移到其他容器（如塑料试剂瓶）中密闭存放。

2.4.3　移液管和吸量管的洗涤及使用

(1) 移液管和吸量管的洗涤　吸取洗液至球部的 1/4～1/3 处，立即用右手食指按住管口，将移液管横过来，用两手的拇指及食指分别拿住移液管的两端，转动移液管并使洗液布满全管内壁，将洗液从上口倒出。依次用自来水和纯水洗净。

(2) 移液管和吸量管的润洗　移取溶液前，可用吸水纸将洗干净的移液管的尖端内外的水除去，然后用待吸溶液润洗3次。方法是：先从试剂瓶中倒出少许溶液至一干燥的小烧杯中，然后用左手持洗耳球，将食指或拇指放在洗耳球的上方，其余手指自然地握住洗耳球，用右手的拇指和中指拿住移液管或吸量管标线以上的部分，无名指和小指辅助拿住移液管，如图2-24所示，将管尖伸入小烧杯的溶液或洗液中吸取，待吸液至球部的1/4~1/3处（注意：勿使溶液流回，即溶液只能上升不能下降，以免稀释溶液）时，立即用右手食指按住管口并移出。将移液管横过来，用两手的拇指及食指分别拿住移液管的两端，边转动边使移液管中的溶液浸润内壁，当溶液流至标度刻线以上且距上口2~3cm时，将移液管直立，使溶液由尖嘴放出、弃去。如此反复润洗3次。润洗这一步骤很重要，它保证使移液管的内壁及有关部位与待吸溶液处于同一浓度。吸量管的润洗操作与此相同。

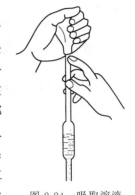

图2-24　吸取溶液的操作

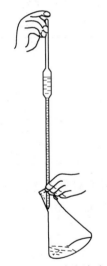

图2-25　放出溶液的操作

(3) 移取溶液　移液管经润洗后，移取溶液时，将移液管直接插入待吸液面下1~2cm处。管尖不应伸入太浅，以免液面下降后造成吸空；也不应伸入太深，以免移液管外部附有过多的溶液。吸液时，应注意容器中液面和管尖的位置，应使管尖随液面下降而下降。当洗耳球慢慢放松时，管中的液面徐徐上升，当液面上升至标线以上5mm（不可过高、过低）时，迅速移去洗耳球。与此同时，用右手食指堵住管口，并将移液管向上提起，使之离开小烧杯，用吸水纸擦拭移液管的下端原伸入溶液的部分，以除去管壁上的溶液。左手改拿一干净的小烧杯，然后使烧杯倾斜呈30°，其内壁与移液管尖紧贴，停留30s后右手食指微微松动，使液面缓慢下降，直到视线平视时弯月面与标线相切，这时立即将食指按紧管口。移开小烧杯，左手改拿接收溶液的容器如锥形瓶，并将接收容器倾斜，使内壁紧贴移液管尖，呈30°左右。然后放松右手食指，使溶液自然地顺壁流下，如图2-25所示。待液面下降到管尖后，等15s左右，移出移液管。这时，尚可见管尖部位仍留有少量溶液，对此，除特别注明"吹"字的以外，一般此管尖部位留存的溶液是不能吹入接收容器中的，因为在工厂生产检定移液管时是没有把这部分体积算进去的。但必须指出，由于一些管口尖部做得不很圆滑，因此可能会由于随靠接收容器内壁的管尖部位不同而留存在管尖部位的体积有大小的变化，为此，可在等15s后，将管身往左右旋动一下，这样管尖部分每次留存的体积将会基本相同，不会导致平行测定时的过大误差。

用吸量管吸取溶液时，大体与上述操作相同。但吸量管上常标有"吹"字，特别是1mL以下的吸量管尤其是如此，对此，要特别注意。同时，吸量管的分度刻到离管尖尚差1~2cm，放出溶液时也应注意。实验中要尽量使用同一支吸量管，以免带来误差。

2.4.4　滴定分析仪器的校准

由于制造工艺的限制、试剂的侵蚀等原因，容量仪器的实际容积与它所示的容积（标称容积）存在或多或少的差值，此值必须符合一定标准（容量允差）。下面是国家规定的一些容量仪器的容量允差。

2.4.4.1 容量仪器的容量允差

（1）滴定管　国家规定的滴定管容量允差列于表 2-12（摘自国家标准 GB/T 12805—2011）。

表 2-12　常用滴定管的容量允差

项　目		标称总容量/mL					
		2	5	10	25	50	100
分度值/mL		0.02	0.02	0.05	0.1	0.1	0.2
容量允差(±)/mL	A	0.010	0.010	0.025	0.05	0.05	0.10
	B	0.020	0.020	0.050	0.10	0.10	0.20

（2）容量瓶　国家规定的容量瓶容量允差列于表 2-13（摘自国家标准 GB/T 12806—2011）。

表 2-13　常用容量瓶的容量允差

标称容量/mL		5	10	25	50	100	200	250	500	1000	2000
容量允差(±)/mL	A	0.02	0.02	0.03	0.05	0.10	0.15	0.15	0.25	0.40	0.60
	B	0.04	0.04	0.06	0.10	0.20	0.30	0.30	0.50	0.80	1.20

（3）移液管　国家规定的移液管容量允差见表 2-14（摘自国家标准 GB/T 12808—2015）。

表 2-14　常用移液管的容量允差

标称容量/mL		2	5	10	20	25	50	100
容量允差(±)/mL	A	0.010	0.015	0.020	0.030	0.030	0.050	0.080
	B	0.020	0.030	0.040	0.060	0.060	0.100	0.160

量器的准确度对于一般分析已经满足要求，但在要求较高的分析工作中则必须进行校准。一些标准分析方法规定对所有量器必须校准，因此有必要掌握量器的校准方法。

2.4.4.2 容量仪器的校准方法

容量仪器的校准在实际工作中通常采用绝对校准和相对校准两种方法。

（1）绝对校准法（称量法）

① 原理　称量量入式❶或量出式❷玻璃量器中水的表观质量，并根据该温度下水的密度，计算出该玻璃量器在 20℃时的容量。

绝对校准法是指称取滴定分析仪器某一刻度内放出或容纳纯水的质量，根据该温度下纯水的密度，将水的质量换算成体积的方法。其换算公式为：

$$V_t = m_t / \rho_{水}$$

式中　V_t——t℃时水的体积，mL；

m_t——t℃时在空气中称得水的质量，g；

$\rho_{水}$——t℃时在空气中水的密度，g/mL。

---

❶ 量入式玻璃量器——量器上标示的体积表示容量仪器容纳的体积，包括器壁上所挂液体的体积。用符号"E"表示。
❷ 量出式玻璃量器——量器上标示的体积表示从容量仪器中放出的液体的体积，不包括器壁上所持液体的体积。用符号"A"表示。

测量体积的基本单位是"升"（L），1L 是指在真空中质量为 1kg 的纯水在 3.98℃时所占的体积。滴定分析中常以"升"的千分之一"毫升"（mL）作为基本单位，即在 3.98℃时，1mL 纯水在真空中的质量为 1.000g。如果校准工作也是在 3.98℃和真空中进行，则称出纯水的质量（g）就等于纯水体积（mL）。但实际工作中不可能在真空中称量，也不可能在 3.98℃时进行分析测定，而是在空气中称量，在室温下进行分析测定。国产的滴定分析仪器，其体积都是以 20℃为标准温度进行标定的。例如，一个标有 20℃、体积为 1L 的容量瓶，表示在 20℃时，它的体积是 1L，即真空中 1kg 纯水在 3.98℃时所占的体积。

将称出的纯水质量换算成体积时，必须考虑下列三方面因素。

a. 水的密度随温度的变化而改变。水在 3.98℃的真空中相对密度为 1，高于或低于此温度，其相对密度均小于 1。

b. 温度对玻璃仪器热胀冷缩的影响。温度改变时，因玻璃的膨胀和收缩，量器的容积也随之而改变。因此，在不同的温度校准时，必须以标准温度为基础加以校准。

c. 在空气中称量时，空气浮力对纯水质量的影响。校准时，在空气中称量，由于空气浮力的影响，水在空气中称得的质量必小于在真空中称得的质量，这个减轻的质量应该加以校准。

在一定的温度下，上述三个因素的校准值是一定的，所以可将其合并为一个总校准值。此值表示玻璃仪器中容积（20℃）为 1mL 的纯水在不同温度下于空气中用黄铜砝码称得的质量，列于表 2-15 中。

表 2-15　玻璃容器中 1mL 水在空气中用黄铜砝码称得的质量

温度/℃	质量/g	温度/℃	质量/g	温度/℃	质量/g	温度/℃	质量/g
1	0.99824	11	0.99832	21	0.99700	31	0.99464
2	0.99832	12	0.99823	22	0.99680	32	0.99434
3	0.99839	13	0.99814	23	0.99660	33	0.99406
4	0.99844	14	0.99804	24	0.99638	34	0.99375
5	0.99848	15	0.99793	25	0.99617	35	0.99345
6	0.99851	16	0.99780	26	0.99593	36	0.99312
7	0.99850	17	0.99765	27	0.99569	37	0.99280
8	0.99848	18	0.99751	28	0.99544	38	0.99246
9	0.99844	19	0.99734	29	0.99518	39	0.99212
10	0.99839	20	0.99718	30	0.99491	40	0.99177

利用此值可将不同温度下水的质量换算成 20℃时的体积，其换算公式为：

$$V_{20} = m_t / \rho_t$$

式中　m_t——t℃时在空气中用砝码称得玻璃仪器中放出或装入的纯水的质量，g；

ρ_t——1mL 的纯水在 t℃用黄铜砝码称得的质量，g；

V_{20}——将 m_t（g）纯水换算成 20℃时的体积，mL。

② 滴定管的校准　将滴定管洗净至内壁不挂水珠，加入纯水，驱除活塞下的气泡，取一磨口塞锥形瓶，擦干外壁、瓶口及瓶塞，在分析天平上称取其质量。将滴定管的水面调节到正好在 0.00 刻度处。按滴定时常用的速度（每秒 3 滴）将一定体积的水放入已称过质量的具塞锥形瓶中，注意勿将水沾在瓶口上。在分析天平上称量盛水的锥形瓶的质量，计算水的质量及真实体积，倒掉锥形瓶中的水，擦干瓶外壁、瓶口和瓶塞，再次称量瓶的质量。滴定管重新充水至 0.00 刻度，再放入另一体积的水至锥形瓶中，称量盛水的瓶的质量，测定当时水的温度，查出该温度下 1mL 的纯水用黄铜砝码称得的质量，计算出此段水的实际体

积。如上继续检定 0.00 到最大刻度的体积，计算真实体积。

重复检定 1 次，两次检定所得同一刻度的体积相差不应大于 0.01mL（注意：至少检定两次），算出各个体积处的校准值（二次平均），以读数为横坐标，校准值为纵坐标，绘制校准值曲线，以备使用滴定管时查取。

一般 50mL 滴定管每隔 10mL 测一个校准值，25mL 滴定管每隔 5mL 测一个校准值，3mL 微量滴定管每隔 0.5mL 测一个校准值。计算方法举例如下。

【例 2-1】 校准滴定管时，在 21℃时由滴定管中放出 0.00～10.03mL 水，称得其质量为 9.981g，计算该段滴定管在 20℃时的实际体积及校准值各是多少？

解 查表 2-15 得，21℃时 $\rho_{21}=0.99700$g/mL，则

$$V_{20}=\frac{9.981}{0.99700}=10.01 \text{（mL）}$$

该段滴定管在 20℃时的实际体积为 10.01mL。

$$\text{体积校准值 }\Delta V=10.01-10.03=-0.02\text{（mL）}$$

答：该段滴定管在 20℃时的实际体积为 10.01mL，校准值为 −0.02mL。

③ 容量瓶的校准 将洗涤合格并倒置沥干的容量瓶放在天平上称量。取蒸馏水充入已称重的容量瓶中至刻度，称量并测水温（准确至 0.5℃）。根据该温度下的密度，计算真实体积。计算方法举例如下。

【例 2-2】 15℃时，称得 250mL 容量瓶中至刻度线时容纳纯水的质量为 249.520g，计算该容量瓶在 20℃时的校准值是多少？

解 查表 2-15 得，15℃时 $\rho_{15}=0.99793$g/mL，则

$$V_{20}=\frac{249.520}{0.99793}=250.04 \text{（mL）}$$

$$\text{体积校准值 }\Delta V=250.04-250.00=+0.04 \text{（mL）}$$

答：该容量瓶在 20℃时的校准值为 +0.04mL。

④ 移液管的校准 将移液管洗净至内壁不挂水珠，取具塞锥形瓶，擦干外壁、瓶口及瓶塞，称量。按移液管使用方法量取已测温的纯水，放入已称重的锥形瓶中，在分析天平上称量盛水的锥形瓶，计算在该温度下的真实体积。计算方法举例如下。

【例 2-3】 24℃时，称得 25mL 移液管中至刻度线时放出水的质量为 24.902g，计算该移液管在 20℃时的真实体积及校准值各是多少？

解 查表 2-15 得，24℃时 $\rho_{24}=0.99638$g/mL，则

$$V_{20}=\frac{24.902}{0.99638}=24.99 \text{（mL）}$$

$$\text{体积校准值 }\Delta V=24.99-25.00=-0.01 \text{（mL）}$$

答：该移液管在 20℃时的校准值为 −0.01mL。

（2）相对校准法 相对校准法是相对比较两容器所盛液体体积的比例关系。在实际的分析工作中，容量瓶与移液管常常配套使用，如将一定量的物质溶解后在容量瓶中定容，用移液管取出一部分进行定量分析。因此，重要的不是要知道所用容量瓶和移液管的绝对体积，而是容量瓶与移液管的容积比是否正确，如用 25mL 移液管从 250mL 容量瓶中移出溶液的体积是否是容量瓶体积的 1/10，一般只需要作容量瓶和移液管的相对校准。校准的方法如下。

表 2-16 不同温度下 1000mL 水或标准滴定溶液的体积的补正值（GB/T 601—2016）[1000mL 溶液由 t℃ 换算为 20℃时的补正值/(mL/L)]

温度/℃	水和 0.05mol/L 以下的各种水溶液	0.1mol/L 和 0.2mol/L 各种水溶液	c(HCl)=0.5mol/L 盐酸溶液	c(HCl)=1mol/L 盐酸溶液	$c[\frac{1}{2}(H_2SO_4)]$=0.5mol/L 硫酸溶液和 c(NaOH)=0.5mol/L 氢氧化钠溶液	$c[\frac{1}{2}(H_2SO_4)]$=1mol/L 硫酸溶液和 c(NaOH)=1mol/L 氢氧化钠溶液	c(Na₂CO₃)=1mol/L 碳酸钠溶液	c(KOH)=0.1mol/L 氢氧化钾乙醇溶液
5	+1.38	+1.7	+1.9	+2.3	+2.4	+3.6	+3.3	
6	+1.38	+1.7	+1.9	+2.2	+2.3	+3.4	+3.2	
7	+1.36	+1.6	+1.8	+2.2	+2.2	+3.2	+3.0	
8	+1.33	+1.6	+1.8	+2.1	+2.2	+3.0	+2.8	
9	+1.29	+1.5	+1.7	+2.0	+2.1	+2.7	+2.6	
10	+1.23	+1.5	+1.6	+1.9	+2.0	+2.5	+2.4	+10.8
11	+1.17	+1.4	+1.5	+1.8	+1.8	+2.3	+2.2	+9.6
12	+1.10	+1.3	+1.4	+1.6	+1.7	+2.0	+2.0	+8.5
13	+0.99	+1.1	+1.2	+1.4	+1.5	+1.8	+1.8	+7.4
14	+0.88	+1.0	+1.1	+1.2	+1.3	+1.6	+1.5	+6.5
15	+0.77	+0.9	+1.0	+1.0	+1.1	+1.3	+1.3	+5.2
16	+0.64	+0.7	+0.8	+0.8	+0.9	+1.1	+1.1	+4.2
17	+0.50	+0.6	+0.6	+0.6	+0.7	+0.8	+0.8	+3.1
18	+0.34	+0.4	+0.4	+0.4	+0.5	+0.6	+0.6	+2.1
19	+0.18	+0.2	+0.2	+0.2	+0.2	+0.3	+0.3	+1.0
20	0.00	0.00	0.00	0.0	0.0	0.0	0.0	0.0
21	−0.18	−0.2	−0.2	−0.2	−0.2	−0.3	−0.3	−1.1
22	−0.38	−0.4	−0.4	−0.5	−0.5	−0.6	−0.6	−2.2
23	−0.58	−0.6	−0.7	−0.7	−0.8	−0.9	−0.9	−3.3
24	−0.80	−0.9	−0.9	−1.0	−1.0	−1.2	−1.2	−4.2
25	−1.03	−1.1	−1.1	−1.2	−1.3	−1.5	−1.5	−5.3
26	−1.26	−1.4	−1.4	−1.4	−1.5	−1.8	−1.8	−6.4
27	−1.51	−1.7	−1.7	−1.7	−1.8	−2.1	−2.1	−7.5
28	−1.76	−2.0	−2.0	−2.0	−2.1	−2.4	−2.4	−8.5
29	−2.01	−2.3	−2.3	−2.3	−2.4	−2.8	−2.8	−9.6
30	−2.30	−2.5	−2.5	−2.6	−2.8	−3.2	−3.1	−10.6
31	−2.58	−2.7	−2.7	−2.9	−3.1	−3.5		−11.6
32	−2.86	−3.0	−3.0	−3.2	−3.4	−3.9		−12.6
33	−3.04	−3.2	−3.3	−3.5	−3.7	−4.2		−13.7
34	−3.47	−3.7	−3.6	−3.8	−4.1	−4.6		−14.8
35	−3.78	−4.0	−4.0	−4.1	−4.4	−5.0		−16.0
36	−4.10	−4.3	−4.3	−4.4	−4.7	−5.3		−17.0

注：1. 本表数值是以 20℃ 为标准温度以实测法测出。

2. 表中带有"+"、"−"号的数值是以 20℃ 为分界。室温低于 20℃ 的补正值为"+"，高于 20℃ 的补正值为"−"。

用洗净的 25mL 移液管吸取蒸馏水，放入洗净沥干的 250mL 容量瓶中，平行移取 10 次，观察容量瓶中水的弯月面下缘是否与标线相切，若正好相切，说明移液管与容量瓶体积的比例为 1:10；若不相切，表示有误差，记下弯月面下缘的位置，待容量瓶沥干后再校准一次；连续两次实验相符后，用一平直的窄纸条贴在与弯月面相切之处，并在纸条上刷蜡或贴一块透明胶布以保护此标记。以后使用的容量瓶与移液管即可按所贴标记配套使用。

在分析工作中，滴定管一般采用绝对校准法，对于配套使用的移液管和容量瓶，可采用相对校准法。用作取样的移液管，则必须采用绝对校准法。绝对校准法准确，但操作比较麻烦。相对校准法操作简单，但必须配套使用。

2.4.4.3 溶液体积的校准

滴定分析仪器都是以 20℃ 为标准温度来标定和校准的，但是使用时则往往不是在 20℃，温度变化会引起仪器容积和溶液体积的改变，如果在某一温度下配制溶液，并在同一温度下使用，就不必校准，因为这时所引起的误差在计算时可以抵消。如果在不同的温度下使用，则需要校准。当温度变化不大时，玻璃仪器容积变化的数值很小，可忽略不计，但溶液体积的变化则不能忽略。溶液体积的改变是由于溶液密度的改变所致，稀溶液密度的变化和水相近。表 2-16 列出了在不同温度下 1000mL 水或稀溶液换算到 20℃ 时，其体积应增减的数值（mL）。

【例 2-4】 在 10℃ 时，滴定用去 26.00mL 0.1mol/L 标准滴定溶液，计算在 20℃ 时该溶液的体积应为多少？

解 查表 2-16 得，10℃ 时 1L 0.1mol/L 溶液的补正值为 $+1.5$，则在 20℃ 时该溶液的体积为：

$$26.00 + \frac{1.5}{1000} \times 26.00 = 26.04 \text{（mL）}$$

2.5 试样的采集、制备与分解

2.5.1 概述

从待测的原始物料中取得分析试样的过程叫采样。采样的目的是采取能代表原始物料平均组成（即有代表性）的分析试样。若分析试样不能代表原始物料的平均组成，即使后面的分析操作很准确也是徒劳，其分析结果依然是不准确的。因此，用科学的方法采取供分析测试的分析试样（即样品）是分析工作者的一项十分重要的工作。一定要十分重视样品的采取与制备，不仅要做到所采取的样品能充分代表原物料，而且在操作和处理过程中要防止样品变化和污染。

2.5.1.1 采样的基本术语

（1）采样单元 具有界限的一定数量物料。其界限可能是有形的，如一个容器；也可能是无形的，如物料流的某一时间或时间间隔。

（2）份样（子样） 用采样器从一个采样单元中一次取得的一定量物料。

（3）样品 从数量较大的采样单元中取得的一个或几个采样单元，或从一个采样单元中取得的一份或几个份样。

（4）原始平均试样 合并所有采取的份样（子样）所得到的试样称为原始平均试样。

（5）分析化验单位 应采取一个原始平均试样的物料的总量称为分析化验单位。分析化验单位可大可小，主要取决于分析的目的。可以是一件，可以是企业的日产量或其他的一批物料。但对于大量的物料而言，分析化验单位不能过大。对商品煤而言，一般不超过 1000t。

（6）实验室样品　为送往实验室供检验或测试而制备的样品。

（7）备考样品　与实验室样品同时同样制备的样品，在有争议时，它可为有关方面接受用作实验室样品。

（8）部位样品　从物料的特定部位或在物料流的特定部位和时间取得的一定数量或大小的样品，如上部样品、中部样品或下部样品等。部位样品是代表瞬时或局部环境的一种样品。

（9）表面样品　在物料表面取得的样品，以获得关于此物料表面的资料。

2.5.1.2　采样技术

（1）采样原则　均匀物料的采样，原则上可以在物料的任意部位进行，但要注意在采样过程中不应带进杂质，且尽量避免引起物料的变化（如吸水、氧化等）。

对于不均匀物料，一般采取随机采样。对所得样品分别进行测定，再汇总所有样品的检测结果，可以得到总体物料的特性平均值和变异性的估计量。

随机不均匀物料可以随机采样，也可非随机采样。

定向非随机不均匀物料要用分层采样，并尽可能在不同特性值的各层中采出能代表该层物料的样品。

周期非随机不均匀物料最好在物料流动线上采样，采样的频率应高于物料特性值的变化频率，切忌两者同步。

混合非随机不均匀物料的采样，首先尽可能使各组成部分分开，然后按照上述各种物料类型的采样方法进行采样。

（2）确定样品数和样品量　在满足需要的前提下，样品数和样品量越少越好。任何不必要的增加样品数和样品量都会导致采样费用的增加和物料的损失，能给出所需信息的最少样品数和最少样品量称为最佳样品数和最佳样品量。

① 样品数　对一般产品，都可用多单元物料来处理。其单元界限可能是有形的，如容器；也可能是设想的，如流动物料的一个特定时间间隔、物料堆中某一部位等。

对多单元的被采物料，采样操作可分为两步：第一步，选取一定数量的采样单元；第二步，对每个单元按物料特性值的变异性类型进行采样。

② 样品量　样品量应至少满足以下要求：a. 至少满足三次重复检测的需要；b. 当需要留存备考样品时，必须满足备考样品的需要；c. 对采得的样品如需要作制样处理时，必须满足加工处理的需要。

（3）采样误差　在采样的过程中，采得的样品可能包含采样的偶然误差和系统误差。其中偶然误差是由一些无法控制的偶然因素所引起的，这虽无法避免，但可以通过增加采样的重复次数来缩小这个误差。而系统误差是由于采样方案不完善、采样设备有缺陷、操作者不按规定进行操作以及环境等的影响产生的，其偏差是定向的，必须尽量避免。

2.5.1.3　采样记录和采样安全

（1）采样记录和采样报告　采样时应记录被采物料的状况和采样操作，如物料的名称、来源、编号、数量、包装情况、存放环境、采样部位、所采样品数和样品量、采样日期、采样人等。必要时可填写详细的采样报告。

(2) 采样安全 在有些情况下采样时，采样者有受到人身伤害的危险，也可能造成危及他人安全的危险条件。为确保采样操作的安全进行，采样时应按以下规定执行。

① 采样地点要有出入安全的通道、照明和通风条件。

② 贮罐或槽车顶部采样时要防止掉下来，还要防止堆垛容器的倒塌。

③ 如果所采物料本身有危险，采样前必须了解各种危险物质的基本规定和处理办法，采样时，需有防止阀门失灵、物料溢出的应急措施和心理准备。

④ 采样时必须有陪伴者，且需对陪伴者进行事先培训。

2.5.2 固体试样的采取和制备

固体物料种类繁多，形状各异，其均匀性很差。采样前，首先应根据物料的类型、采样的目的和采样原则，确定采样单元、样品数、样品量、采样工具及盛装样品的容器等。然后按照规定的采样方案进行操作，以获得具有代表性的样品。根据固体物料在生产中的使用情况，常选择在包装线上、运输工具中或成品堆中进行采样，以适应不同的物料存在形式。

2.5.2.1 采样工具

采取固体试样常用的采样工具有采样铲（见图 2-26）、采样探子（见图 2-27）、气动采样探子（见图 2-28）、采样钻（见图 2-29）和真空探针等。

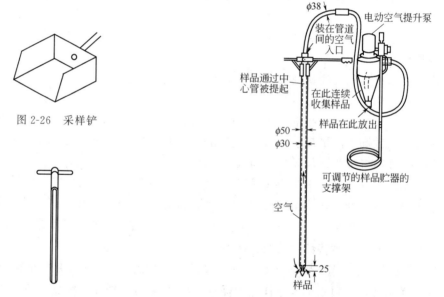

图 2-26 采样铲

图 2-27 末端开口的采样探子

图 2-28 典型的气动采样探子（单位：mm）

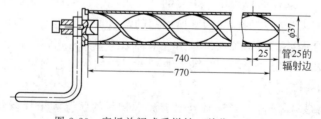

图 2-29 窗板关闭式采样钻（单位：mm）

（1）采样探子 适用于粉末、小颗粒、小晶体等固体化工产品采样。进行采样时，应按一定角度插入物料,插入时,应槽口向下,把探子转动两三次,小心地把探子抽回,并注意抽回时应保持槽口向上,再将探子内的物料倒入样品容器中。

(2) 采样钻　适用于较坚硬的固体采样。关闭式采样钻是由一个金属圆桶和一个装在内部的旋转钻头组成的,采样时,牢牢地握住外管,旋转中心棒,使管子稳固地进入物料,必要时可稍加压力,以保持均等的穿透速度。到达指定部位后,停止转动,提起钻头,反转中心棒,将所取样品移进样品容器中。

(3) 气动和真空探针　适用于粉末和细小颗粒等松散物料的采样。气动探针由一个真空吸尘器和一个由两个同心圆组成的探子构成。开启空气提升泵,使空气沿着两管之间的环形通路流至探头,并在探头产生气动而带起样品,同时使探针不断插入物料。

2.5.2.2　采样程序(方案的制订)

(1) 确定采取的样品数

① 单元物料　当总体物料的单元数小于 500 时,可按照表 2-17 的规定确定;当总体物料的单元数大于 500 时,可按总体单元数立方根的三倍数确定,即

$$n = 3N^{1/3}$$

式中　n——选取的单元数;
　　　N——总体物料的单元数。

表 2-17　选取采样单元数的规定

总体物料的单元	选取的最少单元	总体物料的单元	选取的最少单元
1~10	全部单元	182~216	18
11~49	11	217~254	19
50~64	12	255~296	20
65~81	13	297~343	21
82~101	14	344~394	22
102~125	15	395~450	23
126~151	16	451~512	24
152~181	17		

② 散装物料　当批量少于 2.5t 时,采样为 7 个单元(或点);当批量为 2.5~80t 时,采样为 $\sqrt{批量(t) \times 20}$ 个单元,计算到整数;当批量大于 80t 时,采样为 40 个单元。

(2) 确定采取的样品量　样品量应满足 2.5.1.2 中所述的采样技术中的规定。

(3) 确定采取样品的方法

① 从物料流中采样　用自动采样器、勺子或其他适当的工具从皮带运输机或物料的落流中随机或按照一定的时间或质量间隔采取试样。若采用相同的时间间隔采取,则

$$T \leqslant Q/n$$

式中　T——采样的质量间隔;
　　　Q——批量,t;
　　　n——采样的单元数。

② 从运输工具中采样　从运输工具中采样,应根据运输工具的不同,选择不同的布点方法,常用的布点方法有斜线三点法(见图 2-30)、斜线五点法(见图 2-31)。布点时应将子样分布在车皮的一条对角线上,首、末子样点至少距离车角 1m,其余子样点等距离分布在首、末两子样点之间。另外还有 18 点采样法(见图 2-32)。

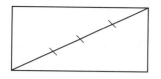 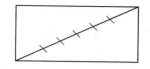

图 2-30　斜线三点采样法示意　　图 2-31　斜线五点采样法示意　　图 2-32　18点采样法示意

③ 从物料堆中采样　根据物料堆的形状和子样的数目，将子样分布在堆的顶、腰和底部（距地面0.5m），采样时应先除去0.2m的表面层后再用采样铲挖取即可。

2.5.2.3　样品的制备与保存

样品制备的目的是从较大量的原始样品中获取最佳量的、能满足检验要求的、待测性能能代表总体物料特性的样品。从采样点采得的样品，经过制样后，贮存在合适的容器中，留待实验测定时使用。

（1）制样的基本操作

① 破碎　可用研钵或锤子等手工工具粉碎样品，也可用适当的装置和研磨机械粉碎样品。

② 筛分　选择目数合适的筛子，手工振动筛子，使所有的试样都通过筛子。如不能通过该筛子，则需重新进行破碎，直至全部试样都能通过。

③ 混匀

a. 手工方法：根据试样量的大小，选用适当的手工工具（如手铲等），采用堆锥法混合样品。堆锥法的基本做法为：利用手铲将破碎、筛分后的试样从锥底铲起后堆成圆锥体，再交互地从试样堆两边对角贴底逐铲铲起堆成另一个圆锥，每铲铲起的试样不宜过多，并分两三次撒落在新堆的锥顶，使之均匀地落在锥体四周。如此反复进行三次，即可认为该试样已被混匀。

b. 机械方法：用合适的机械混合装置混合样品。

④ 缩分　缩分是将在采样点采得的样品按规定把一部分留下来，其余部分丢弃，以减少试样数量的过程。常用的方法有手工方法和机械方法。

a. 手工方法：常用的方法为堆锥四分法。其基本做法为：将利用三次堆锥法混匀后的试样锥用薄板压成厚度均匀的饼状，然后用十字形分样板将饼状试样等分成四份，取其对面的两份，其他两份丢弃；再将所取试样堆成锥形压成饼状，取其对面的两份，其他两份丢弃（见图2-33）。如此反复多次，直到得到所需的试样量。

 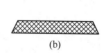

(a)　　　　　(b)　　　　　(c)

图 2-33　四分法缩分操作

注意：最终样品的量应满足检测及备考的需要，把样品一般等量分成两份，一份供检测用，一份留作备考。每份样品的量至少应为检验需要量的三倍。

b. 机械方法：用合适的机械分样器缩分样品。如格槽式分样器，如图2-34所示。

注意：在制样过程中，破碎、筛分、混匀和缩分这四个步骤可能是交叉进行的，并不能保证每一个步骤一次完成。

(2) 试样的保存　样品应保存在对样品呈惰性的包装材质中（如塑料瓶、玻璃瓶等），贴上标签，写明物料的名称、来源、编号、数量、包装情况、存放环境、采样部位、所采样品数和样品量、采样日期、采样人等，见表2-18。

样品保存时间一般为6个月，根据实际需要和物料的特性，可以适当地延长和缩短。

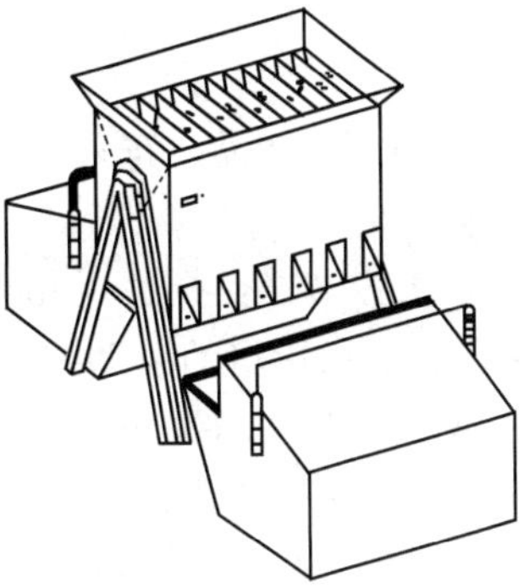

2.5.3 液体试样的采集和制备

液态物料具有流动性，组成比较均匀，易采得均匀样品。液体产品一般是在容器中贮存和运输，所以采样前应根据容器情况和物料的种类来选择采样工具和确定采样方法。同时采样前还必须进行预检，即了解被采物料的容器大小、类型、数量、结构和附属设备情况；检查包装容器是否受损、腐蚀、渗漏，并核对标志；观察容器内物料的颜色、黏度是否正常；表面或底部是否有杂质、分层、沉淀或结块等现象；判断物料的类型和均匀性。为采取样品收集充足的信息。

图 2-34　格槽式分样器

表 2-18　采样记录表

样品登记号		样品名称	
采样地点		采样数量	
采样时间		采样部位	
采样日期		包装情况	
采样人		接收人	

2.5.3.1 采样工具

液体样品的采样工具常用的有采样勺（见图2-35）、采样瓶、采样罐、采样管（见图2-36）和自动管线采样器等。

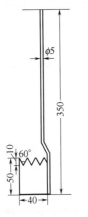

图 2-35　表面取样勺（单位：mm）

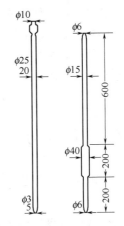

图 2-36　玻璃采样管（单位：mm）

2.5.3.2 一般液体样品的采集

液体样品在常温下通常为流动态的单相均匀液体。为了保证所采得的样品具有代表性，必须采取一些具体措施，而这些措施取决于被采物料的种类、包装、贮运工具及运用的采样工具。

(1) 从小贮存器中采样

① 小瓶装产品　按采样方案随机采得若干瓶样品，各瓶摇匀后分别倒出等量液体混合均匀作为样品。

② 大瓶装产品（25～500mL）或小桶装产品（约为19L）　被采样的瓶或桶经人工搅拌或摇匀后，用适当的采样管采得混合样品。

③ 大桶装产品（200L以上）　在静止情况下用开口采样管采全液位样品或采部位样品后混合成混合样品；在滚动或搅拌均匀后，用适当的采样管采得混合样品。

(2) 从大贮存器中采样

① 立式圆形贮罐采样　立式圆形贮罐主要用于暂时贮存原料、成品等液体物料。可按以下两种方法采样。

a. 从固定采样口采样。在立式贮罐的侧壁上安装有上、中、下采样口并配有阀门。当贮罐装满物料时，从各采样口分别采得部位样品，由于截面一样，所以按等体积混合三个部位样品。如罐内液面高度达不到上部或中部采样口时，建议按下列方法采得样品：如果上部采样口比中部采样口更接近液面，则从中部采样口采 2/3 样品，而从下部采样口采 1/3 样品；如果中部采样口比上部采样口更接近液面，则从中部采样口采 1/2 样品，从下部采样口采 1/2 样品；如果液面低于中部采样口，则从下部采样口采全部样品。具体情况见表 2-19。

表 2-19　立式圆形贮罐的采样部位与比例

采样时液面的情况	混合样品时各部位采样口相应的比例		
	上部	中部	下部
满罐时	1/3	1/3	1/3
液面未达到上部采样口,但更接近上部采样口	0	2/3	1/3
液面未达到上部采样口,但更接近中部采样口	0	1/2	1/2
液面低于中部采样口	0	0	1

如贮罐无采样口而只有一个排料口，则先把物料混匀，再从排料口采样。

b. 从顶部进口采样。把采样瓶从顶部进口放入，降到所需位置，分别采上、中、下部位样品，等体积混合成平均样品或采全液位样品。

② 卧式圆柱形贮罐采样

a. 从固定采样口采样。在卧式贮罐一端安装有上、中、下采样管，外口配有阀门。采样管伸进罐内一定深度，管壁上钻有直径为 2～3mm 的均匀小孔。当贮罐装满物料时，从各采样口采上、中、下部位样品，并按一定比例混合成平均样品。当罐内液面低于满罐液面时，建议根据表 2-20 所列的液体深度将采样瓶等从顶部进口放入，降到表中规定的采样液面位置，采得上、中、下部位样品，并按表中所示的比例混合为平均样品。

b. 从顶部进口采样。当贮罐没有安装上、中、下采样管时，也可以从顶部进口采得全液位样品。

③ 槽车采样（火车或汽车槽车）　槽车是汽车、火车经常使用的用于进行液体物料运输的容器，而船只运输也非常常见。因此，应掌握它们的采样方法。

a. 从排料口采样。在顶部无法采样而物料又较为均匀时，可用采样瓶在槽车的排料口采样。

b. 从顶部进口采样。用采样瓶或金属采样管从顶部进口放入槽车内，放到所需位置采上、中、下部位样品，并按一定比例混合成平均样品。由于槽车罐是卧式圆柱形或椭圆形，所以采样位置和混合比例按表 2-20 进行。也可采全液位样品。

表 2-20　卧式圆柱形贮罐的采样部位和比例

液体深度(直径百分比)/%	采样液位(离底直径百分比)/%			混合样品时相应的比例		
	上部	中部	下部	上部	中部	下部
100	80	50	20	3	4	3
90	75	50	20	3	4	3
80	70	50	20	2	5	3
70		50	20		6	4
60		50	20		5	5
50		40	20		4	6
40			20			10
30			15			10
20			10			10
10			5			10

在同一槽车上，将上述 a、b 中所采得的样品混合成平均样品作为一列车的代表性样品。

④ 船舱采样

a. 把采样瓶放入船舱内降到所需位置采上、中、下部位样品，以等体积混合成平均样品。

b. 对装载相同产品的整船货物采样时，可把每个舱采得的样品混匀成平均样品。

c. 当舱内物料比较均匀时，可采一个混合样或全液位样品作为该舱的代表性样品。

（3）从输送管道采样

① 从管道出口端采样　周期性地在管道出口放置一个样品容器，容器上放只漏斗以防外溢。采样时间间隔和流速成反比，混合体积和流速成正比。

② 探头采样　如管道直径较大，可在管内装一个合适的采样探头。探头应尽量减少分层效应和被采液体中较重组分下沉。

③ 自动管线采样器采样　当管线内流速变化大，难以用人工调整探头流速接近管内线速度时，可采用自动管线采样器采样。

2.5.3.3　特殊性质的液体样品的采集

有些液体产品由于自身性质的不同，应该采用不同的采样方法。如黏稠液体、液化气体等。

（1）黏稠液体的采样　黏稠液体是有流动性但又不易流动的液体。其流动性能达到使它们从容器中完全流出的程度。由于这类产品在容器中采样难以混匀，所以最好在生产厂交货灌装过程中采样，也可在交货容器中采样。

（2）液化气体的采样　液化气体是指气体产品通过加压或降温加压转化为液体后，再经精馏分离而制得可作为液体一样贮运和处理的各种液化气体产品。加压状态的液化气体样品根据贮运条件的不同，可分别从成品贮罐、装车管线和卸车管线上采取。在成品贮罐、装车管线和卸车管线上，选定采样点部位的首要因素是必须能在此采样点采得代表性的液体样品。由于各种液化气体成品贮罐结构不同，当遇到有的成品贮罐难以使内装的液化气体产品达到完全均匀时，可按供需双方达成协议的采样方法和采样点采取样品。

（3）稍加热即成为流动态的化工产品的采样　这是一种在常温下为固体，当受热时就易变成流动的液体而不改变其化学性质的产品。对于这类产品从交货容器中采样是很困难的，最好在生产厂的交货容器灌装后立即采取液体样品。当必须从交货容器中采样时，可把容器放入热熔室中使产品全部熔化后采液体样品，或劈开包装采固体样品。

2.5.3.4 试样的制备

根据所采物料的试样类型对试样进行相应的处理。此时，样品量往往大于实验室样品量，因而必须把原样品缩分成 2~3 份小样。一份送实验室检测，一份保留，必要时可封送一份给买方。

样品装入容器后必须贴上标签，填写采样报告。根据试样的性质进行适当的处理和保存。

2.5.3.5 采样注意事项

采样时，应注意以下事项：
① 样品容器必须洁净、干燥、严密。
② 采样设备必须清洁、干燥，不能用与被采取物料起化学作用的材料制造。
③ 采样过程中防止被采物料受到环境污染和变质。
④ 采样者必须熟悉被采产品的特性、安全操作的有关知识及处理方法。

2.5.4 气体样品的采集和制备

由于许多气体产品的分析是在仪器上进行的，因此常常把采样步骤与分析的第一步相结合，但有时也需要在一单独容器中采取个别样品。气体容易通过扩散和湍流而混合均匀，成分上的不均匀性一般都是暂时的；气体往往具有压力，易于渗透，易被污染，难以贮存。

2.5.4.1 采样设备

气体采样设备主要包括采样器、导管、样品容器、预处理装置、调节压力和流量的装置、吸气器和抽气泵等。

(1) 采样器　目前广泛使用的采样器有价廉、使用温度不超过 450℃ 的硅硼玻璃采样器；有可在 900℃ 以下长期使用的石英采样器；不锈钢和铬铁采样器可在 950℃ 使用，而镍合金采样器可于 1150℃ 使用。选择何种材料的采样器取决于气样的种类。

用水冷却金属采样器，可减少采样时发生化学反应的可能性。采取可燃性气体，如含有可燃成分的烟道气，就特别需要这一措施。

(2) 导管　采取高纯气体，应该选用钢管或铜管作导管，管间用硬焊或活动连接，必须确保不漏气。要求不高时，可采用塑料管、乳胶管、橡胶管或聚乙烯管。

(3) 样品容器
① 采样管　带三通的注射器、真空采样瓶和两端带活塞的采样管，如图 2-37 和图 2-38 所示。
② 金属钢瓶　有不锈钢瓶、碳钢钢瓶和铝合金钢瓶等。钢瓶必须定期做强度试验和气密性试验。钢瓶要专瓶专用。
③ 吸附剂采样管　有活性炭采样管和硅胶采样管。活性炭采样管通常用来吸收浓缩有机气体和蒸气，如图 2-39 所示。
④ 球胆　球胆采样的缺点是吸附烃类气体，小分子气体如氢气等易渗透，故放置后这些气体的成分会发生变化。因其价廉、使用方便，故在要求不高时可使用，但必须先用样品气吹洗干净，置换三次以上，采样后立即分析。要固定球胆专取某种气体。

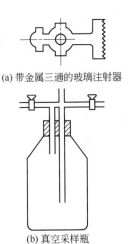

(a) 带金属三通的玻璃注射器

(b) 真空采样瓶

图 2-37 样品容器

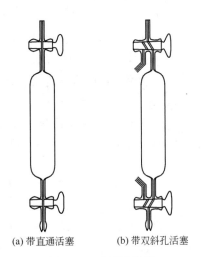

(a) 带直通活塞　　(b) 带双斜孔活塞

图 2-38 玻璃采样管

用于盛装气体样品的容器还有塑料袋和复合膜气袋等。

（4）预处理装置　如过滤器等。

（5）调节压力和流量的装置　高压采样，一般安装减压器；中压采样，可在导管和采样器之间安装一个三通活塞，将三通的一端连接放空装置或安全装置。采用补偿式流量计或液封式稳压管可提供稳压的气流。

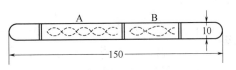

图 2-39 活性炭采样管（单位：mm）

A—内装 100mg 活性炭；B—内装 50mg 活性炭

（6）吸气器和抽气泵　常压采样器常用橡胶制的双联球或玻璃吸气瓶（见图 2-40）。水流泵可方便地产生中度真空；机械真空泵可产生较高的真空。

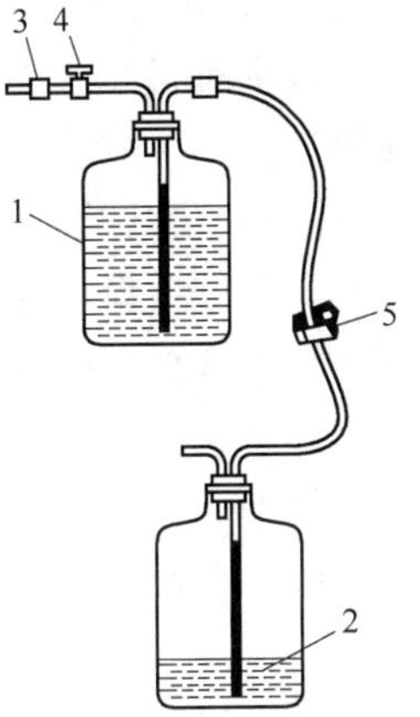

2.5.4.2 采样类型

（1）部位样品　略高于大气压的气体的采样是将干燥的采样器连到采样管路中去，打开采样阀，用采样气体进行清洗置换多次，然后关上出口阀和进口阀，移去采样器。采取高压气体或低压气体应相应地使用减压装置或抽气泵等。

（2）连续样品　在整个采样过程中保持同样速度往样品容器里充气。

（3）间断样品　控制适当的时间间隔实现自动采样。

（4）混合样品　可采用分取混合采样法。

2.5.4.3 采样方法

在实际工作中，通常采取钢瓶中压缩的或液化的气体、钢瓶中的气体和管道内流动的气体。最小采样量要根据分析方法、被测物组分含量范围和重复分析测定的需要量来确定。

（1）从工业设备中采样

① 常压下采样　常压下采样常用橡胶制的双联球或玻璃吸气瓶。

② 正压下采样　略高于大气压的气体的采样可将干燥的采样器连到采样管路上，打开采样阀，用相当于采样管路和容器体积至少 10 倍以上的气体（高纯气体应用 15 倍以上气体）清洗装置，然后关上采样器出口阀，再关上采样器进口阀，移出采样器。

图 2-40 吸气瓶

1—气样瓶；2—封闭溶液；
3—橡皮管；4—旋塞；
5—弹簧夹

采取高压气体，一般需安装减压阀，即在采样导管和采样器之间安装一个合适的安全或放空装置，将气体的压力降至略高于大气压后，再连接采样器，采取一定体积的气体。

采取中压气体，可在导管和采样器之间安装一个三通活塞，将三通的一端连接放空装置或安全装置。也可用球胆直接连接采样口，利用设备管路中的压力将气体压入球胆。经多次置换后，采取一定体积的气样。

③ 负压下采样　将采样管的一端连到采样导管，另一端连到一个吸气器或抽气泵。抽入足量气体彻底清洗采样导管和采样器，先关上采样器出口阀，再关上采样器进口阀，移出采样器。

若采样器装有双斜孔旋塞，可在连到采样器前用一个泵将采样器抽空，清洗采样器后，将旋塞的开口端转到抽空管，然后在移出采样器之前再转回到连接开口端。

（2）从贮气瓶中采样　贮气瓶一般装有高压气体或液化气体。液化气体可按照从槽车中采取液体试样的方法进行；高压气体可按照高压气体的采样方法进行。如果贮气瓶上带有减压阀，则可直接利用导管将减压阀和采样管连接起来，否则需安装减压阀后再进行采样。

2.5.5　试样的溶解

化工分析的大多数方法都需要把试样制成溶液。有些样品溶解于水；有些可溶于酸；有些可溶于有机溶剂；有些既不溶于水、酸，又不溶于有机溶剂，则需经熔融，使待测组分转变为可溶于水或酸的化合物。

（1）水　多数分析项目是在水溶液中进行的，水又最易纯制，不引进干扰杂质。因此，凡是能在水中溶解的样品，如多数无机盐和部分有机物，应尽可能用水作溶剂，将样品制成水溶液。有时在水中加入少量酸，以防止某些金属阳离子水解而产生沉淀。

（2）有机溶剂　许多有机样品易溶于有机溶剂。例如，有机酸类易溶于碱性有机溶剂，有机碱类易溶于酸性有机溶剂；极性有机化合物易溶于极性有机溶剂，非极性有机化合物易溶于非极性有机溶剂。常用的有机溶剂有醇类、酮类、芳香烃和卤代烃等。

（3）无机酸　各种无机酸常用于溶解金属、合金、碳酸盐、硫化物和一些氧化物。常用的酸有盐酸、硝酸、硫酸、高氯酸、氢氟酸等。在金属活动性顺序中，氢以前的金属以及多数金属的氧化物和碳酸盐，皆可溶于盐酸。盐酸中的 Cl^- 可与很多金属离子生成稳定的配离子。硝酸具有氧化性，它可以溶解金属活动性顺序中氢以后的多数金属，几乎所有的硫化物及其矿石皆可溶于硝酸。硫酸沸点高（338℃），可在高温下分解矿石、有机物或用以逐去易挥发的酸。用一种酸难以溶解的样品，可以采用混合酸，如 $HCl+HNO_3$、H_2SO_4+HF、$H_2SO_4+H_3PO_4$ 等。

（4）熔剂　对于难溶于酸的样品，可加入某种固体熔剂，在高温下熔融，使其转化为易溶于水或酸的化合物。常用的碱性熔剂有 Na_2CO_3、K_2CO_3、$NaOH$、Na_2O_2 或其混合物，它们用于分解酸性试样，如硅酸盐、硫酸盐等。常用的酸性熔剂有 $K_2S_2O_7$ 或 $KHSO_4$，它们用于分解碱性或中性试样，如 TiO_2、Al_2O_3、Cr_2O_3、Fe_3O_4 等，可使其转化为可溶性硫酸盐。

2.6　化工分析实验学习的目的和方法

在化工分析的学习中，实验占有极其重要的地位。实验的主要学习目的是：通过仔细观察实验现象，巩固课堂中所获得的知识，为理论联系实际提供具体的条件；熟练地掌握实验操作的基本技术，正确使用实验中的各种常见仪器；学会测定实验数据并加以正确的处理，得出正确的测定结果；培养严谨的科学态度和良好的工作作风，以及独立思考、分析问题、解决问题的能力。

要达到上述目的，必须有正确的学习态度和学习方法。化工分析实验的学习方法，大致可从预习、实验、实验报告三个方面来掌握。

(1) 预习　为了使实验能够获得良好的效果，实验前必须充分进行预习。预习的内容包括：

① 阅读教材中的有关内容，必要时参阅有关资料；
② 明确实验的目的和要求，透彻理解实验的基本原理；
③ 明了实验的内容及步骤、操作过程和实验时应当注意的事项；
④ 认真思考实验前应准备的问题，并从理论上能加以解决；
⑤ 查阅有关教材、参考书、手册，获得该实验所需的有关常数等；
⑥ 通过自己对本实验的理解，在记录本上简要地写好实验预习报告。用方框图、箭头等符号简明表示实验操作步骤，并注明关键步骤。

实验前未进行预习者不准进行实验。

(2) 实验　根据实验教材上所规定的方法、步骤、试剂用量和实验操作规程来进行操作，实验中应该做到下列几点：

① 认真操作，细心观察。对每一步操作的目的及作用，以及可能出现的问题进行认真的探究，并把观察到的现象如实地详细记录下来。实验数据应及时真实地记录在实验记录本上，不得转移，不得涂改，也不得记录在纸片上。

② 深入思考。如果发现观察到的实验现象和理论不符合，先要尊重实验事实，然后加以分析，认真检查其原因，并细心地重做实验。必要时可做对照试验、空白试验或自行设计可靠的实验来检验，直到得出正确的结论。

③ 实验中遇到疑难问题和异常现象而自己难以解释时，应提请指导老师解答。

④ 实验过程中要勤于思考，注意培养自己严谨的科学态度和实事求是的科学作风，绝不能弄虚作假，随意修改数据。若定量实验失败或产生的误差较大，应努力寻找原因，并经指导老师同意，重做实验。

⑤ 在实验过程中应该保持严谨的态度，严格遵守实验室规则。实验后做好结束工作，包括清洗、整理好仪器和药品，清理实验台面，清扫实验室，检查电源开关、水龙头，关好门窗。

(3) 实验报告　做完实验后，应根据实验数据进行计算，交给指导老师检查后，完成实验报告并及时交给指导老师。

实验报告应该写得简明扼要、结论明确、字迹端正、整齐洁净。

实验报告一般应包括下列几个部分：

① 实验名称、实验日期。
② 实验目的。
③ 实验原理。
④ 实验步骤。尽量用简图、表格、化学式、符号等表示。
⑤ 数据记录和处理。根据记录的数据进行计算，并将计算结果与理论值比较，分析产

生误差的原因。

⑥ 实验讨论。对自己在本次实验中出现的问题进行认真的讨论，从中得出有益的结论，指导自己今后更好地完成实验。

习 题

1. 欲配制 1mol/L NaOH 溶液 500mL，则应称取多少克固体 NaOH？
2. 4.18g Na_2CO_3 溶于 75.0mL 水中，$c(Na_2CO_3)$ 为多少？
3. 称取基准物 Na_2CO_3 0.1580g，标定 HCl 溶液的浓度，消耗 HCl 溶液 24.80mL，计算此 HCl 溶液的浓度。
4. 称取 0.3280g $H_2C_2O_4 \cdot 2H_2O$ 标定 NaOH 溶液，消耗 NaOH 溶液 25.78mL，求 $c(NaOH)$。
5. 称取铁矿石试样 $m_s = 0.3669g$，用 HCl 溶液溶解后，经预处理使铁呈 Fe^{2+} 状态，用 $K_2Cr_2O_7$ 标准溶液标定，消耗 $K_2Cr_2O_7$ 溶液 28.62mL，计算分别以 Fe、Fe_2O_3 和 Fe_3O_4 表示的质量分数。
6. 计算下列溶液的滴定度，以 g/mL 表示。
   (1) 0.2615mol/L HCl 溶液，用来测定 $Ba(OH)_2$ 和 $Ca(OH)_2$；
   (2) 0.1032mol/L NaOH 溶液，用来测定 H_2SO_4 和 CH_3COOH。
7. 称取草酸钠基准物 0.2178g 标定 $KMnO_4$ 溶液的浓度，用去 $KMnO_4$ 溶液 25.48mL，计算 $c(KMnO_4)$。
8. 用硼砂（$Na_2B_4O_7 \cdot 10H_2O$）0.4709g 标定 HCl 溶液，滴定至化学计量点时，消耗 HCl 溶液 25.20mL，求 $c(HCl)$。
9. 已知 H_2SO_4 的质量分数为 96%，相对密度为 1.84，欲配制 0.5L 0.10mol/L H_2SO_4 溶液，试计算需多少毫升 H_2SO_4。
10. 将 $CaCO_3$ 试样 0.2500g 溶解于 25.00mL 0.2006mol/L 的 HCl 溶液中，过量 HCl 用 15.50mL 0.2050mol/L 的 NaOH 溶液进行返滴定，求此试样中 $CaCO_3$ 的质量分数。
11. 应称取多少克邻苯二甲酸氢钾以配制 500mL 0.1000mol/L 的溶液？再准确移取上述溶液 25.00mL 用于标定 NaOH 溶液，消耗 NaOH 溶液 24.84mL，问 $c(NaOH)$ 应为多少？
12. 称取 0.4830g $Na_2B_4O_7 \cdot 10H_2O$ 基准物，标定 H_2SO_4 溶液的浓度，以甲基红作指示剂，消耗 H_2SO_4 溶液 20.84mL，求 $c\left(\dfrac{1}{2}H_2SO_4\right)$ 和 $c(H_2SO_4)$。

第3章 酸碱滴定法

3.1 水溶液中的酸碱平衡

3.1.1 酸碱质子理论

酸碱质子理论的定义为：凡是能给出质子（H^+）的物质就是酸；凡是能接受质子的物质就是碱。这种理论不仅适用于以水为溶剂的体系，而且也适用非水溶剂体系。

按照酸碱质子理论，酸失去了一个质子形成的碱称为该酸的共轭碱，碱获得一个质子后就生成了该碱的共轭酸。由得失一个质子而发生共轭关系的一对酸碱称为共轭酸碱对，也可直接称为酸碱对，即

$$酸 \rightleftharpoons 质子 + 碱$$

例如：
$$HAc \rightleftharpoons H^+ + Ac^-$$

HAc 是 Ac^- 的共轭酸，Ac^- 是 HAc 的共轭碱。类似的例子还有：

$$H_2CO_3 \rightleftharpoons HCO_3^- + H^+$$
$$HCO_3^- \rightleftharpoons CO_3^{2-} + H^+$$
$$NH_4^+ \rightleftharpoons NH_3 + H^+$$
$$H_6Y^{2+} \rightleftharpoons H_5Y^+ + H^+$$

由此可见，酸、碱可以是阳离子、阴离子，也可以是中性分子。

上述各个共轭酸碱对的质子得失反应称为酸碱半反应，而酸碱半反应是不可能单独进行的，酸在给出质子的同时必定有另一种碱来接受质子。酸（如 HAc）在水中存在如下平衡：

$$HAc(酸_1) + H_2O(碱_2) \rightleftharpoons Ac^-(碱_1) + H_3O^+(酸_2) \tag{3-1}$$

碱（如 NH_3）在水中存在如下平衡：

$$NH_3(碱_1) + H_2O(酸_2) \rightleftharpoons NH_4^+(酸_1) + OH^-(碱_2) \tag{3-2}$$

所以，HAc 的水溶液之所以能表现出酸性，是由于 HAc 和水溶剂之间发生了质子转移反应的结果；NH_3 的水溶液之所以能表现出碱性，也是由于 NH_3 与水溶剂之间发生了质子转移的反应。前一个反应中水是碱，后一个反应中水是酸。

上述两个反应通常可以用最简便的反应式来表示，即

$$HAc \rightleftharpoons H^+ + Ac^-$$
$$NH_3 \cdot H_2O \rightleftharpoons NH_4^+ + OH^-$$

3.1.2 活度和活度系数

实验证明，许多化学反应，如果以有关物质的浓度代入各种平衡常数公式进行计算，所得的结果与实验结果往往有一定的偏差，对于浓度较高的强电解质溶液，这种偏差更为

明显。

这是由于在进行平衡公式的推导过程中总是假定溶液处于理想状态，即假定溶液中各种离子都是孤立的，离子与离子之间、离子与溶剂之间均不存在相互的作用力。而实际上这种理想的状态是不存在的，在溶液中不同电荷的离子之间存在着相互吸引的作用力，相同电荷的离子间则存在相互排斥的作用力，甚至离子与溶剂分子之间也可能存在相互吸引或相互排斥的作用力。因此，在电解质溶液中，由于离子之间以及离子与溶剂之间存在相互作用，使得离子在化学反应中表现出的有效浓度与其真实的浓度之间存在一定差别。离子在化学反应中起作用的有效浓度称为离子的活度，以 a 表示，它与离子浓度 c 的关系为：

$$a = c\gamma \tag{3-3}$$

式中，γ 称为离子的活度系数，其大小代表了离子间力对离子化学作用能力影响的大小，也是衡量实际溶液与理想溶液之间差别的尺度。对于浓度极低的电解质溶液，由于离子的总浓度很低，离子间相距甚远，因此可忽略离子间的相互作用，将其视为理想溶液，即 $\gamma \approx 1$，$a \approx c$。而对于浓度较高的电解质溶液，由于离子的总浓度较高，离子间的距离减小，离子作用变大，因此 $\gamma < 1$，$a < c$。所以，严格意义上讲，各种离子平衡常数的计算不能用离子浓度，而应当使用离子活度。

3.1.3 酸碱反应的平衡常数

3.1.3.1 水的质子自递作用

由式(3-1)与式(3-2)可知，水分子具有两性作用。也就是说，一个水分子可以从另一个水分子中夺取质子而形成 H_3^+O 和 OH^-，即

$$H_2O(\text{碱}_1) + H_2O(\text{酸}_2) \rightleftharpoons H_3^+O(\text{酸}_1) + OH^-(\text{碱}_2)$$

水分子之间存在质子的传递作用，称为水的质子自递作用。这个作用的平衡常数称为水的质子自递常数，用 K_w 表示，即

$$K_w = [H_3^+O][OH^-] \tag{3-4}$$

水合质子 H_3^+O 也常常简写作 H^+，因此水的质子自递常数常简写为：

$$K_w = [H^+][OH^-] \tag{3-5}$$

这个常数也称为水的离子积，在25℃时约等于 10^{-14}。于是

$$K_w = 10^{-14} \quad pK_w = 14$$

3.1.3.2 酸碱离解常数

酸碱反应进行的程度可以用反应的平衡常数（K_a）来衡量。对于酸 HA 而言，其在水溶液中的离解反应与平衡常数为：

$$HA + H_2O \rightleftharpoons H_3^+O + A^-$$

$$K_a = \frac{[H_3^+O][A^-]}{[HA]} \tag{3-6}$$

在稀溶液中，溶剂 H_2O 的活度取为1。平衡常数 K_a 称为酸的离解常数，它是衡量酸强弱的参数。K_a 越大，表明该酸的酸性越强。在一定温度下 K_a 是一个常数，它仅随温度的变化而变化。

与此类似，对于碱 A^- 而言，它在水溶液中的离解反应与平衡常数为：

$$A^- + H_2O \rightleftharpoons HA + OH^-$$

$$K_b = \frac{[HA][OH^-]}{[A^-]} \tag{3-7}$$

K_b 是衡量碱强弱的尺度，称为碱的离解常数。

根据式(3-6) 和式(3-7)，共轭酸碱对的 K_a、K_b 之间满足

$$K_a K_b = \frac{[H_3O^+][A^-]}{[HA]} \times \frac{[HA][OH^-]}{[A^-]} = [H_3O^+][OH^-] = K_w \tag{3-8}$$

或

$$pK_a + pK_b = pK_w \tag{3-9}$$

因此，对于共轭酸碱对来说，如果酸的酸性越强（即 pK_a 越大），则其对应共轭碱的碱性越弱（即 pK_b 越小）；反之，酸的酸性越弱（即 pK_a 越小），则其对应共轭碱的碱性越强（即 pK_b 越大）。

3.1.3.3 酸碱反应的实质

酸碱反应是酸、碱离解反应或水的质子自递反应的逆反应，其反应的平衡常数称为酸碱反应常数，用 K_t 表示。对于强酸与强碱的反应来说，其反应实质为：

$$H^+ + OH^- \rightleftharpoons H_2O$$

$$K_t = \frac{1}{[H^+][OH^-]} = \frac{1}{K_w} = 10^{14} \tag{3-10}$$

强碱与弱酸的反应实质为：

$$HA + OH^- \rightleftharpoons A^- + H_2O$$

$$K_t = \frac{[A^-]}{[HA][OH^-]} = \frac{1}{K_b(A^-)} = \frac{K_a(HA)}{K_w} \tag{3-11}$$

强酸与弱碱的反应实质为：

$$A^- + H^+ \rightleftharpoons HA$$

$$K_t = \frac{[HA]}{[H^+][A^-]} = \frac{1}{K_a(HA)} = \frac{K_b(A^-)}{K_w} \tag{3-12}$$

因此，在水溶液中，强酸强碱之间反应的平衡常数 K_t 最大，反应最完全；而其他类型的酸碱反应，其平衡常数 K_t 值则取决于相应的 K_a 与 K_b 值。

3.2 酸碱溶液中 pH 的计算

3.2.1 溶液的酸碱性和 pH

水溶液的酸碱性常用 pH 表示。所谓 pH，就是溶液中氢离子浓度 $[H^+]$ 的负对数，即

$$pH = -\lg[H^+]$$

同样，也可以用 pOH 表示水溶液的酸碱性，即

$$pOH = -\lg[OH^-]$$

常温下，在水溶液中，$[H^+][OH^-] = K_w$，所以

$$pH + pOH = pK_w$$

又因为 $K_w = 10^{-14}$，所以

$$pH + pOH = 14$$

该关系式在计算中应用十分方便。

3.2.2 水溶液中 H^+ 浓度的计算公式及使用条件

酸度是水溶液最基本和最主要的因素，溶液中氢离子浓度（$[H^+]$）的计算有很大的实际意义。由于酸碱反应的实质是质子的转移，因此可根据共轭酸碱对之间质子转移的平衡关系（质子条件式）来推导出计算溶液中 $[H^+]$ 的公式，在运算过程中再根据具体情况进行合理的近似处理，即可得到计算 $[H^+]$ 的近似式与最简式。有关 $[H^+]$ 计算公式的推导在《无机化学》中已作了详细介绍，本教材不再赘述。为方便起见，表 3-1 列出了各类酸碱水溶液 $[H^+]$ 的计算式及其在允许有 5% 误差范围内的使用条件，供读者选择与参考。

表 3-1 常见酸碱水溶液计算 $[H^+]$ 的简化公式及使用条件

类别	计算公式	使用条件（允许误差 5%）
强酸	近似式：$[H^+]=c_a$ $[H^+]=\sqrt{K_w}$ 精确式：$[H^+]=\frac{1}{2}(c+\sqrt{c^2+4K_w})$	$c_a \geqslant 10^{-6}\,\text{mol/L}$ $c_a < 10^{-5}\,\text{mol/L}$ $10^{-6}\,\text{mol/L} \geqslant c_a \geqslant 10^{-8}\,\text{mol/L}$
一元弱酸	近似式：$[H^+]=\frac{1}{2}(-K_a+\sqrt{K_a^2+4c_aK_a})$ 最简式：$[H^+]=\sqrt{cK_a}$	$c_aK_a \geqslant 20K_w$ $c_aK_a \geqslant 20K_w$ 且 $c_a/K_a \geqslant 500$
二元弱酸	近似式：$[H^+]=\frac{1}{2}(-K_{a1}+\sqrt{K_{a1}^2+4c_aK_{a1}})$ 最简式：$[H^+]=\sqrt{cK_{a1}}$	$c_aK_{a1} \geqslant 20K_w$ 且 $2K_{a2}/\sqrt{c_aK_{a1}} \gg 1$ $c_aK_{a1} \geqslant 20K_w, c/K_{a1} \geqslant 500$ 且 $2K_{a2}/\sqrt{c_aK_{a1}} \gg 1$
两性物质	酸式盐 　近似式：$[H^+]=\sqrt{cK_{a1}K_{a2}/(K_{a1}+c)}$ 　最简式：$[H^+]=\sqrt{K_{a1}K_{a2}}$ 弱酸弱碱盐 　近似式：$[H^+]=\sqrt{cK_aK_a'/(K_a+c)}$ 　最简式：$[H^+]=\sqrt{K_aK_a'}$ （K_a' 为弱碱的共轭酸的离解常数，K_a 为弱酸的离解常数）	$cK_{a2} \geqslant 20K_w$ $cK_{a2} \geqslant 20K_w$ 且 $c \geqslant 20K_{a1}$ $cK_a' \geqslant 20K_w$ $c \geqslant 20K_a$
缓冲溶液	最简式：$[H^+]=\dfrac{c_a}{c_b}K_a$ （c_a、c_b 分别为 HA 及其共轭碱 A^- 的浓度）	c_a、c_b 较大（即 $c_a \gg [OH^-]-[H^+]$，$c_b \gg [H^+]-[OH^-]$）

表 3-1 中除强酸外未列出精确计算公式，因为进行精确计算需要解高次方程，数学处理复杂，在实际工作中也无此必要。若需要计算强碱、一无弱碱以及二元弱碱等碱性物质的 pH，只需将计算式及使用条件中的 $[H^+]$ 和 K_a 相应地换成 $[OH^-]$ 和 K_b 即可。

3.2.3 酸碱水溶液中 H^+ 浓度计算示例

3.2.3.1 一元弱酸（碱）溶液

水溶液中一元弱酸 HA 的质子条件为：

$$[H^+]=[A^-]+[OH^-]$$

将 $[A^-]=K_a[HA]/[H^+]$ 和 $[OH^-]=K_w/[H^+]$ 代入上式可得

$$[H^+]=\frac{K_a[HA]}{[H^+]}+\frac{K_w}{[H^+]}$$

经整理可得
$$[H^+]=\sqrt{K_a[HA]+K_w} \tag{3-13}$$

式(3-13)为计算一元弱酸溶液中[H$^+$]的精确公式。式中的[HA]为 HA 的平衡浓度，需利用分布分数的公式求得，是相当麻烦的。若计算[H$^+$]允许有 5% 的误差，同时满足 $c/K_a \geqslant 500$ 和 $cK_a \geqslant 20K_w$（c 表示一元弱酸的浓度）两个条件，则式(3-13)可进一步简化为：

$$[H^+]=\sqrt{cK_a} \tag{3-14}$$

这就是计算一元弱酸[H$^+$]常用的最简式。

【例 3-1】 求 0.20mol/L HCOOH 溶液的 pH。

解 已知 HCOOH 的 pK_a=3.75，c=0.20mol/L，则 $c/K_a>500$，且 $cK_a>20K_w$，故可利用最简式求算[H$^+$]：

$$[H^+]=\sqrt{cK_a}=\sqrt{0.20\times10^{-3.75}}=10^{-2.22}(\text{mol/L})$$

所以 pH=2.22

对于一元弱碱溶液，只需将上述计算一元弱酸溶液 H$^+$ 浓度公式(3-14)中的 K_a 换成 K_b，[H$^+$]换成[OH$^-$]，就可以计算一元弱碱溶液中的[OH$^-$]。

【例 3-2】 计算 0.10mol/L NH$_3$ 溶液的 pH。

解 已知 c=0.10mol/L，K_b=1.8×10^{-5}，则 $c/K_b>500$，且 $cK_b>20K_w$，故可利用最简式计算[OH$^-$]：

$$[OH^-]=\sqrt{cK_b}=\sqrt{0.10\times1.8\times10^{-5}}=1.3\times10^{-3}(\text{mol/L})$$

pOH=2.89　　pH=14.00-2.89=11.11

3.2.3.2 两性物质溶液

有一类物质，如 NaHCO$_3$、NaH$_2$PO$_4$、邻苯二甲酸氢钾等，在水溶液中既可给出质子显示酸性，又可接受质子显示碱性，其酸碱平衡是较为复杂的，但在计算[H$^+$]时，仍可以作合理的简化处理。

以 NaHCO$_3$ 为例，其质子条件为：

$$[H^+]+[H_2CO_3]=[CO_3^{2-}]+[OH^-]$$

以平衡常数 K_{a1}、K_{a2} 代入上式，并经整理得

$$[H^+]=\sqrt{\frac{K_{a1}(K_{a2}[HCO_3^-]+K_w)}{K_{a1}+[HCO_3^-]}} \tag{3-15}$$

若 $cK_{a2} \geqslant 20K_w$，且 $c \geqslant 20K_{a1}$，则式(3-15)可以简化为：

$$[H^+]=\sqrt{K_{a1}K_{a2}} \tag{3-16}$$

式(3-16)为计算 NaHA 型两性物质溶液 pH 常用的最简式，在满足上述两条件下，用最简式计算出的[H$^+$]与用精确式求算的[H$^+$]相比，相对误差在允许的 5% 范围以内。

【例 3-3】 计算 0.10mol/L NaH$_2$PO$_4$ 溶液的 pH。

解 查表知 H$_3$PO$_4$ 的 pK_{a1}=2.12，pK_{a2}=7.20，pK_{a3}=12.36。

对于 0.10mol/L NaH$_2$PO$_4$ 溶液：

$$cK_{a2}=0.10\times10^{-7.20}\gg20K_w$$

$$c/K_{a1}=0.10/10^{-2.12}=13.18<20$$

所以应采用近似式计算：

$$[H^+]=\sqrt{cK_{a1}K_{a2}/(K_{a1}+c)}$$
$$=\sqrt{0.10\times10^{-2.12}\times10^{-7.20}/(10^{-2.12}+0.1)}=2.11\times10^{-5}$$
$$pH=4.68$$

若计算 Na_2HPO_4 溶液的 $[H^+]$，则公式中的 K_{a1} 和 K_{a2} 应分别改换成 K_{a2} 和 K_{a3}。

3.3 缓冲溶液

缓冲溶液是一种能对溶液的酸度起控制作用的溶液。也就是使溶液的 pH 不因外加少量酸、碱或稀释而发生显著变化。

缓冲溶液一般是由弱酸及其共轭碱（如 HAc+NaAc）、弱碱及其共轭酸（如 NH_3+NH_4Cl）以及两性物质（如 Na_2HPO_4+NaH_2PO_4）等组成的。在高浓度的强酸或强碱溶液中，由于 H^+ 或 OH^- 的浓度本来就很大，因此，外加少量酸或碱时也不会对溶液的酸碱度产生多大的影响，在这种情况下，强酸或强碱也是缓冲溶液。它们主要是高酸度（pH<2）和高碱度（pH>12）时的缓冲溶液。由弱酸及其共轭碱组成的缓冲溶液 pH<7，称为酸式缓冲溶液；由弱碱及其共轭酸组成的缓冲溶液 pH>7，称为碱式缓冲溶液。

在化工分析中用到的缓冲溶液都是用来控制酸度的，称为一般缓冲溶液。有一些缓冲溶液则是在用酸度计测量溶液 pH 时作为参照标准用的，称为标准缓冲溶液。

3.3.1 缓冲溶液 pH 的计算

配制缓冲溶液时，可以查阅有关手册按配方配制，也可通过计算后再配制。

(1) 酸式缓冲溶液 pH 的计算公式

$$[H^+]=K_a\times\frac{c(酸)}{c(共轭碱)}$$

$$pH=pK_a+\lg\frac{c(共轭碱)}{c(酸)} \tag{3-17}$$

(2) 碱式缓冲溶液 pH 的计算公式

$$[OH^-]=K_b\times\frac{c(碱)}{c(共轭酸)}$$

$$pOH=pK_b+\lg\frac{c(共轭酸)}{c(碱)}$$

$$pH=14-pK_b-\lg\frac{c(共轭酸)}{c(碱)} \tag{3-18}$$

(3) 由两性物质组成的缓冲溶液 pH 的计算公式

$$pH=\frac{1}{2}pK_{a1}+\frac{1}{2}pK_{a2} \tag{3-19}$$

3.3.2 缓冲容量和缓冲范围

缓冲溶液的缓冲作用是有一定限度的，对每一种缓冲溶液而言，只有在加入有限量的酸或碱时，才能保持溶液的 pH 基本不变。当加入酸量或碱量较大时，缓冲溶液就失去缓冲能力。所以，每一种缓冲溶液只是具有一定的缓冲能力，通常用缓冲容量来衡量缓冲溶液缓冲能力的大小。缓冲容量是使 1L 缓冲溶液的 pH 增加或减少 dpH 单位所需要加入强碱或强酸的量 [db 或 da(mol)]。即缓冲容量可以表示为：

$$\beta = \frac{db}{dpH} = -\frac{da}{dpH}$$

显然，所需加入的强酸或强碱量愈大，溶液的缓冲能力愈大。

缓冲容量的大小与缓冲溶液的总浓度及其组分浓度比有关。缓冲剂的浓度愈大，其缓冲容量也愈大。缓冲溶液的总浓度一定时，缓冲组分浓度比等于 1 时，缓冲容量最大，缓冲能力最强。通常将两组分的浓度比控制在 0.1～10 之间比较合适。

缓冲溶液所能控制的 pH 范围称为缓冲溶液的缓冲范围。对于酸式缓冲溶液，其缓冲范围为 pK_a 两侧各一个 pH 单位。

$$pH = pK_a \pm 1$$

例如 HAc-NaAc 缓冲体系，$pK_a = 4.74$，其缓冲范围为 3.74～5.74。对于碱式缓冲溶液，其缓冲范围为 pK_b 两侧各一个 pH 单位。

$$pOH = pK_b \pm 1 \quad pH = 14 - pOH = 14 - (pK_b \pm 1)$$

例如 $NH_3 \cdot H_2O\text{-}NH_4Cl$ 缓冲体系，$pK_b = 4.74$，其缓冲范围为 8.26～10.26。

3.3.3 缓冲溶液的选择

在选择缓冲溶液时，除要求缓冲溶液对分析反应没有干扰、有足够的缓冲能力外，其 pH 还应该在所要求的酸度范围之内。为此，组成缓冲溶液的弱酸的 pK_a 应等于或接近于所需的 pH；或组成缓冲溶液的弱碱的 pK_b 应等于或接近所需的 pOH。例如，需要 pH 为 5.0 左右的缓冲溶液，可以选用 HAc-NaAc 缓冲体系；需要 pH 为 9.0 左右的缓冲溶液，可以选用 $NH_3 \cdot H_2O\text{-}NH_4Cl$ 缓冲体系。

实际应用中，使用的缓冲溶液在缓冲容量允许的情况下适当稀一点为好。目的是既节省药品，又避免引入过多的杂质而影响测定。一般要求缓冲溶液的浓度控制在 0.05～0.5mol/L 之间即可。

3.3.4 缓冲溶液的配制

配制一般缓冲溶液时，可以根据有关公式通过计算确定所用有关组分的量，然后配制所需体积的缓冲溶液。

【例 3-4】 实验室如何配制 1L pH＝5.0 的具有中等缓冲能力的缓冲溶液？

解 由于 HAc 的 $pK_a = 4.74$，接近于 5.0，故选用 HAc-NaAc 缓冲体系。根据式(3-17)

$$pH = pK_a + \lg \frac{c(共轭碱)}{c(酸)}$$

可以求出缓冲对的浓度比：

$$5.0 = 4.74 + \lg \frac{c(Ac^-)}{c(HAc)}$$

$$\frac{c(Ac^-)}{c(HAc)} = 1.82$$

为了使缓冲溶液具有中等缓冲能力和计算的方便，现在选用 0.10mol/L HAc 和 0.10mol/L NaAc 溶液来配制。下面来求出两组分的体积比：

$$\frac{V(\text{NaAc})}{V(\text{HAc})} = \frac{c(\text{Ac}^-)}{c(\text{HAc})} = 1.82$$

由于混合前 $c(\text{HAc})=c(\text{NaAc})=0.10\text{mol/L}$，故混合后 $V(\text{NaAc})=1.82V(\text{HAc})$。为了配制 1L 缓冲溶液，则有 $V(\text{HAc})+V(\text{NaAc})=1000$，即

$$1.82V(\text{HAc})+V(\text{HAc})=1000$$

故

$$V(\text{HAc})=355(\text{mL}) \quad V(\text{NaAc})=645(\text{mL})$$

计算表明，将 355mL 0.10mol/L HAc 和 645mL 0.10mol/L NaAc 溶液混合，即可配制好 pH＝5.0 的缓冲溶液。

一些常用缓冲溶液及其配制方法列于表 3-2。

表 3-2 常用缓冲溶液及其配制方法

pH	缓冲溶液	配制方法
0	强酸	1mol/L HCl 溶液①
1	强酸	0.1mol/L HCl 溶液
2	强酸	0.01mol/L HCl 溶液
3	HAc-NaAc	0.8g NaAc·3H_2O 溶于水，加入 5.4mL 冰醋酸，稀释至 1000mL
4	HAc-NaAc	54.4g NaAc·3H_2O 溶于水，加入 92mL 冰醋酸，稀释至 1000mL
4～5	HAc-NaAc	68.0g NaAc·3H_2O 溶于水，加入 2.86mL 冰醋酸，稀释至 1000mL
6	HAc-NaAc	100g NaAc·3H_2O 溶于水，加入 5.7mL 冰醋酸，稀释至 1000mL
7	NH_4Ac	154g NH_4Ac 溶于水，稀释至 1000mL
8	$NH_3·H_2O$-NH_4Cl	100g NH_4Cl 溶于水，加入 7mL 浓氨水，稀释至 1000mL
9	$NH_3·H_2O$-NH_4Cl	70g NH_4Cl 溶于水，加入 48mL 浓氨水，稀释至 1000mL
10	$NH_3·H_2O$-NH_4Cl	54g NH_4Cl 溶于水，加入 350mL 浓氨水，稀释至 1000mL
11	$NH_3·H_2O$-NH_4Cl	26g NH_4Cl 溶于水，加入 414mL 浓氨水，稀释至 1000mL
12	强碱	0.01mol/L NaOH 溶液②
13	强碱	0.1mol/L NaOH 溶液

① 不能有 Cl^- 时，可用 HNO_3 代替。
② 不能有 Na^+ 时，可用 KOH 代替。

3.4 酸碱指示剂

用酸碱滴定法测定物质含量时，滴定过程中发生的化学反应外观上是没有变化的，通常需要利用酸碱指示剂颜色的改变来指示滴定终点的到达。

3.4.1 酸碱指示剂的作用原理

酸碱指示剂一般是弱的有机酸或有机碱，它们在溶液中或多或少地离解成离子。由于分子和离子具有不同的结构，因而在溶液中呈现不同的颜色。例如，酚酞是一种有机弱酸，在溶液中存在如下的离解平衡：

$$\text{HIn} \rightleftharpoons \text{H}^+ + \text{In}^-$$
无色分子　　　红色离子

随着溶液中 H^+ 浓度的不断改变，上述离解平衡不断被破坏。当加入酸时，平衡向左移动，生成无色的酚酞分子，使溶液呈现无色（此时称为酸式色）；当加入碱时，碱中 OH^- 与溶液中 H^+ 结合生成水，使 H^+ 的浓度减少，平衡向右移动，红色醌式结构的酚酞离子增

多，使溶液呈现粉红色（此时称为碱式色）。酚酞的离解过程可表示如下：

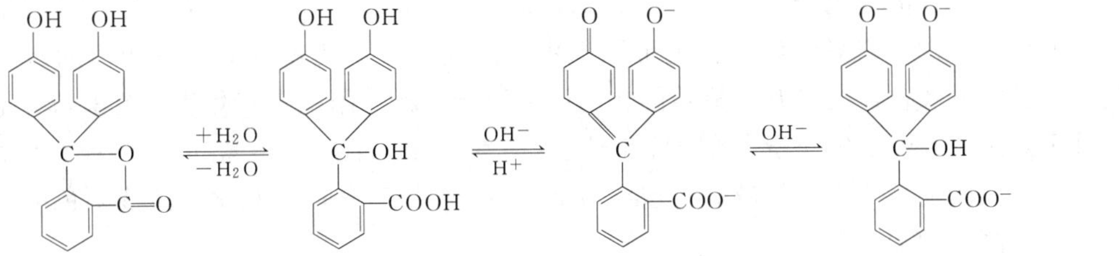

无色（内酯式） ⇌ 无色 ⇌ 红色（醌式），碱性溶液 ⇌ 无色（羧酸盐式），浓碱溶液

又如甲基橙是一种两性物质，它在溶液中存在如下平衡：

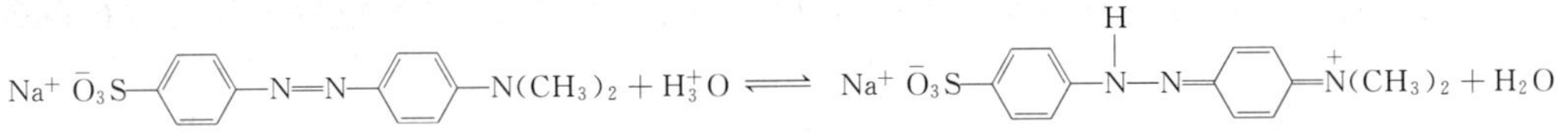

黄色分子，偶氮结构，碱式　　　　红色离子，醌式结构，酸式

3.4.2 指示剂的变色范围

为了说明指示剂颜色的变化与酸度的关系，现以 HIn 代表指示剂的酸式色型，In^- 代表指示剂的碱式色型，它们在溶液中存在如下平衡：

$$HIn \rightleftharpoons H^+ + In^-$$

$$K_{HIn} = \frac{[H^+][In^-]}{[HIn]} \tag{3-20}$$

K_{HIn} 是指示剂的离解常数，也称为酸碱指示剂常数。其数值取决于指示剂的性质和溶液的温度。式(3-20)可改写为：

$$[H^+] = K_{HIn} \times \frac{[HIn]}{[In^-]}$$

$$pH = pK_{HIn} - \lg \frac{[HIn]}{[In^-]} \tag{3-21}$$

由式(3-21)可知，酸碱指示剂颜色的变化是由 $[HIn]/[In^-]$ 决定的。但由于人眼对颜色的敏感度有限，因此：

当 $[HIn]/[In^-] \geqslant 10$，即 $pH \leqslant pK_{HIn} - 1$ 时，只能看到酸式色；
当 $[HIn]/[In^-] \leqslant 0.1$，即 $pH \geqslant pK_{HIn} + 1$ 时，只能看到碱式色；
当 $0.1 < [HIn]/[In^-] < 10$ 时，看到的是它们的混合颜色。

只有当溶液的 pH 由 $pK_{HIn} - 1$ 变化到 $pK_{HIn} + 1$ 时，溶液的颜色才由酸式色变为碱式色，这时人的视觉才能明显看出指示剂颜色的变化。将人的视觉能明显看出指示剂由一种颜色变成另一种颜色的 pH 范围，称为指示剂的变色范围。

指示剂的 pK_{HIn} 不同，变色范围也不同。当 $[HIn] = [In^-]$ 时，即 $pH = pK_{HIn}$ 时的 pH 称为酸碱指示剂的理论变色点。在一系列不同 pH 的溶液中，加入一滴甲基橙指示剂，可以看出溶液颜色的变化。

红色	红橙色	橙色	黄橙色	黄色
pH=3.1	↔	pH=4	↔	pH=4.4
酸式色				碱式色

由此可知，甲基橙指示剂的变色范围是 pH＝3.1～4.4；理论变色点是 pH＝4。

一般指示剂的变色范围不大于 2 个 pH 单位，不小于 1 个 pH 单位。这是从理论上推导出来的变色范围，它只能说明变色范围的由来。因为人们的视觉对各种颜色的敏感程度不同，而且两种颜色还会有互相掩盖的作用以致影响观察，因此，实际变色范围与理论变色范围并不完全一致，通常小于 2 个 pH 单位。

指示剂的变色范围越窄越好，这样溶液的 pH 稍有变化就可观察到溶液颜色的改变，有利于提高测定的准确度。

3.4.3 常用酸碱指示剂及其配制

常用酸碱指示剂的变色范围及其配制方法列于表 3-3。大多数酸碱指示剂的变色范围为 1.6～1.8 个 pH 单位。

表 3-3 常用酸碱指示剂的变色范围及其配制方法

指示剂	变色范围 pH	颜色 酸式色	颜色 碱式色	pK_{HIn}	配制浓度
百里酚蓝(第一变色点)	1.2～2.8	红色	黄色	1.65	1g/L 乙醇溶液
甲基黄	2.9～4.0	红色	黄色	3.25	1g/L φ(乙醇)①＝90% 酒精溶液
甲基橙	3.1～4.4	红色	黄色	3.45	1g/L 水溶液(配制时用加热至 70℃ 的水)
溴酚蓝	3.0～4.6	黄色	紫色	4.1	0.4g/L 乙醇溶液或其钠盐的水溶液
溴甲酚绿	3.8～5.4	黄色	蓝色	4.7	1g/L 乙醇溶液或 1g/L 水溶液加 2.9mL 0.05mol/L NaOH 溶液
甲基红	4.4～6.2	红色	黄色	5.0	1g/L 酒精溶液或 1g/L 水溶液
溴百里酚蓝	6.2～7.6	黄色	蓝色	7.3	1g/L φ(乙醇)＝20% 酒精溶液或其钠盐的水溶液
中性红	6.8～8.0	红色	黄色	7.4	1g/L φ(乙醇)＝60% 酒精溶液
酚红	6.8～8.0	黄色	红色	8.0	1g/L φ(乙醇)＝60% 酒精溶液或其钠盐的水溶液
酚酞	8.0～10	无色	红色	9.1	10g/L 乙醇溶液
百里酚酞	9.4～10.6	无色	蓝色	10.0	1g/L 乙醇溶液

① φ（乙醇）表示乙醇的体积分数。

3.4.4 混合指示剂

单一指示剂的变色范围都较宽，其中有些指示剂如甲基橙，其变色过程中有过渡色，不易辨别。而混合指示剂具有变色范围窄、变色明显等优点。

混合指示剂利用颜色之间的互补作用，使变色范围变窄，从而使终点时颜色变化敏锐。它的配制方法一般有两种。一种是由两种或多种指示剂混合而成。例如溴甲酚绿（pK_{HIn}＝4.9）与甲基红（pK_{HIn}＝5.0）指示剂，前者当 pH＜4.0 时呈黄色（酸式色），pH＞5.6 时呈蓝色（碱式色）；后者当 pH＜4.4 时呈红色（酸式色），pH＞6.2 时呈浅黄色（碱式色）。当把它们按一定比例混合后，两种颜色混合在一起，酸式色便成为酒红色（即红稍带黄），碱式色便成为绿色。当 pH＝5.1 时，也就是溶液中酸式与碱式的浓度大致相同时，溴甲酚绿呈绿色，而甲基红呈橙色，两种颜色为互补色，从而使得溶液呈现浅灰色，因此变色十分敏锐。

另一种混合指示剂是在某种指示剂中加入一种惰性染料（其颜色不随溶液 pH 的变化而

变化），由于颜色互补使变色敏锐，但变色范围不变。

常用的混合指示剂见表 3-4。

表 3-4　常用的混合指示剂

混合指示剂溶液的组成	变色时 pH	颜色		备　注
		酸式色	碱式色	
1 份 0.1%甲基黄乙醇溶液； 1 份 0.1%亚甲基蓝乙醇溶液	3.25	蓝紫色	绿色	pH＝3.2,蓝紫色 pH＝3.4,绿色
1 份 0.1%甲基橙水溶液； 1 份 0.25%靛蓝二磺酸水溶液	4.1	紫色	黄绿色	
1 份 0.1%溴甲酚绿钠盐水溶液； 1 份 0.2%甲基橙水溶液	4.3	橙色	蓝绿色	pH＝3.5,黄色 pH＝4.05,绿色 pH＝4.3,浅绿色
3 份 0.1%溴甲酚绿乙醇溶液； 1 份 0.2%甲基红乙醇溶液	5.1	酒红色	绿色	
1 份 0.1%溴甲酚绿钠盐水溶液； 1 份 0.1%氯酚红钠盐水溶液	6.1	黄绿色	蓝绿色	pH＝5.4,蓝绿色 pH＝5.8,蓝 pH＝6.0,蓝带紫 pH＝6.2,蓝紫色
1 份 0.1%中性红乙醇溶液； 1 份 0.1%亚甲基蓝乙醇溶液	7.0	紫蓝色	绿色	pH＝7.0,紫蓝色
1 份 0.1%甲酚红钠盐水溶液； 3 份 0.1%百里酚蓝钠盐水溶液	8.3	黄色	紫色	pH＝8.2,玫瑰红 pH＝8.4,清晰的紫色
1 份 0.1%百里酚蓝 50%乙醇溶液； 3 份 0.1%酚酞 50%乙醇溶液	9.0	黄色	紫色	从黄到绿,再到紫
1 份 0.1%酚酞乙醇溶液； 1 份 0.1%百里酚酞乙醇溶液	9.9	无色	紫色	pH＝9.6,玫瑰红 pH＝10,紫色
2 份 0.1%百里酚酞乙醇溶液； 1 份 0.1%茜素黄 R 乙醇溶液	10.2	黄色	紫色	

3.5　酸碱滴定法的基本原理

上一节讨论了酸碱指示剂的变色原理，它能随着溶液 pH 的变化而改变颜色。为了能在滴定中正确地选择适宜的指示剂，让它在滴定的化学计量点附近发生颜色变化，以指示滴定终点的到达，就必须要了解酸碱滴定过程中溶液 pH 的变化规律，尤其是在化学计量点附近，加入一滴酸或碱标准溶液所引起的 pH 变化。因为只有在这一滴之差所引起的 pH 变化中，能够包括某一指示剂的变色范围时，此指示剂才能用来指示出滴定终点。表示滴定过程中溶液 pH 随标准溶液用量变化而改变的曲线称为滴定曲线。由于酸碱有强弱之分，因此在各种不同类型的酸碱滴定过程中，溶液 pH 的变化情况是不同的。下面讨论几种类型的滴定曲线以及指示剂的选择问题。

3.5.1　强碱（酸）滴定强酸（碱）

强碱和强酸在溶液中是完全离解的，酸以 H^+ 形式存在，碱以 OH^- 形式存在。滴定的基本反应为：

$$H^+ + OH^- \rightleftharpoons H_2O$$

以 $c(\text{NaOH})=0.1000\text{mol/L}$ 的 NaOH 标准溶液滴定 20.00mL $c(\text{HCl})=0.1000\text{mol/L}$ 的 HCl 溶液为例来研究滴定过程中的溶液 pH 变化情况。

(1) 滴定前　溶液的 pH 取决于 HCl 标准溶液的原始浓度。

$$[\text{H}^+]=c(\text{HCl})=0.1000(\text{mol/L})$$

$$\text{pH}=1.00$$

(2) 滴定开始至化学计量点前　随着 NaOH 标准溶液的逐滴加入，溶液中的 H^+ 浓度不断减小，溶液的 pH 由剩余的 HCl 量决定。

$$[\text{H}^+]=c(\text{HCl}_{剩余})=\frac{c(\text{HCl})V(\text{HCl}_{剩余})}{V_{总}}=\frac{c(\text{HCl})V(\text{HCl})-c(\text{NaOH})V(\text{NaOH})}{V(\text{HCl})+V(\text{NaOH})}$$

按照这个计算式，可以知道：

① 当滴入 18.00mL NaOH 溶液时，溶液中有 90.00% 的 HCl 被中和，总体积为 38.00mL，剩余的 HCl 体积为 2.00mL，此时

$$[\text{H}^+]=5.30\times10^{-3}\text{ mol/L}$$

$$\text{pH}=2.28$$

② 当滴入 19.80mL NaOH 溶液时，溶液中有 99.00% 的 HCl 被中和，此时

$$[\text{H}^+]=5.00\times10^{-4}\text{ mol/L}$$

$$\text{pH}=3.30$$

③ 当滴入 19.98mL NaOH 溶液时，溶液中有 99.90% 的 HCl 被中和，此时

$$[\text{H}^+]=5.00\times10^{-5}\text{ mol/L}$$

$$\text{pH}=4.30$$

(3) 化学计量点时　已滴入 20.00mL NaOH 溶液，即溶液中的 HCl 完全被中和，此时溶液组成为 NaCl，溶液呈中性。

$$[\text{H}^+]=[\text{OH}^-]=1.00\times10^{-7}\text{mol/L}$$

$$\text{pH}=7.00$$

(4) 化学计量点后　溶液由 NaCl 和过量的 NaOH 组成，溶液呈碱性，其碱度取决于过量 NaOH 的浓度，OH^- 的浓度可按下式计算：

$$[\text{OH}^-]=c(\text{NaOH}_{过量})=\frac{c(\text{NaOH})V(\text{NaOH}_{过量})}{V_{总}}$$

例如，当滴入 20.02mL NaOH 溶液时，过量 NaOH 的体积为 0.02mL，即过量 0.1%，溶液总体积为 40.02mL，此时

$$[\text{OH}^-]=\frac{0.1000\times0.02}{40.02}=5.0\times10^{-5}(\text{mol/L})$$

$$\text{pOH}=4.30 \qquad \text{pH}=9.70$$

如此逐一计算，将计算结果列于表 3-5 中。如果以 NaOH 标准溶液的加入量（或中和百分数）为横坐标，以溶液 pH 为纵坐标来绘制曲线，就得到酸碱滴定曲线（见图 3-1）。它表示了滴定过程中溶液 pH 随标准溶液用量变化而改变的规律。

从表 3-5 和图 3-1 可以看出，在远离化学计量点时，随着 NaOH 溶液的加入，溶液的 pH 变化非常缓慢。而在化学计量点附近，NaOH 溶液的加入量对 pH 的影响却非常明显。从中和剩余 0.02mL HCl 溶液到过量 0.02mL NaOH 溶液，即滴定由不足 0.1% 至过量 0.1%，总共才加入 0.04mL（约 1 滴）NaOH 溶液，但是溶液的 pH 却从 4.30 增加到

9.70，变化了近 5.4 个 pH 单位，形成滴定曲线的突跃部分。指示剂的选择主要以此为依据。

理想的指示剂应恰好在滴定的化学计量点时变色。但实际上，凡是在突跃范围（pH 为 4.30～9.70）内变色的指示剂（即指示剂的变色范围全部或大部分落在滴定突跃范围内），

表 3-5 0.1000mol/L NaOH 溶液滴定 20.00mL 0.1000mol/L HCl 溶液的 pH 变化

加入 NaOH 溶液的体积/mL	中和百分数/%	过量 NaOH 溶液的体积/mL	[H$^+$]/(mol/L)	pH
0.00	0.00		1×10^{-1}	1.00
18.00	90.00		5.26×10^{-3}	2.28
19.80	99.00		5.02×10^{-4}	2.30
19.96	99.80		1.00×10^{-4}	4.00
19.98	99.90		5.00×10^{-5}	4.30 ⎫
20.00	100.0		1.00×10^{-7}	7.00 ⎬ 突跃范围
20.02	100.1	0.02	2.00×10^{-10}	9.70 ⎭
20.04	100.2	0.04	1.00×10^{-10}	10.00
20.20	101.0	0.20	2.00×10^{-11}	10.70
22.00	110.0	2.00	2.10×10^{-12}	11.70
40.00	200.0	20.00	3.33×10^{-13}	12.52

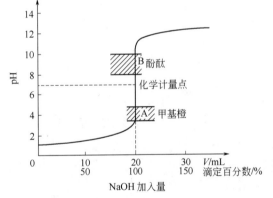

图 3-1 0.1000mol/L NaOH 溶液滴定 20.00mL
0.1000mol/L HCl 溶液的滴定曲线

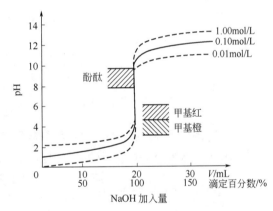

图 3-2 不同浓度 NaOH 溶液滴定
不同浓度 HCl 溶液的滴定曲线

都可保证测定有足够的准确度。因此，甲基红（pH 为 4.4～6.2）、酚酞（pH 为 8.0～9.6）等，均可作为这类滴定的指示剂。若使用甲基橙（pH 为 3.1～4.4）作指示剂，必须滴定至溶液完全显碱式色（黄色）时，溶液的 pH 约等于 4.4，才能保证滴定误差不超过 -0.1%。如滴定到溶液刚变为橙色时，溶液的 pH 约为 4，滴定误差为 -0.2%。

如果反过来改用 0.1000mol/L HCl 溶液滴定 0.1000mol/L NaOH 溶液，滴定曲线的形状与图 3-1 相同，但位置相反。此时酚酞和甲基红都可用作指示剂。如果用甲基橙作指示剂，是从黄色滴到橙色，甚至还可能滴过一点，故将有 +0.2% 以上的误差，所以不能用甲基橙作指示剂。

必须指出，滴定突跃范围的大小与滴定剂及待测组分的浓度有关。图 3-2 是不同浓度 NaOH 溶液滴定不同浓度 HCl 溶液的滴定曲线。当酸碱浓度增大 10 倍时，突跃范围增加两个 pH 单位；当酸碱浓度减小 10 倍时，突跃范围减小两个 pH 单位。显然，溶液越浓，突跃范围越大，可供选择的指示剂越多；反之，可供选择的指示剂越少。

3.5.2 强碱（酸）滴定一元弱酸（碱）

一元弱酸在水溶液中存在离解平衡，强碱滴定一元弱酸的基本反应为：

$$OH^- + HA \rightleftharpoons H_2O + A^-$$

现以 $c(NaOH)=0.1000mol/L$ NaOH 溶液滴定 $c(HAc)=0.1000mol/L$ HAc 溶液为例，讨论强碱滴定弱酸时的滴定曲线及指示剂的选择。

滴定反应为： $OH^- + HAc \rightleftharpoons H_2O + Ac^-$

(1) 滴定前　溶液的组成为 $0.1000mol/L$ HAc 溶液，溶液中的 H^+ 浓度可按式(3-14)计算：

$$[H^+] = \sqrt{cK_a} = \sqrt{0.1000 \times 1.8 \times 10^{-5}} = 1.34 \times 10^{-3}(mol/L)$$
$$pH = 2.87$$

(2) 滴定开始至化学计量点前　溶液中有未反应的 HAc 和反应产生的共轭碱 Ac^-，组成了 $HAc\text{-}Ac^-$ 缓冲体系，其 pH 可按式(3-17)计算：

$$pH = pK_a + \lg \frac{c(Ac^-)}{c(HAc)}$$

当加入 NaOH 溶液 19.98mL 时，剩余的 HAc 溶液为 0.02mL，此时

$$c(HAc) = \frac{0.02 \times 0.1000}{20.00 + 19.98} = 5.0 \times 10^{-5}(mol/L)$$

$$c(Ac^-) = \frac{19.98 \times 0.1000}{20.00 + 19.98} = 5.0 \times 10^{-2}(mol/L)$$

$$pH = pK_a + \lg \frac{c(Ac^-)}{c(HAc)} = 4.74 + \lg \frac{5.0 \times 10^{-2}}{5.0 \times 10^{-5}} = 7.74$$

(3) 化学计量点时　加入 NaOH 溶液的体积为 20.00mL，此时溶液中所有的 HAc 全部反应，生成了共轭碱 Ac^-。溶液中 OH^- 的浓度可按下式计算：

$$[OH^-] = \sqrt{cK_b} = \sqrt{c \times \frac{K_w}{K_a}} = \sqrt{\frac{0.1000}{2} \times \frac{10^{-14}}{1.8 \times 10^{-5}}} = 5.3 \times 10^{-6}(mol/L)$$
$$pOH = 5.28 \quad pH = 8.72$$

(4) 化学计量点后　溶液组成为 Ac^- 和过量的 NaOH，由于 NaOH 抑制了 Ac^- 的离解，溶液的碱度就由过量的 NaOH 决定，溶液的 pH 变化与强碱滴定强酸的情况相同。当加入 NaOH 溶液 20.02mL 时，即过量 0.02mL 时

$$[OH^-] = \frac{c(NaOH)V(NaOH_{过量})}{V_{总}} = \frac{0.1000 \times 0.02}{20.00 + 20.02} = 5.0 \times 10^{-5}(mol/L)$$
$$pOH = 4.30 \quad pH = 9.70$$

如此逐一计算出滴定过程中溶液的 pH，结果列于表 3-6 中，并绘制滴定曲线，见图 3-3 中的曲线 Ⅰ。该图中的虚线为 0.1000mol/L NaOH 滴定 20.00mL 0.1000mol/L HCl 溶液的前半部分。

比较图 3-3 中的曲线 Ⅰ 与虚线，可以看出：滴定前，由于 HAc 是弱酸，溶液的 pH 比同浓度 HCl 的 pH 大。滴定开始后，pH 升高快，这是因为反应产生的 Ac^- 抑制了 HAc 的离解。随着滴定的进行，HAc 的浓度不断降低，而 Ac^- 浓度逐渐增加，溶液中形成了 $HAc\text{-}Ac^-$ 缓冲体系，故溶液 pH 变化缓慢，滴定曲线较为平坦。接近计量点时，溶液中

HAc 浓度极小，溶液的缓冲作用减弱，继续滴加 NaOH 溶液时，溶液的 pH 变化速率加快，直到化学计量点时，由于 HAc 的浓度急剧减小，使溶液的 pH 发生突变。由于溶液的组成为 NaAc，计量点时的 pH 不再是 7.00，而是 8.72。

表 3-6　0.1000mol/L NaOH 溶液滴定 20.00mL 0.1000mol/L HAc 溶液的 pH 变化

NaOH 加入量		剩余 HAc/mL	过量 NaOH/mL	pH
mL	%			
0.00	0.00	20.00		2.87
10.00	50.00	10.00		4.74
18.00	90.00	2.00		5.70
19.80	99.00	0.20		6.74
19.98	99.90	0.02		7.74 ⎫
20.00	100.0	0.00		8.72 ⎬ 突跃范围
20.02	100.1		0.02	9.70 ⎭
20.20	101.0		0.20	10.70
22.00	110.0		2.00	11.70
40.00	200.0		20.00	12.50

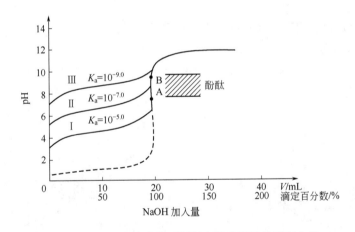

图 3-3　NaOH 溶液滴定不同强度弱酸溶液的滴定曲线

化学计量点后溶液 pH 的变化规律与滴定 HCl 时情况相同，因而这一滴定过程的 pH 突跃范围为 7.74~9.70，比强碱滴定强酸时小得多，而且落在碱性范围。因此可以选择在碱性范围内变色的指示剂，如酚酞、百里酚酞或百里酚蓝等。在酸性范围内变色的指示剂，如甲基橙、甲基红则不合适。

如果用相同浓度的强碱溶液滴定不同强度的一元弱酸，则可得到如图 3-3 所示Ⅰ、Ⅱ、Ⅲ三条滴定曲线。由图 3-3 可知：K_a 值越大，即酸越强，滴定突跃范围越大；K_a 值越小，酸越弱，滴定的突跃范围越小。当 $K_a < 10^{-9.0}$ 时已无明显的突跃，使用一般的酸碱指示剂就无法判断滴定终点。

另一方面，当酸的强度一定时，酸溶液的浓度越大，突跃范围也越大。综合考虑溶液浓度和酸的强度两个因素对滴定突跃大小的影响，得到用指示剂法进行强碱滴定弱酸的条件为：

$$cK_a \geqslant 10^{-8}$$

强酸滴定弱碱情况与此类似，弱碱被准确滴定的条件为：

$$cK_b \geqslant 10^{-8}$$

3.5.3 多元酸的滴定

多元酸多数是弱酸,它们在溶液中分级离解。二元弱酸能否分步滴定,可按下列原则大致判断:若 $cK_{a1} \geqslant 10^{-8}$,且 $K_{a1}/K_{a2} \geqslant 10^5$,则可分步滴定至第一终点;若同时 $cK_{a2} \geqslant 10^{-8}$,则可继续滴定至第二终点;若 cK_{a1} 和 cK_{a2} 都大于 10^{-8},但 $K_{a1}/K_{a2} < 10^5$,则只能滴定到第二终点。

对于三元、四元弱酸分步滴定的判断,可以作类似处理。例如,用 NaOH 溶液滴定 $c(H_3PO_4)=0.1mol/L$ H_3PO_4 溶液的滴定曲线如图 3-4 所示。

(1) 第一计量点时 反应产物为 NaH_2PO_4,它是两性物质,其水溶液的 pH 按式 (3-16) 计算。

$$[H^+] = \sqrt{K_{a1}K_{a2}} = \sqrt{7.52 \times 10^{-3} \times 6.23 \times 10^{-8}} = 2.2 \times 10^{-5}(mol/L)$$
$$pH = 4.66$$

(2) 第二计量点时 反应产物为 Na_2HPO_4,也是两性物质,其水溶液的 pH 按式 (3-16) 计算。

$$[H^+] = \sqrt{K_{a2}K_{a3}} = \sqrt{6.23 \times 10^{-8} \times 4.4 \times 10^{-13}} = 1.6 \times 10^{-10}(mol/L)$$
$$pH = 9.76$$

可分别选用甲基橙和酚酞作指示剂。如果改用溴甲酚绿和甲基橙、酚酞和百里酚酞混合指示剂,则终点变色明显。

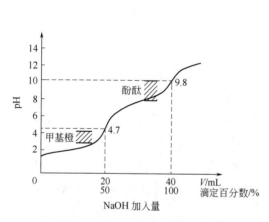

图 3-4 NaOH 溶液滴定 H_3PO_4 溶液的滴定曲线

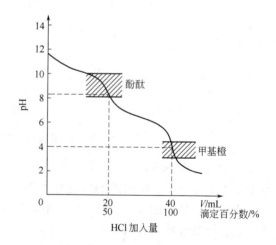

图 3-5 HCl 溶液滴定 Na_2CO_3 溶液的滴定曲线

3.5.4 多元碱的滴定

无机多元碱一般是指多元酸与强碱作用生成的盐,如 Na_2CO_3、$Na_2B_4O_7$ 等,通常又称水解盐。强酸滴定多元碱的情况与强碱滴定多元酸的情况相类似,只要将计算公式中的 K_a 换成 K_b 即可。例如,图 3-5 是用 HCl 溶液滴定 Na_2CO_3 溶液的滴定曲线。

(1) 第一计量点时 反应产物 $NaHCO_3$ 为两性物质,其水溶液的 pH 按式 (3-16) 计算。

$$[H^+]=\sqrt{K_{a1}K_{a2}}=\sqrt{4.2\times10^{-7}\times5.6\times10^{-11}}=4.8\times10^{-9}(\text{mol/L})$$
$$\text{pH}=8.32$$

（2）第二计量点时　反应产物为饱和的 CO_2 溶液，浓度约为 0.04mol/L，其水溶液的 pH 按式(3-14)计算。

$$[H^+]=\sqrt{cK_a}=\sqrt{0.04\times4.2\times10^{-7}}=1.3\times10^{-4}(\text{mol/L})$$
$$\text{pH}=3.89$$

按照计量点时溶液的 pH，可分别选用酚酞、甲基橙作指示剂。由于 K_{b2} 不够大，第二计量点时 pH 突跃较小，用甲基橙作指示剂终点变色不太明显。另外，CO_2 易形成过饱和溶液，使酸度增大而导致终点过早出现，所以在滴定接近终点时，应剧烈地摇动或加热溶液，以除去过量的 CO_2，待溶液冷却后再滴定。

3.5.5　酸碱滴定可行性的判断

滴定分析是通过滴定操作、采用指示剂确定终点后，根据滴定反应的化学计量关系来计算得到测定结果的。因此，滴定反应的完全程度、指示剂指示终点引入的终点误差以及滴定操作误差等均是影响滴定分析准确度的因素。

在酸碱滴定中，如果用 K 表示滴定反应的平衡常数，平衡常数越大，被滴定组分的浓度越大，反应进行得越完全，则滴定分析的准确度越高。如果指示剂指示的终点与理论终点完全一致，由于目视判断终点至少会有 0.2 个 pH 单位的出入，即 $\Delta\text{pH}\geq0.2$。当滴定误差要求小于 0.1% 时，不同类型的酸碱滴定应满足什么条件才能准确进行滴定呢？其判断标准见表 3-7。

表 3-7　酸碱滴定法准确滴定的可行性判断标准

滴定剂	被滴定组分	可行性判断标准	说　明
碱	弱酸	$cK_a\geq10^{-8}$	c——被测组分的浓度,mol/L； K_a——酸的离解常数； K_b——碱的离解常数； K_{ai}——第 i 级酸的离解常数； K_{bi}——第 i 级碱的离解常数
酸	弱碱	$cK_b\geq10^{-8}$	
碱 酸	两性物质	$cK_{ai}\geq10^{-8}$ $cK_{bi}\geq10^{-8}$	
碱	多元酸	$cK_{ai}\geq10^{-8}$ 可准确滴定至 i 级，$K_{ai}/K_{a(i+1)}\geq10^5$ 能分步滴定	
酸	多元碱	$cK_{bi}\geq10^{-8}$ 可准确滴定至 i 级，$K_{bi}/K_{b(i+1)}\geq10^5$ 能分步滴定	

不能满足以上条件的酸、碱和两性物质就很难采用指示剂法确定滴定终点。此时可以根据实际情况考虑采用其他方法进行测定。例如用仪器来检测滴定终点，利用适当的化学反应使弱酸或弱碱强化，也可以在酸性比水更弱的非水介质中进行滴定等，从而扩大酸碱滴定的应用范围。

习　题

1. 滴定分析法测定下列物质，应选何种指示剂？
（1）HAc　　（2）NH_3 水　　（3）NaH_2PO_4　　（4）$(CH_2)_6N_4\cdot HCl$

2. 标定下列溶液浓度时，消耗滴定剂 20～25mL，计算基准物质应称多少克？

(1) 用 Na_2CO_3 标定 0.10mol/L HCl 溶液；

(2) 用 $Na_2B_4O_7 \cdot 10H_2O$ 标定 0.080mol/L HCl 溶液；

(3) 用 $H_2C_2O_4 \cdot 2H_2O$ 标定 0.15mol/L NaOH 溶液；

(4) 用 0.20mol/L HCl 滴定由 $Na_2C_2O_4$ 灼烧得到的 Na_2CO_3，滴定产物为 CO_2 和 H_2O。

3. 将含 Na_2CO_3 和 $NaHCO_3$ 及其他惰性物的样品 5.260g 溶于水，稀释至 250.0mL。取 50.00mL，滴至酚酞终点时消耗 0.1204mol/L HCl 16.70mL，另取一份 50.00mL，滴至溴甲酚绿终点时消耗 49.40mL HCl，计算样品中 Na_2CO_3 和 $NaHCO_3$ 的含量。

4. 用 0.1224mol/L HCl 滴定可能含有 NaOH、Na_2CO_3、$NaHCO_3$ 的溶液，滴至酚酞终点时消耗 34.66mL，滴至溴甲酚绿终点时，消耗 41.24mL，判断溶液的组成，并计算各组分的质量。

5. 计算下列溶液的 pH：

(1) 0.180mol/L 苯甲酸； (2) 0.200mol/L 氯化铵；

(3) 0.100mol/L 氯乙酸； (4) 含有 0.200mol 吡啶的 600mL 水溶液。

(5) 含有 0.200mol 邻苯二甲酸的 125mL 水溶液。

6. 计算下列苯胺盐酸盐溶液的 pH（$pK_b = 9.38$）：

(1) 0.10mol/L (2) 0.010mol/L (3) 1.0×10^{-4} mol/L

7. 20.00mL 0.0600mol/L HNO_2 与 30.00mL 下列溶液混合后，pH 是多少？

(1) 水； (2) 0.0200mol/L NaOH；

(3) 0.0400mol/L $NaNO_2$； (4) 0.0400mol/L HCl。

8. 现有 0.1200mol/L 的 NaOH 标准溶液 200mL，欲使其浓度稀释到 0.1000mol/L，问要加水多少毫升？

9. 若 $T_{HCl/Na_2CO_3} = 0.005300$ g/mL，试计算 HCl 标准溶液的物质的量浓度。

10. 将含某弱酸 HA（$M = 75.00$ g/mol）的试样 0.900g 溶解成 60.00mL 溶液，用 0.1000mol/L 的 NaOH 标准溶液滴定，酸的一半被中和时 pH=5.00，化学计量点时 pH=8.85，计算试样中 HA 的质量分数。

11. 有工业硼砂 1.0000g，用 0.2000mol/L 的 HCl 滴定至甲基橙变色，消耗 24.50mL，计算试样中 $Na_2B_4O_7 \cdot 10H_2O$ 的质量分数以及以 B_2O_3 和 B 表示的质量分数。

12. 称取仅含有 Na_2CO_3 与 K_2CO_3 的试样 1.000g，溶解后以甲基橙作指示剂，用 0.5000mol/L 的 HCl 标准溶液滴定，用去 30.00mL，分别计算试样中 Na_2CO_3 和 K_2CO_3 的质量分数。

13. 为测定牛奶中的蛋白质含量，称取 0.5000g 样品，用浓盐酸消化，加浓碱蒸出 NH_3，用过量的 H_3BO_3 吸收后，以 HCl 标准溶液滴定，用去 10.50mL，另取 0.2000g 纯的 NH_4Cl，经过同样处理，消耗 HCl 标准溶液 20.10mL。已知牛奶中蛋白质的平均含氮量为 15.7%，计算此牛奶中蛋白质的质量分数。

14. 有一碱溶液可能是 NaOH、$NaHCO_3$、Na_2CO_3 或以上几种物质的混合物，用 HCl 标准溶液滴定，以酚酞为指示剂滴定至终点时消耗 HCl V_1(mL)；继续以甲基橙为指示剂滴定至终点时消耗 HCl V_2(mL)，由以下 V_1 和 V_2 的关系判断该碱溶液的组成。

(1) $V_1 > 0$, $V_2 = 0$ (2) $V_2 > 0$, $V_1 = 0$ (3) $V_1 = V_2$

(4) $V_1 > V_2 > 0$ (5) $V_2 > V_1 > 0$

15. 取纯 Na_2CO_3 0.8480g，加入纯固体 NaOH 0.2400g，定容至 200mL，从中移取 50.00mL，用 0.1000mol/L 的 HCl 标准溶液滴定至酚酞变色，问需要 HCl 多少体积？若继续以甲基橙为指示剂滴至变色，还需要加入 HCl 多少体积？已知 $M(Na_2CO_3) = 106.0$ g/mol，$M(NaOH) = 40.00$ g/mol。

16. 某未知试样由 $NaHCO_3$ 和 Na_2CO_3 两种物质组成，每次称量 1.000g，用 0.2500mol/L 的 HCl 标准溶液滴定，试由以下数据判断并计算每组试样中未知样品的组成。

(1) 用酚酞作指示剂，终点时消耗 HCl 24.32mL；另取一份，改用甲基橙作指示剂，终点时消耗 HCl 48.64mL。

(2) 加入酚酞时颜色不变，加入甲基橙至终点时消耗 HCl 38.47mL。

（3）以酚酞作指示剂变色时消耗 HCl 15.29mL，继续以甲基橙作指示剂变色时又消耗 HCl 33.19mL。

17. 50.00mL 0.3000mol/L 的 NaOH 溶液从空气中吸收了 2.00mmol 的 CO_2，今以酚酞为指示剂，用 HCl 标液滴定之，该 NaOH 溶液浓度为多少？

18. 暴露于空气中的 NaOH 溶液吸收了 CO_2，测得浓度为 0.1026mol/L，为了测定 CO_2 含量，称取该 NaOH 溶液 50.00mL，用 0.1143mol/L HCl 滴定至酚酞变色，消耗 44.62mL，求每毫升该碱溶液吸收了 CO_2 多少克？

第4章 配位滴定法

4.1 常用配合物和稳定常数

4.1.1 简单配合物

在配位滴定中,能与金属离子配位的无机配位剂很多,但多数的无机配位剂只有一个配位原子,此类配位剂称为单基配位体,如 F^-、Cl^-、CN^-、NH_3 等。这类单基配位体与金属离子配位时是分级配位,常形成 ML_n 型的简单配合物。例如,在 Cd^{2+} 与 CN^- 的配位反应中,分级生成了 $[Cd(CN)]^+$、$[Cd(CN)_2]$、$[Cd(CN)_3]^-$、$[Cd(CN)_4]^{2-}$ 四种配位化合物,它们的稳定常数分别为 $10^{5.5}$、$10^{5.1}$、$10^{4.7}$、$10^{3.6}$。各级配合物的稳定常数都不大,彼此相差也很小。因此,除个别反应外,无机配位剂大多数不能用于配位滴定中,在化工分析中一般多用作掩蔽剂、辅助配位剂和显色剂。

4.1.2 螯合物

有机配位剂分子中常含有两个或两个以上的配位原子,此类配位剂称为多基配位体。如乙二胺($H_2NCH_2CH_2NH_2$)和氨基乙酸(H_2NCH_2COOH)等,它们与金属离子配位时,都能形成低配位比的、具有环状结构的螯合物,它比同种配位原子所形成的简单配合物稳定得多。表 4-1 中列出了 Cu^{2+} 与氨、乙二胺、三亚乙基四胺所形成的配合物,通过对这些配合物稳定常数的比较,能够清楚地说明这一点。

表 4-1 Cu^{2+} 与氨、乙二胺、三亚乙基四胺所形成的配合物的比较

配 合 物	配 位 比	螯 环 数	$\lg K_稳$
$[Cu(NH_3)_4]$ 结构	1:4	0	12.6
$[Cu(en)_2]$ 结构	1:2	2	19.6
$[Cu(trien)]$ 结构	1:1	3	20.6

有机配位剂由于含有多个配位原子，减少甚至消除了分级配位现象，特别是生成的螯合物稳定性好，因此这类配位反应常应用于配位滴定分析中。

广泛用作配位滴定剂的含有—$N(CH_2COOH)_2$基团的有机化合物，称为氨羧配位剂。

其分子中含有氨氮 $\rangle N-$ 和羧氧 $-\overset{O}{\underset{}{C}}-\ddot{O}-$ 配位原子，氨氮易与 Cu^{2+}、Ni^{2+}、Zn^{2+}、Co^{3+}、Hg^{2+} 等金属离子配位，而羧氧几乎能与所有高价金属离子配位。因此，几乎所有的氨羧配位剂都能与金属离子配位。

在配位滴定中最常用的氨羧配位剂主要有：EDTA（乙二胺四乙酸）、CYDTA（或DCTA，环己烷二氨基四乙酸）、EDTP（乙二胺四丙酸）、NTA（或ATA，氨基三乙酸）等。其中EDTA是目前应用最广泛的一种，用EDTA标准溶液可以滴定几十种金属离子，这种方法就称为EDTA滴定法。通常所谓的配位滴定法也主要是指EDTA滴定法。

4.1.3 乙二胺四乙酸

乙二胺四乙酸简称EDTA（通常用 H_4Y 表示），其结构式如下：

$$\begin{array}{c} HOOCCH_2 \\ \diagdown \\ HOOCCH_2 \end{array} N-CH_2-CH_2-N \begin{array}{c} CH_2COOH \\ \diagup \\ CH_2COOH \end{array}$$

乙二胺四乙酸为白色无水结晶粉末，室温时溶解度较小，22℃时溶解度仅为 0.02g/100mL H_2O，难溶于酸和有机溶剂，易溶于碱溶液而形成相应的盐。乙二胺四乙酸溶解度小，因而不适合用作滴定剂。

EDTA二钠盐（$Na_2H_2Y \cdot 2H_2O$，也简称EDTA，相对分子质量为372.26）为白色结晶粉末，室温下可吸附水分0.3%，80℃时可烘干除去。在100~140℃时失去结晶水而成为无水的EDTA二钠盐（相对分子质量为336.24）。EDTA二钠盐易溶于水，22℃时溶解度为11.1g/100mL H_2O，浓度约0.3mol/L，pH≈4.4，因此通常使用EDTA二钠盐作为滴定剂。

乙二胺四乙酸在水溶液中具有双偶极离子结构：

$$\begin{array}{c} HOOCCH_2 \\ \diagdown \\ {}^-OOCCH_2 \end{array} \overset{+}{\underset{H}{N}}-CH_2-CH_2-\overset{+}{\underset{H}{N}} \begin{array}{c} CH_2COO^- \\ \diagup \\ CH_2COOH \end{array}$$

因此，当EDTA溶解于酸度很高的溶液中时，它的两个羧酸根可再接受两个 H^+ 而形成 H_6Y^{2+}，这样，它就相当于一个六元酸，有六级离解常数，见表4-2。

表4-2 EDTA的六级离解常数

K_{a1}	K_{a2}	K_{a3}	K_{a4}	K_{a5}	K_{a6}
$10^{-0.9}$	$10^{-1.6}$	$10^{-2.0}$	$10^{-2.67}$	$10^{-6.16}$	$10^{-10.26}$

EDTA在水溶液中总是以 H_6Y^{2+}、H_5Y^+、H_4Y、H_3Y^-、H_2Y^{2-}、HY^{3-} 和 Y^{4-} 七种型体存在。它们的分布系数与溶液pH的关系如图4-1所示。

由分布曲线图可以看出，在不同酸度下，各种存在形式的浓度是不相同的。在pH<1的强酸溶液中，EDTA主要以 H_6Y^{2+} 型体存在；在pH为2.75~6.24时，主要以 H_2Y^{2-}

型体存在；仅在 pH>10.34 时，才主要以 Y^{4-} 型体存在。在这七种型体中只有 Y^{4-}（为了方便，以下均用符号 Y 来表示 Y^{4-}）能与金属离子直接配位，因此 Y^{4-} 的浓度 [Y] 称为 EDTA 的有效浓度。Y 分布系数越大，EDTA 的配位能力越强。而 Y 分布系数的大小与溶液的 pH 密切相关，所以溶液的酸度就成为直接影响 EDTA 配合物稳定性及滴定终点敏锐性的一个很重要的因素。

4.1.4 乙二胺四乙酸的螯合物

螯合物是一类具有环状结构的配合物。螯合即成环，只有当一个配体至少含有两个可配位的原子时才能与中心原子形成环状结构，螯合物中所形成的环状结构常称为螯环。能与金属离子形成螯合物的试剂称为螯合剂。EDTA 就是一种最常用的螯合剂。

EDTA 分子中含有 6 个配位原子，这 6 个配位原子恰能满足它们的配位数，在空间位置上均能与同一金属离子形成环状化合物，即螯合物。如图 4-2 所示的是 EDTA 与 Ca^{2+} 形成的螯合物的立体构型。

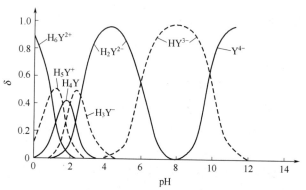

图 4-1　EDTA 溶液中各种存在形式分布图

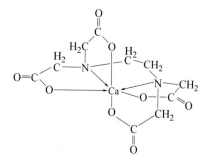

图 4-2　EDTA 与 Ca^{2+} 形成的螯合物的立体构型

EDTA 与金属离子形成的配合物具有以下特点：

① EDTA 具有广泛的配位性能，几乎能与所有金属离子形成配合物，因而在配位滴定应用很广泛。

② EDTA 配合物配位比简单，多数情况下都形成 1∶1 的配合物。

③ EDTA 配合物稳定性高。EDTA 能与金属离子形成具有多个五元环结构的螯合物。

④ EDTA 配合物易溶于水，使配位反应较迅速。

⑤ 大多数金属-EDTA 配合物无色，这有利于通过指示剂确定终点。但 EDTA 与有色金属离子配位生成的螯合物则颜色更深。例如：

CaY^{2-}	MgY^{2-}	CuY^{2-}	NiY^{2-}	CoY^{2-}	FeY^-
无色	无色	深蓝色	蓝绿色	紫红色	黄色

⑥ EDTA 配位滴定法分析结果计算简便。

4.1.5 配合物的稳定常数

4.1.5.1 配合物的绝对稳定常数

对于 1∶1 型的配合物 MY 来说，其配位反应式如下（为简便起见，略去电荷）：

$$M + Y \rightleftharpoons MY$$

此配位反应的平衡常数表达式为：

$$K_{MY} = \frac{[MY]}{[M][Y]} \tag{4-1}$$

K_{MY} 即为金属-EDTA 配合物的绝对稳定常数（或称为形成常数），也可用 $K_{稳}$ 表示。对于具有相同配位数的配合物或配位离子，K_{MY} 越大，配合物越稳定。稳定常数 K_{MY} 的倒数即为配合物的不稳定常数（或称为离解常数）。

$$K_{稳} = \frac{1}{K_{不稳}} \tag{4-2}$$

$$\lg K_{稳} = pK_{不稳} \tag{4-3}$$

常见金属离子与 EDTA 形成的配合物 MY 的绝对稳定常数 K_{MY} 见表 4-3。由表中数据可知，绝大多数金属离子与 EDTA 形成的配合物都相当稳定。

表 4-3　部分金属-EDTA 配合物的 $\lg K_{MY}$

阳离子	$\lg K_{MY}$	阳离子	$\lg K_{MY}$	阳离子	$\lg K_{MY}$
Na^+	1.66	Ce^{4+}	15.98	Cu^{2+}	18.80
Li^+	2.79	Al^{3+}	16.3	Ga^{2+}	20.3
Ag^+	7.32	Co^{2+}	16.31	Ti^{3+}	21.3
Ba^{2+}	7.86	Pt^{2+}	16.31	Hg^{2+}	21.8
Mg^{2+}	8.69	Cd^{2+}	16.49	Sn^{2+}	22.1
Sr^{2+}	8.73	Zn^{2+}	16.50	Th^{4+}	23.2
Be^{2+}	9.20	Pb^{2+}	18.04	Cr^{3+}	23.4
Ca^{2+}	10.69	Y^{3+}	18.09	Fe^{3+}	25.1
Mn^{2+}	13.87	VO^+	18.1	U^{4+}	25.8
Fe^{2+}	14.33	Ni^{2+}	18.60	Bi^{3+}	27.94
La^{3+}	15.50	VO^{2+}	18.8	Co^{3+}	36.0

4.1.5.2　配合物逐级稳定常数和累积稳定常数

对于配位比为 $1:n$ 的配合物，由于 ML_n 的形成是逐级进行的，其逐级形成反应与相应的逐级稳定常数（$K_{稳n}$）为：

$$M + L \rightleftharpoons ML \quad K_{稳1} = \frac{[ML]}{[M][L]}$$

$$ML + L \rightleftharpoons ML_2 \quad K_{稳2} = \frac{[ML_2]}{[ML][L]}$$

$$\vdots$$

$$ML_{n-1} + L \rightleftharpoons ML_n \quad K_{稳n} = \frac{[ML_n]}{[ML_{n-1}][L]}$$

若将逐级稳定常数渐次相乘，就得到各级累积常数（β_n）。

第一级累积稳定常数　　　　$$\beta_1 = K_{稳1} = \frac{[ML]}{[M][L]} \tag{4-4}$$

第二级累积稳定常数　　　　$$\beta_2 = K_{稳1} K_{稳2} = \frac{[ML_2]}{[M][L]^2} \tag{4-5}$$

……

第 n 级累积稳定常数　　　　$$\beta_n = K_{稳1} K_{稳2} \cdots K_{稳n} = \frac{[ML_n]}{[M][L]^n} \tag{4-6}$$

β_n 即为各级配位化合物的总的稳定常数。

根据配位化合物的各级累积稳定常数可以计算各级配合物的浓度,即

$$[ML]=\beta_1[M][L] \tag{4-7}$$

$$[ML_2]=\beta_2[M][L]^2 \tag{4-8}$$

$$\vdots$$

$$[ML_n]=\beta_n[M][L]^n \tag{4-9}$$

各级累积稳定常数将各级配合物的浓度([ML]、[ML$_2$]、…、[ML$_n$])直接与游离金属的浓度[M]和游离配位剂的浓度[L]联系起来。

4.2 副反应系数和条件稳定常数

在配位滴定中,往往涉及多个化学平衡,除EDTA与被测金属离子M之间的配位反应外,还存在着EDTA与H$^+$和其他金属离子N之间的反应,以及被测金属离子与溶液中其他配位剂的反应等。一般将EDTA(Y)与被测金属离子M的反应称为主反应,而溶液中存在的其他反应都称为副反应。

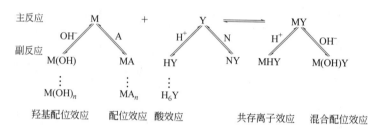

式中,A为辅助配位剂;N为共存离子。副反应影响主反应的现象称为"效应"。

显然,反应物(M、Y)发生副反应不利于主反应的进行,而生成物(MY)的各种副反应则有利于主反应的进行,但所生成的这些混合物大多数不稳定,可以忽略不计。

4.2.1 副反应系数

配位反应涉及的平衡比较复杂。为了定量表明各种因素对配位平衡的影响,引入副反应系数的概念。副反应系数是描述副反应对主反应影响程度的量度,以 α 表示。

4.2.1.1 Y与H的副反应——酸效应与酸效应系数

因H$^+$的存在使配位体参加主反应能力降低的现象称为酸效应。酸效应的程度用酸效应系数来衡量,EDTA的酸效应系数用符号 $\alpha_{Y(H)}$ 表示。酸效应系数是指在一定酸度下未与M配位的EDTA各级质子化型体的总浓度[Y']与游离EDTA酸根离子浓度[Y]的比值。即

$$\alpha_{Y(H)}=\frac{[Y']}{[Y]} \tag{4-10}$$

不同酸度下的 $\alpha_{Y(H)}$ 可按下式计算:

$$\alpha_{Y(H)}=1+\frac{[H]}{K_6}+\frac{[H]^2}{K_6 K_5}+\frac{[H]^3}{K_6 K_5 K_4}+\cdots+\frac{[H]^6}{K_6 K_5 \cdots K_1} \tag{4-11}$$

式中,K_6、K_5、…、K_1 为 H_6Y^{2+} 的各级离解常数。

由式(4-11)可知 $\alpha_{Y(H)}$ 随pH的增大而减小。$\alpha_{Y(H)}$ 越小,则[Y]越大,即EDTA有效浓度[Y]越大,因此酸度对配合物的影响就越小。

在 EDTA 滴定中，$\alpha_{Y(H)}$ 是最常用的副反应系数，通常用其对数值 $\lg\alpha_{Y(H)}$ 表示。表 4-4 列出不同 pH 的溶液中 EDTA 的酸效应系数 $\lg\alpha_{Y(H)}$ 值。

表 4-4 不同 pH 时 EDTA 的酸效应系数 $\lg\alpha_{Y(H)}$

pH	$\lg\alpha_{Y(H)}$	pH	$\lg\alpha_{Y(H)}$	pH	$\lg\alpha_{Y(H)}$
0.0	23.64	3.8	8.85	7.4	2.88
0.4	21.32	4.0	8.44	7.8	2.47
0.8	19.08	4.4	7.64	8.0	2.27
1.0	18.01	4.8	6.84	8.4	1.87
1.4	16.02	5.0	6.45	8.8	1.48
1.8	14.27	5.4	5.69	9.0	1.28
2.0	13.51	5.8	4.98	9.5	0.83
2.4	12.19	6.0	4.65	10.0	0.45

将 pH 与对应的 $\lg\alpha_{Y(H)}$ 值作图，即得 EDTA 的酸效应曲线，如图 4-3 所示的 $\lg\alpha_{Y(H)}$-pH 曲线。由酸效应曲线可以看出，当 pH≥12 时，$\alpha_{Y(H)}=1$，即此时 Y 不与 H^+ 发生副反应。

4.2.1.2 Y 与 N 的副反应——共存离子效应和共存离子效应系数

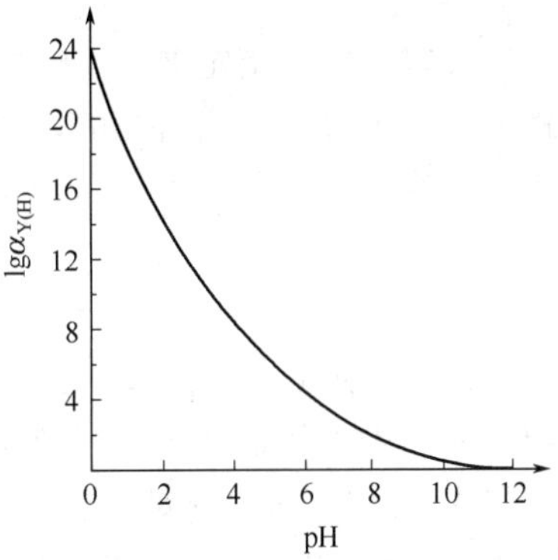

如果溶液中除了被滴定的金属离子 M 之外，还有其他金属离子 N 存在，而且金属离子 N 也能与 Y 形成稳定的配合物。当溶液中共存金属离子 N 的浓度较大时，Y 与 N 的副反应就会影响到 Y 与 M 的配位能力，此时共存离子的影响不能忽略。这种由于共存离子 N 与 EDTA 反应降低了 Y 的平衡浓度的副反应的现象称为共存离子效应。这种副反应进行的程度用副反应系数 $\alpha_{Y(N)}$ 表示，称为共存离子效应系数。

图 4-3 EDTA 的酸效应曲线

$$\alpha_{Y(N)}=\frac{[Y']}{[Y]}=\frac{[NY]+[Y]}{[Y]}=1+K_{NY}[N] \quad (4-12)$$

式中，[N] 为游离共存金属离子 N 的平衡浓度。由式（4-12）可知，$\alpha_{Y(H)}$ 的大小只与 K_{NY} 以及 N 的浓度有关。

如果同时有几种共存离子存在，一般只考虑其中影响最大的金属离子，其他共存离子可忽略不计。实际上，Y 的副反应系数 α_Y 应同时包括酸效应系数 $\alpha_{Y(H)}$ 和共存离子效应系数 $\alpha_{Y(N)}$ 两部分，因此

$$\alpha_Y \approx \alpha_{Y(H)}+\alpha_{Y(N)}-1 \quad (4-13)$$

在配位滴定分析中，当 $\alpha_{Y(H)} \gg \alpha_{Y(N)}$ 时，酸效应是主要的；当 $\alpha_{Y(N)} \gg \alpha_{Y(H)}$ 时，共存离子效应是主要的。通常情况下，在滴定剂 Y 的全部副反应中，酸效应的影响是最大的，因此酸效应系数 $\alpha_{Y(H)}$ 是最重要的副反应系数。

4.2.1.3 金属离子 M 的副反应及副反应系数

（1）配位效应与配位效应系数　在 EDTA 滴定中，由于其他配位剂的存在使金属离子参加主反应的能力降低的现象称为配位效应。这种由于其他配位剂 L 引起副反应的副反应系数称为配位效应系数，用 $\alpha_{M(L)}$ 表示。$\alpha_{M(L)}$ 定义为：没有参加主反应的金属离子总浓度 [M'] 与游离金属离子浓度 [M] 的比值，即

$$\alpha_{M(L)}=[M']/[M]=1+\beta_1[L]+\beta_2[L]^2+\cdots+\beta_n[L]^n \quad (4-14)$$

$\alpha_{M(L)}$ 越大，表示金属离子 M 的副反应越严重。

配位剂 L 一般是滴定时所加入的缓冲剂或为防止金属离子水解所加入的辅助配位剂，也可能是为消除干扰而加入的掩蔽剂。

在酸度较低的溶液中滴定金属离子 M 时，金属离子 M 会生成羟基配合物 $[M(OH)_n]$，此时 L 就代表 OH^-，其副反应系数用 $\alpha_{M(OH)}$ 表示。

（2）金属离子的总副反应系数 α_M 如果溶液中有两种配位剂 L 和 A 同时与金属离子 M 发生副反应，则其影响可用 M 的总副反应系数 α_M 表示。

$$\alpha_M \approx \alpha_{M(L)} + \alpha_{M(A)} - 1 \tag{4-15}$$

4.2.1.4 配合物 MY 的副反应

配合物 MY 的副反应在酸度较高或较低时都能发生。当酸度高时，生成酸式配合物 $M(H)Y$；当酸度低时，生成碱式配合物 $M(OH)Y$。由于酸式配合物 $M(H)Y$ 和碱式配合物 $M(OH)Y$ 一般都不太稳定，因此通常在一般计算中可忽略不计。

4.2.2 条件稳定常数

通过以上配位滴定副反应对主反应影响的讨论可知，只用绝对稳定常数描述配合物的稳定性显然是不符合实际情况的，应该将副反应的影响一起考虑，由此推导出的稳定常数应区别于绝对稳定常数，用 K'_{MY} 表示。

$$K'_{MY} = K_{MY} \frac{\alpha_{MY}}{\alpha_M \alpha_Y} \tag{4-16}$$

当条件恒定时，α_M、α_Y、α_{MY} 均为定值，故 K'_{MY} 在一定条件下为常数，称为条件稳定常数，或称表观稳定常数。当副反应系数为 1 时，即无副反应，此时 $K'_{MY} = K_{MY}$。

将式(4-16)两边取对数，得

$$\lg K'_{MY} = \lg K_{MY} + \lg \alpha_{MY} - \lg \alpha_M - \lg \alpha_Y \tag{4-17}$$

当溶液的酸碱性不是太强时，不形成酸式或碱式配合物，因此 $\lg \alpha_{MY}$ 可以忽略不计，式(4-17)可简化为：

$$\lg K'_{MY} = \lg K_{MY} - \lg \alpha_M - \lg \alpha_Y \tag{4-18}$$

如果只有酸效应，上式又简化为：

$$\lg K'_{MY} = \lg K_{MY} - \lg \alpha_{Y(H)} \tag{4-19}$$

由此可见，条件稳定常数是利用副反应系数进行校正后的实际稳定常数，应用它可以判断滴定金属离子的可行性和混合金属离子分别滴定的可行性以及计算滴定终点时金属离子的浓度等。

【例 4-1】 计算 pH＝2.00、pH＝5.00 时的 $\lg K'_{ZnY}$。

解 查表 4-3 得 $\lg K_{ZnY} = 16.5$。查表 4-4 得 pH＝2.00 时，$\lg \alpha_{Y(H)} = 13.51$。由题意可知，溶液中只存在酸效应，因此根据式（4-19）得

$$\lg K'_{ZnY} = \lg K_{ZnY} - \lg \alpha_{Y(H)} = 16.5 - 13.51 = 2.99$$

查表 4-4 得 pH＝5.00 时，$\lg \alpha_{Y(H)} = 6.45$。因此根据式（4-19）得

$$\lg K'_{ZnY} = \lg K_{ZnY} - \lg \alpha_{Y(H)} = 16.5 - 6.45 = 10.05$$

答：当 pH＝2.00 时，$\lg K'_{ZnY}$ 为 2.99；当 pH＝5.00 时，$\lg K'_{ZnY}$ 为 10.05。

由此看出，尽管 $\lg K_{ZnY} = 16.5$，但当 pH＝2.00 时，$\lg K'_{ZnY}$ 仅为 2.99，此时 ZnY^{2-} 极不稳定，在此条件下 ZnY^{2-} 不能被准确滴定；而当 pH＝5.00 时，$\lg K'_{ZnY} = 10.05$，ZnY^{2-}

已很稳定，配位滴定可以进行。因此，配位滴定中控制溶液酸度是非常重要的。

4.3 金属指示剂

在配位滴定中，通常利用一种能与金属离子生成有色配合物的显色剂来指示滴定终点，这种显色剂称为金属离子指示剂，简称金属指示剂。

4.3.1 金属指示剂的作用原理

金属指示剂本身是一种配位剂，也是一种有机染料。它能与某些金属离子 M 反应，生成与其本身颜色（甲色）不同颜色（乙色）的配合物以指示终点。

在滴定前加入金属指示剂（用 In 表示金属指示剂的配位基团），则 In 与待测金属离子 M 有如下反应：

$$M + In \rightleftharpoons MIn$$
$$\text{甲色} \qquad \text{乙色}$$

这时溶液呈 MIn 的颜色（乙色）。当滴入 EDTA 溶液后，EDTA 先与游离的金属离子 M 结合。当滴定到化学计量点时，EDTA 夺取 MIn（乙色）中的 M 形成 MY 而置换出 In，使溶液呈现 In 本身的颜色（甲色）。溶液由乙色变为甲色，指示滴定终点的到达。

$$MIn + Y \rightleftharpoons MY + In$$
$$\text{乙色} \qquad\qquad \text{甲色}$$

许多金属指示剂本身是一种配位剂，同时是一种有机染料，而且还是多元弱酸或多元弱碱，它们能随溶液 pH 的变化而显示出不同的颜色。例如铬黑 T 是一种三元弱酸，在 pH<6 或 pH>12 时，指示剂溶液本身呈红色，与形成的金属离子配合物 MIn 的颜色没有显著的差别；而在 pH=8~11 时，指示剂溶液呈蓝色，那么在此 pH 范围内滴定到终点时，溶液颜色由红色变为蓝色，颜色变化明显。因此，使用金属指示剂时必须选用合适的 pH 范围。

4.3.2 金属指示剂的选择

作为金属指示剂，必须具备以下条件：

① 金属指示剂与金属离子形成的配合物的颜色应与游离金属指示剂本身的颜色有明显的区别。这样滴定终点时颜色变化明显，便于肉眼观察和判断终点。

② 金属指示剂与金属离子形成的配合物 MIn 要有适当的稳定性。如果 MIn 稳定性过高（即 K_{MIn} 太大），则在化学计量点附近 Y 不易与 MIn 中的 M 结合，终点推迟，甚至不变色，不能指示滴定终点。通常要求 $K_{MY}/K_{MIn} \geqslant 10^2$。如果 MIn 稳定性过低，则未到达化学计量点时 MIn 就会分解，终点提前，而且变色不敏锐，直接影响滴定的准确度。一般要求 $K_{MIn} \geqslant 10^4$。

③ 金属指示剂与金属离子之间的反应要迅速、灵敏，有良好的变色可逆性。

④ 金属指示剂应比较稳定，且易溶于水，不易变质，便于使用和保存。

⑤ 金属指示剂与金属离子形成配合物的反应应是可逆的。

4.3.3 金属指示剂的理论变色点

如果金属指示剂与待测金属离子形成 1:1 的有色配合物，其配位反应为：

$$M + In \rightleftharpoons MIn \tag{4-20}$$

考虑金属指示剂的酸效应，则

$$K'_{MIn} = \frac{[MIn]}{[M][In']} \tag{4-21}$$

$$\lg K'_{MIn} = pM + \lg \frac{[MIn]}{[In']} \tag{4-22}$$

与酸碱指示剂类似，当 $[MIn]=[In']$ 时，溶液呈现 MIn 与 In 的混合色，此时 pM 即为金属指示剂的理论变色点 pM_t。

$$pM_t = \lg K'_{MIn} = \lg K_{MIn} - \lg \alpha_{In(H)} \tag{4-23}$$

金属指示剂是弱酸，存在酸效应。指示剂与金属离子 M 形成配合物的条件稳定常数 K'_{MIn} 随 pH 的变化而变化。因此，在选择指示剂时应考虑体系的酸度，使变色点 pM_t 尽量靠近滴定的化学计量点 pM_{sp}。实际应用中，大多通过实验的方法来选择合适的指示剂，即先试验其终点颜色变化的敏锐程度，然后检查滴定结果是否准确，这样就可以确定符合要求的指示剂。

4.3.4 常用金属指示剂

（1）铬黑 T　铬黑 T 的化学名称是 1-(1-羟基-2-萘偶氮基)-6-硝基-2-萘酚-4-磺酸钠，简称 EBT。铬黑 T 是黑褐色粉末，带有金属光泽，溶于水后，在溶液中有如下平衡：

$$H_2In^- \xrightleftharpoons[]{pK_{a2}=6.3} HIn^{2-} \xrightleftharpoons[]{pK_{a3}=11.6} In^{3-}$$

　　紫红色　　　　蓝色　　　　橙色

在 pH<6.3 时，铬黑 T 在水溶液中呈紫红色；在 pH=7~11 时，铬黑 T 呈蓝色；在 pH>11.6 时，铬黑 T 呈橙色。而铬黑 T 与许多二价金属离子形成的配合物颜色为红色或紫色，因此，只有在 pH=7~11 的范围内使用，指示剂才有明显的颜色变化。实验表明，使用铬黑 T 最适宜的酸度是 pH 为 9~10.5。

固体铬黑 T 相当稳定，但其水溶液不稳定，仅能保存数天，这是由于发生聚合反应而形成聚合体的缘故。聚合后的铬黑 T 不能再与金属离子作用而显色。在 pH<6.5 的溶液中铬黑 T 聚合更为严重，需加入三乙醇胺防止其聚合。

在弱碱性溶液中，O_2、$Mn(IV)$ 和 Ce^{4+} 能使铬黑 T 氧化褪色，通常加入盐酸羟胺或抗坏血酸等弱还原剂可以防止氧化。

（2）二甲酚橙　二甲酚橙为多元酸，其化学名称是 3,3'-双[N,N'-二(羧甲基)-氨甲基]-邻甲酚磺酞，简称 XO。

二甲酚橙是紫红色粉末，易溶于水，常配成 0.2% 或 0.5% 的水溶液，可保存 2~3 周。在 pH<6.3 时，二甲酚橙在水溶液中呈黄色，而它与金属离子形成的配合物却为红色，因此它只能在 pH<6.3 的酸性溶液中使用，是配位滴定法测定许多金属离子所使用的极好指示剂。常用于 Zr^{2+}（pH<1）、Bi^{3+}（pH=1~2）、Th^{4+}（pH=2.5~3.5）、Pb^{2+}、Zn^{2+}、Cd^{2+}、Hg^{2+}（pH=5~6）等的直接滴定法中。而 Fe^{3+}、Al^{3+}、Ni^{2+} 和 Cu^{2+} 等离子对二甲酚橙有封闭作用，通常采用返滴定法，即在 pH=5.0~5.5 的六亚甲基四胺缓冲溶液中，加入过量 EDTA 标准溶液，进行充分的配位反应后，再用 Zn^{2+} 或 Pb^{2+} 标准溶液返滴定。

（3）PAN 指示剂　PAN 指示剂的化学名称是 1-(2-吡啶偶氮)-2-萘酚。PAN 是橙红色针状结晶，难溶于水，可溶于碱、氨溶液及甲醇和乙醇等有机溶剂中，通常将其配成 0.1%

的乙醇溶液使用。

PAN 与 Cu^{2+} 的显色反应非常灵敏，但许多其他金属离子，如 Ni^{2+}、Co^{2+}、Zn^{2+}、Pb^{2+}、Bi^{3+}、Ca^{2+} 等与 PAN 指示剂反应较慢，而且显色灵敏度低，所以必须利用 Cu-PAN 指示剂作为间接指示剂来测定这些金属离子。Cu-PAN 指示剂是 CuY 和少量 PAN 的混合液。将此混合液加到含有被测金属离子 M 的试液中时，发生如下置换反应：

$$CuY + PAN + M \rightleftharpoons MY + Cu\text{-}PAN$$
$$\text{黄色} \qquad\qquad \text{紫红色}$$

此时溶液呈现紫红色。当加入的 EDTA 定量与金属离子 M 反应后，到达化学计量点时，EDTA 将夺取 Cu-PAN 中的 Cu^{2+}，从而使 PAN 指示剂游离出来：

$$Cu\text{-}PAN + Y \rightleftharpoons CuY + PAN$$
$$\text{紫红色} \qquad\qquad \text{黄色}$$

此时溶液由紫红色变为黄色，指示滴定终点到达。因滴定前加入的 CuY 与最后生成的 CuY 是相等的，故加入的 CuY 并不影响测定结果。

在几种离子的连续滴定中，如果分别使用数种指示剂，往往会发生颜色干扰。而采用 Cu-PAN 指示剂，则不需要再加其他指示剂，并且可在很宽的 pH 范围（pH 为 1.9～12.2）内使用，因此 Cu-PAN 指示剂可以在同一溶液中连续指示滴定终点。

（4）钙指示剂 钙指示剂的化学名称是 1-(2-羟基-4-磺基-1-萘偶氮基)-2-羟基-3-苯甲酸，简称 NN。钙指示剂是紫色粉末，其水溶液和乙醇溶液均不稳定，一般将其与干燥的 NaCl 按 1∶100 或 1∶200 配成固体试剂使用。

钙指示剂的 NaCl 水溶液在 pH＜8 时呈酒红色，在 pH＝12～13 时呈蓝色。在 pH＝12～13 时，它与 Ca^{2+} 形成紫红色配合物，当以 EDTA 滴定 Ca^{2+} 时，终点颜色由酒红色变为蓝色。

在测定 Ca^{2+} 时如有 Mg^{2+} 存在，在 pH＝12.5 左右时，Mg^{2+} 生成 $Mg(OH)_2$ 沉淀，不能被滴定。与铬黑 T 相似，钙指示剂能被 Al^{3+}、Fe^{3+}、Cu^{2+}、Ni^{2+}、Co^{2+} 等离子封闭，可采用 KCN 或三乙醇胺掩蔽，消除钙指示剂的封闭现象。

4.3.5　金属指示剂的封闭与僵化

4.3.5.1　指示剂的封闭现象

有些指示剂能与某些金属离子生成很稳定的配合物（MIn），其稳定性远远超过了相应金属离子与 EDTA 生成配合物（MY）的稳定性，即 $\lg K_{MIn} > \lg K_{MY}$，这就造成 EDTA 不能夺取指示剂配合物中的金属离子，使指示剂在化学计量点附近不出现颜色变化，这种现象称为指示剂的封闭现象。例如，铬黑 T(EBT) 与 Al^{3+}、Fe^{3+}、Cu^{2+}、Ni^{2+}、Co^{2+} 等生成的配合物非常稳定，如果用 EDTA 滴定这些离子，即使过量较多的 EDTA，也无法将铬黑 T 从 MIn 中置换出来，到化学计量点时仍不能变色，这就是铬黑 T 指示剂的封闭作用。

解决指示剂封闭现象的办法是加入掩蔽剂，使干扰离子与掩蔽剂生成更稳定的配合物，从而不再与指示剂作用。例如 Al^{3+}、Fe^{3+} 对铬黑 T 的封闭作用，可加入三乙醇胺掩蔽剂予以消除；Cu^{2+}、Co^{2+}、Ni^{2+} 对铬黑 T 的封闭作用，可用 KCN 掩蔽予以消除；Fe^{3+} 也可先用抗坏血酸还原为 Fe^{2+}，再加 KCN 掩蔽。如果干扰离子的浓度较大，则需采用预先分离的办法除去。

4.3.5.2　指示剂的僵化现象

有些指示剂以及金属-指示剂配合物在水中的溶解度很小，在终点时，造成 EDTA 不能迅速从金属-指示剂配合物（MIn）中游离出指示剂来，使终点颜色变化不明显，终点拖长，这种现象称为指示剂的僵化现象。

解决指示剂僵化现象的办法是加热或加入有机溶剂，以增大指示剂以及金属-指示剂配合物在水中的溶解度。例如用 PAN 作指示剂时，经常加入少量乙醇或将溶液适当加热，加快置换速度，使指示剂变色较明显。如果僵化现象不严重，在接近化学计量点时，放慢滴定速度，仍可以得到准确的结果。

4.4 配位滴定法的基本原理

在配位滴定中，由于溶液的酸度和其他配位剂的存在都会影响到生成配合物的稳定性，因此如何选择合适的滴定条件使滴定顺利进行就是配位滴定分析的重要内容。

4.4.1 配位滴定曲线

在配位滴定中，随着配位滴定剂的加入，金属离子不断与配位剂反应生成配合物，金属离子的浓度不断减少。当滴定到化学计量点时，金属离子浓度（pM）发生突变。以滴定过程中溶液的 pM 为纵坐标，以对应加入的配位剂的体积（或滴定百分数）为横坐标绘成曲线，这样的曲线称为配位滴定曲线。配位滴定曲线反映了配位滴定过程中滴定剂的加入量与待测金属离子浓度之间的变化关系。

4.4.1.1 配位滴定曲线的绘制

配位滴定曲线可通过计算绘制，也可通过仪器测量绘制。现以 0.01000mol/L 的 EDTA 标准滴定溶液在 pH=12.00 时滴定 20.00mL 0.01000mol/L 的 Ca^{2+} 溶液为例，通过计算滴定过程中的 pM，说明配位滴定过程中配位滴定剂的加入量与待测金属离子浓度之间的变化关系。

由于 Ca^{2+} 既不易水解也不与其他配位剂反应，因此在处理此配位平衡时，只需考虑 EDTA 的酸效应即可。在 pH=12.00 时，CaY 的条件稳定常数为：

$$\lg K'_{CaY} = \lg K_{CaY} - \lg \alpha_{Y(H)} = 10.69 - 0 = 10.69$$

（1）滴定开始前　溶液中只有 Ca^{2+}，$[Ca^{2+}]=0.01000$mol/L，所以 pCa=2.00。

（2）化学计量点前　溶液中有剩余的金属离子 Ca^{2+} 和滴定产物 CaY。由于 $\lg K'_{CaY}$ 较大，剩余的 Ca^{2+} 对 CaY 的离解又有一定的抑制作用。因此可忽略 CaY 的离解，按剩余的金属离子浓度 $[Ca^{2+}]$ 计算 pCa 值。

① 当滴入 EDTA 溶液 18.00mL 时：

$$[Ca^{2+}] = \frac{2.00 \times 0.01000}{20.00 + 18.00} = 5.26 \times 10^{-4} \text{（mol/L）}$$

即
$$pCa = -\lg[Ca^{2+}] = 3.3$$

② 当滴入 EDTA 溶液 19.98mL 时：

$$[Ca^{2+}] = \frac{0.02 \times 0.01000}{20.00 + 19.98} = 5 \times 10^{-6} \text{（mol/L）}$$

即
$$pCa = -\lg[Ca^{2+}] = 5.3$$

（3）化学计量点时　Ca^{2+} 与 EDTA 几乎全部形成 CaY^{2-}，所以

$$[CaY^{2-}] = \frac{20.00 \times 0.01000}{20.00 + 20.00} = 5 \times 10^{-3} \text{（mol/L）}$$

因为 pH≥12，$\lg\alpha_{Y(H)}=0$，所以 $[Y^{4-}]=[Y]_总$，同时 $[Ca^{2+}]=[Y^{4-}]$，则

$$\frac{[CaY^{2-}]}{[Ca^{2+}]^2}=K'_{MY}$$

因此

$$\frac{5\times10^{-3}}{[Ca^{2+}]^2}=10^{10.69}$$

即

$$[Ca^{2+}]=3.2\times10^{-7}\ (mol/L)$$

$$pCa=6.5$$

（4）化学计量点后　当加入 EDTA 溶液的体积为 20.02mL 时，过量的 EDTA 溶液为 0.02mL。此时

$$[Y]_总=\frac{0.02\times0.01000}{20.00+20.02}=5\times10^{-6}\ (mol/L)$$

则

$$\frac{5\times10^{-3}}{[Ca^{2+}]\times5\times10^{-6}}=10^{10.69}$$

即

$$[Ca^{2+}]=10^{-7.69}\ (mol/L)$$

$$pCa=7.69$$

所得数据列于表 4-5。

表 4-5　pH=12 时用 0.01000mol/L EDTA 标准滴定溶液滴定 20.00mL 0.01000mol/L Ca^{2+} 溶液中 pCa 的变化

EDTA 加入量 /mL	/%	Ca^{2+} 被滴定的分数/%	EDTA 过量的分数/%	pCa
0	0			2.0
18.00	90.0	90.0		3.3
19.80	99.0	99.0		4.3
19.98	99.9	99.9		5.3
20.0	100.0	100.0		6.5
20.02	100.1		0.1	7.7
20.20	101.0		1.0	8.7
40.00	200.0		100	10.7

（5.3~7.7 为突跃范围）

根据表 4-5 所列数据，以 pCa 为纵坐标、加入 EDTA 的体积为横坐标作图，得到如图 4-4 所示的滴定曲线。

从表 4-5 或图 4-4 可以看出，在 pH=12 时，用 0.01000mol/L EDTA 标准滴定溶液滴定 0.01000mol/L Ca^{2+} 溶液，化学计量点时的 pCa 为 6.5，滴定突跃的 pCa 为 5.3~7.7。可见滴定突跃较大，可以准确滴定。

4.4.1.2　滴定突跃范围

配位滴定中滴定突跃越大，就越容易准确地指示终点。通过计算结果表明，配合物的条件稳定常数和被滴定金属离子的浓度是影响突跃范围的主要因素。

（1）配合物的条件稳定常数对滴定突跃的影响　图 4-5 是在金属离子浓度一定的情况下，不同 $\lg K'_{MY}$ 时的滴定曲线。由图可看出，配合物的条件稳定常数 $\lg K'_{MY}$ 越大，滴定突跃（ΔpM）越大。决定配合物 $\lg K'_{MY}$ 大小的因素为：首先是绝对稳定常数 $\lg K_{MY}$（内因），但对某一指定的金属离子来说绝对稳定常数 $\lg K_{MY}$ 是一定值；其次是溶液的酸度、配位掩

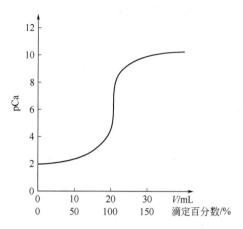

图 4-4　pH=12 时 0.01000mol/L EDTA 标准滴定溶液滴定 0.01000mol/L Ca^{2+} 溶液的滴定曲线

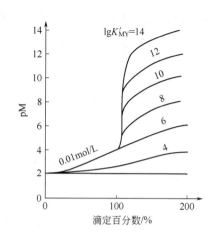

图 4-5　不同 $\lg K'_{MY}$ 的滴定曲线

蔽剂及其他辅助配位剂的配位作用（外因）。

① 酸度　酸度高时，$\lg \alpha_{Y(H)}$ 大，$\lg K'_{MY}$ 变小，因此滴定突跃减小。

② 其他配位剂的配位作用　滴定过程中加入掩蔽剂、缓冲溶液等辅助配位剂的作用会增大 $\lg \alpha_{M(L)}$ 值，使 $\lg K'_{MY}$ 变小，因此滴定突跃减小。

（2）被滴定金属离子的浓度对滴定突跃的影响　图 4-6 是用 EDTA 滴定不同浓度溶液时的滴定曲线。由图 4-6 可以看出，金属离子浓度 c_M 越大，滴定曲线起点越低，因此滴定突跃越大；反之则滴定突跃越小。

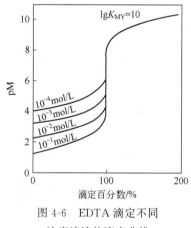

图 4-6　EDTA 滴定不同浓度溶液的滴定曲线

4.4.2　单一离子的滴定

滴定突跃的大小是准确滴定的重要依据之一。而影响滴定突跃大小的主要因素是 c_M 和 K'_{MY}，那么 c_M、K'_{MY} 值要多大才有可能准确滴定金属离子呢？

金属离子的准确滴定与允许误差和检测终点方法的准确度有关，还与被测金属离子的原始浓度有关。设金属离子的原始浓度为 c_M，用等浓度的 EDTA 标准溶液滴定，滴定分析的允许误差为 E_t，在化学计量点时：

① 被测定的金属离子几乎全部发生配位反应，即 $[MY]=c_M$；

② 被测定的金属离子的剩余量应符合准确滴定的要求，即 $c_{M(余)} \leqslant c_M E_t$；

③ 滴定时过量的 EDTA 也符合准确度的要求，即 $c(EDTA)_{(余)} \leqslant c(EDTA) E_t$；

将这些数值代入条件稳定常数的关系式得

$$K'_{MY} = \frac{[MY]}{c_{M(余)} c(EDTA)_{(余)}}$$

$$K'_{MY} \geqslant \frac{c_M}{c_M E_t c(EDTA) E_t}$$

由于 $c_M = c(\text{EDTA})$，不等式两边取对数，整理后得
$$\lg(c_M K'_{MY}) \geqslant -2\lg E_t$$
若允许误差 $E_t = 0.1\%$，则得
$$\lg(c_M K'_{MY}) \geqslant 6 \tag{4-24}$$
式(4-24)为单一金属离子准确滴定的可行性判据。

在金属离子的原始浓度 $c_M = 0.010\text{mol/L}$ 的特定条件下，则
$$\lg K'_{MY} \geqslant 8 \tag{4-25}$$
式(4-25)是在上述条件下准确滴定 M 时 $\lg K'_{MY}$ 的允许低限。

【例 4-2】 在 pH=2.00 和 pH=5.00 的介质中（$\alpha_{Zn}=1$），能否用 0.01000mol/L EDTA 标准滴定溶液准确滴定 0.010mol/L Zn^{2+} 溶液？

解 查表 4-3 得 $\lg K_{ZnY} = 16.50$，查表 4-4 得 pH=2.00 时 $\lg \alpha_{Y(H)} = 13.51$，按题意得
$$\lg K'_{MY} = \lg K_{ZnY} - \lg \alpha_{Y(H)} = 16.50 - 13.51 = 2.99 < 8$$
查表 4-4 得 pH=5.00 时 $\lg \alpha_{Y(H)} = 6.45$，则
$$\lg K'_{MY} = \lg K_{ZnY} - \lg \alpha_{Y(H)} = 16.50 - 6.45 = 10.05 > 8$$
所以，当 pH=2.00 时，Zn^{2+} 溶液是不能被准确滴定的；而在 pH=5.00 时可以被准确滴定。

由此例计算可看出，用 EDTA 滴定金属离子，若要准确滴定，必须选择适当的 pH，因为酸度是金属离子被准确滴定的重要影响因素。

4.4.3　单一离子准确滴定的酸度选择

对于稳定性较高的配合物，溶液酸度较高时也能准确滴定。而对于稳定性较低的配合物，酸度高于某一值就不能被准确滴定了。通常较低的酸度条件对滴定有利，但是在较低的酸度条件下某些金属离子会发生水解反应生成氢氧化物，因此必须控制适宜的酸度范围。

4.4.3.1　最高酸度（最低 pH）

若滴定反应中除 EDTA 酸效应外没有其他副反应，则根据单一离子准确滴定的可行性判据，当被测金属离子 M 的浓度为 0.010mol/L 时，$\lg K'_{MY} \geqslant 8$。因此
$$\lg K'_{MY} = \lg K_{MY} - \lg \alpha_{Y(H)} \geqslant 8$$
即
$$\lg \alpha_{Y(H)} \leqslant \lg K_{MY} - 8 \tag{4-26}$$

将各种金属离子的 $\lg K_{MY}$ 代入式(4-26)，即可计算出它们对应的最大 $\lg \alpha_{Y(H)}$ 值，再从表 4-4 查得与它对应的最低 pH。例如，对于浓度为 0.01mol/L 的 Zn^{2+} 溶液的滴定，将 $\lg K_{ZnY} = 16.50$ 代入式(4-26)，得
$$\lg \alpha_{Y(H)} \leqslant 8.5$$
从表 4-4 可查得 pH $\geqslant$ 4.0，即滴定 Zn^{2+} 允许的最低 pH 为 4.0。将金属离子的 $\lg K_{MY}$ 值与最低 pH [或对应的 $\lg \alpha_{Y(H)}$ 与最低 pH] 绘制成曲线，该曲线称为酸效应曲线，如图 4-7 所示。在实际工作中，利用酸效应曲线，可查得单独滴定某种金属离子时所允许的最低 pH，同时可以看出在混合离子滴定中，哪些离子在一定 pH 范围内存在干扰。此外，酸效应曲线同时可作为 $\lg \alpha_{Y(H)}$-pH 曲线使用。

必须注意，使用酸效应曲线查单独滴定某种金属离子的最低 pH 的前提是：①金属离子浓度为 0.01mol/L；②允许测定的相对误差为 $\pm 0.1\%$；③溶液中除 EDTA 酸效应外不发生其他副反应。

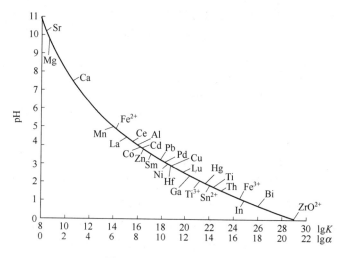

图 4-7 EDTA 酸效应曲线

4.4.3.2 最低酸度（最高 pH）

为了能准确滴定被测金属离子，滴定时的酸度应小于所允许的最高酸度，即滴定时的 pH 应大于所允许的最低 pH。但溶液的酸度也不能过低（即溶液的 pH 不能过高），因为酸度太低（即 pH 过高），金属离子将会发生水解，形成 $M(OH)_n$ 沉淀。除影响反应速率和滴定终点难以确定外，还影响反应的计量关系，因此需要考虑滴定时金属离子不水解的最低酸度（最高 pH）。

在无其他配位剂存在下，金属离子不水解的最低酸度可由 $M(OH)_n$ 的溶度积求得。如用 0.01000mol/L EDTA 标准滴定溶液准确滴定 0.010mol/L Zn^{2+} 溶液时，为防止开始时形成 $Zn(OH)_2$ 沉淀，必须满足下式：

$$[OH^-] = \sqrt{\frac{K_{sp, Zn(OH)_2}}{[Zn^{2+}]}} = \sqrt{\frac{10^{-15.3}}{2 \times 10^{-2}}} = 10^{-6.8}$$

即

$$pH = 7.2$$

因此，用 EDTA 标准溶液滴定浓度为 0.01mol/L Zn^{2+} 溶液应在 pH=4.0~7.2 的范围内，pH 越接近高限，K'_{MY} 就越大，滴定突跃也越大。若加入辅助配位剂（如氨水、酒石酸等），则 pH 还会更高些。例如在氨性缓冲溶液存在下，可在 pH=10 时滴定 Zn^{2+}。若加入酒石酸或氨水，可防止金属离子生成沉淀。但辅助配位剂的加入也会导致 K'_{MY} 降低，因此必须严格控制其用量，否则将因 K'_{MY} 太小而无法准确滴定。

【例 4-3】 计算用 0.020mol/L EDTA 滴定溶液滴定 0.020mol/L Cu^{2+} 溶液的适宜酸度范围。

解 能准确滴定 Cu^{2+} 的条件是 $\lg(c_M K'_{MY}) \geqslant 6$，考虑滴定至化学计量点时体积增加 1 倍，故 $c(Cu^{2+})=0.010$mol/L，因此

$$\lg K_{CuY} - \lg \alpha_{Y(H)} \geqslant 8$$

即

$$\lg \alpha_{Y(H)} \leqslant 18.80 - 8.0 = 10.80$$

查图 4-7，当 $\lg \alpha_{Y(H)} = 10.80$ 时 pH=2.9，此为滴定允许的最高酸度。

滴定 Cu^{2+} 时，允许的最低酸度为 Cu^{2+} 不发生水解时的 pH。因为

$$[Cu^{2+}][OH^-]^2 = K_{sp, Cu(OH)_2} = 10^{-19.66}$$

所以
$$[OH^-]=\sqrt{\frac{10^{-19.66}}{0.02}}=10^{-8.98}$$
即
$$pH=5.0$$

所以，用 0.020mol/L EDTA 标准滴定溶液滴定 0.020mol/L Cu^{2+} 溶液的适宜酸度范围是 pH=2.9～5.0。

4.5 混合离子的选择性滴定

在配位滴定的实际应用中通常遇到的是多种离子共存试样，而 EDTA 又是具有广泛配位性能的配位剂，因此必须提高配位滴定的选择性，才能准确测定金属离子共存试样。通常采用控制溶液酸度分别滴定和使用掩蔽剂等方法提高配位滴定的选择性。

4.5.1 控制溶液酸度分别滴定

如果溶液中同时含有能与 EDTA 形成配合物的金属离子 M 和 N，且 $K_{MY}>K_{NY}$，则用 EDTA 滴定时，首先被滴定的是金属离子 M。如 K_{MY} 与 K_{NY} 相差足够大，此时可准确滴定 M 离子，而 N 离子不干扰。当滴定 M 离子后，若 N 离子能够满足单一离子准确滴定的条件，则又可继续滴定 N 离子，这时称 EDTA 可分别滴定 M 和 N。那么 K_{MY} 与 K_{NY} 相差多大才能分别滴定呢？在什么酸度范围内进行滴定呢？

当用 EDTA 滴定含有金属离子 M 和 N 的溶液时，若 M 未发生副反应，则溶液中的平衡关系如下：

$$\begin{array}{c} M\ +\ Y\ \rightleftharpoons\ MY \\ {}_{H^+}\swarrow\ \searrow_N \\ HY\quad\quad NY \\ \vdots \\ H_6Y \end{array}$$

当 $K_{MY}>K_{NY}$，且 $\alpha_{Y(N)}\gg\alpha_{Y(H)}$ 情况下，可推导出（省略推导过程）：

$$\lg(c_M K'_{MY})=\lg K_{MY}-\lg K_{NY}+\lg\frac{c_M}{c_N} \tag{4-27a}$$

或

$$\lg(c_M K'_{MY})=\Delta\lg K+\lg\frac{c_M}{c_N} \qquad \Delta\lg K=\lg K_{MY}-\lg K_{NY} \tag{4-27b}$$

该式表明，两种金属离子配合物的稳定常数差值（$\Delta\lg K$）越大，被测离子浓度（c_M）越大，干扰离子浓度（c_N）越小，则在 N 离子存在下滴定 M 离子的可能性就越大。那么两种金属离子配合物的稳定常数相差多大才能准确滴定 M 离子而 N 离子不干扰呢？这决定于所要求的分析准确度和两种金属离子的浓度比（c_M/c_N）及终点和化学计量点 pM 差值（ΔpM）等因素。

4.5.2 分步滴定的判别

若溶液中只含有 M、N 两种金属离子，当 ΔpM=±0.2［目测终点一般有±(0.2～0.5)个 ΔpM 单位的出入］，$E_t\leqslant\pm 0.1\%$ 时，要准确滴定 M 离子而 N 离子不干扰，必须使 $\lg(c_M K'_{MY})\geqslant 6$，即

$$\Delta\lg K+\lg\frac{c_M}{c_N}\geqslant 6 \tag{4-28}$$

式(4-28)即是判断能否用控制溶液酸度的方法准确滴定 M 离子而 N 离子不干扰的判别式。

当滴定 M 离子后，若 $\lg(c_N K'_{NY}) \geq 6$，则可继续准确滴定 N 离子。

如果 $\Delta pM = \pm 0.2$，$E_t \leq \pm 0.5\%$（混合离子滴定通常允许相对误差 $\leq \pm 0.5\%$），则可用下式判别控制酸度分别滴定的可能性：

$$\Delta \lg K + \lg \frac{c_M}{c_N} \geq 5 \tag{4-29}$$

4.5.3 分别滴定的酸度控制

4.5.3.1 最高酸度（最低 pH）

选择滴定 M 离子的最高酸度与单一金属离子滴定最高酸度的求法相似。即当 $c_M = 0.01 \text{mol/L}$，$E_t \leq \pm 0.5\%$ 时

$$\lg \alpha_{Y(H)} \leq \lg K_{MY} - 8$$

根据 $\lg \alpha_{Y(H)}$ 查出对应的 pH，即为最高酸度。

4.5.3.2 最低酸度（最高 pH）

根据式(4-29)，N 离子不干扰 M 离子滴定的条件为：

$$\Delta \lg K + \lg \frac{c_M}{c_N} \geq 5$$

即

$$\lg(c_M K'_{MY}) - \lg(c_N K'_{NY}) \geq 5$$

由于准确滴定 M 离子时 $\lg(c_M K'_{MY}) \geq 6$，因此

$$\lg(c_N K'_{NY}) \leq 1 \tag{4-30}$$

当 $c_N = 0.01 \text{mol/L}$ 时

$$\lg \alpha_{Y(H)} \geq \lg K_{NY} - 3$$

根据 $\lg \alpha_{Y(H)}$ 查出对应的 pH，即为最低酸度。

值得注意的是，易发生水解反应的金属离子若在所求的酸度范围内发生水解反应，则适宜酸度范围的最低酸度为形成 $M(OH)_n$ 沉淀时的酸度。

如果 $\Delta \lg K + \lg(c_M/c_N) \leq 5$，则不能用控制酸度的方法分步滴定。

M 离子滴定后，滴定 N 离子的最高酸度、最低酸度及适宜酸度范围与单一离子滴定相同。

【例 4-4】 溶液中 Pb^{2+} 和 Ca^{2+} 的溶液浓度均为 1.0×10^{-2} mol/L，如用相同浓度 EDTA 标准滴定溶液滴定，要求 $E_t \leq \pm 0.5\%$，问：(1) 能否用控制酸度分步滴定？(2) 求滴定 Pb^{2+} 的酸度范围。

解 (1) 由于两种金属离子浓度相同，且要求 $E_t \leq \pm 0.5\%$，因此可根据通过控制溶液酸度分步滴定的判别式 $\Delta \lg K \geq 5$ 来判断。查表得 $\lg K_{PbY} = 18.0$，$\lg K_{CaY} = 10.7$，则

$$\Delta \lg K = 18.0 - 10.7 = 7.3 > 5$$

答：可以用控制溶液酸度分步滴定。

(2) 由于 $c(Pb^{2+}) = 1.0 \times 10^{-2}$ mol/L，则

$$\lg \alpha_{Y(H)} \leq \lg K_{MY} - 8 = 18.0 - 8 = 10.8$$

查表得 $\text{pH} \geq 3.7$

所以滴定 Pb^{2+} 的最高酸度为 pH=3.7。

滴定 Pb^{2+} 的最低酸度应先考虑滴定 Pb^{2+} 时 Ca^{2+} 不干扰，即

$$\lg[c(\text{Ca}^{2+})K'_{\text{CaY}}] \leqslant 1$$

由于 Ca^{2+} 浓度为 1.0×10^{-2} mol/L，所以

$$\lg K'_{\text{CaY}} \leqslant 3$$

即

$$\lg \alpha_{\text{Y(H)}} \geqslant \lg K_{\text{CaY}} - 3 = 10.7 - 3 = 7.7$$

查表（或酸效应曲线）得 $\text{pH} \leqslant 8.0$。

因此，准确滴定 Pb^{2+} 而 Ca^{2+} 不干扰的酸度范围为：$\text{pH} = 3.7 \sim 8.0$。

考虑到 Pb^{2+} 的水解

$$[\text{OH}^-] \leqslant \sqrt{\frac{K_{\text{sp,Pb(OH)}_2}}{[\text{Pb}^{2+}]}} = \sqrt{\frac{10^{-15.7}}{2 \times 10^{-2}}} = 10^{-7}$$

$$\text{pH} \leqslant 7.0$$

答：滴定 Pb^{2+} 溶液适宜的酸度范围为：$\text{pH} = 3.7 \sim 7.0$。

【例 4-5】 溶液中含 Ca^{2+}、Mg^{2+}，浓度均为 1.0×10^{-2} mol/L，用相同浓度 EDTA 标准滴定溶液滴定 Ca^{2+}，使溶液 pH 调到 12，问：若要求 $E_t \leqslant \pm 0.1\%$，Mg^{2+} 对滴定有无干扰？

解 pH=12 时

$$[\text{Mg}^{2+}] = \frac{K_{\text{sp,Mg(OH)}_2}}{[\text{OH}^-]^2} = \frac{1.8 \times 10^{-11}}{10^{-4}} = 1.8 \times 10^{-7} \ (\text{mol/L})$$

查表得 $\lg K_{\text{CaY}} = 10.69$，$\lg K_{\text{MgY}} = 8.69$

$$\Delta \lg K + \lg \frac{c_{\text{M}}}{c_{\text{N}}} = 10.69 - 8.69 + \lg \frac{10^{-2}}{1.8 \times 10^{-7}} = 6.74 > 6$$

答：Mg^{2+} 对滴定无干扰。

4.6 提高滴定选择性的途径

当 $\lg K_{\text{MY}} - \lg K_{\text{NY}} < 5$ 时，已不能采用控制酸度分别滴定，这时可加入掩蔽剂降低干扰离子的浓度，以消除干扰。掩蔽方法按掩蔽反应类型的不同，可分为配位掩蔽法、氧化还原掩蔽法和沉淀掩蔽法等。

4.6.1 配位掩蔽法

配位掩蔽法在化学分析中应用最多，它是通过加入能与干扰离子形成更稳定配合物的配位剂（统称掩蔽剂）掩蔽干扰离子，从而能够更准确地滴定待测离子。例如测定 Al^{3+} 和 Zn^{2+} 共存溶液中的 Zn^{2+} 时，可加入 NH_4F 与干扰离子 Al^{3+} 形成十分稳定的配合物 $[\text{AlF}_6]^{3-}$，因而消除了 Al^{3+} 的干扰。又如测定水中 Ca^{2+}、Mg^{2+} 总量（即水的硬度）时，Fe^{3+}、Al^{3+} 的存在干扰测定，在 pH=10 时加入三乙醇胺，可以掩蔽 Fe^{3+} 和 Al^{3+}，消除其干扰。

采用配位掩蔽法，在选择掩蔽剂时应注意以下几点。

① 掩蔽剂与干扰离子形成的配合物应远比待测离子与 EDTA 形成的配合物稳定（即 $\lg K_{\text{NY}} \gg \lg K_{\text{MY}}$），而且所形成的配合物应为无色或浅色。

② 掩蔽剂与待测离子不发生配位反应或形成的配合物稳定性远小于待测离子与 EDTA

配合物的稳定性。

③ 掩蔽作用与滴定反应的 pH 条件大致相同。例如，已经知道在 pH=10 时测定 Ca^{2+}、Mg^{2+} 总量，少量 Fe^{3+}、Al^{3+} 的干扰可使用三乙醇胺来掩蔽；但若在 pH=1 时测定 Bi^{3+} 就不能再使用三乙醇胺掩蔽 Fe^{3+} 和 Al^{3+}，因为 pH=1 时三乙醇胺不具有掩蔽作用。部分常用的配位掩蔽剂见表 4-6。

表 4-6 部分常用的配位掩蔽剂

掩蔽剂	被掩蔽的金属离子	pH
三乙醇胺	Al^{3+},Fe^{3+},Sn^{4+},TiO_2^{2+}	10
氟化物	Al^{3+},Sn^{4+},TiO_2^{2+},Zr^{4+}	>4
乙酰丙酮	Al^{3+},Fe^{2+}	5~6
邻菲啰啉	Cu^{2+},Co^{2+},Ni^{2+},Cd^{2+},Hg^{2+}	5~6
氰化物	Cu^{2+},Co^{2+},Ni^{2+},Cd^{2+},Hg^{2+},Fe^{2+}	10
2,3-二巯基丙醇	Zn^{2+},Pb^{2+},Bi^{3+},Sb^{2+},Sn^{2+},Cd^{2+},Cu^{2+}	
硫脲	Cu^{2+},Hg^{2+}	
碘化物	Hg^{2+}	

4.6.2 氧化还原掩蔽法

氧化还原掩蔽法是加入一种氧化剂或还原剂改变干扰离子价态，以消除干扰的一种方法。例如锆铁矿中锆的滴定，由于 Zr^{4+} 和 Fe^{3+} 与 EDTA 配合物的稳定常数相差不够大（$\Delta \lg K = 29.9 - 25.1 = 4.8$），$Fe^{3+}$ 干扰 Zr^{4+} 的滴定。此时可加入抗坏血酸或盐酸羟胺使 Fe^{3+} 还原为 Fe^{2+}，由于 $\lg K_{FeY^{2-}} = 14.3$，比 $\lg K_{FeY^-}$ 小得多，因而避免了干扰。又如前面提到 pH=1 时测定 Bi^{3+} 不能使用三乙醇胺掩蔽 Fe^{3+}，此时同样可采用抗坏血酸或盐酸羟胺使 Fe^{3+} 还原为 Fe^{2+}，消除干扰。其他如滴定 Th^{4+}、In^{3+}、Hg^{2+} 时，也可用同样方法消除 Fe^{3+} 的干扰。

4.6.3 沉淀掩蔽法

沉淀掩蔽法是加入选择性沉淀剂与干扰离子形成沉淀，从而降低干扰离子的浓度，以消除干扰的一种方法。例如在 Ca^{2+}、Mg^{2+} 共存溶液中加入 NaOH，使 pH>12，生成 $Mg(OH)_2$ 沉淀，这时 EDTA 就可直接滴定 Ca^{2+}。

沉淀掩蔽法要求所生成的沉淀溶解度小，沉淀的颜色为无色或浅色，沉淀最好是晶形沉淀，吸附作用小。

由于某些沉淀反应进行得不够完全，造成掩蔽效率有时不太高，加上沉淀的吸附现象，既影响滴定准确度又影响终点观察，因此，沉淀掩蔽法不是一种理想的掩蔽方法，在实际工作中应用不多。配位滴定中常用的沉淀掩蔽剂见表 4-7。

表 4-7 部分常用的沉淀掩蔽剂

掩蔽剂	被掩蔽的离子	被测离子	pH	指示剂
氢氧化物	Mg^{2+}	Ca^{2+}	12	钙指示剂
碘化钾	Cu^{2+}	Zn^{2+}	5~6	PAN
氟化物	Ba^{2+},Sr^{2+},Ca^{2+},Mg^{2+}	Zn^{2+},Cd^{2+},Mn^{2+}	10	EBT
硫酸盐	Ba^{2+},Sr^{2+}	Ca^{2+},Mg^{2+}	10	EBT
铜试剂	Bi^{3+},Cu^{2+},Cd^{2+}	Ca^{2+},Mg^{2+}	10	EBT

4.7 配位滴定方式

在配位滴定中采用不同的滴定方法，可以扩大配位滴定的应用范围。配位滴定法中常用的滴定方法有直接滴定法、返滴定法、置换滴定法和间接滴定法。

4.7.1 直接滴定法

直接滴定法是配位滴定中的基本方法。这种方法是将试样处理成溶液后，调节至所需的酸度，再用 EDTA 直接滴定被测离子。在此情况下，直接法引入的误差较小，操作简便、快速。只要金属离子与 EDTA 的配位反应能够满足直接滴定法的要求，就应尽可能地采用直接滴定法。

但有以下情况，都不宜采用直接滴定法。
① 待测离子与 EDTA 不形成配合物或形成的配合物不稳定。
② 待测离子与 EDTA 的配位反应很慢，例如 Al^{3+}、Cr^{3+}、Zr^{4+} 等的配合物虽稳定，但在常温下反应进行得很慢。
③ 没有适当的指示剂，或金属离子对指示剂有严重的封闭或僵化现象。
④ 在滴定条件下，待测金属离子水解或生成沉淀，滴定过程中沉淀不易溶解，且不能用加入辅助配位剂的方法防止这种现象发生。

实际上大多数金属离子的测定都可采用直接滴定法。例如，测定钙、镁可有多种方法，但以直接配位滴定法最为简便。钙、镁联合测定的方法是：先在 pH＝10 的氨性溶液中，以铬黑 T 为指示剂，用 EDTA 滴定。由于 CaY 比 MgY 稳定，故先滴定的是 Ca^{2+}。但它们与铬黑 T 配合物的稳定性则相反（$lgK_{CaIn}=5.4$，$lgK_{MgIn}=7.0$），因此当溶液由紫红变为蓝色时，表示 Mg^{2+} 已定量滴定。而此时 Ca^{2+} 早已定量反应，故由此测得的是 Ca^{2+}、Mg^{2+} 总量。另取同量试液，加入 NaOH 调节溶液酸度至 pH＞12。此时 Mg^{2+} 以 $Mg(OH)_2$ 沉淀形式被掩蔽，选用钙指示剂，用 EDTA 滴定 Ca^{2+}。由前后两次测定值之差即得到镁含量。

4.7.2 返滴定法

返滴定法是在适当的酸度下，在试液中加入一定量且过量的 EDTA 标准溶液，加热（或不加热）使待测离子与 EDTA 配位完全，然后调节溶液的 pH，加入指示剂，以适当的金属离子标准溶液返滴定过量的 EDTA。

返滴定法适用于如下一些情况：
① 被测离子与 EDTA 反应缓慢；
② 被测离子在滴定的 pH 下会发生水解，又找不到合适的辅助配位剂；
③ 被测离子对指示剂有封闭作用，又找不到合适的辅助指示剂。

例如，Al^{3+} 与 EDTA 配位反应速率缓慢，而且对二甲酚橙指示剂有封闭作用，酸度不高时，Al^{3+} 还易发生一系列水解反应，形成多种多羟基配合物。因此 Al^{3+} 不能直接滴定。用返滴定法测定 Al^{3+} 时，先在试液中加入一定量并过量的 EDTA 标准溶液，调节 pH＝3.5，煮沸以加速 Al^{3+} 与 EDTA 的反应（此时溶液的酸度较高，又有过量 EDTA 存在，Al^{3+} 不会形成羟基配合物）。此时 Al^{3+} 已形成 AlY，不再封闭指示剂，再用 Zn^{2+} 标准溶液滴定过量的 EDTA。

返滴定法中用作返滴定剂的金属离子 N 与 EDTA 形成的配合物 NY 应有足够的稳定性，以保证测定的准确度。但 NY 又不能比待测离子 M 与 EDTA 的配合物 MY 更稳定，否则将发生下列反应（略去电荷），使测定结果偏低：

$$N+MY \rightleftharpoons NY+M$$

上例中 ZnY 虽比 AlY 稍稳定（$\lg K_{ZnY}=16.5$，$\lg K_{AlY}=16.1$），但因 Al^{3+} 与 EDTA 配位缓慢，一旦形成离解也慢，因此在滴定条件下 Zn^{2+} 会把 AlY 中的 Al^{3+} 置换出来。但是，如果返滴定时温度较高，AlY 活性增大，就有可能发生置换反应，使终点难以确定。

4.7.3 置换滴定法

配位滴定中用到的置换滴定有下列两类。

（1）置换出金属离子　例如 Ag^+ 与 EDTA 的配合物不够稳定（$\lg K_{AgY}=7.3$），不能用 EDTA 直接滴定。若在 Ag^+ 试液中加入过量的 $[Ni(CN)_4]^{2-}$，则会发生如下置换反应：

$$2Ag+[Ni(CN)_4]^{2-} \rightleftharpoons 2[Ag(CN)_2]^- + Ni^{2+}$$

反应的平衡常数 $\lg K'_{AgY}=10.9$，反应进行较完全。在 pH=10 的氨性溶液中，以紫脲酸铵为指示剂，用 EDTA 滴定置换出的 Ni^{2+}，即可求得 Ag^+ 含量。

要测定银币试样中的银与铜，通常的做法是：先将试样溶于硝酸后，加入氨水调节溶液至 pH=8，以紫脲酸铵为指示剂，用 EDTA 滴定 Cu^{2+}，再用置换滴定法测定 Ag^+。

紫脲酸铵是配位滴定 Ca^{2+}、Ni^{2+}、Co^{2+} 和 Cu^{2+} 的一个经典指示剂，在氨性溶液中滴定 Ni^{2+} 时，溶液由配合物的紫色变为指示剂的黄色，变色敏锐。由于 Cu^{2+} 与指示剂的稳定性差，只能在弱氨性溶液中滴定。

（2）置换出 EDTA　用返滴定法测定可能含有铜、铅、锌等杂质离子的某复杂试样中的 Al^{3+} 时，实际测得的是这些离子的总量。为了得到准确的 Al^{3+} 含量，在返滴定至终点后，加入 NH_4F，F^- 与溶液中的 AlY^- 反应，生成更为稳定的 $[AlF_6]^{3-}$，置换出与 Al^{3+} 相当量的 EDTA。

$$AlY^- + 6F^- + 2H^+ \rightleftharpoons [AlF_6]^{3-} + H_2Y^{2-}$$

置换出的 EDTA 再用 Zn^{2+} 标准溶液滴定，由此得到 Al^{3+} 的准确含量。

锡的测定也常用此法。如测定锡-铅焊料中锡、铅含量，试样溶解后加入一定量并过量的 EDTA，煮沸，冷却后用六亚甲基四胺调节溶液 pH 至 5~6，以二甲酚橙作指示剂，用 Pb^{2+} 标准溶液滴定 Sn^{4+} 和 Pb^{2+} 的总量。然后再加入过量的 NH_4F，置换出 SnY 中的 EDTA，再用 Pb^{2+} 标准滴定溶液滴定，即可求得 Sn^{4+} 的含量。

置换滴定法不仅能扩大配位滴定法的应用范围，还可以提高配位滴定法的选择性。

4.7.4 间接滴定法

有些离子和 EDTA 生成的配合物不稳定，如 Na^+、K^+ 等阳离子；有些离子和 EDTA 不配位，如 SO_4^{2-}、PO_4^{3-}、CN^-、Cl^- 等阴离子。这些离子可采用间接滴定法测定。

习　题

1. 将 25.00mL 含 $Al_2(SO_4)_3$ 和 $NiSO_4$ 的试样准确稀释至 500.0mL，从中取出 25.00mL，用缓冲溶液调至 pH 值为 4.8，加入 40.00mL 0.01175mol/L EDTA，加热煮沸，用 0.00993mol/L Cu^{2+} 标准溶液返滴

定，消耗 10.07mL。向热溶液中加入过量 F^-，置换出与 Al^{3+} 配合的 EDTA 后，再用 Cu^{2+} 标准溶液滴定，消耗 26.30mL，计算每毫升样品中 $Al_2(SO_4)_3$ 和 $NiSO_4$ 的质量。

2. 测定水泥中 Al^{3+} 时（含 Fe^{3+}），先在 pH=3.5 时加入过量 EDTA，加热煮沸，以 PAN 为指示剂用标准 $CuSO_4$ 溶液滴定过量 EDTA，然后调 pH=4.5，加入 NH_4F，加热，将与 Al^{3+} 配合的 EDTA 置换出来，继续用 $CuSO_4$ 标准溶液滴定，若终点时 $[F^-]=0.10mol/L$，$[CuY]=0.02mol/L$，计算 FeY 有多少转化为 FeF_3（pH=4.5 时 $pCu_t=8.3$）？

3. 某溶液中含 Fe^{3+}、Zn^{2+}、Mg^{2+}，其浓度分别为 $10^{-3}mol/L$、$10^{-5}mol/L$、$10^{-2}mol/L$，能否用控制酸度的方法以 EDTA 标准溶液分别测定它们的准确浓度？要求终点误差为 0.3%，$\Delta pM=\pm 0.2$。

4. 计算用 0.02mol/L EDTA 滴定同浓度的下列混合离子溶液的酸度范围。
(1) Ba^{2+} 存在下滴定 Cu^{2+}；   (2) Fe^{2+} 存在下滴定 Fe^{3+}；
(3) Ca^{2+} 存在下滴定 Zn^{2+}；   (4) Mn^{2+} 存在下滴定 Hg^{2+}。

5. 某试液中含有 Zn^{2+}、Mg^{2+} 各为 0.02mol/L，试求：
(1) 用 EDTA 滴定 Zn^{2+} 时的选择滴定的最低酸度和掩蔽滴定的最低酸度。
(2) 用 EDTA 滴定 Zn^{2+}、Mg^{2+} 总量时的最高酸度。

6. 在 pH 值为 5.0 条件下，以 0.02mol/L EDTA 滴定同浓度的某金属离子 M 溶液 20.00mL。当加入 19.98mL 和 20.02mL EDTA 时，化学计量点前后 pM 值改变 1 个单位，计算 MY 的 K_{MY} 值。

7. 称取 0.1005g 纯的 $CaCO_3$，溶解后配成 100mL 溶液，吸取 25.00mL，在 pH>12 时，以钙指示剂指示终点，用 EDTA 标准溶液滴定，消耗 24.90mL，计算：(1) EDTA 的浓度；(2) 每毫升 EDTA 溶液相当于 ZnO 和 Fe_2O_3 的质量（g）。

8. 称取含磷的试样 0.1000g，处理成试液并把磷沉淀为 $MgNH_4PO_4$，将沉淀过滤洗涤后，再溶解并调节溶液的 pH=10.0，以铬黑 T 作指示剂，然后用 0.01000mol/L 的 EDTA 标准溶液滴定溶液中的 Mg^{2+}，用去 20.00mL，求试样中 P 和 P_2O_5 的含量。

9. 分析铜锌合金，称取 0.5000g 试样，处理成溶液后定容至 100mL。取 25.00mL，调至 pH=6，以 PAN 为指示剂，用 0.05000mol/L EDTA 溶液滴定 Cu^{2+} 和 Zn^{2+}，用去了 37.30mL。另取一份 25.00mL 试样溶液用 KCN 以掩蔽 Cu^{2+} 和 Zn^{2+}，用同浓度的 EDTA 溶液滴定 Mg^{2+}，用去 4.10mL。然后再加甲醛以解蔽 Zn^{2+}，用同浓度的 EDTA 溶液滴定，用去 13.40mL。计算试样中铜、锌、镁的质量分数。

10. 测定铅锡合金中 Pb、Sn 含量时，称取试样 0.2000g，用盐酸溶解后，准确加入 50.00mL 0.03000mol/L EDTA 和 50mL 水，加热煮沸 2min，冷却后，用六亚甲基四胺调节溶液至 pH=5.5，使铅锡定量配位。用二甲酚橙作指示剂，用 0.03000mol/L $Pb(Ac)_2$ 标准溶液回滴 EDTA，用去 3.00mL。然后加入足量 NH_4F，加热至 40℃ 左右，再用上述 Pb^{2+} 标准溶液滴定，用去 35.00mL，计算试样中 Pb 和 Sn 的质量分数。

11. 称取含 Bi、Pb、Cd 的合金试样 2.420g，用 HNO_3 溶解并定容至 250mL。移取 50.00mL 试液于 250mL 锥形瓶中，调节 pH=1，以二甲酚橙为指示剂，用 0.02479mol/L EDTA 滴定，消耗 25.67mL；然后用六亚甲基四胺缓冲溶液将 pH 调至 5，再以上述 EDTA 滴定，消耗 EDTA 24.76mL；加入邻菲啰啉，置换出 EDTA 配合物中的 Cd^{2+}，用 0.02174mol/L $Pb(NO_3)_2$ 标准溶液滴定游离 EDTA，消耗 6.76mL。计算此合金试样中 Bi、Pb、Cd 的质量分数。

12. 称取 0.5000g 煤试样，灼烧并使其中 S 完全氧化转移到溶液中以 SO_4^{2-} 形式存在。除去重金属离子后，加入 0.05000mol/L $BaCl_2$ 溶液 20.00mL，使之生成 $BaSO_4$ 沉淀。再用 0.02500mol/L EDTA 溶液滴定过量的 Ba^{2+}，用去 20.00mL，计算煤中 S 的质量分数。

13. 称取锡青铜试样（含 Sn、Cu、Zn 和 Pb）0.2634g，处理成溶液，加入过量的 EDTA 标准溶液，使其中所有重金属离子均形成稳定的 EDTA 配合物。过量的 EDTA 在 pH=5~6 的条件下，以二甲酚橙为指示剂，用 $Zn(OAc)_2$ 标准溶液回滴。再在上述溶液中加入少许固体 NH_4F 使 SnY 转化成更稳定的 $[SnF_6]^{2-}$，同时释放出 EDTA，最后用 0.01163mol/L 的 $Zn(OAc)_2$ 标准溶液滴定 EDTA，消耗 $Zn(OAc)_2$ 标准溶液 20.28mL。计算该铜合金中锡的质量分数。

14. 测定 25.00mL 试液中的镓（Ⅲ）离子，在 pH=10 的缓冲溶液中，加入 25mL 浓度为 0.05mol/L 的 Mg-EDTA 溶液时，置换出的 Mg^{2+} 以铬黑 T 为指示剂，需用 0.05000mol/L 的 EDTA 10.78mL 滴定至

终点。计算：(1) 镓溶液的浓度；(2) 该试液中所含镓的质量（单位以 g 表示）。

15. 欲测定某试液中 Fe^{3+}、Fe^{2+} 的含量。吸取 25.00mL 该试液，在 pH=2 时用浓度为 0.01500mol/L 的 EDTA 滴定，耗用 15.40mL，调节 pH=6，继续滴定，又消耗 14.10mL，计算其中 Fe^{3+} 及 Fe^{2+} 的浓度（以 mg/mL 表示）。

16. 称取 0.5000g 黏土试样，用碱熔后分离 SiO_2，定容至 250.0mL。吸取 100mL，在 pH=2～2.5 的热溶液中，用磺基水杨酸作指示剂，以 0.02000mol/L EDTA 标准溶液滴定 Fe^{3+}，消耗 5.60mL。滴定 Fe^{3+} 后的溶液，在 pH=3 时，加入过量的 EDTA 溶液，调至 pH=4～5，煮沸，用 PAN 作指示剂，以 $CuSO_4$ 标准溶液（每毫升含纯 $CuSO_4 \cdot 5H_2O$ 0.00500g）滴定至溶液呈紫红色。再加入 NH_4F，煮沸后，又用 $CuSO_4$ 标准溶液滴定，消耗 $CuSO_4$ 标准溶液 24.15mL，试计算黏土中 Fe_2O_3 和 Al_2O_3 的质量分数。

17. 将镀于 5.04cm² 某惰性材料表面上的金属铬（ρ=7.10g/cm³）溶解于无机酸中，然后将此酸性溶液移入 100mL 容量瓶中并稀释至刻度。吸取 25.00mL 该试液，调至 pH=5 后，加入 25.00mL 0.020mol/L EDTA 溶液使之充分螯合，过量的 EDTA 用 0.01005mol/L 的 $Zn(OAc)_2$ 溶液回滴，滴定至二甲酚橙指示剂变色需 8.24mL。该惰性材料表面上铬镀层的平均厚度为多少毫米？

第5章 氧化还原滴定法

氧化还原滴定法是以氧化还原反应为基础的滴定分析法。氧化还原反应基于电子的转移,机理比较复杂,有的速率较慢,有的还伴随着副反应。因此,在讨论氧化还原反应时,除从平衡的观点判断反应的可行性外,还应考虑反应的机理、反应速率、反应条件及滴定条件等问题。

氧化还原滴定法应用较广。用氧化剂或还原剂作标准溶液可以直接滴定还原剂或氧化剂,也可以间接滴定一些能与氧化剂或还原剂发生定量反应的物质,这是滴定分析中应用最广泛的方法之一。目前国家标准分析方法中很多是氧化还原法,如环境水样中化学需氧量(COD)的测定、铁矿石中全铁的测定等方法都是氧化还原滴定法。

5.1 氧化还原电极电位

5.1.1 氧化还原电对和原电池

在氧化还原反应中,氧化剂获得电子由氧化型变为还原型,还原剂失去电子由还原型变为氧化型。由物质本身的氧化型和还原型组成的体系称为氧化还原电对。例如:

$$I_2 + 2e \rightleftharpoons 2I^- \quad \text{电对 } I_2/I^-$$
$$Zn^{2+} + 2e \rightleftharpoons Zn \quad \text{电对 } Zn^{2+}/Zn$$

氧化型和还原型是相对而言的,例如电对 MnO_4^-/MnO_2 和电对 MnO_2/Mn^{2+},在前一个电对中 MnO_2 是还原型,在后一个电对中 MnO_2 是氧化型。要注意:电对都应写成"氧化型/还原型"。

每一个电对对应的氧化还原反应,称为半反应。各电对对电子接受和给出的能力是不同的。因此,当把两个接受和给出电子能力不同的电对用导线连接起来时,就有电流流通,这就叫做原电池,见图 5-1。

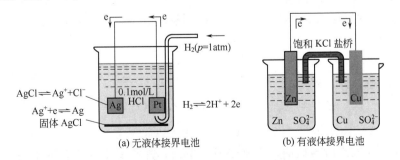

图 5-1 化学电池

例如,Zn^{2+}/Zn 和 Cu^{2+}/Cu 两个电对,在两个容器中分别装有 $ZnSO_4$ 和 $CuSO_4$ 电解质溶液,分别插入 Zn 棒和 Cu 棒,在两个容器中分别存在下面两个半反应(可逆平衡):

$$Zn^{2+} + 2e \rightleftharpoons Zn \qquad Cu^{2+} + 2e \rightleftharpoons Cu$$

如果用导线把 Cu 棒和 Zn 棒连接起来，串接上检流计，并用盐桥连接两个容器，就会发现有电流通过，电子是从 Zn 棒流向 Cu 棒，即电流是从 Cu 棒流向 Zn 棒。因此，Cu 棒为正极，Zn 棒为负极，Cu 棒上有 Cu 析出，Zn 棒上 Zn 不断溶解为 Zn^{2+}，发生的两个半反应为：

正极 $\qquad\qquad\qquad\qquad Cu^{2+} + 2e \rightleftharpoons Cu$

负极 $\qquad\qquad\qquad\qquad Zn \rightleftharpoons Zn^{2+} - 2e$

可见，在正极上发生还原反应，在负极上发生氧化反应。这时，由化学能转变为电能。

原电池中有电流流过，说明正、负极的电位不等，即存在电位差，这个差值就是原电池的电动势。电动势越大，说明正、负电极电位差越大，即组成正、负极的两个电对的电极电位值差别越大。

5.1.2 标准电极电位

从上面的叙述可以看出电对的电极电位不同，反映了电对的得失电子能力不同，因此形成了强氧化剂和弱氧化剂、强还原剂和弱还原剂。所以电对的电极电位是标志氧化还原能力大小的重要参数。

但是，电对的电极电位绝对数值无法测得，因此，选用标准氢电极作标准电极，规定它的电极电位为零，使各电对与它比较得到相对的电极电位数值。

标准氢电极是被压力为 101.325kPa 的氢气所饱和的铂黑电极插入 $[H^+] = 1mol/L$ 的硫酸溶液中所组成的电极。该电对的半反应为：

$$2H^+ + 2e \rightleftharpoons H_2$$

规定 25℃时，它的电极电位为零，用 $\varphi^{\ominus}(H^+/H_2) = 0$ 表示。

某电对的标准电极电位的定义为：该电对中氧化型和还原型的物质的量浓度为 1mol/L，将该电对和标准氢电极组成原电池，所测得的电动势为该电对的标准电极电位，简称标准电位，以 $\varphi^{\ominus}$ 表示，单位是 V。标准电极电位有正（+）、负（−）之分。正值，表示该电对与标准氢电极组成原电池时，它是正极，氢电极是负极，也就是说该电对的氧化型得到电子的能力比 H^+ 强；负值，表示该电对与标准氢电极组成原电池时，它是负极，氢电极是正极，即该电对的还原型失去电子的能力比 H_2 强。

例如，Zn^{2+}/Zn 与标准氢电极组成原电池，$[Zn^{2+}] = 1mol/L$，测得电流方向是从标准氢电极流向 Zn^{2+}/Zn，即 Zn^{2+}/Zn 是负极，标准氢电极是正极，半反应为：

正极 $\qquad\qquad\qquad\qquad 2H^+ + 2e \rightleftharpoons H_2$

负极 $\qquad\qquad\qquad\qquad Zn - 2e \rightleftharpoons Zn^{2+}$

25℃时，测得电动势为 0.76V：

$$E^{\ominus} = \varphi^{\ominus}(H^+/H_2) - \varphi^{\ominus}(Zn^{2+}/Zn) = 0.76V$$

所以 $\qquad\qquad\qquad\qquad \varphi^{\ominus}(Zn^{2+}/Zn) = -0.76V$

将各种电对在 25℃时与标准氢电极组成原电池，并测得电动势，算出各种电对的标准电极电位，列表于附录九中。

$\varphi^{\ominus}$ 越高的电对（正值），氧化型越是强氧化剂，还原型必是弱还原剂；$\varphi^{\ominus}$ 越低的电对（负值），还原型越是强还原剂，氧化型必是弱氧化剂。

5.1.3 标准电极电位的应用

由标准电极电位数值可以判断氧化剂和还原剂的强弱、氧化还原反应进行的方向和氧化还原反应的次序。

(1) 判断氧化还原反应的方向 一个氧化还原反应进行的方向，应该是这两个电对组成的原电池的电动势为正值的方向。因为原电池电动势 $E^{\ominus} = \varphi^{\ominus}_{正} - \varphi^{\ominus}_{负} > 0$，所以 $\varphi^{\ominus}_{正} > \varphi^{\ominus}_{负}$，即作为正极的电对的标准电极电位要大于作为负极的电对的标准电极电位，因此，反应的方向应是 $\varphi^{\ominus}$ 高的电对中的氧化型和 $\varphi^{\ominus}$ 低的电对中的还原型互相作用的方向。

【例 5-1】 试判断 $Br_2 + 2Cl^- \Longrightarrow Cl_2 + 2Br^-$ 反应进行的方向。

解 已知 $\varphi^{\ominus}(Cl_2/Cl^-) = 1.36V$，$\varphi^{\ominus}(Br_2/Br^-) = 1.07V$，故

$$\varphi^{\ominus}(Cl_2/Cl^-) > \varphi^{\ominus}(Br_2/Br^-)$$

所以反应的方向是 Cl_2 和 Br^- 反应进行的方向，即 $Cl_2 + 2Br^- \Longrightarrow Br_2 + 2Cl^-$。

(2) 判断氧化还原反应的次序 当溶液中存在两种以上氧化剂（或还原剂）时，加入一种还原剂（或氧化剂），先和哪一个氧化剂（或还原剂）反应，这就涉及氧化还原反应次序的问题。

【例 5-2】 溶液中有 I^- 和 Br^-，当加入氯水时，哪一个离子先和 Cl_2 反应？

解 已知 $\varphi^{\ominus}(Cl_2/Cl^-) = 1.36V$，$\varphi^{\ominus}(Br_2/Br^-) = 1.07V$，$\varphi^{\ominus}(I_2/I^-) = 0.54V$。

显然由 Cl_2/Cl^- 和 Br_2/Br^- 两个电对组成的原电池，$E^{\ominus} = 1.36 - 1.07 = 0.29$（V），由 Cl_2/Cl^- 与 I_2/I^- 两个电对组成的原电池，$E^{\ominus} = 1.36 - 0.54 = 0.82$（V），因为 $0.82 > 0.29$，所以反应 $Cl_2 + 2I^- \Longrightarrow 2Cl^- + I_2$ 先进行，反应 $Cl_2 + 2Br^- \Longrightarrow Br_2 + 2Cl^-$ 后进行。

因此，氧化还原反应的次序是电极电位相差大的电对先反应。即一种氧化剂可以氧化几种还原剂时，首先氧化最强的还原剂；一种还原剂可以还原几种氧化剂时，首先还原最强的氧化剂。

从氧化还原反应的方向和次序，可以选择适当的氧化剂和还原剂，判断离子的干扰问题。例如，用 $K_2Cr_2O_7$ 法测定铁时，用 HCl 溶解样品，Cl^- 是否干扰？若改用 $KMnO_4$ 法呢？查表得知：$\varphi^{\ominus}(Cr_2O_7^{2-}/Cr^{3+}) = 1.33V$，$\varphi^{\ominus}(Cl_2/Cl^-) = 1.36V$，$\varphi^{\ominus}(MnO_4^-/Mn^{2+}) = 1.51V$，从这些数据可知 $Cr_2O_7^{2-}$ 不能氧化 Cl^-，而 MnO_4^- 能氧化 Cl^-，Cl^- 将产生干扰。

5.1.4 电极电位的计算

标准电极电位是 25℃、反应物的浓度都是 1mol/L 时的电极电位值。如果氧化型、还原型及其他参加反应的物质如 H^+ 等的浓度发生变化时，电极电位值怎样变化呢？可以根据能斯特公式来计算：

$$\varphi = \varphi^{\ominus} + \frac{RT}{nF} \ln \frac{[氧化型]}{[还原型]} \tag{5-1}$$

式中 φ ——电极电位，V；

$\varphi^{\ominus}$ ——标准电极电位，V；

T ——热力学温度，K；

F ——法拉第常数，96500C/mol；

R ——气体常数，8.314J/(mol·K)；

n —— 反应中转移的电子数。

25℃时,代入各常数,并将自然对数变成常用对数,得到下面经常使用的能斯特公式:

$$\varphi = \varphi^{\ominus} + \frac{0.059}{n} \lg \frac{[氧化型]}{[还原型]} \quad (5-2)$$

使用能斯特公式计算电对的电极电位时,应注意:[氧化型]包括氧化剂浓度,以及参与反应的 H^+、OH^- 等的浓度;[还原型]包括还原剂浓度,以及生成物等的浓度。气体浓度用该气体的分压与标准大气压之比表示,纯固体、纯液体的浓度定为常数1。

【例 5-3】 $KMnO_4$ 在酸性介质中,当 $[MnO_4^-]=0.10mol/L$,$[Mn^{2+}]=0.0010mol/L$,$[H^+]=1.00mol/L$ 时,求 $\varphi(MnO_4^-/Mn^{2+})$ 的值。已知 $\varphi^{\ominus}(MnO_4^-/Mn^{2+})=1.51V$。

解 半反应方程式为:

$$MnO_4^- + 8H^+ + 5e \rightleftharpoons Mn^{2+} + 4H_2O$$

$$\varphi(MnO_4^-/Mn^{2+}) = \varphi^{\ominus}(MnO_4^-/Mn^{2+}) + \frac{0.059}{5} \lg \frac{[MnO_4^-][H^+]^8}{[Mn^{2+}]}$$

$$= 1.51 + \frac{0.059}{5} \lg \frac{0.10 \times 1.0^8}{0.0010}$$

$$= 1.53(V)$$

【例 5-4】 用碘量法测定 Cu^{2+} 的有关反应为:$2Cu^{2+} + 4I^- \rightleftharpoons 2CuI + I_2$,且已知 $\varphi^{\ominus}(Cu^{2+}/Cu^+)=0.159V$,$\varphi^{\ominus}(I_2/I^-)=0.545V$,为什么可用碘量法测定铜?

解 若从标准电位判断,应当是 I_2 氧化 Cu^+。但事实上,Cu^{2+} 氧化 I^- 的反应进行得很完全。其原因就在于 Cu^+ 生成了溶解度很小的 CuI 沉淀,溶液中 $[Cu^+]$ 极小,电对 Cu^{2+}/Cu^+ 的电位显著增高,Cu^{2+} 成为较强的氧化剂了。

【例 5-5】 计算在 $[H^+]=1.0mol/L$ 的 HCl 溶液中用固体亚铁盐将 $[Cr_2O_7^{2-}]=0.100mol/L$ 的 $K_2Cr_2O_7$ 溶液还原至一半时的电位。已知 $\varphi^{\ominus}(Cr_2O_7^{2-}/Cr^{3+})=1.33V$。

解 半反应方程式为:

$$Cr_2O_7^{2-} + 14H^+ + 6e \rightleftharpoons 2Cr^{3+} + 7H_2O$$

还原至一半时,$c(Cr_2O_7^{2-})=0.05000mol/L$,$c(Cr^{3+})=2\times 0.05000=0.1000(mol/L)$

所以

$$\varphi = \varphi^{\ominus}(Cr_2O_7^{2-}/Cr^{3+}) + \frac{0.059}{6} \lg \frac{[Cr_2O_7^{2-}][H^+]^{14}}{[Cr^{3+}]^2}$$

$$= 1.33 + \frac{0.059}{6} \lg \frac{0.05000 \times 1.0^{14}}{0.1000^2} = 1.34(V)$$

当进行氧化还原滴定时,反应达到化学计量点的电位如何计算呢?

以一般通式来讨论:

$$Ox_1 + Red_2 \rightleftharpoons Ox_2 + Red_1$$

式中,Ox 代表氧化剂;Red 代表还原剂。

经过一系列的推导可得

$$\varphi_{sp} = \frac{n_1 \varphi_1^{\ominus} + n_2 \varphi_2^{\ominus}}{n_1 + n_2} \quad (5-3)$$

式中,φ_{sp} 代表化学计量点时溶液的电位值;$\varphi_1^{\ominus}$ 和 $\varphi_2^{\ominus}$ 分别代表两个电对的标准电位;n_1 和 n_2 分别代表两个电对的得失电子数。

【例 5-6】 计算 $[H^+]=1.00mol/L$ 溶液中,$KMnO_4$ 滴定 Fe^{2+} 时化学计量点的电

位值。

解
$$MnO_4^- + 5Fe^{2+} + 8H^+ \rightleftharpoons Mn^{2+} + 5Fe^{3+} + 4H_2O$$

由式(5-3)得
$$\varphi_{sp} = \frac{5 \times 1.51 + 1 \times 0.77}{5+1} = 1.39(V)$$

5.2 影响氧化还原反应方向的因素

当溶液中氧化剂和还原剂浓度、溶液酸度发生变化，以及生成沉淀和配合物时，也将影响氧化还原反应的方向。

5.2.1 氧化剂和还原剂浓度的影响

溶液中氧化剂和还原剂浓度改变时，电对的电极电位将发生变化。从能斯特公式看来，氧化型浓度增加，电极电位增高；还原型浓度增加，电极电位降低。因此，改变电对的氧化型或还原型浓度时，反应方向也将变化。

例如 Cu^{2+} 与 Sn^{2+} 的反应，$\varphi^{\ominus}(Cu^{2+}/Cu^+) = 0.17V$，$\varphi^{\ominus}(Sn^{4+}/Sn^{2+}) = 0.15V$，故
$$2Cu^{2+} + Sn^{2+} \rightleftharpoons 2Cu^+ + Sn^{4+}$$

如果降低 Cu^{2+} 浓度至 $0.10mol/L$，而 $[Sn^{2+}] = [Sn^{4+}] = [Cu^+] = 1.0mol/L$，此时
$$\varphi(Cu^{2+}/Cu^+) = 0.17 + \frac{0.059}{2}\lg\frac{0.10^2 \times 1.0}{1.0^2 \times 1.0} = 0.11(V) < \varphi^{\ominus}(Sn^{4+}/Sn^{2+}) = 0.15(V)$$

故
$$2Cu^+ + Sn^{4+} \rightleftharpoons 2Cu^{2+} + Sn^{2+}$$

5.2.2 溶液酸度的影响

有些电对的半反应有 H^+ 和 OH^- 参加，因此，它们的浓度的变化对电位值影响很大。例如：
$$MnO_4^- + 8H^+ + 5e \rightleftharpoons Mn^{2+} + 4H_2O$$

所以
$$\varphi(MnO_4^-/Mn^{2+}) = \varphi^{\ominus}(MnO_4^-/Mn^{2+}) + \frac{0.059}{5}\lg\frac{[MnO_4^-][H^+]^8}{[Mn^{2+}]}$$

又如
$$Cr_2O_7^{2-} + 14H^+ + 6e \rightleftharpoons 2Cr^{3+} + 7H_2O$$

所以
$$\varphi(Cr_2O_7^{2-}/Cr^{3+}) = \varphi^{\ominus}(Cr_2O_7^{2-}/Cr^{3+}) + \frac{0.059}{6}\lg\frac{[Cr_2O_7^{2-}][H^+]^{14}}{[Cr^{3+}]^2}$$

由于 $[H^+]$ 增加，φ 也增加，使氧化剂能力更强了，从而影响了反应的方向。

例如，AsO_4^{3-} 在强酸性介质中可将 I^- 氧化为 I_2。如果 $pH \approx 4$，$[AsO_4^{3-}] = [AsO_3^{3-}]$，由于
$$AsO_4^{3-} + 2H^+ + 2e \rightleftharpoons AsO_3^{3-} + H_2O$$

故
$$\varphi(AsO_4^{3-}/AsO_3^{3-}) = \varphi^{\ominus}(AsO_4^{3-}/AsO_3^{3-}) + \frac{0.059}{2}\lg\frac{[AsO_4^{3-}][H^+]^2}{[AsO_3^{3-}]}$$
$$= 0.56 + \frac{0.059}{2}\lg(10^{-4})^2 = 0.32 \text{ (V)}$$

而 $\varphi^{\ominus}(I_2/I^-) = 0.54V$，这时 AsO_4^{3-} 已不能氧化 I^- 了。

5.2.3 生成沉淀的影响

在氧化还原反应中，当氧化剂或者还原剂生成沉淀时，改变了它们在溶液中的浓度，电极电位发生变化，因此可能改变反应方向。

例如

$$Ag^+ + e \rightleftharpoons Ag \qquad \varphi^{\ominus}(Ag^+/Ag) = 0.799V$$

$$Fe^{3+} + e \rightleftharpoons Fe^{2+} \qquad \varphi^{\ominus}(Fe^{3+}/Fe^{2+}) = 0.771V$$

显然 Ag^+ 能氧化 Fe^{2+}，反应方向为：

$$Ag^+ + Fe^{2+} \rightleftharpoons Ag + Fe^{3+}$$

但是，当溶液中存在 Cl^- 时，生成氯化银沉淀，溶液中 $[Ag^+]$ 降低，则电位值也降低，如果溶液中 $[Cl^-] = 1.0 mol/L$，则

$$\varphi(Ag^+/Ag) = \varphi^{\ominus}(Ag^+/Ag) + 0.059 \lg[Ag^+]$$

$$= \varphi^{\ominus}(Ag^+/Ag) + 0.059 \lg \frac{K_{sp}}{[Cl^-]}$$

$$= 0.799 + 0.059 \lg(1.8 \times 10^{-10})$$

$$= 0.22 \, (V)$$

式中，K_{sp} 为 AgCl 的溶度积。

显然，这时 Ag^+ 不能氧化 Fe^{2+}，反应方向为：

$$Fe^{3+} + Ag + Cl^- \rightleftharpoons Fe^{2+} + AgCl \downarrow$$

5.2.4 形成配合物的影响

如果在氧化还原反应中，氧化型或还原型能生成稳定配合物，改变了它们在溶液中的浓度，电极电位也相应改变，因此，也可能改变反应方向。当存在的配位剂能和氧化型生成配合物时，氧化型浓度降低，从而降低电极电位值；当存在的配位剂能和还原型生成配合物时，还原型浓度降低，从而增加了电极电位值。

综上所述，虽然各种因素都能影响氧化还原反应的方向，但只有当两个电对的电极电位值差别不大时，改变氧化剂和还原剂的浓度、改变酸度、生成沉淀或配合物才能改变氧化还原反应的方向。

5.3 氧化还原反应进行的程度与速率

5.3.1 氧化还原反应进行的程度

氧化还原滴定要求反应进行越完全越好，那么怎么判断氧化还原反应进行的程度呢？这主要由反应平衡常数 K 值大小来决定，K 值越大，反应进行的程度就越完全。

在氧化还原反应中，反应物和生成物浓度不断变化，两个电对的电位也相应变化，当平衡时，正逆反应速率相等，两电对的电位也相等，根据能斯特公式就可计算出平衡常数。

例如，对一般的氧化还原反应，可写成：

$$Ox_1 + Red_2 \rightleftharpoons Red_1 + Ox_2$$

$$K = \frac{[Red_1][Ox_2]}{[Ox_1][Red_2]}$$

这个氧化还原反应的两个半反应为：

$$Ox_1 + ne \rightleftharpoons Red_1$$
$$Ox_2 + ne \rightleftharpoons Red_2$$

$$\varphi_1 = \varphi_1^{\ominus} + \frac{0.059}{n}\lg\frac{[Ox_1]}{[Red_1]}$$

$$\varphi_2 = \varphi_2^{\ominus} + \frac{0.059}{n}\lg\frac{[Ox_2]}{[Red_2]}$$

反应平衡时，$\varphi_1 = \varphi_2$，即

$$\varphi_1^{\ominus} + \frac{0.059}{n}\lg\frac{[Ox_1]}{[Red_1]} = \varphi_2^{\ominus} + \frac{0.059}{n}\lg\frac{[Ox_2]}{[Red_2]}$$

$$\varphi_1^{\ominus} - \varphi_2^{\ominus} = \frac{0.059}{n}\lg\frac{[Ox_2][Red_1]}{[Red_2][Ox_1]} = \frac{0.059}{n}\lg K$$

则

$$\lg K = \frac{n(\varphi_1^{\ominus} - \varphi_2^{\ominus})}{0.059} \tag{5-4}$$

从上式可以看出，两电对的标准电位差值越大，平衡常数 K 越大，反应越完全。通常两电对的标准电位之差在 0.2~0.4V 时，即可以反应完全。

【例 5-7】 已知 $\varphi^{\ominus}(Fe^{3+}/Fe^{2+}) = 0.771V$，$\varphi^{\ominus}(Cu^{2+}/Cu) = 0.337V$，根据标准电极电位计算下列反应的平衡常数 K。已知 $2Fe^{3+} + Cu \rightleftharpoons Cu^{2+} + 2Fe^{2+}$。

解 由式(5-4) 可得

$$\lg K = \frac{2 \times (0.771 - 0.337)}{0.059} = 14.71$$

$$K = 5.15 \times 10^{14}$$

5.3.2 氧化还原反应的速率

电极电位大小只能判断氧化还原的方向和反应的程度，不能说明反应的速率。而氧化还原反应中，有些反应速率很慢，不适于做滴定分析。因此，必须讨论影响氧化还原反应速率的因素，以便控制和改变影响因素，使反应速率满足滴定分析的需要。

(1) 反应物浓度对反应速率的影响　氧化还原反应的机理比较复杂。不能从总的反应方程式来判断浓度对反应速率的影响程度，但一般来说，反应物浓度越大，反应速率越快。在氧化还原滴定中，接近终点时，反应物浓度下降，反应速率减小，所以应控制滴定速度，以免滴定过量。例如，重铬酸钾和 KI 作用析出 I_2，然后用 $Na_2S_2O_3$ 滴定 I_2。但 $K_2Cr_2O_7$ 和 KI 反应很慢，如果提高 I^- 的浓度，就可以加快反应速率。

(2) 温度对反应速率的影响　一般来说，提高反应溶液的温度，增加了反应分子的碰撞机会，增加了活化分子的数目，所以提高了反应速率。溶液温度每提高 10℃，反应速率增加 2~3 倍。例如，在酸性溶液中用 $KMnO_4$ 滴定 $H_2C_2O_4$，室温下，反应较慢，加热时反应加快，所以通常在 75~85℃下进行 $KMnO_4$ 滴定 $H_2C_2O_4$。值得注意的是，温度升高又会导致易挥发性物质（如 I_2 等）的挥发损失，或使还原性物质（如 Sn^{2+}、Fe^{2+} 等）被空气中的氧气氧化。

(3) 催化剂对反应速率的影响　使用催化剂是提高反应速率的有效方法。催化反应的机理非常复杂，反应过程中由于催化剂的存在，可能产生一些不稳定的中间价态的离子、游离

基或活泼的中间配合物，改变了原来的反应历程，使反应速率发生变化。例如，用 $KMnO_4$ 滴定 $H_2C_2O_4$，即使加热，反应速率仍达不到要求，可是如果溶液中存在 Mn^{2+}，反应速率将加快。这主要是由于 Mn^{2+} 的催化作用。由于 $KMnO_4$ 在反应当中自身生成 Mn^{2+}，起催化作用，这种作用叫自动催化作用。因此，在实际操作 $KMnO_4$ 滴定 $H_2C_2O_4$ 时，第一滴反应慢，这时摇动锥形瓶，等紫红色消失，生成 Mn^{2+} 后，再开始继续滴定就可以了。

还有些氧化还原反应，本来不能进行，或者进行很慢，但能被另一氧化还原反应所加速。这种现象称为诱导作用。例如 $KMnO_4$ 和 Cl^- 的反应很慢，但是当有 Fe^{2+} 存在时，MnO_4^- 和 Fe^{2+} 的反应能诱发 MnO_4^- 和 Cl^- 的反应，那么称 MnO_4^- 和 Fe^{2+} 的反应为诱导反应，MnO_4^- 和 Cl^- 的反应为受诱反应。因此，用 $KMnO_4$ 测 Fe^{2+} 不宜在盐酸溶液中进行。如果加入大量 $MnSO_4$，降低 MnO_4^-/Mn^{2+} 电位，则可防止诱导反应，就可以进行滴定了。

5.4 氧化还原滴定曲线

在酸碱滴定中，由于溶液中酸或碱的浓度随标准溶液的加入不断变化，因此溶液 pH 也不断变化。在氧化还原滴定中，氧化剂或还原剂的浓度随标准溶液的加入不断变化，因此，溶液的电位不断变化。表示随标准溶液加入体积的变化而电位值也不断变化的曲线，称为氧化还原滴定曲线。

以 $c\left(\dfrac{1}{5}KMnO_4\right)=0.1000\,mol/L$ 的 $KMnO_4$ 标准溶液滴定 20.00mL $c(FeSO_4)=0.1000\,mol/L$ 的 $FeSO_4$ 溶液为例来讨论滴定曲线。

两个半反应为：

$$MnO_4^- + 8H^+ + 5e \rightleftharpoons Mn^{2+} + 4H_2O \quad \varphi_1^{\ominus}=1.51V$$

$$Fe^{3+} + e \rightleftharpoons Fe^{2+} \quad \varphi_2^{\ominus}=0.77V$$

总反应为：

$$MnO_4^- + 5Fe^{2+} + 8H^+ \rightleftharpoons Mn^{2+} + 5Fe^{3+} + 4H_2O$$

(1) 化学计量点前　化学计量点前是溶液中 Fe^{2+} 不断被 MnO_4^- 氧化为 Fe^{3+} 的过程，因此决定溶液电位的电对是 Fe^{3+}/Fe^{2+}，电位值按能斯特公式计算：

$$\varphi=\varphi_2^{\ominus}+0.059\lg\dfrac{[Fe^{3+}]}{[Fe^{2+}]}$$

① 当滴定进行到 50% 时，有 50% 的 Fe^{2+} 变为 Fe^{3+}，所以 $[Fe^{3+}]/[Fe^{2+}]=50\%/50\%=1$。

$$\varphi=0.77+0.059\lg1=0.77\text{（V）}$$

② 当滴定进行到 90% 时，有 90% 的 Fe^{2+} 变为 Fe^{3+}，所以 $[Fe^{3+}]/[Fe^{2+}]=90\%/10\%=9$。

$$\varphi=0.77+0.059\lg9=0.83\text{（V）}$$

同理，可计算滴定进行到 99% 时，$\varphi=0.89V$；滴定进行到 99.9% 时，$\varphi=0.95V$。

(2) 化学计量点时　Fe^{2+} 完全和 MnO_4^- 反应，反应处于氧化还原平衡状态，由式(5-3)可以计算出此时的电位：

$$\varphi_{sp}=\dfrac{n_1\varphi_1^{\ominus}+n_2\varphi_2^{\ominus}}{n_1+n_2}=\dfrac{5\times1.51+1\times0.77}{5+1}=1.39\text{（V）}$$

(3) 化学计量点后 MnO_4^- 过量,溶液的电位可由电对 MnO_4^-/Mn^{2+} 的电位公式求出:

$$\varphi = \varphi_1^\ominus + \frac{0.059}{5} \lg \frac{[MnO_4^-][H^+]^8}{[Mn^{2+}]}$$

当多滴加 0.1% $KMnO_4$,并且假设滴定在 $[H^+]=1.0mol/L$ 进行时,则

$$\varphi = 1.51 + \frac{0.059}{5} \lg \frac{0.1\% \times 1.0^8}{100\%}$$
$$= 1.47 \ (V)$$

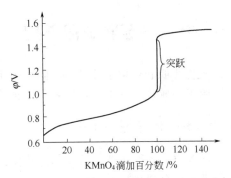

图 5-2 0.02000mol/L $KMnO_4$ 溶液滴定 0.1000mol/L $FeSO_4$ 溶液的滴定曲线

同样,可求得不同过量 $KMnO_4$ 时溶液的电位值。将各个计算结果列于表 5-1,溶液电位值随加入 $KMnO_4$ 量的变化曲线如图 5-2 所示。

表 5-1 0.02000mol/L $KMnO_4$ 溶液滴定 0.1000mol/L $FeSO_4$ 溶液的电位值 (25℃, $[H^+]=1.00mol/L$)

加入 $KMnO_4$ 溶液		$FeSO_4$ 剩余量		$\frac{[Fe^{3+}]}{[Fe^{2+}]}$	$KMnO_4$ 过量百分数/%	$\frac{[MnO_4^-]}{[Mn^{2+}]}$	φ/V
/mL	/%	/mL	/%				
0	0	20.00	100				
10.00	50.0	10.00	50.0	1.0			0.77
18.00	90.0	2.00	10.0	9.0			0.83
19.80	99.0	0.20	1.0	100			0.89
19.98	99.9	0.02	0.10	1000			0.95 ⎫
20.00	100.0						1.39 ⎬
20.02	100.1				0.1	0.0010	1.47 ⎭
20.20	101.0				1.0	0.010	1.49
22.00	110.0				10.0	0.10	1.50
30.00	150.0				50.0	0.50	1.51
40.00	200.0				100.0	1.0	1.51

从滴定曲线上可以看到,在氧化还原反应化学计量点附近存在一个电位突跃,这个突跃值是 0.95~1.47V,也就是说,当过量一滴标准溶液时,溶液的电位值将发生剧变,把标准溶液的量从 99.9% 增加到过量 0.1% 引起溶液电位值的变化范围称为滴定突跃。

突跃开始:$\varphi = \varphi_2^\ominus + \frac{0.059}{n_2} \lg \frac{99.9}{0.1} = 0.77 + \frac{3 \times 0.059}{1} = 0.95 \ (V)$

突跃终止:$\varphi = \varphi_1^\ominus + \frac{0.059}{n_1} \lg \frac{0.1}{100} = 1.51 - \frac{3 \times 0.059}{5} = 1.47 \ (V)$

式中 $\varphi_1^\ominus$——氧化剂电对的标准电位,V;

$\varphi_2^\ominus$——还原剂电对的标准电位,V;

n_1——氧化剂电对得到的电子数;

n_2——还原剂电对失去的电子数。

必须指出,上面计算氧化还原滴定曲线,是指可逆体系的氧化还原滴定曲线。$KMnO_4$ 滴定 Fe^{2+} 是不可逆氧化还原体系,因此,这种近似计算结果与实际略有差异。

5.5 氧化还原滴定指示剂

氧化还原滴定化学计量点，除了采用测电位法确定终点外，还可以利用某物质在化学计量点附近的颜色变化来指示终点，这种物质叫做氧化还原指示剂。

5.5.1 氧化还原型指示剂

这种指示剂本身就是氧化剂或还原剂，它的氧化型和还原型颜色不同。因此，如果在滴定化学计量点附近指示剂本身发生氧化还原反应，从而引起颜色的改变，就可以指示终点。

用 In(Ox) 和 In(Red) 分别表示指示剂的氧化型和还原型，n 表示电子转移数，则

$$\text{In(Ox)} + ne \rightleftharpoons \text{In(Red)}$$

若是可逆反应，其电位 φ 可计算如下：

$$\varphi = \varphi^{\ominus}(\text{In}) + \frac{0.059}{n} \lg \frac{[\text{In(Ox)}]}{[\text{In(Red)}]}$$

式中　$\varphi^{\ominus}(\text{In})$ ——指示剂的标准电位，V；

　　　$[\text{In(Ox)}]$ ——指示剂氧化型的浓度，mol/L；

　　　$[\text{In(Red)}]$ ——指示剂还原型的浓度，mol/L；

　　　n ——指示剂的得失电子数。

当 $\frac{[\text{In(Ox)}]}{[\text{In(Red)}]} \geqslant 10$ 时，看到的是 In(Ox) 的颜色，这时电位为：

$$\varphi = \varphi^{\ominus}(\text{In}) + \frac{0.059}{n} \lg \frac{10}{1} = \varphi^{\ominus}(\text{In}) + \frac{0.059}{n}$$

当 $\frac{[\text{In(Ox)}]}{[\text{In(Red)}]} \leqslant \frac{1}{10}$ 时，看到的是 In(Red) 的颜色，这时电位为：

$$\varphi = \varphi^{\ominus}(\text{In}) + \frac{0.059}{n} \lg \frac{1}{10} = \varphi^{\ominus}(\text{In}) - \frac{0.059}{n}$$

所以指示剂变色范围为 $\left[\varphi^{\ominus}(\text{In}) - \frac{0.059}{n}\right] \sim \left[\varphi^{\ominus}(\text{In}) + \frac{0.059}{n}\right]$。

$\frac{[\text{In(Ox)}]}{[\text{In(Red)}]} = 1$ 时，称为变色点，此时 $\varphi = \varphi^{\ominus}(\text{In})$。

各种氧化还原型指示剂都有不同的标准电位，选择指示剂时，应该选择变色点电位值在滴定突跃之内的氧化还原指示剂，指示剂变色点的标准电位和滴定化学计量点的电位越接近，滴定误差就越小，表 5-2 列出了各种氧化还原型指示剂的标准电位及其氧化型和还原型的颜色。

表 5-2　一些氧化还原型指示剂

氧化还原型指示剂	颜色变化		$\varphi^{\ominus}(\text{In})/\text{V}$ ($[\text{H}^+]=1\text{mol/L}$)
	氧化型	还原型	
亚甲基蓝	蓝色	无色	0.36
二苯胺	紫色	无色	0.76
二苯胺磺酸钠	紫红	无色	0.84
邻苯氨基苯甲酸	紫红	无色	0.89
邻菲啰啉亚铁	浅蓝	红色	1.06
硝基邻菲啰啉亚铁	浅蓝	紫红	1.25

5.5.2 自身指示剂

在氧化还原滴定中,有些标准溶液或者被滴定物本身有颜色,当反应变为无色时,不必另外加指示剂,这种确定终点的方法,属于自身指示剂。例如 $KMnO_4$ 本身显紫红色,在滴定无色溶液时,MnO_4^- 还原为 Mn^{2+},因此达到化学计量点前溶液无色,过量 0.1% 的 MnO_4^- 溶液显紫红色,指示终点到达。实验证明,滴定时在 100mL 溶液中过量 0.02mol/L MnO_4^- 溶液 0.01mL,就可显出紫红色,这完全可以满足要求。

碘量法中 I_2 的淡黄色也可作为终点指示,但灵敏度不够,所以多采用专属指示剂。

5.5.3 专属指示剂

有的物质本身没有颜色,也无氧化还原性,但能与氧化剂和还原剂产生特殊的颜色,因此可以指示滴定终点。例如碘量法中可溶性淀粉能与碘形成蓝色化合物,由此颜色来确定终点,反应灵敏,颜色鲜明。

5.6 常用的氧化还原滴定法

氧化还原滴定法是应用最广泛的滴定方法之一,它可用于无机物和有机物的直接测定或间接测定。应用于氧化还原滴定法的反应,必须具备以下几个主要条件:

(1) 反应平衡常数必须大于 10^6,即 $\Delta E > 0.4V$。
(2) 反应迅速,且没有副反应发生,反应要完全,且有一定的计量关系。
(3) 参加反应的物质必须具有氧化性和还原性,或是能与还原剂或氧化剂生成沉淀的物质。
(4) 应有适当的指示剂确定终点。

5.6.1 高锰酸钾滴定法

高锰酸钾滴定法是利用高锰酸钾作氧化剂配制成标准溶液进行滴定的氧化还原方法。高锰酸钾是一种强氧化剂,既可在酸性条件下使用,又可在中性或碱性条件下使用。它的氧化能力和还原产物与介质的 pH 有关。

在强酸性介质中,MnO_4^- 被还原为 Mn^{2+},半反应为:

$$MnO_4^- + 8H^+ + 5e \rightleftharpoons Mn^{2+} + 4H_2O \quad \varphi^\ominus = 1.51V$$

在中性或碱性溶液中,MnO_4^- 被还原为 MnO_2,半反应为:

$$MnO_4^- + 4H^+ + 3e \rightleftharpoons MnO_2 \downarrow + 2H_2O \quad \varphi^\ominus = 1.679V$$

$$MnO_4^- + 2H_2O + 3e \rightleftharpoons MnO_2 \downarrow + 4OH^- \quad \varphi^\ominus = 0.588V$$

由于在弱酸性、中性或碱性溶液中 MnO_4^- 被还原成 MnO_2 沉淀,影响终点的观察,所以 $KMnO_4$ 滴定法多在强酸性溶液中进行。

根据分析对象不同,$KMnO_4$ 滴定法可分为以下几种滴定方法。

(1) 直接滴定法　$KMnO_4$ 的 $\varphi^\ominus$ 较高,所以可直接滴定很多还原剂,如 Fe^{2+}、$As^{(III)}$、$Sb^{(III)}$、H_2O_2、NO_2^-、$C_2O_4^{2-}$ 等以及一些还原性有机化合物。

(2) 返滴定法　有些氧化剂不能用 $KMnO_4$ 直接滴定,可用返滴定法进行滴定。例如测

定 MnO_2，可加过量的 $Na_2C_2O_4$ 标准溶液，反应完全后，再用 $KMnO_4$ 标准溶液滴定剩余的 $Na_2C_2O_4$，然后计算出 MnO_2 的含量。

（3）间接滴定法 一些非氧化剂和还原剂，不能用 $KMnO_4$ 直接滴定和返滴定，可采用间接滴定法进行滴定，这些物质能和还原剂反应，然后再用 $KMnO_4$ 标准溶液滴定还原剂。例如，Ca^{2+} 能和 $C_2O_4^{2-}$ 定量反应生成沉淀，过滤后，用 H_2SO_4 溶解沉淀置换出 $C_2O_4^{2-}$，再用 $KMnO_4$ 标准溶液滴定 $C_2O_4^{2-}$，间接计算出 Ca^{2+} 的含量。

高锰酸钾滴定法的特点是：①$KMnO_4$ 的氧化能力强，应用广泛；②$KMnO_4$ 本身呈深紫色，可作自身指示剂；③标准溶液不稳定；④不宜在 HCl 介质中应用。

市售 $KMnO_4$ 常含有少量杂质，因此不能用直接法配制准确浓度的标准溶液。为了配制较稳定的 $KMnO_4$ 溶液，可称取稍多于理论量的 $KMnO_4$ 溶解，加热煮沸，冷却后贮存于棕色瓶中，于暗处放置数天，使溶液中可能存在的还原性物质完全氧化。然后过滤除去析出的 MnO_2 沉淀，再进行标定。使用经久放置的 $KMnO_4$ 溶液时应重新标定其浓度。

标定 $KMnO_4$ 溶液的基准物质有 $FeSO_4 \cdot (NH_4)_2SO_4 \cdot 6H_2O$、$Na_2C_2O_4$、$H_2C_2O_4 \cdot 2H_2O$、$As_2O_3$ 等，其中以 $Na_2C_2O_4$ 较为常用。因为它容易提纯，不含结晶水，其反应如下：

$$2MnO_4^- + 5C_2O_4^{2-} + 16H^+ \rightleftharpoons 2Mn^{2+} + 10CO_2\uparrow + 8H_2O$$

5.6.2 重铬酸钾滴定法

重铬酸钾法是以 $K_2Cr_2O_7$ 作标准溶液进行的氧化还原滴定方法。$K_2Cr_2O_7$ 是一种较强的氧化剂，在酸性溶液中与还原剂作用，$Cr_2O_7^{2-}$ 得到 6 个电子而被还原成 Cr^{3+}。半反应为：

$$Cr_2O_7^{2-} + 14H^+ + 6e \rightleftharpoons 2Cr^{3+} + 7H_2O \qquad \varphi^\ominus = 1.33V$$

$K_2Cr_2O_7$ 法的特点是：①$K_2Cr_2O_7$ 容易提纯，可用直接法配制标准溶液；②$K_2Cr_2O_7$ 标准溶液稳定，只要贮存在密闭容器中，其浓度即可经久不变；③$K_2Cr_2O_7$ 不受 Cl^- 还原作用的影响，可在 HCl 溶液中进行滴定（高温及高浓度盐酸除外）；④选择性较高锰酸钾法高。

应用 $K_2Cr_2O_7$ 标准溶液进行滴定时，常使用二苯胺磺酸钠等作指示剂。

铁矿石中全铁的测定和环境水样中化学需氧量（COD）的测定的标准方法就是重铬酸钾滴定法。

5.6.3 碘量法

碘量法是利用 I_2 的氧化性和 I^- 的还原性来进行滴定的分析方法。其半反应为：

$$I_2 + 2e \rightleftharpoons 2I^- \qquad \varphi^\ominus = 0.54V$$

从它的标准电极电位数值可以看出，I_2 是一种较弱的氧化剂，I^- 是一种中等还原剂。

以 I_2 为滴定剂，能直接滴定一些标准电极电位低于 0.54V 的中等还原剂［如 S^{2-}、SO_3^{2-}、$S_2O_3^{2-}$、$As(Ⅲ)$、Sn^{2+} 和维生素 C 等］，这种方法称为直接碘量法，又称碘滴定法。其反应如下：

$$SO_3^{2-} + I_2 + H_2O \rightleftharpoons SO_4^{2-} + 2H^+ + 2I^-$$
$$Sn^{2+} + I_2 \rightleftharpoons Sn^{4+} + 2I^-$$

利用 I^- 的还原性，使许多标准电极电位高于 0.54V 的氧化剂（如 $K_2Cr_2O_7$、KIO_3、

Cu^{2+}、Br_2）被 I^- 还原，定量析出 I_2，然后用 $Na_2S_2O_3$ 标准溶液滴定析出的 I_2，这种间接测定氧化性物质的方法称为间接碘量法，又称滴定碘法。间接碘量法可用于测定 Cu^{2+}、CrO_4^{2-}、$Cr_2O_7^{2-}$、IO_3^-、BrO_3^-、AsO_4^{3-}、SbO_4^{3-}、ClO^-、NO_2^-、H_2O_2 等氧化性物质。

$Na_2S_2O_3$ 滴定 I_2 的反应如下：

$$I_2 + 2Na_2S_2O_3 \rightleftharpoons 2NaI + Na_2S_4O_6$$

碘量法的特点是：①采用淀粉作指示剂；②I_2/I^- 电对可逆性好，副反应少；③既可直接滴定还原性物质，又可间接滴定氧化性物质，应用广泛。

为防止 I_2 的挥发、歧化和 I^- 被氧化引起的误差，反应应在室温下中性或弱酸性溶液中进行，最好在碘量瓶中滴定，滴定时不要剧烈摇动。

配制 $Na_2S_2O_3$ 溶液时，为了减少溶解在水中的 CO_2 并杀死水中的细菌，应使用新近煮沸后冷却的蒸馏水，并加入少量 Na_2CO_3 使溶液呈碱性，以抑制细菌的生长。为了避免日光，$Na_2S_2O_3$ 溶液应贮存于棕色瓶中，放置于暗处 8～14 天后再标定。标定 $Na_2S_2O_3$ 溶液的基准物质有 KIO_3、$KBrO_3$、$K_2Cr_2O_7$ 等。由于 $K_2Cr_2O_7$ 价廉易纯制，故最为常用，标定反应为：

$$Cr_2O_7^{2-} + 6I^- + 14H^+ \rightleftharpoons 2Cr^{3+} + 3I_2 + 7H_2O$$

$$I_2 + 2S_2O_3^{2-} \rightleftharpoons 2I^- + S_4O_6^{2-}$$

用升华法制得的纯碘，可用直接法配制 I_2 标准溶液。但通常是用市售的 I_2 配制一个近似浓度的溶液，然后再进行标定。I_2 溶液可用 $Na_2S_2O_3$ 标准溶液标定，也可用基准物 As_2O_3（剧毒）标定，反应如下：

$$As_2O_3 + 6OH^- \rightleftharpoons 2AsO_3^{3-} + 3H_2O$$

$$AsO_3^{3-} + I_2 + H_2O \rightleftharpoons AsO_4^{3-} + 2I^- + 2H^+$$

5.6.4 硫酸铈法

硫酸铈 $[Ce(SO_4)_2]$ 是一种强氧化剂，在酸度较高的溶液中使用。其半反应为：

$$Ce^{4+} + e \rightleftharpoons Ce^{3+}$$

此电对的电极电位与酸的种类和浓度有关，它在 H_2SO_4 介质中的电极电位介于 MnO_4^- 和 $Cr_2O_7^{2-}$ 之间，能用 $KMnO_4$ 滴定的物质，一般也能用 $Ce(SO_4)_2$ 滴定。

用 $Ce(SO_4)_2$ 作滴定剂只能在酸性溶液中应用，酸度最好大于 $0.5mol/L$。酸度较低时磷酸有干扰，甚至滴定剂水解成碱式盐不能起氧化作用。

硫酸铈溶液呈黄色乃至橙色，+3 价铈盐无色，在滴定无色溶液时，可利用 $Ce(SO_4)_2$ 自身作指示剂判断滴定终点。但因灵敏度不高，实际应用时常使用氧化还原指示剂，如邻菲啰啉亚铁盐溶液。

硫酸铈法的优点是：

（1）标准溶液稳定，放置较长时间或加热煮沸也不易分解。

（2）硫酸铈铵盐 $[Ce(SO_4)_2 \cdot 2(NH_4)_2SO_4 \cdot 2H_2O]$ 容易提纯，可用直接法配制标准溶液，不必进行标定。

（3）硫酸铈在反应中只得到一个电子，不生成中间价态的产物，反应简单，副反应少。

（4）可在盐酸溶液中滴定亚铁，Cl^- 不干扰测定。

（5）许多有机物如蔗糖、淀粉、甘油等都不与硫酸铈反应，因此可直接测定许多药品中亚铁的含量。

5.6.5 溴酸钾法

溴酸钾（$KBrO_3$）是强氧化剂，在酸性溶液中可被还原为 Br^-。其反应式如下：

$$BrO_3^- + 6H^+ + 6e \Longleftrightarrow Br^- + 3H_2O$$

$KBrO_3$ 容易提纯，在 180℃烘干后可用直接法配制标准溶液。也可用碘量法标定。通常在 $KBrO_3$ 标准溶液中加入 KBr，溶液酸化后将发生下列反应：

$$KBrO_3 + 5KBr + 6HCl \Longleftrightarrow 3Br_2 + 6KCl + 3H_2O$$

生成的 Br_2 与还原剂反应，过量的 Br_2 用 KI 还原，析出的 I_2 用 $Na_2S_2O_3$ 标准溶液滴定。

由于 Br_2 能与酚等许多有机物进行反应，所以，溴酸钾法广泛应用于有机分析中。

5.6.6 氧化还原滴定的预处理

氧化还原滴定前的预处理是指通过预氧化或预还原使待测组分处于一定的价态，以利于选用合适的还原剂或氧化剂进行滴定。

预处理使用的氧化剂或还原剂应符合以下条件：①反应完全、迅速；②有很好的选择性；③过量的氧化剂或还原剂易于除去。

以下介绍几种常用的氧化还原预处理剂。

(1) 过硫酸铵 [$(NH_4)_2S_2O_8$] 在酸性介质中，是一种极强的氧化剂，能将铈、钒、铬、锰等氧化为高价。过量的 $S_2O_8^{2-}$ 可煮沸除去。

$$2S_2O_8^{2-} + 2H_2O \xrightarrow{煮沸} 4HSO_4^- + O_2\uparrow$$

(2) 高锰酸钾（$KMnO_4$） 在酸性介质中，是强氧化剂，过量的高锰酸钾常用亚硝酸盐和尿素除去。

$$2MnO_4^- + 5NO_2^- + 6H^+ \Longleftrightarrow 2Mn^{2+} + 5NO_3^- + 3H_2O$$

$$2NO_2^- + CO(NH_2)_2 + 2H^+ \Longleftrightarrow 2N_2\uparrow + CO_2\uparrow + 3H_2O$$

(3) 其他常用的氧化剂 如 $HClO_4$、H_2O_2、KIO_4、$NaBiO_3$ 等。

(4) 常用的还原剂 有 $SnCl_2$、$TiCl_3$、金属还原剂（如锌、铝和铁等）和 SO_2 等。

5.7 氧化还原滴定法的计算

氧化还原滴定法的计算依据与酸碱滴定法一样，在化学反应中，参加反应的物质的量与生成物的物质的量相等。应当特别指出的是，有些物质在不同反应中的基本单元是不同的。如 $KMnO_4$ 在强酸性溶液中被还原成 Mn^{2+}，氧化数改变了 5 个单位，其基本单元是 $\frac{1}{5}KMnO_4$；在中性或碱性溶液中被还原成 MnO_2，氧化数改变了 3 个单位，其基本单元就是 $\frac{1}{3}KMnO_4$。

【例 5-8】 用 $KMnO_4$ 法测定催化剂中的含钙量。称样 0.4207g，用酸分解后加入 $(NH_4)_2C_2O_4$ 溶液生成 CaC_2O_4 沉淀，沉淀经过滤、洗涤后，溶于 H_2SO_4 溶液中，再用 $c\left(\frac{1}{5}KMnO_4\right)=0.09850$mol/L 的 $KMnO_4$ 标准溶液滴定 $H_2C_2O_4$，用去 43.08mL，计算催化剂中钙的质量分数。

解 有关反应方程式为：
$$Ca^{2+} + (NH_4)_2C_2O_4 = CaC_2O_4 \downarrow + 2NH_4^+$$
$$CaC_2O_4 + H_2SO_4 = CaSO_4 + 2H^+ + C_2O_4^{2-}$$
$$5C_2O_4^{2-} + 2MnO_4^- + 16H^+ = 2Mn^{2+} + 10CO_2 \uparrow + 8H_2O$$

则
$$n\left(\frac{1}{5}KMnO_4\right) = n\left(\frac{1}{2}H_2C_2O_4\right) = n\left(\frac{1}{2}Ca\right)$$

$$c\left(\frac{1}{5}KMnO_4\right)V = \frac{m\left(\frac{1}{2}Ca\right)}{M\left(\frac{1}{2}Ca\right)}$$

根据题意得

$$w(Ca) = \frac{c\left(\frac{1}{5}KMnO_4\right)VM\left(\frac{1}{2}Ca\right)}{m} \times 100\%$$

$$= \frac{0.09580 \times 43.08 \times 10^{-3} \times \frac{1}{2} \times 40.08}{0.4207} \times 100\% = 19.66\%$$

【例 5-9】 将 0.5000g 铁矿石用酸溶解，用还原剂将 Fe^{3+} 全部还原成 Fe^{2+}，然后用 $c\left(\frac{1}{6}K_2Cr_2O_7\right) = 0.1000 mol/L$ 的 $K_2Cr_2O_7$ 标准溶液滴定，消耗 25.50mL，求铁矿石中铁的质量分数。

解 先写出反应式：
$$Cr_2O_7^{2-} + 6Fe^{2+} + 14H^+ \rightleftharpoons 2Cr^{3+} + 6Fe^{3+} + 7H_2O$$

反应达到化学计量点时
$$n\left(\frac{1}{6}K_2Cr_2O_7\right) = n(Fe)$$

$$c\left(\frac{1}{6}K_2Cr_2O_7\right)V = \frac{m(Fe)}{M(Fe)}$$

所以
$$w(Fe) = \frac{c\left(\frac{1}{6}K_2Cr_2O_7\right)VM(Fe)}{m} \times 100\%$$

$$= \frac{0.1000 \times 25.50 \times 10^{-3} \times 55.85}{0.5000} \times 100\% = 28.48\%$$

【例 5-10】 用碘量法测定漂白粉中的有效氯，称样 0.2400g，加入 KI，析出 I_2，用 0.1010mol/L 的 $Na_2S_2O_3$ 标准溶液滴定，消耗 19.30mL，试求漂白粉中有效氯的质量分数。

解 漂白粉的主要成分为 CaCl(OCl)，它与酸反应放出 Cl_2 气体，起漂白作用，因此有效氯是指氯气的含量，反应式为：
$$CaCl(OCl) + 2H^+ = Ca^{2+} + Cl_2 \uparrow + H_2O$$
$$Cl_2 + 2I^- = 2Cl^- + I_2$$
$$I_2 + 2Na_2S_2O_3 = 2NaI + Na_2S_4O_6$$

化学计量点时
$$n\left(\frac{1}{2}Cl_2\right) = n(Na_2S_2O_3)$$

$$\frac{m(Cl_2)}{M\left(\frac{1}{2}Cl_2\right)} = c(Na_2S_2O_3)V$$

所以

$$w(Cl_2) = \dfrac{c(Na_2S_2O_3)VM\left(\dfrac{1}{2}Cl_2\right)}{m} \times 100\%$$

$$= \dfrac{0.1010 \times 19.30 \times 10^{-3} \times 35.45}{0.2400} \times 100\% = 28.79\%$$

习 题

1. 影响氧化还原反应速率的主要因素有哪些？
2. 常用氧化还原滴定法有哪几类？这些方法的基本反应是什么？
3. 氧化还原滴定中的指示剂分为几类？各自如何指示滴定终点？
4. 在进行氧化还原滴定之前，为什么要进行预氧化或预还原的处理？预处理时对所用的预氧化剂或预还原剂有哪些要求？
5. 设计一个分别测定混合溶液中 AsO_3^{3-} 和 AsO_4^{3-} 的分析方案（原理、简单步骤和计算公式）。
6. 在 Cl^-、Br^- 和 I^- 三种离子的混合物溶液中，欲将 I^- 氧化为 I_2，而又不使 Br^- 和 Cl^- 氧化，在常用的氧化剂 $Fe_2(SO_4)_3$ 和 $KMnO_4$ 中应选择哪一种？为什么？
7. 计算在 1.0mol/L HCl 溶液介质中，当 $c(Cr_2O_7^{2-}) = 0.10$mol/L，$c(Cr^{3+}) = 0.020$mol/L 时电对 $Cr_2O_7^{2-}/Cr^{3+}$ 的电极电位。
8. 计算在 1mol/L HCl 溶液中，当 $[Cl^-] = 1.0$mol/L 时电对 Ag^+/Ag 的电极电位。已知 $K_{sp,AgCl} = 1.8 \times 10^{-10}$。
9. 分别计算 $[H^+] = 2.0$mol/L 和 pH=2.00 时电对 MnO_4^-/Mn^{2+} 的电极电位。
10. 已知在 1mol/L HCl 溶液介质中，电对 Fe^{3+}/Fe^{2+} 的 $\varphi^{\ominus} = 0.70$V，电对 Sn^{4+}/Sn^{2+} 的 $\varphi^{\ominus} = 0.14$V。求在此条件下，反应 $2Fe^{3+} + Sn^{2+} \Longleftrightarrow Sn^{4+} + 2Fe^{2+}$ 的条件平衡常数。
11. 在 1.0mol/L HCl 溶液介质中，用 0.2000mol/L Fe^{3+} 溶液滴定 0.1000mol/L Sn^{2+} 溶液，试计算在化学计量点时的电位及其突跃范围。在此条件中选用什么指示剂？滴定终点与化学计量点是否一致？
12. 准确称取含有 PbO 和 PbO_2 混合物的试样 1.234g，在其酸性溶液中加入 20.00mL $c\left(\dfrac{1}{2}H_2C_2O_4\right) = 0.5000$mol/L 的 $H_2C_2O_4$ 溶液，将 PbO_2 还原为 Pb^{2+}。所得溶液用氨水中和，使溶液中所有的 Pb^{2+} 均沉淀为 PbC_2O_4。过滤，滤液酸化后用 $c\left(\dfrac{1}{5}KMnO_4\right) = 0.2000$mol/L 的 $KMnO_4$ 标准溶液滴定，用去 10.00mL，然后将所得 PbC_2O_4 沉淀溶于酸后，用 $c\left(\dfrac{1}{5}KMnO_4\right) = 0.2000$mol/L 的 $KMnO_4$ 标准溶液滴定，用去 30.00mL。计算试样中 PbO 和 PbO_2 的质量分数。
13. 准确称取软锰矿试样 0.5261g，在酸性介质中加入 0.7049g 纯 $Na_2C_2O_4$。待反应完全后，过量的 $Na_2C_2O_4$ 用 $c\left(\dfrac{1}{5}KMnO_4\right) = 0.1080$mol/L 的 $KMnO_4$ 标准溶液滴定，用去 30.47mL。计算软锰矿中 MnO_2 的质量分数。
14. 将 0.1963g 分析纯 $K_2Cr_2O_7$ 试剂溶于水，酸化后加入过量 KI，析出的 I_2 需用 33.61mL $Na_2S_2O_3$ 溶液滴定。计算 $Na_2S_2O_3$ 溶液的浓度。
15. 称取含有 Na_2HAsO_3 和 As_2O_5 及惰性物质的试样 0.2500g，溶解后在 $NaHCO_3$ 存在下用 0.05150mol/L 的 I_2 标准溶液滴定，用去 15.80mL。再酸化并加入过量 KI，析出的 I_2 用 0.1300mol/L 的 $Na_2S_2O_3$ 标准溶液滴定，用去 20.70mL。计算试样中 Na_2HAsO_3 和 As_2O_5 的质量分数。
16. 今有不纯的 KI 试样 0.3504g，在 H_2SO_4 溶液中加入纯 K_2CrO_4 0.1940g 与之反应，煮沸逐出生成的 I_2。放冷后又加入过量 KI，使之与剩余的 K_2CrO_4 作用，析出的 I_2 用 0.1020mol/L 的 $Na_2S_2O_3$ 标准溶液滴定，用去 10.23mL。计算试样中 KI 的质量分数。

第 6 章 称量分析法和沉淀滴定法

6.1 称量分析法概述

称量分析法是以适当方法将被测物与其他组分分离，转换成一定的称量形式，以其质量来确定该组分的绝对量的一种定量分析方法。

6.1.1 称量分析法的分类和特点

6.1.1.1 称量分析法的分类

在称量分析中必须把被测组分从试样中分离出来，按照分离方法的不同，一般把称量分析法分为四类。

（1）汽化法（挥发法）　利用物质的挥发性，通过加热或其他的方法使待测组分从试样中定量挥发出来，然后测样品的减少量以确定含量；或用吸收剂吸收挥发出的气体，称量吸收剂的增加量。多用于测定试样中的含水量或其他挥发性组分。

（2）电解法（电称量法）　用电解的方法使被测组分（多为金属离子）从溶液中转移到电极表面上析出，然后称量电极的增加量以确定其含量。

（3）沉淀法　利用沉淀反应使待测组分以微溶化合物的形式沉淀析出，然后过滤、洗涤、烘干或灼烧使之转变为称量形式，再称重而后求得其含量。

（4）萃取法　利用萃取剂把被测组分萃取出来，蒸发除去萃取剂，称出萃取物的质量，从而确定被测组分含量，又称提取法。

6.1.1.2 称量分析法的特点

上述四种方法都是根据称得的质量来计算试样中待测组分的含量。全部数据都是由分析天平称量得来的。在分析过程中一般不需要基准物质和由容量器皿引入的数据，因而没有这方面的误差。对于高含量组分的测定，称量分析法比较准确，一般测定的相对误差不大于0.1%。但是，由于称量分析法的手续繁琐费时，且难以测定微量成分，目前已逐渐为其他分析方法所代替。不过，对于某些常量元素（硅、磷、钨、稀土元素等）的测定仍在采用称量分析法。在校对其他分析方法的准确度时，也常用称量分析法的测定结果作为标准。因此称量分析法仍然是定量分析的基本内容之一。

这些方法中以沉淀法应用较广，现主要讨论沉淀法。

6.1.2 称量分析对沉淀形式与称量形式的要求

往试液中加入适当的沉淀剂，使被测组分沉淀出来，所得的沉淀称为沉淀形式；沉淀经过滤、洗涤、烘干或灼烧之后，得到称量形式；然后再由称量形式的化学组成和质量，便可计算被测组分的含量。沉淀形式与称量形式可以相同，也可以不同。例如测定 Cl^- 时，加入

沉淀剂 $AgNO_3$，以得到 AgCl 沉淀，烘干后仍为 AgCl 沉淀，此时沉淀形式与称量形式相同。在测定 Mg^{2+} 时，沉淀形式为 $MgNH_4PO_4$，经灼烧后得到的称量形式为 $Mg_2P_2O_7$，则沉淀形式与称量形式不同。

6.1.2.1 称量分析对沉淀形式的要求

（1）溶解度尽量小，要求沉淀的溶解损失不应超过天平的称量误差，一般要求溶解损失应小于 0.1mg，以减少因沉淀溶解损失而影响准确度。

（2）沉淀容易过滤与洗涤。因此，在进行沉淀时，希望得到粗大的晶形沉淀。如果只能得到无定形沉淀，则必须控制一定的沉淀条件，改变沉淀的性质，以得到易于过滤和洗涤的沉淀。

（3）纯度尽量高，避免杂质玷污，保证准确度。

（4）便于转换为合适的称量形式。

6.1.2.2 称量分析对称量形式的要求

（1）有确定的化学组成（与分子式完全相同）。

（2）有较好的稳定性，不受空气、水分、CO_2 等的影响。

（3）相对分子质量尽量大，使被测组分在称量形式中所占比例尽量小，以减少称量误差。

6.2 沉淀的溶解度及其影响因素

沉淀溶解度的大小，直接决定被测成分能否定量地转化为沉淀，从而直接影响分析结果的准确度，因此讨论沉淀的溶解度及其影响因素是十分重要的。

6.2.1 溶解度、溶度积和条件溶度积

当水中存在 1∶1 型难溶化合物 MA 时，MA 溶解并达到饱和状态后，有下列平衡关系：

$$MA(固) \rightleftharpoons MA(液) \rightleftharpoons M^+ + A^-$$

式中，MA（固）表示固态的 MA；MA（液）表示溶液中的 MA，在一定温度下它的活度积 $K_{sp}^{\ominus}$ 是一常数，即

$$a(M^+)a(A^-)=K_{sp}^{\ominus} \tag{6-1}$$

式中，$a(M^+)$ 和 $a(A^-)$ 是 M^+ 和 A^- 两种离子的活度。活度与浓度的关系是：

$$a(M^+)=\gamma(M^+)c(M^+) \qquad a(A^-)=\gamma(A^-)c(A^-) \tag{6-2}$$

式中，$\gamma(M^+)$ 和 $\gamma(A^-)$ 是两种离子的活度系数，它们与溶液中的离子强度有关。将式(6-2) 代入式(6-1) 得

$$\gamma(M^+)c(M^+)\gamma(A^-)c(A^-)=K_{sp}^{\ominus} \tag{6-3}$$

故

$$c(M^+)c(A^-)=\frac{K_{sp}^{\ominus}}{\gamma(A^-)\gamma(A^-)}=K_{sp} \tag{6-4}$$

K_{sp} 称为微溶化合物的溶度积常数，简称溶度积。

在纯水中 MA 的溶解度很小，则

$$c(M^+)=c(A^-)=S_0 \tag{6-5}$$

$$c(M^+)c(A^-)=S_0^2=K_{sp} \tag{6-6}$$

上两式中的 S_0 是在很稀的溶液内，没有其他离子存在时 MA 的溶解度，由 S_0 所得溶度积 K_{sp} 非常接近于活度积 $K_{sp}^{\ominus}$。一般溶度积表中所列的 K_{sp} 是在很稀的溶液中没有其他离子存在时的数值。实际上溶解度是随其他离子存在的情况不同而变化的，因此溶度积 K_{sp} 只在一定条件下才是一个常数。如果溶液中的离子浓度变化不太大，溶度积数值在数量级上一般不发生改变。所以在稀溶液中，仍常用离子浓度乘积来研究沉淀的情况。如果溶液中的电解质浓度较大（例如以后将讨论的盐效应对沉淀溶解度的影响），就必须用式(6-3)来考虑沉淀的情况。

在一定温度下，难溶电解质在纯水中都有其一定的溶度积，其数值的大小是由难溶电解质本身的性质所决定的。外界条件变化，如温度、压力的改变，酸度的变化、配位剂的存在等，都将使金属离子浓度或沉淀剂浓度发生变化，因而影响沉淀的溶解度和溶度积，这就是条件溶度积。这和配位滴定中，外界条件变化引起金属离子或配位剂浓度变化，因而影响稳定常数的情况相似。

6.2.2 影响沉淀溶解度的因素

影响沉淀溶解度的因素主要有同离子效应、盐效应、酸效应和配位效应，此外温度、介质、沉淀颗粒的大小等因素，对溶解度都有一定的影响。

（1）**同离子效应** 为了减少沉淀的溶解损失，在进行沉淀时，应加入过量的沉淀剂，以增大构晶离子（与沉淀组成相同的离子）的浓度，从而减小沉淀的溶解度，这种往饱和溶液中加入构晶离子使沉淀溶解度降低的效应，称为同离子效应。

在进行称量分析确定沉淀剂用量时，常要求加入过量沉淀剂，利用同离子效应来降低沉淀的溶解度，以使沉淀完全。沉淀剂过量的程度，应根据沉淀剂的性质来确定。若沉淀剂不易挥发，应过量少些，如过量 20%～50%；若沉淀剂易挥发除去，则可过量多些，甚至过量 100%。必须指出，沉淀剂绝不能加得太多，否则可能发生其他影响（如盐效应、配位效应等），反而使沉淀的溶解度增大。

（2）**盐效应** 由于有过量的强电解质存在而使沉淀溶解度增大并随电解质浓度的增加而增加的现象，称为盐效应。

例如在强电解质 KNO_3 的溶液中，$AgCl$、$BaSO_4$ 的溶解度比在纯水中大，而且溶解度随 KNO_3 浓度的增大而增大，当溶液中 KNO_3 的浓度由 0 增到 0.01 mol/L 时，$AgCl$ 的溶解度由 1.28×10^{-5} mol/L 增到 1.43×10^{-5} mol/L。发生盐效应的原因是由于离子的活度系数与溶液中加入的强电解质的种类和浓度有关，当溶液中强电解质的浓度增大到一定程度时，离子强度增大而使离子活度系数明显减小。但在一定温度下，K_{sp} 是常数，由式(6-4)可看出 $c(M^+)$、$c(A^-)$ 必然要增大，致使沉淀的溶解度增大。因此在利用同离子效应降低沉淀溶解度时，应考虑到盐效应的影响，即沉淀剂不能过量太多。应该指出，如果沉淀本身的溶解度越小，盐效应的影响就越小，可以不予考虑。只有当沉淀的溶解度比较大，而且溶液的离子强度很高时，才考虑盐效应的影响。

（3）**酸效应** 溶液酸度对沉淀溶解度的影响的现象，称为酸效应。酸效应的发生主要是由于溶液中 H^+ 浓度的大小对弱酸、多元酸或难溶酸等离解平衡的影响。若沉淀是强酸盐，如 $AgCl$、$BaSO_4$ 等，其溶解度受酸度影响不大。若沉淀是弱酸、多元酸盐或氢氧化物，当酸度增大时，组成的阴离子如 CO_3^{2-}、$C_2O_4^{2-}$、PO_4^{3-}、SiO_3^{2-} 和 OH^- 等与 H^+ 结合，降低了阴离子的浓度，使沉淀的溶解度增大；反之，酸度减小时，组成沉淀的金属离子可能发生水解，形成带电荷的 OH^- 配合物，于是降低了阳离子的浓度而增大沉淀的溶解度。下面以计算草酸钙沉淀的溶解度为例，来说明酸度对溶解度的影响。

$$c(Ca^{2+})c(C_2O_4^{2-}) = K_{sp,CaC_2O_4} \tag{6-7}$$

草酸是二元酸，在溶液中具有下列平衡：

$$H_2C_2O_4 \underset{+H^+}{\overset{-H^+}{\rightleftharpoons}} HC_2O_4^- \underset{+H^+}{\overset{-H^+}{\rightleftharpoons}} C_2O_4^{2-}$$

在不同酸度下，溶液中存在的沉淀剂的总浓度 $c(C_2O_4^{2-})$ 应为：

$$c(C_2O_4^{2-}) = [C_2O_4^{2-}] + [HC_2O_4^-] + [H_2C_2O_4]$$

能与 Ca^{2+} 形成沉淀的是 $C_2O_4^{2-}$，而

$$\frac{c(C_2O_4^{2-})}{[C_2O_4^{2-}]} = \alpha_{C_2O_4^{2-}(H)} \tag{6-8}$$

式中，$\alpha_{C_2O_4^{2-}(H)}$ 为草酸的酸效应系数，其意义和 EDTA 的酸效应系数完全一样。将式(6-8)代入式(6-7)即得

$$[Ca^{2+}]c(C_2O_4^{2-}) = K_{sp,CaC_2O_4} \alpha_{C_2O_4^{2-}(H)} = K'_{sp,CaC_2O_4} \tag{6-9}$$

式中，K'_{sp,CaC_2O_4} 是在一定酸度条件下草酸钙的溶度积，称为条件溶度积。利用条件溶度积可以计算不同酸度下草酸钙的溶解度。

$$S(CaC_2O_4) = [Ca^{2+}] = c(C_2O_4^{2-}) = \sqrt{K'_{sp,CaC_2O_4}} = \sqrt{K_{sp,CaC_2O_4} \alpha_{C_2O_4^{2-}(H)}} \tag{6-10}$$

（4）配位效应　若溶液中存在配位剂，它能与生成沉淀的离子形成配合物，使沉淀溶解度增大，甚至不产生沉淀，这种现象称为配位效应，例如用 Cl^- 沉淀 Ag^+ 时

$$Ag^+ + Cl^- \Longrightarrow AgCl \downarrow$$

若溶液中有氨水，则 NH_3 能与 Ag^+ 配位，形成 $[Ag(NH_3)_2]^+$ 配离子，AgCl 在 0.01mol/L 氨水中的溶解度比在纯水中的溶解度大 40 倍。如果氨水的浓度足够大，则不能生成 AgCl 沉淀。又如 Ag^+ 溶液中加入 Cl^-，最初生成 AgCl 沉淀，但若继续加入过量的 Cl^-，则 Cl^- 能与 Ag^+ 配位成 $[AgCl_2]^-$ 和 $[AgCl_3]^{2-}$ 等配离子，而使 AgCl 沉淀逐渐溶解。AgCl 在 0.01mol/L HCl 溶液中的溶解度比在纯水中的溶解度小，这时同离子效应是主要的。若 Cl^- 浓度增加到 0.5mol/L，则 AgCl 的溶解度超过在纯水中的溶解度，此时配位效应的影响已超过同离子效应；若 Cl^- 浓度再增加，则由于配位效应起主要作用，AgCl 沉淀甚至可能不出现。因此，用 Cl^- 沉淀 Ag^+ 时，必须严格控制 Cl^- 浓度。应该指出，配位效应使沉淀溶解度增大的程度与沉淀的溶度积和形成配合物的稳定常数的相对大小有关。形成的配合物越稳定，配位效应越显著，沉淀的溶解度越大。

依据以上讨论的同离子效应、盐效应、酸效应和配位效应对沉淀溶解度的影响程度，在进行沉淀反应时，对无配位反应的强酸盐沉淀，应主要考虑同离子效应和盐效应；对弱酸盐或难溶酸盐，多数情况下应主要考虑酸效应；在有配位反应，尤其在能形成较稳定的配合物，而沉淀的溶解度又不太小时，则应主要考虑配位效应。

（5）影响沉淀溶解度的其他因素

① 温度的影响　溶解一般是吸热过程，绝大多数沉淀的溶解度随温度升高而增大。

② 溶剂的影响　大部分无机物沉淀是离子型晶体，在有机溶剂中的溶解度比在纯水中要小。例如在 $CaSO_4$ 溶液加入适量乙醇，则 $CaSO_4$ 的溶解度就大大降低。

③ 沉淀颗粒大小和结构的影响　同一种沉淀，在相同质量时，颗粒越小，其总表面积越大，溶解度越大。因为小晶体比大晶体有更多的角、边和表面，处于这些位置的离子晶体内离子的吸引力小，又受到溶剂分子的作用，容易进入溶液中，所以小颗粒沉淀的溶解度比

大颗粒的大。在沉淀形成后，常将沉淀和母液一起放置一段时间进行陈化，使小晶体逐渐转化为大晶体，有利于沉淀的过滤与洗涤。陈化还可使沉淀结构发生改变，由初生成时的结构转变为另一种更稳定的结构，溶解度就大为减小。

④ 形成胶体溶液的影响　进行沉淀反应特别是无定形沉淀反应时，如果条件掌握不好，常会形成胶体溶液，甚至使已经凝聚的胶体沉淀还会因"胶溶"作用而重新分散在溶液中。胶体微粒很小，极易透过滤纸而引起损失，因此应防止形成胶体溶液。将溶液加热和加入大量电解质，对破坏胶体和促进胶凝作用甚为有效。

6.3　沉淀的类型和沉淀的形成过程

6.3.1　沉淀的类型

沉淀按其物理性质不同，可粗略地分为两类：一类是晶形沉淀；另一类是无定形沉淀。无定形沉淀又称为非晶形沉淀或胶状沉淀。$BaSO_4$ 是典型的晶形沉淀，$Fe_2O_3 \cdot nH_2O$ 是典型的无定形沉淀，它们的粒径大小不同。颗粒最大的是晶形沉淀，其直径为 $0.1 \sim 1.0 \mu m$；无定形沉淀的颗粒很小，直径一般小于 $0.02 \mu m$；凝乳状沉淀的颗粒大小介于两者之间。

从整个沉淀外形来看，由于晶形沉淀是由较大的沉淀颗粒组成，内部排列较规则，结构紧密，所以整个沉淀所占的体积是比较小的，极易沉降于容器的底部。无定形沉淀是由许多疏松聚集在一起的微小沉淀颗粒组成的，沉淀颗粒的排列杂乱无章，其中又包含大量数目不定的水分子，所以是疏松的絮状沉淀，整个沉淀体积庞大，不像晶形沉淀那样能很好地沉降在容器的底部。

在称量分析中，最好能获得晶形沉淀。晶形沉淀有粗晶形沉淀和细晶形沉淀之分，如 $MgNH_4PO_4$ 是粗晶形沉淀，$BaSO_4$ 是细晶形沉淀。如果是无定形沉淀，则应注意掌握好沉淀条件，以改善沉淀的物理性质。

沉淀的颗粒大小与进行沉淀反应时构晶离子的浓度有关。例如在一般情况下，从稀溶液中沉淀出来的 $BaSO_4$ 是晶形沉淀；但是，如以乙醇和水为混合溶剂，将浓的 $Ba(SCN)_2$ 溶液和 $MnSO_4$ 溶液混合，得到的却是凝乳状的 $BaSO_4$ 沉淀。此外，沉淀颗粒的大小也与沉淀本身的溶解度有关。

6.3.2　沉淀的形成过程

沉淀的形成一般要经过晶核形成和晶核长大两个过程。将沉淀剂加入试液中，当形成沉淀离子浓度的乘积超过该条件下沉淀的溶度积时，离子通过相互碰撞聚集成微小的晶核，溶液中的构晶离子向晶核表面扩散，并沉积在晶核上，晶核就逐渐长大成沉淀微粒。这种由离子形成晶核，再进一步聚集成沉淀微粒的速率称为聚集速率。在聚集的同时，构晶离子在一定晶格中定向排列的速率称为定向速率。如果聚集速率大，而定向速率小，即离子很快地聚集起来生成沉淀微粒，却来不及进行晶格排列，则得到非晶形沉淀。反之，如果定向速率大，而聚集速率小，即离子较缓慢地聚集成沉淀，有足够时间进行晶格排列，则得到晶形沉淀。

聚集速率（或称为形成沉淀的初始速率）主要由沉淀时的条件所决定，其中最重要的是溶液中生成沉淀物质的过饱和度。聚集速率与溶液的相对过饱和度成正比。相对过饱和度越大，则聚集速率越大。若要聚集速率小，必须使相对过饱和度小，就是要求沉淀的溶解度

(S)大,就可能获得晶形沉淀。反之,若沉淀的溶解度很小,则形成非晶形沉淀,甚至形成胶体。例如,在稀溶液中沉淀 $BaSO_4$,通常都能获得细晶形沉淀;若在浓(如 0.75~3mol/L)溶液中,则形成胶状沉淀。

定向速率主要决定于沉淀物质的本性。一般极性强的盐类,如 $MgNH_4PO_4 \cdot 6H_2O$、$BaSO_4$、CaC_2O_4 等,具有较大的定向速率,易形成晶形沉淀。而氢氧化物只有较小的定向速率,因此其沉淀一般为非晶形的。特别是高价金属离子的氢氧化物,如 $Fe(OH)_3$、$Al(OH)_3$ 等,结合的 OH^- 愈多,定向排列愈困难,定向速率愈小。而这类沉淀的溶解度极小,聚集速率很大,加入沉淀剂瞬间形成大量晶核,使水合离子来不及脱水,带着水分子进入晶核,晶核又进一步聚集起来,因而一般都形成质地疏松、体积庞大、含有大量水分的非晶形或胶状沉淀。二价金属离子(如 Mg^{2+}、Zn^{2+}、Cd^{2+} 等离子)的氢氧化物含 OH^- 较少,如果条件适当,可能形成晶形沉淀。金属离子的硫化物一般都比其氢氧化物溶解度小,因此硫化物聚集速率很大,定向速率很小,即使二价金属离子的硫化物,大多数也是非晶形或胶状沉淀。如上所述,从很浓的溶液中析出 $BaSO_4$ 时,可以得到非晶形沉淀;而从很稀的热溶液中析出 Ca^{2+}、Mg^{2+} 等二价金属离子的氢氧化物并经过放置后,也可能得到晶形沉淀。因此,沉淀的类型不仅决定于沉淀的本质,也决定于沉淀的条件,若适当改变沉淀条件,也可能改变沉淀的类型。

6.4 影响沉淀纯度的主要因素

在称量分析中,要求获得的沉淀是纯净的。但是,沉淀是从溶液中析出的,总会或多或少地夹杂溶液中的其他组分。因此,必须了解沉淀生成过程中混入杂质的各种情况,找出减少杂质混入的方法,以获得符合称量分析要求的沉淀。

6.4.1 共沉淀现象

当一种难溶物质从溶液中沉淀析出时,溶液中的某些可溶性杂质会被沉淀带下来而混杂于沉淀中,这种现象称为共沉淀。例如,用沉淀剂 $BaCl_2$ 沉淀 SO_4^{2-} 时,如试液中有 Fe^{3+},则由于共沉淀,在得到的 $BaSO_4$ 沉淀中常含有 $Fe_2(SO_4)_3$,因而沉淀经过过滤、洗涤、干燥、灼烧后不呈 $BaSO_4$ 的纯白色,而略带灼烧后的 Fe_2O_3 的棕色。因共沉淀而使沉淀沾污,这是称量分析中最重要的误差来源之一。产生共沉淀的原因是表面吸附、形成混晶、吸留和包藏等,其中主要的是表面吸附。

(1)表面吸附 由于沉淀表面离子电荷的作用力未完全平衡,因而在沉淀表面上产生了一种自由力场,特别是在棱边和顶角上自由力场更显著。沉淀吸附离子时,优先吸附与沉淀中相同的离子,或大小相近、电荷相等的离子,或能与沉淀中的离子生成溶解度较小物质的离子。例如加过量 $BaCl_2$ 到 H_2SO_4 溶液中,生成 $BaSO_4$ 沉淀后,溶液中有 Ba^{2+}、H^+、Cl^- 存在,沉淀表面上的 SO_4^{2-} 因电场引力将强烈地吸引溶液中的 Ba^{2+},形成第一吸附层,使晶体沉淀表面带正电荷。然后它又吸引溶液中带负电荷的离子,如 Cl^-,构成电中性的双电层,如图 6-1 所示。

如果在上述溶液中,除 Cl^- 外尚有 NO_3^-,则因 $Ba(NO_3)_2$ 的溶解度比 $BaCl_2$ 小,第二层优先吸附的将是 NO_3^-,而不是 Cl^-。此外,由于带电荷多的高价离子静电引力强,也易被吸附,因此对这些离子应设法除去或掩蔽。沉淀吸附杂质的量还与下列因素有关。

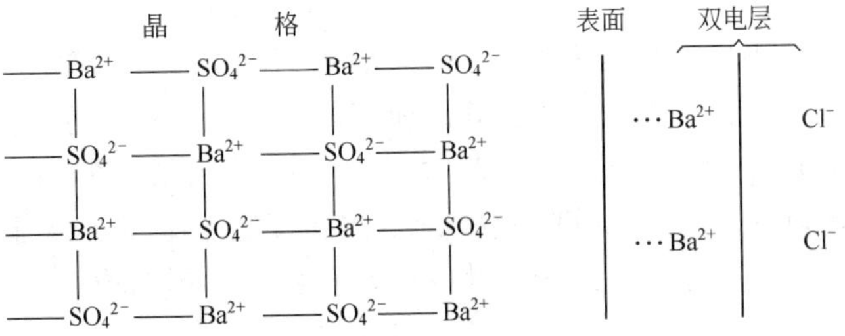

```
   晶      格              表面    双电层
—Ba²⁺——SO₄²⁻——Ba²⁺——SO₄²⁻—
  |      |      |      |     ···Ba²⁺    Cl⁻
—SO₄²⁻——Ba²⁺——SO₄²⁻——Ba²⁺—
  |      |      |      |
—Ba²⁺——SO₄²⁻——Ba²⁺——SO₄²⁻—   ···Ba²⁺    Cl⁻
  |      |      |      |
—SO₄²⁻——Ba²⁺——SO₄²⁻——Ba²⁺—
```

图 6-1 晶体表面吸附示意图

① 沉淀的总表面积 沉淀的总表面积越大，吸附杂质就越多。因此应创造条件使晶形沉淀的颗粒增大或使非晶形沉淀的结构适当紧密些，以减小总表面积，从而减小吸附杂质的量。

② 杂质离子的浓度 溶液中杂质离子的浓度越大，吸附现象越严重，但当浓度增大到一定程度时，增加的吸附量将减小，而在稀溶液中杂质的浓度增加，吸附量的增多就很明显。

③ 温度 吸附与解吸是可逆过程，吸附是放热过程，所以提高溶液温度，沉淀吸附杂质的量将会减少。

(2) 形成混晶 如果试液中的杂质与沉淀具有相同的晶格，或杂质离子与构晶离子具有相同的电荷和相近的离子半径，杂质将进入晶格排列中形成混晶，而玷污沉淀。例如 $MgNH_4PO_4$ 和 $MgNH_4AsO_4$、$BaSO_4$ 和 $PbSO_4$ 等。在有些混晶中，杂质离子或原子并不位于正常晶格的离子或原子位置上，而是位于晶格的空隙中，这种混晶称为异型混晶。例如 $MnSO_4 \cdot 5H_2O$ 与 $FeSO_4 \cdot 7H_2O$ 属于不同的晶系，但可形成异型混晶。只要有符合上述条件的杂质离子存在，它们就会在沉淀过程中取代形成沉淀的构晶离子而进入到沉淀内部，这时用洗涤或陈化的方法净化沉淀，效果不显著。为减免混晶的生成，最好事先将这类杂质分离除去。

(3) 吸留和包藏 吸留是被吸附的杂质机械地嵌入沉淀中；包藏常指母液机械地包藏在沉淀中。这些现象的发生，是由于沉淀剂加入太快，使沉淀急速生长，沉淀表面吸附的杂质来不及离开就被随后生成的沉淀所覆盖，使杂质或母液被吸留或包藏在沉淀内部。这类共沉淀不能用洗涤的方法将杂质除去，可以采用改变沉淀条件、陈化或重结晶的方法来减免。从带入杂质方面来看共沉淀现象对分析测定是不利的，但可利用这一现象富集分离溶液中的某些微量成分。

6.4.2 后沉淀现象

后沉淀是由于沉淀速率的差异，而在已形成的沉淀上形成第二种不溶物质，这种情况大多发生在特定组分形成的稳定的过饱和溶液中。例如，在 Mg^{2+} 存在下沉淀 CaC_2O_4 时，镁由于形成稳定的草酸盐过饱和溶液而不会立即析出。如果把草酸钙沉淀立即过滤，则沉淀表面上只吸附有少量镁；若把含有 Mg^{2+} 的母液与草酸钙沉淀一起放置一段时间，则草酸镁的后沉淀量将会增多，这可能是由于草酸钙吸附草酸根，而导致草酸镁沉淀。后沉淀所引入的杂质量比共沉淀要多，且随着沉淀放置时间的延长而增多。因此为防止后沉淀现象的发生，某些沉淀的陈化时间不宜过久。

6.4.3 减少沉淀玷污的方法

由于共沉淀及后沉淀现象，使沉淀玷污而不纯净。为了提高沉淀的纯度，减小玷污，可采用下列措施。

（1）采用适当的分析程序和沉淀方法　如果溶液中同时存在含量相差很大的两种离子，需要沉淀分离，为了防止含量少的离子因共沉淀而损失，应该先沉淀含量少的离子。例如分析烧结菱镁矿（含 MgO 90％以上、CaO 1％左右）时，应该先沉淀 Ca^{2+}。由于 Mg^{2+} 含量太大不能采用草酸铵沉淀 Ca^{2+}，否则 MgC_2O_4 共沉淀严重。但可在大量乙醇介质中用稀硫酸将 Ca^{2+} 沉淀成 $CaSO_4$ 而分离。此外，对一些离子采用均相沉淀法或选用适当的有机沉淀剂，也可以减免共沉淀。

（2）降低易被吸附离子的浓度　对于易被吸附的杂质离子，必要时应先分离除去或加以掩蔽。为了减小杂质浓度，一般都是在稀溶液中进行沉淀。但对一些高价离子或含量较多的杂质，就必须加以分离或掩蔽。例如将 SO_4^{2-} 沉淀成 $BaSO_4$ 时，溶液中若有较多的 Fe^{3+}、Al^{3+} 等离子，就必须加以分离或掩蔽。

（3）针对不同类型的沉淀，选用适当的沉淀条件　沉淀条件包括溶液浓度、温度、试剂的加入次序和速度、沉淀陈化与否等。

（4）在沉淀分离后，用适当的洗涤剂洗涤沉淀。

（5）必要时进行再沉淀（或第二次沉淀），即将沉淀过滤、洗涤、溶解后，再进行一次沉淀。再沉淀时由于杂质浓度大为降低，共沉淀现象也可以减免。

6.5　沉淀条件的选择

在称量分析中，为了获得准确的分析结果，要求沉淀完全、纯净，易于过滤、洗涤，并减少沉淀的溶解损失。为此，应根据沉淀类型，选择不同的沉淀条件，以获得符合称量分析要求的沉淀。

6.5.1　晶形沉淀的沉淀条件

聚集速率和定向速率这两个速率的相对大小，直接影响沉淀的类型，其中聚集速率主要由沉淀时的条件决定。为了得到纯净而易于分离和洗涤的晶形沉淀，要求有较小的聚集速率，这就应选择适当的沉淀条件。欲得到晶形沉淀，应满足下列条件。

（1）沉淀反应宜在适当稀的溶液中进行　这样可使沉淀过程中溶液的相对过饱和度较小，易于获得大颗粒的晶形沉淀。同时，共沉淀现象减少，有利于得到纯净沉淀。当然，溶液的浓度也不能太稀，如果溶液太稀，由于沉淀溶解而引起的损失可能超过允许的分析误差。因此，对于溶解度较大的沉淀，溶液不宜过分稀释。

（2）沉淀反应在不断搅拌下，慢慢地滴加沉淀剂　这样以免当沉淀剂加入到试液中时，由于来不及扩散，导致局部相对过饱和度太大，易获得颗粒较小、纯度差的沉淀。

（3）沉淀反应应在热溶液中进行　在热溶液中，沉淀的溶解度增大，溶液的相对过饱和度降低，易获得大的晶粒，同时又能减少杂质的吸附量，有利于得到纯净的沉淀；此外，升高溶液的温度，可以增加构晶离子的扩散速率，从而加快晶体的成长。为了防止在热溶液中所造成的溶解损失，对溶解度较大的沉淀，沉淀完毕必须冷却，再过滤、洗涤。

（4）陈化　陈化就是在沉淀定量完全后，将沉淀和母液一起放置一段时间，这个过程称为"陈化"。当溶液中大小晶体同时存在时，由于微小晶体比大晶体溶解度大，溶液对大晶体已经达到饱和，而对微小晶体尚未达到饱和，因而微小晶体逐渐溶解。溶解到一定程度后，溶液对小晶体为饱和时，对大晶体则为过饱和，于是溶液中的构晶离子就在大晶体上沉积。当溶液浓度降低到对大晶体是饱和溶液时，对小晶体已不饱和，小晶体又要继续溶解。这样继续下去，小晶体逐渐消失，大晶体不断长大，最后获得粗大的晶体。陈化作用还能使沉淀变得更纯净。这是因为大晶体的比表面较小，吸附杂质量小；同时，由于小晶体溶解，原来吸附、吸留或包藏的杂质，将重新溶入溶液中，因而提高了沉淀的纯度。但是，陈化作用对伴随有混晶共沉淀的沉淀反应来说，不一定能提高沉淀纯度；对伴随有后沉淀的沉淀反应，不仅不能提高纯度，反而会降低沉淀纯度。

6.5.2　无定形沉淀的沉淀条件

无定形沉淀的溶解度一般都很小，所以很难通过减小溶液的相对过饱和度来改变沉淀的物理性质。无定形沉淀的结构疏松，比表面积大，吸附杂质多，又容易胶溶，而且含水量大，不易过滤和洗涤。对于无定形沉淀，主要是设法破坏胶体，防止胶溶，加速沉淀微粒的凝聚，便于过滤和减少杂质吸附。因此无定形沉淀的沉淀条件如下。

① 沉淀反应在较浓的溶液中进行，加入沉淀剂的速度可适当快些。因为溶液浓度大，离子的水合程度较小，得到的沉淀比较紧密。但也要考虑到，此时吸附的杂质多，所以在沉淀完后，需立刻加入大量热水冲稀并搅拌，使被吸附的部分杂质转入溶液。

② 沉淀反应在热溶液中进行。这样可以防止生成胶体，并减少杂质的吸附作用，还可使生成的沉淀紧密些。

③ 溶液中加入适量的电解质，以防止胶体溶液的生成。但加入的物质应是可挥发性的盐类，如铵盐等。

④ 沉淀完毕后，应趁热过滤，不需陈化。否则，沉淀久置会失水而聚集得更紧密，使已吸附的杂质难以洗去。

无定形沉淀一般含杂质的量较多，当准确度要求较高时，应当进行再沉淀。

6.5.3　均匀沉淀法

为改进沉淀结构，已研究发展了另一种途径的沉淀方法——均相沉淀法：沉淀剂不是直接加入到溶液中，而是通过溶液中发生的化学反应，缓慢而均匀地在溶液中产生沉淀剂，从而使沉淀在整个溶液中均匀地、缓缓地析出。这样可获得颗粒较粗、结构紧密、纯净而易过滤的沉淀。

6.6　有机沉淀剂

应用于称量分析中的有机沉淀剂并不多，但由于它克服了无机沉淀剂的某些不足之处，因此在分析化学中得到了广泛的应用。

6.6.1　有机沉淀剂的特点

有机沉淀剂较无机沉淀剂具有下列优点：
（1）有机沉淀剂与金属离子形成沉淀的选择性高；
（2）沉淀具有恒定的组成；
（3）沉淀的摩尔质量大；

(4) 沉淀的溶解度小；

(5) 吸附无机杂质少。

但是，有机沉淀剂一般在水中溶解度较小，有些沉淀的组成不恒定，这些缺点还有待于今后继续研究改进。

6.6.2 有机沉淀剂的分类及应用

有机沉淀剂与金属离子通常形成螯合物沉淀或缔合物沉淀。因此，有机沉淀剂也可分为生成螯合物的沉淀剂和生成离子缔合物的沉淀剂两种类型。

(1) 生成螯合物的沉淀剂 能形成螯合物沉淀的有机沉淀剂，它们至少应具有下列两种官能团：一种是酸性官能团，如—COOH、—OH、=NOH、—SH 和—SO_3H 等，这些官能团中的 H^+ 可被金属离子置换；另一种是碱性官能团，如—NH_2、—NH—、=N—、\C=O 及 \C=S 等，这些官能团具有未被共用的电子对，可以与金属以配位键结合形成配合物。例如 8-羟基喹啉与 Al^{3+} 配合时，酸性官能团—OH 中的氢被 Al^{3+} 置换，同时 Al^{3+} 又与碱性官能团=N—以配位键相结合，形成五元环结构的微溶性螯合物。

生成的 8-羟基喹啉铝螯合物沉淀，其结构与 EDTA 金属螯合物相似，但它不带电荷，所以不易吸附其他离子，沉淀比较纯净，而且溶解度很小（$K_{sp}^{\ominus}=1.0\times10^{-29}$）。但是 8-羟基喹啉试剂的选择性较差，它可以与许多金属离子配合，如 Zn^{2+}、Mg^{2+}、Co^{2+}、Sr^{2+}、Ba^{2+}、Ca^{2+}、Cu^{2+}、Mn^{2+} 等离子。为了提高其选择性，目前已研究合成了一些选择性较好的 8-羟基喹啉衍生物，如 2-甲基-8-羟基喹啉在 pH=5.5 时沉淀 Zn^{2+}，在 pH=9 时沉淀 Mg^{2+}，Al^{3+} 不发生干扰。又如丁二酮肟试剂与 Ni^{2+} 可生成鲜红色沉淀，此反应不仅应用于 Ni^{2+} 的鉴定，而且由于该沉淀的组成恒定，经烘干以后即可直接称量，故常用于称量分析法测定 Ni^{2+}，可获得满意的结果。

(2) 生成缔合物的沉淀剂 阴离子和阳离子以较强的静电引力相结合而形成的化合物，叫做缔合物。某些有机沉淀剂在水溶液中能够电离出大体积的离子，这种离子能与被测离子结合成溶解度很小的缔合物沉淀。例如，四苯硼酸阴离子与 K^+ 的反应：

$$B(C_6H_5)_4^- + K^+ \rightleftharpoons KB(C_6H_5)_4 \downarrow$$

$KB(C_6H_5)_4$ 的溶解度很小，组成恒定，烘干后即可直接称量，所以 $NaB(C_6H_5)_4$ 是测定 K^+ 的较好沉淀剂。此外，还常用苦杏仁酸在盐酸溶液中沉淀锆，铜铁试剂沉淀 Cu^{2+}、Fe^{3+}、Ti^{4+}，α-亚硝基-β-萘酚沉淀 Co^{3+}、Pd^{2+} 等。

6.7 称量分析中的换算因数及计算

沉淀称量法的分析结果是根据试样和称量形式的质量计算得到的，计算通式为：

$$w(被测物) = \frac{m(称量形式)}{m(试样)} \times F$$

F 称为换算因数,其数值可由被测物含量表示形式和沉淀称量表示形式的相互关系中得到。例如,称量分析法测定铁,称量形式为 Fe_2O_3,含量表示式可以是 Fe、Fe_2O_3 或 Fe_3O_4 等。

当分析结果用 $w(Fe)$ 表示时
$$F = \frac{2M(Fe)}{M(Fe_2O_3)}$$

而用 $w(Fe_3O_4)$ 表示时
$$F = \frac{2M(Fe_3O_4)}{3M(Fe_2O_3)}$$

【例 6-1】 测定 1.0239g 某试样中 P_2O_5 含量:用 $MgCl_2$、NH_4Cl、$NH_3 \cdot H_2O$ 使磷沉淀为 $MgNH_4PO_4$,过滤、洗涤、灼烧成 $Mg_2P_2O_7$,称得质量为 0.2836g。计算试样中 P_2O_5 的质量分数。

解
$$w(P_2O_5) = \frac{m(Mg_2P_2O_7) \times \frac{M(P_2O_5)}{M(Mg_2P_2O_7)}}{m(试样)}$$

$$= \frac{0.2836 \times \frac{141.95}{222.55}}{1.0239} \times 100\%$$

$$= 17.67\%$$

【例 6-2】 写出下列换算因数:(1) 根据 $PbCrO_4$ 测定 Cr_2O_3;(2) 根据 $Mg_2P_2O_7$ 测定 $MgSO_4 \cdot 7H_2O$。

解 (1)
$$F = \frac{M(Cr_2O_3)}{2M(PbCrO_4)}$$

(2)
$$F = \frac{2M(MgSO_4 \cdot 7H_2O)}{M(Mg_2P_2O_7)}$$

6.8 沉淀滴定法及应用

沉淀滴定法是以沉淀反应为基础的滴定分析方法。虽然能形成沉淀的反应很多,但是能用于沉淀滴定的反应并不多。用于沉淀滴定法的沉淀反应必须符合下列几个条件:
(1) 生成沉淀的溶解度必须很小;
(2) 沉淀反应必须迅速且定量地进行;
(3) 有适当的指示终点的方法。

目前,应用较广的是能生成难溶性银盐的反应,例如:
$$Ag^+ + Cl^- =\!\!=\!\!= AgCl\downarrow$$
$$Ag^+ + SCN^- =\!\!=\!\!= AgSCN\downarrow$$

这种利用生成难溶性银盐反应来进行测定的方法,称为银量法。用银量法可以测定 Cl^-、Br^-、I^-、SCN^-、Ag^+ 等,还可以测定经过处理而能定量产生这些离子的有机物,如 666、DDT 等有机氯化物。

与其他滴定方法一样，银量法也能根据指示剂的颜色变化来确定化学计量点的到达。根据所采用的指示剂不同，银量法可分为莫尔法、福尔哈德法、法扬司法。下面分别加以介绍。

6.8.1 莫尔法

6.8.1.1 原理

莫尔法是以 K_2CrO_4 作指示剂，用 $AgNO_3$ 作标准溶液，在中性或微碱性溶液中，滴定 Cl^-、Br^- 的滴定分析方法。例如，用 $AgNO_3$ 为标准溶液测定 Cl^-，滴定反应和指示剂的反应分别为：

$$Ag^+ + Cl^- \rightleftharpoons AgCl \downarrow \qquad K_{sp} = 1.8 \times 10^{-10}$$

$$2Ag^+ + CrO_4^{2-} \rightleftharpoons Ag_2CrO_4 \downarrow (砖红色) \qquad K_{sp} = 2.0 \times 10^{-12}$$

在 $AgNO_3$ 的滴定过程中，溶解度小的 AgCl 先生成沉淀，当 AgCl 定量沉淀后，稍过量的 $AgNO_3$ 溶液与 CrO_4^{2-} 生成砖红色的 Ag_2CrO_4 沉淀，借此指示终点的到达。

在莫尔法中，指示剂的用量、溶液的酸度是两个重要的问题。

6.8.1.2 滴定条件

（1）指示剂用量　根据溶度积原理，在化学计量点时，溶液中 Ag^+ 的浓度为：

$$[Ag^+] = [Cl^-] = \sqrt{1.8 \times 10^{-10}} = 1.3 \times 10^{-5} (mol/L)$$

为了在化学计量点能产生砖红色的 Ag_2CrO_4，则溶液中 CrO_4^{2-} 的浓度应为：

$$[CrO_4^{2-}] = \frac{K_{sp,Ag_2Cr_2O_4}}{[Ag^+]^2} = \frac{2.0 \times 10^{-12}}{(1.3 \times 10^{-5})^2} = 1.2 \times 10^{-2} (mol/L)$$

由于 K_2CrO_4 本身呈黄色，浓度太高，会影响 Ag_2CrO_4 沉淀的颜色观察。实验证明，在滴定时，加入 K_2CrO_4 的浓度为 5.0×10^{-3} mol/L 效果较好。

（2）溶液的酸度　滴定应在 pH=6.5～10.5 范围内进行。在酸性溶液中，CrO_4^{2-} 的浓度因下列平衡的存在而降低：

$$2H^+ + 2CrO_4^{2-} \rightleftharpoons 2HCrO_4^- \rightleftharpoons Cr_2O_7^{2-} + H_2O$$

溶液在碱性过强时，易析出 Ag_2O 沉淀：

$$2Ag^+ + 2OH^- \rightleftharpoons Ag_2O \downarrow + H_2O$$

均会使终点误差增大。

当溶液中有铵盐存在时，滴定溶液的 pH 应控制为 6.5～7.2 之间，若溶液的 pH 过高，则会因形成银氨配位离子，使 AgCl、Ag_2CrO_4 的溶解度增大，影响滴定。

另外，反应产生的 AgCl 沉淀容易吸附 Cl^-，使溶液中的 Cl^- 浓度降低，以致终点提早到达而引起误差。因此，在滴定时应剧烈摇动，尤其在测定 Br^- 时更要注意这一点。又因为 AgI、AgSCN 沉淀强烈吸附 I^- 和 SCN^-，影响测定结果，因而莫尔法不能用于测定 I^- 和 SCN^-。

6.8.1.3 应用

$AgNO_3$ 标准溶液可以用优级纯试剂直接配制，或间接法配制 $AgNO_3$ 标准溶液后，用 NaCl 标准溶液标定。由于 $AgNO_3$ 溶液遇光易分解，故应保存于棕色瓶中。

凡是能与 Ag^+ 生成沉淀的阴离子如 PO_4^{3-}、S^{2-}、CO_3^{2-} 等均干扰滴定，能与 CrO_4^{2-} 生成沉淀的 Ba^{2+}、Pb^{2+} 等也干扰测定，应预先除去。

6.8.2 福尔哈德法

6.8.2.1 原理

在酸性溶液中，以铁铵矾 $NH_4Fe(SO_4)_2$ 作指示剂的银量法，称为福尔哈德法。福尔哈德法又可分为直接滴定法和返滴定法。

(1) **直接滴定法** 直接滴定法即用 NH_4SCN 标准溶液直接滴定 Ag^+，其反应为：

$$Ag^+ + SCN^- \Longleftrightarrow AgSCN\downarrow（白色） \quad K_{sp}=1.0\times10^{-12}$$

在化学计量点时，稍过量的 NH_4SCN 溶液与 Fe^{3+} 生成红色配合物，指示终点到达。指示剂反应为：

$$Fe^{3+} + SCN^- \Longleftrightarrow [FeSCN]^{2+}（红色） \quad K=138$$

(2) **返滴定法** 先加入已知过量的 $AgNO_3$ 标准溶液以沉淀待测的阴离子，再用 NH_4SCN 标准溶液返滴定剩余的 Ag^+，此法称为返滴定法。例如测定 Cl^-，其反应式为：

$$Ag^+ + Cl^- \Longleftrightarrow AgCl\downarrow（白色） \quad K_{sp}=1.8\times10^{-10}$$

$$Ag^+（过量）+ SCN^- \Longleftrightarrow AgSCN\downarrow（白色） \quad K_{sp}=1.0\times10^{-12}$$

$$Fe^{3+} + SCN^- \Longleftrightarrow [FeSCN]^{2+}（红色） \quad K=138$$

必须指出，由于 AgCl 的溶度积比 AgSCN 的溶度积大，在化学计量点时会发生下列转化反应：

$$AgCl + SCN^- \Longleftrightarrow AgSCN\downarrow + Cl^-$$

随着溶液的摇动，终点的红色逐渐消失，这样就无法得到正确的终点，引起很大的误差。为了避免转化反应的发生，可以在 AgCl 生成后，将溶液煮沸，使 AgCl 凝聚，并过滤除去 AgCl，用稀 HNO_3 洗涤 AgCl 沉淀，然后用 NH_4SCN 滴定过量的 Ag^+。另外，可以在 AgCl 生成后加 1,2-二氧乙烷，使 AgCl 表面覆盖一层有机溶剂，不与 SCN^- 接触，从而避免沉淀转化。

在测定 Br^-、I^- 时不会发生沉淀转化，因为 AgSCN 的溶度积比 AgI、AgBr 的溶度积大。

6.8.2.2 滴定条件

(1) **指示剂用量** 在化学计量点时，SCN^- 的浓度为：

$$[SCN^-]=[Ag^+]=\sqrt{K_{sp,AgSCN}}=\sqrt{1.0\times10^{-12}}=1.0\times10^{-6}(mol/L)$$

一般当 $[FeSCN]^{2+}$ 的浓度达到 $6.0\times10^{-6}mol/L$ 左右时，才能观察到明显的红色，这就要求 Fe^{3+} 的浓度为：

$$[Fe^{3+}]=\frac{[FeSCN^{2+}]}{138\times[SCN^-]}$$

$$[Fe^{3+}]=\frac{6.0\times10^{-6}}{138\times10^{-6}}=0.04(mol/L)$$

由于 Fe^{3+} 浓度较高而呈较深的黄色，影响终点观察。通常使 $[Fe^{3+}]=0.015mol/L$，此时终点会在化学计量点附近出现，终点误差可以忽略不计。

(2) **溶液的酸度** 由于 Fe^{3+} 易水解，生成 $[Fe(OH)]^{2+}$、$[Fe(OH)_2]^+$ 或 $Fe(OH)_3$ 棕色沉淀，影响终点的指示，因此滴定体系必须在 $0.1\sim1mol/L$ 的酸性溶液中进行。

(3) **滴定时的注意事项**

① 滴定产生的 AgSCN 易吸附 Ag^+，往往使终点过早到达，因此滴定时须充分摇动，

使被吸附的 Ag^+ 及时地释放出来。

② 在测定 I^- 时,指示剂须在加入过量 $AgNO_3$,使 I^- 全部生成 AgI 后才能加入。指示剂过早加入,Fe^{3+} 将会与 I^- 发生氧化还原反应:

$$Fe^{3+} + 2I^- = Fe^{2+} + I_2$$

影响分析结果的准确性。

③ 强氧化剂、氮的低价氧化物、汞盐等能与 SCN^- 起反应,干扰测定,必须预先除去。

6.8.2.3 应用

NH_4SCN 标准溶液间接法配制后,用 $AgNO_3$ 标准溶液标定。此法可以测定 Cl^-、Br^-、I^-、SCN^-、Ag^+ 和有机氯化物等。

6.8.3 法扬司法

6.8.3.1 原理

用吸附指示剂指示终点的银量法,称为法扬司法。

吸附指示剂是一种有色的有机物质,它被吸附在沉淀表面后,其结构发生改变,因而发生颜色的变化,从而指示终点的到达。例如,用 $AgNO_3$ 溶液滴定 Cl^-,以荧光黄作指示剂。荧光黄是一种有机弱酸,用 HFIn 表示,它在溶液中按下式离解:

$$HFIn \rightleftharpoons FIn^-(黄绿色) + H^+$$

在化学计量点前,溶液中含有未反应掉的 Cl^-,被 AgCl 沉淀表面吸附,使沉淀微粒带负电荷,FIn^- 不被吸附,溶液显黄绿色;在化学计量点以后,溶液存在微过量的 Ag^+,被 AgCl 沉淀表面吸附,使沉淀微粒带正电荷,FIn^- 即被吸附,并使分子结构发生变化而呈粉红色,指示终点到达。

$$AgCl \cdot Ag + FIn^-(黄绿色) = AgCl \cdot Ag^+ \cdot FIn^-(粉红色)$$

如果是用 NaCl 滴定 Ag^+,则颜色变化正好相反。

6.8.3.2 滴定条件

为了使终点颜色变化明显,应用吸附指示剂时要注意以下几点。

(1) 沉淀应有较大的表面积。由于颜色变化发生在沉淀表面,因此应尽量使沉淀的表面积大些,为此常加入一些保护胶体(如糊精),阻止卤化银凝聚,使其保持胶体状态。此法不宜测定稀溶液,否则沉淀少,终点不明显。

(2) 常用的吸附指示剂大多是有机弱酸。为使指示剂呈阴离子状态,必须控制适当的酸度。如荧光黄($pK_a=7$),只能在中性或弱碱性中使用;若 pH<7,则主要以 HFIn 形式存在,因不能被吸附,无法指示终点。又如曙红(四溴荧光黄,$pK_a=2$),当溶液的 pH 小至 2 时,它仍可以指示终点。

(3) 滴定时应避免强光照射,因为卤化银沉淀对光敏感,易分解析出金属银,使沉淀变为灰黑色,影响终点观察。

(4) 沉淀对指示剂的吸附能力要适当。胶体微粒对指示剂的吸附能力应略小于被测离子的吸附能力,否则指示剂将在化学计量点前变色;若对指示剂的吸附能力太小,则终点变色将不敏锐。常用的几种吸附指示剂和卤素离子的吸附能力的大小次序为:

$$I^- > 二甲基二碘荧光黄 > Br^- > 曙红 > Cl^- > 荧光黄$$

因此,测定 Cl^- 时选荧光黄为指示剂,而不能用曙红。

6.8.3.3 应用

法扬司法可以测定 Cl^-、Br^-、I^-、SCN^- 等离子。

习 题

1. 什么叫沉淀滴定法？沉淀滴定法所用的沉淀反应必须具备哪些条件？
2. 影响沉淀溶解度的因素有哪些？
3. 沉淀是怎样形成的？形成沉淀的形态主要与哪些因素有关？其内在因素是什么？
4. 晶形沉淀与无定形沉淀的沉淀条件有什么不同？为什么？
5. 要获得纯净而易于过滤和洗涤的沉淀须采取哪些措施？为什么？
6. 写出莫尔法、福尔哈德法和法扬司法测定 Cl^- 的主要反应，并指出各种方法选用的指示剂和酸度条件。
7. 在下列情况下，测定结果是偏高、偏低，还是无影响？并说明其原因。
   (1) 在 pH=4 的条件下，用莫尔法测定 Cl^-；
   (2) 用福尔哈德法测定 Cl^- 既没有将 AgCl 沉淀滤去或加热促其凝聚，又没有加有机溶剂；
   (3) 用法扬司法测定 Cl^-，曙红作指示剂；
   (4) 用法扬司法测定 I^-，曙红作指示剂。
8. 称取 NaCl 基准试剂 0.1173g，溶解后加入 30.00mL $AgNO_3$ 标准溶液，过量的 Ag^+ 需要 3.20mL NH_4SCN 标准溶液滴定至终点。已知 20.00mL $AgNO_3$ 标准溶液与 21.00mL NH_4SCN 标准溶液能完全作用。计算 $AgNO_3$ 和 NH_4SCN 标准溶液的浓度各为多少？
9. 称取 NaCl 试液 20.00mL，加入 K_2CrO_4 指示剂，用 0.1023mol/L $AgNO_3$ 标准溶液滴定，用去 27.00mL。求每升溶液中含 NaCl 若干克？
10. 称取纯 KIO_x 试样 0.5000g，将碘还原成碘化物后，用 0.1000mol/L $AgNO_3$ 标准溶液滴定，用去 23.36mL。计算分子式中的 x。
11. 含有 NaCl 和 NaBr 的样品 0.6000g，用称量分析法测定，得到二者的银盐沉淀为 0.4482g；另取相同质量的样品，用沉淀滴定法测定，消耗 0.1084mol/L $AgNO_3$ 标准溶液 24.48mL。计算试样中 NaCl 及 KCl 的质量分数。

第7章 常用的分离与富集方法

7.1 概述

在分析工作中碰到的样品往往含有多种组分,进行测定时彼此发生干扰,不仅影响分析结果的准确度,甚至无法进行测定。为了消除干扰,比较简单的方法是控制分析条件或采用适当的掩蔽剂。但是在许多情况下,仅仅控制分析条件或加入掩蔽剂,不能消除干扰,还必须把被测元素与干扰组分分离以后才能进行测定。所以定量分离是分析化学的重要内容之一。

在痕量分析中,试样中的被测元素含量很低,如饮用水中挥发酚含量不能超过 0.05mg/L、$Cr(Ⅵ)$ 的含量不能超过 0.65mg/L 等。这样低的含量直接用一般方法难以测定,因此,可以在分离的同时把被测组分富集起来,然后进行测定。所以分离的过程也同时起到富集的作用,提高测定方法的灵敏度。

一种分离方法的分离效果,是否符合定量分析的要求,可通过回收率的大小来判断,例如,当分离物质 r 时,回收率 R_r 为:

$$R_r = \frac{\text{分离后 r 的质量}}{\text{分离前 r 的质量}} \times 100\%$$

式中,R_r 表示被分离组分回收的完全程度。在分离过程中,R_r 越大(最大接近于 1),分离效果越好。常量组分的分析,要求 $R_r \geqslant 99.9\%$;组分含量为 1% 时,回收率要求 99%;微量组分的分析,要求 $R_r \geqslant 95\%$;如果被分离组分含量极低(例如 0.001%~0.0001%),则 $R_r \geqslant 90\%$ 就可以满足要求。

7.1.1 沉淀分离法

7.1.1.1 常量组分的沉淀分离

沉淀分离法是利用沉淀反应使被测离子与干扰离子分离的一种方法。它是在试液中加入适当的沉淀剂,并控制反应条件,使待测组分沉淀出来,或者将干扰组分沉淀除去,从而达到分离的目的。在定量分析中,沉淀分离法只适合于常量组分的分离而不适合于微量组分。

7.1.1.2 微量组分的共沉淀分离和富集

在称量分析中由于共沉淀现象的产生,造成沉淀不纯,影响分析结果的准确度。因此共沉淀现象是称量分析误差的主要来源之一。但在分离方法中,反而能利用共沉淀的产生将微量组分富集起来,变不利因素为有利因素。例如测定水中的痕量铅时,由于 Pb^{2+} 浓度太低,无法直接测定,加入沉淀剂 Pb^{2+} 也沉淀不出来。如果加入适量的 Ca^{2+} 之后,再加入沉淀剂 Na_2CO_3,生成 $CaCO_3$ 沉淀,则痕量的 Pb^{2+} 也同时共沉淀下来。这里所产生的 $CaCO_3$ 称为载体或共沉淀剂。共沉淀剂又分为无机共沉淀剂和有机共沉淀剂。

(1) 无机共沉淀剂　无机共沉淀剂的作用主要是利用无机共沉淀剂对痕量元素进行吸附

或与痕量元素形成混晶。为了增大吸附作用，应选择总表面积大的胶状沉淀作为载体。例如以 $Fe(OH)_3$ 作载体可以共沉淀微量的 Al^{3+}、Sn^{4+}、Bi^{3+}、Ga^{3+}、In^{3+}、Tl^{3+}、Be^{2+} 和 $U(VI)$、$W(VI)$、$V(V)$ 等离子；以 $Al(OH)_3$ 作载体可以共沉淀微量的 Fe^{3+}、TiO^{2+} 和 $U(VI)$ 等离子；还常以 $MnO(OH)_2$ 为载体富集 Sb^{3+}；以 CuS 为载体富集 Hg^{2+} 等。根据形成混晶作用选择载体时，要求痕量元素与载体的离子半径尽可能接近，形成的晶格应相同。例如以 $BaSO_4$ 作载体共沉淀 Ra^{2+}，以 $SrSO_4$ 作载体共沉淀 Pb^{2+} 和以 $MgNH_4PO_4$ 作载体共沉淀 AsO_4^{3-} 等，都是以此为依据的。

(2) 有机共沉淀剂　有机共沉淀剂具有较高的选择性，得到的沉淀较纯净。沉淀通过灼烧即可除去有机共沉淀剂而留下待测定的元素。由于有机共沉淀剂具有这些优越性，因而它的实际应用和发展，受到了人们的注意和重视。利用有机共沉淀剂进行分离和富集的作用，大致可分为以下三种类型。

① 利用胶体的凝聚作用　例如，H_2WO_4 在酸性溶液中常呈带负电荷的胶体，不易凝聚，当加入有机共沉淀剂辛可宁（一种含氨基的生物碱）时，它在溶液中形成带正电荷的大分子，能与带负电荷的钨酸胶体共同凝聚而析出，可以富集微量的钨。常用的这类有机共沉淀剂还有丹宁、动物胶，可以共沉淀钨、银、钼、硅等含氧酸。

② 利用形成离子缔合物　有机共沉淀剂可以和一种物质形成沉淀作为载体，能同另一种组成相似的由痕量元素和有机沉淀剂形成的化合物生成共溶体而一起沉淀下来。例如在含有痕量 Zn^{2+} 的弱酸性溶液中，加入 NH_4SCN 和甲基紫，甲基紫在溶液中电离为带正电荷的阳离子 MVH^+，其共沉淀反应为：

$$MVH^+ + SCN^- \Longrightarrow MVH^+ \cdot SCN^- \downarrow (形成载体)$$
$$Zn^{2+} + 4SCN^- \Longrightarrow [Zn(SCN)_4]^{2-}$$
$$2MVH^+ + [Zn(SCN)_4]^{2-} \Longrightarrow (MVH^+)_2 \cdot [Zn(SCN)_4]^{2-} (形成缔合物)$$

生成的 $(MVH^+)_2 \cdot [Zn(SCN)_4]^{2-}$ 便与 $MVH^+ \cdot SCN^-$ 共同沉淀下来。沉淀经过洗涤、灰化之后，即可将痕量的 Zn^{2+} 富集在沉淀之中，用酸溶解之后即可进行锌的测定。

③ 利用惰性共沉淀剂　加入一种载体直接与被共沉淀物质形成固溶体而沉淀下来。例如痕量的 Ni^{2+} 与丁二酮肟镍螯合物分散在溶液中，不生成沉淀，加入丁二酮肟二烷酯的乙醇溶液时，则析出丁二酮肟二烷酯，丁二酮肟镍便被共沉淀下来。这里载体与丁二酮肟及螯合物不发生反应，实质上是"固体萃取"作用，则丁二酮肟二烷酯称为"惰性共沉淀剂"。

7.1.2　挥发和萃取分离法

7.1.2.1　挥发分离法

利用物质挥发性的差异分离共存组分的方法称为挥发分离法。它是将组分从液体或固体样品中转变为气相的过程，包括蒸发、蒸馏、升华、灰化和驱气等。

(1) 无机待测物的分离　易挥发的无机待测物并不多，一般要经过一定的反应，使待测物转变为易挥发的物质，再进行分离。因此，利用这种方法的选择性较高，有些方法目前还是重要的分离方法。

例如测定水或食品等试样中的微量砷，在制成一定的试液后，先用还原剂（$Zn + H_2SO_4$ 或 $NaBH_4$）将试样中的砷还原成 AsH_3，经挥发和收集后再进行分析，干扰物有 H_2S、SbH_3。

又如水中 F^- 的测定，Al^{3+}、Fe^{3+} 将干扰测定，可在水中加入浓硫酸，加热到 180℃，使氟化物以 HF 的形式挥发出来，然后用水吸收，进行测定。

再如 NH_3 的测定，为了消除干扰，可加 NaOH，加热使 NH_3 挥发出来，然后用酸吸收测定。

一些硅酸盐的存在影响测定，可用 $HF-H_2SO_4$ 混合酸加热，使形成 SiF_4 挥发除去。

挥发过程可以通过加热，如 HF、NH_3、HCN；也可以用惰性气体作为载气带出，如 AsH_3（H_2 作为载气）。

适于气态分离的无机化合物（不包括金属螯合物和有机金属化合物）见表 7-1。

表 7-1　适于气态分离的无机化合物

挥发形式	无机元素
单质	H、N、卤素、Hg 等
氢化物	As、Sb、Bi、Te、Sn、Pb、Ge、F、Cl、S、N、O
氟化物	B、Mo、Nb、Si、Ta、Ti、V、W
氯化物	Al、As、Cd、Cr、Ca、Ge、Hg、Sb、Sn、Ta、Ti、V、W、Zn
溴化物	As、Bi、Hg、Sb、Se、Sr
碘化物	As、Sb、Te、Sn
氧化物	As、C、H、Re、Rn、S、Te、Se

（2）有机待测物的分离　在有机物的分析中，也常用挥发和蒸馏分离方法。如各种有机化合物的分离提纯，有机化合物中 C、H 的测定，有机化合物中 N 的测定——克氏（Kjeldahl）定氮法。

7.1.2.2　萃取分离法

在性质相似的混合物中加入某种试剂（称为萃取剂），利用萃取剂与混合物中各组分相互作用的不同，改变被萃取物的挥发性。如 α-蒎烯和 β-蒎烯的分离、二甲苯异构体的分离。

7.2　萃取分离法

萃取分离法包括液-液、固-液和气-液萃取分离等几种方法，但应用最广泛的为液-液萃取分离法（亦称溶剂萃取分离法）。该法常用一种与水不相溶的有机溶剂与试液一起混合振荡，然后搁置分层，这时便有一种或几种组分转入有机相中，而另一些组分则仍留在试液中，从而达到分离的目的。

溶剂萃取分离法既可用于常量元素的分离，又适用于痕量元素的分离与富集，而且方法简单、快速。如果萃取的组分是有色化合物，便可直接进行比色测定，称为萃取比色法，这种方法具有较高的灵敏度和选择性。

7.2.1　萃取分离法的基本原理

（1）萃取过程的本质　根据相似相溶规则，将物质由亲水性转化为疏水性。

极性化合物易溶于极性的溶剂中，而非极性化合物易溶于非极性的溶剂中，这一规律称为"相似相溶规则"。例如 I_2 是一种非极性化合物，CCl_4 是非极性溶剂，水是极性溶剂，所以 I_2 易溶于 CCl_4 而难溶于水。当用等体积的 CCl_4 从 I_2 的水溶液中提取 I_2 时，萃取率可达 98.8%。又如用水可以从丙醇和溴丙烷的混合液中萃取极性的丙醇。常用的非极性溶剂有酮类、醚类、苯、CCl_4 和 $CHCl_3$ 等。

无机化合物在水溶液中受水分子极性的作用，电离成为带电荷的亲水性离子，并进一步结合成为水合离子而易溶于水。如果要从水溶液中萃取水合离子，显然是比较困难的。为了从水溶液中萃取某种金属离子，就必须设法脱去水合离子周围的水分子，并中和所带的电荷，使之变成极性很弱的可溶于有机溶剂的化合物，就是说将亲水性的离子变成疏水性的化合物。为此，常加入某种试剂使之与被萃取的金属离子作用，生成一种不带电荷的易溶于有机溶剂的分子，然后用有机溶剂萃取。例如 Ni^{2+} 在水溶液中是亲水性的，以水合离子 $[Ni(H_2O)_6]^{2+}$ 的状态存在。如果在氨性溶液中，加入丁二酮肟试剂，生成疏水性的丁二酮肟镍螯合物分子，它不带电荷并由疏水基团取代了水合离子中的水分子，成为亲有机溶剂的疏水性化合物，即可用 $CHCl_3$ 萃取。

(2) 分配系数　设物质 A 在萃取过程中分配在不互溶的水相和有机相中：

$$A_水 \rightleftharpoons A_有$$

在一定温度下，当分配达到平衡时，物质 A 在两种溶剂中的活度（或浓度）比保持恒定，即分配定律，可用下式表示：

$$K_D = \frac{[A]_有}{[A]_水}$$

式中，K_D 称为分配系数。分配系数大的物质，绝大部分进入有机相，分配系数小的物质，仍留在水相中，因而将物质彼此分离。分配定律是溶剂萃取的基本原理。

(3) 分配比　分配系数 K_D 仅适用于溶质在萃取过程中没有发生任何化学反应的情况。例如 I_2 在 CCl_4 和水中均以 I_2 的形式存在。而在许多情况下，溶质在水和有机相中以多种形态存在。例如用 CCl_4 萃取 OsO_4 时，在水相中存在 OsO_4、OsO_5^{2-} 和 $HOsO_5^-$ 三种形式，在有机相中存在 OsO_4 和 $(OsO_4)_4$ 两种形式，此种情况如果用分配系数 $K_D = [OsO_4]_有/[OsO_4]_水$ 便不能表示萃取的多少。此时应用溶质在两相中的总浓度之比来表示分配情况。

$$D = \frac{c_{A(有)}}{c_{A(水)}}$$

D 称为分配比。D 的大小与溶质的本性、萃取体系和萃取条件有关。

(4) 萃取率　对于某种物质的萃取效率大小，常用萃取率（E）来表示。即

$$E = \frac{A 在有机相中的总量}{A 在两相中的总量} \times 100\%$$

设某物质在有机相中的总浓度为 $c_有$，在水相中的总浓度为 $c_水$，两相的体积分别为 $V_有$ 和 $V_水$，则萃取率等于：

$$E = \frac{c_有 V_有}{c_有 V_有 + c_水 V_水} \times 100\% = \frac{D}{D + V_水/V_有} \times 100\%$$

可以看出，分配比越大则萃取率越大，萃取效率越高，并可以通过分配比计算萃取率。

(5) 分离系数　在萃取工作中，不仅要了解对某种物质的萃取程度如何，更重要的是必须掌握当溶液中同时含有两种以上组分时，通过萃取之后它们之间的分离情况如何。例如 A、B 两种物质的分离程度可用两者的分配比 D_A、D_B 的比值来表示。

$$\beta_{A/B} = \frac{D_A}{D_B}$$

式中，β 称为分离系数。D_A 与 D_B 之间相差越大，则两种物质之间的分离效果越好，如果 D_A 和 D_B 很接近，则 β 接近于 1，两种物质便难以分离。因此为了扩大分配比之间的

差值，必须了解各种物质在两相中的溶解机理，以便采取措施，改变条件，使欲分离的物质溶于一相，而使其他物质溶于另一相，以达到分离的目的。

7.2.2 重要的萃取体系

7.2.2.1 金属螯合物萃取体系

金属离子与螯合剂（亦称萃取配位剂）的阴离子结合而形成中性螯合物分子。这类金属螯合物难溶于水，而易溶于有机溶剂，因而能被有机溶剂所萃取，如丁二酮肟镍即属于这种类型。Fe^{3+} 与铜铁试剂所形成的螯合物也属于此种类型。

常用的螯合剂还有 8-羟基喹啉、双硫腙（二苯硫腙、二苯基硫卡巴腙）、乙酰丙酮和噻吩甲酰三氟丙酮（TTA）等。

(1) 金属螯合物的萃取平衡　以双硫腙萃取水溶液中的金属离子 M^{2+} 为例来说明。双硫腙与 M^{2+} 的反应为：

$$M^{2+} + 2H_2Dz \rightleftharpoons M(HDz)_2 + 2H^+$$

双硫腙为二元弱酸，可以用 H_2Dz 表示。它难溶于水，而溶于 CCl_4（0.0021mol/L）和 $CHCl_3$（约 0.08mol/L）。若 K 为反应平衡常数，其大小与螯合剂的电离度、螯合剂的分配比、螯合物的稳定常数和螯合物的分配比有关。当萃取溶剂和螯合剂一定时，则萃取效率的高低，可以通过 M^{2+} 的分配比来判断。

(2) 萃取条件的选择

① 螯合剂的选择　所选择的螯合剂与被萃取的金属离子生成的螯合物越稳定，则萃取效率越高。此外螯合剂必须具有一定的亲水基团，易溶于水，才能与金属离子生成螯合物；但亲水基团过多，生成的螯合物反而不易被萃取到有机相中。因此要求螯合剂的亲水基团要少，疏水基团要多。亲水基团有 —OH、—NH$_2$、—COOH、—SO$_3$H，疏水基团有脂肪基（—CH$_3$、—C$_2$H$_5$ 等）、芳香基（苯和萘基）等。EDTA 虽然能与许多种金属离子生成螯合物，但这些螯合物多带有电荷，不易被有机溶剂所萃取，故不能用作萃取螯合剂。

② 溶液酸度的控制　溶液的酸度越小，则被萃取的物质分配比越大，越有利于萃取。但酸度过低则可能引起金属离子的水解或其他干扰反应发生。因此应根据不同的金属离子控制适宜的酸度。

例如，用双硫腙作螯合剂，用 CCl_4 从不同酸度的溶液中萃取 Zn^{2+} 时，萃取 Zn^{2+} 的 pH 必须大于 6.5，才能完全萃取，但是当 pH 大于 10 以上时，萃取效率反而降低，这是因为生成难配合的 $[ZnO_2]^{2-}$ 所致，所以萃取 Zn^{2+} 最适宜的 pH 范围为 6.5～10。

③ 萃取溶剂的选择　被萃取的螯合物在萃取溶剂中的溶解度越大，则萃取效率越高。萃取溶剂与水的密度差别要大，黏度要小，这样便于分层，有利于操作的进行。挥发性、毒性要小，而且不易燃烧。

④ 干扰离子的消除　可以通过控制酸度进行选择性萃取，将待测组分与干扰组分分离。当通过控制酸度尚不能消除干扰时，还可以加入掩蔽剂，使干扰离子生成亲水性化合物而不被萃取。例如测量铅合金中的银时，用双硫腙-CCl_4 萃取，为了避免大量 Pb^{2+} 和其他元素离子的干扰，可以采取控制 pH 与加入 EDTA 等掩蔽剂的办法，把 Pb^{2+} 及其他少量干扰元素掩蔽起来。常用的掩蔽剂有氰化物、EDTA、酒石酸盐、柠檬酸盐和草酸盐等。

7.2.2.2 离子缔合物萃取体系

由金属配离子与异电性离子借静电引力的作用结合成不带电荷的化合物，称为离子缔合物，此缔合物具有疏水性而能被有机溶剂萃取。通常离子的体积越大，电荷越低，越容易形成疏水性的离子缔合物。

采用的萃取剂不同，与金属离子形成的缔合物不同，常遇到的有以下几类。

（1）金属阳离子的离子缔合物　金属阳离子与大体积的配位剂作用，形成没有或很少配位水分子的配阳离子，然后与适当的阴离子缔合，形成疏水性的离子缔合物。

（2）金属配阴离子的离子缔合物　金属离子与溶液中的简单配位阴离子形成配阴离子，然后与大体积的有机阳离子形成疏水性的离子缔合物。

（3）形成𨦡盐的缔合物　含氧的有机萃取剂如醚类、醇类、酮类和酸类等，它们的氧原子具有孤对电子，因而能够与 H^+ 或其他阳离子结合而形成𨦡离子。它可以与金属配离子结合形成易溶于有机溶剂的𨦡盐而被萃取。例如在盐酸介质中，用乙醚萃取 Fe^{3+}，这里乙醚既是萃取剂又是有机溶剂。实验证明，含氧有机溶剂形成𨦡盐的能力按下列次序增强：

$$R_2O < ROH < RCOOH < RCOOR < RCOR$$

（4）其他离子缔合物　如含砷的有机萃取剂萃取铼，是基于铼酸根与氯化四苯𨦡反应，生成可被苯或甲苯萃取的离子缔合物。

近年来含磷的有机萃取剂发展很快，如磷酸三丁酯萃取铀的化合物等。含磷的有机萃取剂具有不易挥发、选择性高、化学性质稳定等优点。

7.2.2.3　无机共价化合物萃取体系

某些无机共价化合物如 I_2、Cl_2、Br_2、$GeCl_4$ 和 OsO_4 等，可以直接用 CCl_4、苯等惰性溶剂萃取。

7.2.3　萃取操作方法

在分析中应用较广泛的萃取方法为间歇法（亦称单效萃取法）。这种方法是取一定体积的被萃取溶液，加入适当的萃取剂，调节至应控制的酸度。然后移入分液漏斗中，加入一定体积的溶剂，充分振荡至达到平衡为止。静置待两相分层后，轻轻转动分液漏斗的活塞，使水溶液层或有机溶剂层流入另一容器中，两相彼此分离。如果被萃取物质的分配比足够大，则一次萃取即可达到定量分离的要求。如果被萃取物质的分配比不够大，经第一次分离之后，再加入新鲜溶剂，重复操作，进行两次或三次萃取。但萃取次数太多，不仅操作费时，而且容易带入杂质或损失萃取的组分。

7.3　离子交换分离法

利用离子交换剂与溶液中的离子发生交换作用而使离子分离的方法，称为离子交换分离法。20世纪初期，工业上就开始用天然的无机离子交换剂泡沸石来软化硬水。但这类无机离子交换剂的交换能力低，化学稳定性和机械强度差，应用受到很大限制。

近年来合成了有机离子交换剂——离子交换树脂，基本上克服了无机离子交换剂的缺点，因此离子交换分离法在生产和科研各方面得到了广泛的应用。

7.3.1　离子交换树脂的种类与性质

7.3.1.1　结构

离子交换树脂是具有网状结构的复杂的有机高分子聚合物。网状结构的骨架部分一段很稳定，不溶于酸、碱和一般溶剂。在网状结构的骨架上有许多可被交换的活性基团。根据活性基团的不同，离子交换树脂可分为阳离子交换树脂和阴离子交换树脂两大类。

（1）阳离子交换树脂　阳离子交换树脂具有酸性基团，如应用最广泛的强酸性磺酸型聚苯乙烯树脂，它是以苯乙烯和二乙烯苯聚合，经浓硫酸磺化而制得的聚合物。这种树脂的化学性质很稳定，具有耐强酸、强碱、氧化剂和还原剂的性质，因此应用非常广泛。

各种阳离子交换树脂含有不同的活性基团，常见的有磺酸基（—SO_3H）、羧基（—COOH）和羟基（—OH）等。根据活性基团离解出 H^+ 能力的大小不同，阳离子交换树脂分为强酸性和弱酸性两种。例如含—SO_3H 的为强酸性阳离子交换树脂，常用 R—SO_3H 表示（R 表示树脂的骨架），含—COOH 和—OH 的为弱酸性阳离子交换树脂，分别用 R—COOH 和 R—OH 表示。

强酸性阳离子交换树脂应用较广泛。弱酸性阳离子交换树脂的 H^+ 不易电离，所以在酸性溶液中不能应用，但它的选择性较高而且易于洗脱。

（2）阴离子交换树脂　阴离子交换树脂与阳离子交换树脂具有同样的有机骨架，只是所联的活性基团为碱性基团。如含季铵—$N^+(CH_3)_3$ 的树脂的 H^+ 不易电离，称为强碱性阴离子交换树脂；含伯氨基（—NH_2）、仲氨基（—$NHCH_3$）和叔氨基[—$N(CH_3)_2$]的树脂称为弱碱性阴离子交换树脂。这些树脂水化后分别形成 R—NH_3OH、R—NH_2CH_3OH、R—$NH(CH_3)_2OH$ 和 R—$N(CH_3)_3OH$ 等氢氧型阴离子交换树脂，所联的 OH^- 可被阴离子交换和洗脱。

阴离子交换树脂的化学稳定性及耐热性都不如阳离子交换树脂。

7.3.1.2　性质

（1）交联度　离子交换树脂的骨架是由各种有机原料聚合而成的网状结构。例如强酸性阳离子交换树脂的合成过程，是先由苯乙烯聚合而成长的链状分子，再由二乙烯苯把各链状分子联成立体型的网状体。这里二乙烯苯称为交联剂，树脂中所占交联剂的百分率称为重量交联度。如二乙烯苯在原料总量中占 10%，则称该树脂的交联度为 10%。

树脂的交联度越大，则网眼越小，交换时体积大的离子进入树脂便受到限制，但提高了交换的选择性；另外，交联度大时，形成的树脂结构紧密，机械强度高。但是如果交联度过大，则对水的膨胀性能差（一般要求 1g 干树脂在水中能膨胀至 $1.5\sim2cm^3$ 为宜），交换反应的速率慢，因此要求树脂的交联度一般为 4%～14%。

（2）交换容量　离子交换树脂交换能力的大小，可用交换容量表示。理论上的交换容量是指每克干树脂所含活性基团的物质的量，而实际交换容量是指在实验条件下，每克干树脂能交换离子的物质的量。显然交换容量的大小取决于网状结构内所含活性基团的数目，交换容量可通过实验测得。例如强酸性阳离子交换树脂交换容量的测定步骤如下。

称取干树脂 1g，置于 250mL 锥形瓶中，准确加入 0.1mol/L NaOH 标准溶液 100mL，振荡后放置过夜，用移液管吸取上层清液 25mL，加酚酞指示剂 1 滴，用 0.1mol/L HCl 标准溶液滴定至红色消失，设用去 HCl 标准溶液 14mL，树脂的交换容量可以计算为 5.6mmol/g。

7.3.2　离子交换树脂的亲和力

离子交换反应和其他化学反应一样，完全服从质量作用定律。

树脂对离子亲和力的大小，与离子的水合离子半径大小和带电荷的多少有关。经实验证明，在低浓度、常温下，离子交换树脂对不同离子的亲和力顺序有下列规律。

（1）强酸性阳离子交换树脂

① 不同价态的离子，电荷越高，亲和力越大。
$$Th^{4+} > Al^{3+} > Ca^{2+} > Na^+$$

② 相同价态离子的亲和力顺序为：
$$Ag^+ > Cs^+ > Rb^+ > K^+ > NH_4^+ > Na^+ > H^+ > Li^+$$
$$Ba^{2+} > Pb^{2+} > Sr^{2+} > Ca^{2+} > Ni^{2+}$$
$$Cd^{2+} > Cu^{2+} > Co^{2+} > Zn^{2+} > Mg^{2+} > UO_2^{2+}$$
$$La^{3+} > Ce^{3+} > Pr^{3+} > Eu^{3+} > Y^{3+} > Se^{3+} > Al^{3+}$$

（2）弱酸性阳离子交换树脂　与强酸性阳离子交换树脂相同，只是对于 H^+ 的亲和力大于其他阳离子。

（3）强碱性阴离子交换树脂
$$Cr_2O_7^{2-} > SO_4^{2-} > I^- > NO_3^- > CrO_4^{2-} > Br^- > CN^- > Cl^- > OH^- > F^- > Ac^-$$

（4）弱碱性阴离子交换树脂
$$OH^- > SO_4^{2-} > CrO_4^{2-} > NO_3^- > AsO_4^{3-} > PO_4^{3-} > Ac^- > I^- > Br^- > Cl^- > F^-$$

7.3.3　离子交换分离技术

在分析工作中，为了分离或富集某种离子，一般采用动态交换。这种交换方法在交换柱中进行，其操作过程如下。

（1）树脂的选择和处理　在化学分析中应用最多的为强酸性阳离子交换树脂和强碱性阴离子交换树脂。生产上出厂的交换树脂颗粒大小往往不够均匀，故使用时应当先过筛以除去太大和太小的颗粒，也可以用水泡胀后用筛在水中选取大小一定的颗粒备用。

一般商品树脂含有一定量的杂质，所以在使用前必须进行净化处理。对强碱性和强酸性阴阳离子交换树脂，通常用 4mol/L HCl 溶液浸泡 1~2d，以溶解各种杂质，然后用蒸馏水洗涤至中性。这样就得到在活性基团上含有可被交换的 H^+ 或 Cl^- 的氢型阳离子交换树脂或氯型阴离子交换树脂。如果需要钠型阳离子交换树脂，则用 NaCl 处理氢型阳离子交换树脂。

（2）装柱　进行离子交换通常在离子交换柱中进行。离子交换柱一般用玻璃制成，装置交换柱时，先在交换柱的下端铺上一层玻璃丝，灌入少量水，然后倾入带水的树脂，树脂就下沉而形成交换层。装柱时应防止树脂层中存留气泡，以免交换时试液与树脂无法充分接触。树脂高度一般约为柱高的 90%。为防止加试液时树脂被冲起，在柱的上端亦应铺一层玻璃纤维。交换柱装好后，再用蒸馏水洗涤，关上活塞，以备使用。应当注意不能使树脂露出水面，因为树脂露于空气中，当加入溶液时，树脂间隙中会产生气泡，而使交换不完全。

交换柱也可以用滴定管代替。

（3）交换　将试液加到交换柱上，用活塞控制一定的流速进行交换。经过一段时间之后，上层树脂全部被交换，下层未被交换，中间则部分被交换，这一段称为"交界层"。随着交换的进行，交界层逐渐下移，至流出液中开始出现交换离子时，称为始漏点（亦称泄漏点或突破点），此时交换柱上被交换离子的物质的量称为始漏量。在到达始漏点时，交界层的下端刚到达交换柱的底部，而交换层中尚有未被交换的树脂存在，所以始漏量总是小于总交换量。

(4) 洗脱 当交换完毕之后,一般用蒸馏水洗去残存溶液,然后用适当的洗脱液进行洗脱。在洗脱过程中,上层被交换的离子先被洗脱下来,经过下层未被交换的树脂时,又可以再度被交换。因此最初洗脱液中被交换离子的浓度等于零,随着洗脱的进行,洗出液离子浓度逐渐增大,达到最大值之后又逐渐减小,至完全洗脱之后,被洗出的离子浓度又等于零。

对于阳离子交换树脂,常采用 HCl 溶液作为洗脱液,经过洗脱之后树脂转为氢型;阴离子交换树脂常采用 NaCl 或 NaOH 溶液作为洗脱液,经过洗脱之后,树脂转为氯型或氢氧型。因此洗脱之后的树脂已得到再生,用蒸馏水洗涤干净即可再次使用。

7.3.4 离子交换分离法的应用

(1) 纯水的制备 天然水中常含一些无机盐类,为了除去这些无机盐类以便将水净化,可将水通过氢型强酸性阳离子交换树脂,除去各种阳离子。如以 $CaCl_2$ 代表水中的杂质,则离子交换反应为:

$$2R-SO_3H + Ca^{2+} \rightleftharpoons (R-SO_3)_2Ca + 2H^+$$

再通过氢氧型强碱性阴离子交换树脂,除去各种阴离子。

$$RN(CH_3)_3OH + Cl^- \rightleftharpoons RN(CH_3)_3Cl + OH^-$$

交换下来的 H^+ 和 OH^- 结合成 H_2O,这样就可以得到相当纯净的所谓"去离子水",可以代替蒸馏水使用。

(2) 干扰离子的分离

① 阴阳离子的分离 在分析测定过程中,其他离子的存在常有干扰。对不同电荷的离子,用离子交换分离的方法排除干扰最为方便。例如用 $BaSO_4$ 称量沉淀法测定黄铁矿中硫的含量时,由于大量 Fe^{3+}、Ca^{2+} 的存在,造成 $BaSO_4$ 沉淀的不纯,因此可先将试液通过氢型强酸性阳离子交换树脂除去干扰离子,然后再将流出液中的 SO_4^{2-} 沉淀为 $BaSO_4$ 进行硫的测定,这样便可以大大提高测定的准确度。

② 同性电荷离子的分离 如果要使几种阳离子或几种阴离子分离开,可以根据各种离子对树脂的亲和力不同,将它们彼此分离。例如欲分离 Li^+、Na^+、K^+ 三种离子,将试液通过阳离子树脂交换柱,则三种离子均被交换在树脂上,然后用稀 HCl 洗脱,交换能力最小的 Li^+ 先流出柱外,其次是 Na^+,而交换能力最大的 K^+ 最后流出来。

(3) 微量组分的富集 以测定矿石中的铂、钯为例来说明。由于铂、钯在矿石中的含量一般为 $10^{-5}\% \sim 10^{-6}\%$,即使称取 10g 试样进行分析,也只含铂、钯 $0.1\mu g$ 左右。因此,必须经过富集之后才能进行测定。富集的方法是:称取 10~20g 试样,在 700℃ 灼烧之后用王水溶解,加浓 HCl 蒸发,铂、钯形成 $[PtCl_6]^{2-}$ 和 $[PdCl_4]^{2-}$ 配阴离子。稀释之后,通过强碱性阴离子交换,即可将铂富集在交换柱上。用稀 HCl 将树脂洗净,取出树脂移入瓷坩埚中,在 700℃ 灰化,用王水溶解残渣,加盐酸蒸发。然后在 8mol/L HCl 介质中,钯(Ⅱ) 与双十二烷基二硫代乙二酰胺(DDO)生成黄色配合物,用石油醚-三氯甲烷混合溶剂萃取,用比色法测定钯。铂(Ⅵ)用二氯化锡还原为铂(Ⅱ),与双十二烷基二硫代乙二酰胺(DDO)生成樱红色螯合物可进行比色法测定。

7.4 液相色谱分离法

液相色谱分离法是由一种流动相带着试样经过固定相物质在两相之间进行反复的分配,

由于物质在两相之间的分配系数不同,移动速度也不一样,从而达到互相分离的目的。

液相色谱分离法有多种类型,按其操作的形式不同,可分为柱色谱分离法、纸色谱分离法和薄层色谱分离法等。

7.4.1 柱色谱分离法

色谱柱通常为玻璃柱或塑料柱,其中填充硅胶或氧化铝等吸附剂作为固定相。

将试液加到色谱柱上后,待分离组分将被吸附在柱的上端,再用一种洗脱剂从柱上方进行洗脱。洗脱剂又称展开剂,通常为有机溶剂,在柱色谱中作流动相。

在色谱分离中,溶质组分既能进入固定相又能进入流动相。如果流动相的流速足够慢,组分将在两相中达到分配平衡,其分配系数用 K_D 表示。

$$K_D = \frac{c_s}{c_m}$$

式中,c_s、c_m 分别表示组分在固定相和流动相中的浓度。在一定条件下,K_D 是常数。

吸附色谱对吸附剂的基本要求是:①具有较大的表面积和足够的吸附能力。②在所用的溶剂和洗脱剂中不溶解;不与试样各组分、溶剂和洗脱剂发生化学反应。③颗粒较均匀,有一定的细度,在使用过程中不易破碎。④具有较为可逆的吸附性,既能吸附试样组分,又易于解吸。

目前最常用的吸附剂是硅胶和氧化铝,其次是聚酰胺、硅酸镁等。

吸附色谱对洗脱剂的基本要求是:①对试样组分的溶解度要足够大。②不与试样组分和吸附剂发生化学反应。③黏度小,易流动。④有足够的纯度。

7.4.2 纸色谱分离法

纸色谱分离法(简称纸色谱法)是以色谱用滤纸为载体的液相色谱法。滤纸中的纤维素通常吸收 20%~25% 的水分,其中约 6% 的水分子通过氢键与纤维素上的羟基结合,在分离过程中不随有机溶剂流动,形成纸色谱中的固定相;而有机溶剂为流动相,又称展开剂。

对滤纸的一般要求是:①质地和厚薄必须均匀,边缘整齐,平整无折痕,无污渍。②纸纤维疏松度适当。过于疏松易使斑点扩散,过于紧密则流速较慢。③有一定的强度,不易断裂。④纯度高,不含填充剂,灰分在 0.01% 以下。否则金属离子杂质会与某些组分结合,影响分离效果。

7.4.3 薄层色谱分离法

薄层色谱分离法是将柱色谱分离法与纸色谱分离法结合而发展起来的一种分离方法。它将柱色谱分离法效果好、适用范围广的优点与纸色谱分离法设备简单、灵敏快速、显色方便等优点相结合,具有独特的优越性。

薄层色谱的固定相与柱色谱类似,是在玻璃板或塑料板上涂布的吸收剂,如硅胶、氧化铝等,只是其粒度更细。而其分离操作则非常类似于纸色谱。干燥后的薄层板经活化后,在其下端用毛细管点上试样,然后在密闭的展开槽中用有机溶剂作为流动相自下而上进行展开。在此过程中,试样中各组分在两相间不断进行吸附和解吸,视吸收剂对不同组分吸附力的差异而逐渐得到分离。经显色后,就会在薄层上显示出分开的色斑。

7.5 膜分离法

膜分离法是以膜作为分离介质，可选择性透过分子尺寸不同或粒径不同的组分，以实现不同组分的分离。

被分离的组分依据的推动力为浓度差、压力差或电位差，以达到分离的目的。

普通过滤就是使用滤纸的膜分离，它可分离直径 $10 \sim 1000 \mu m$ 的粒子；使用醋酸纤维素、聚四氟乙烯微孔膜或多孔陶瓷片，膜厚 $50 \sim 250 \mu m$，可分离 $0.1 \sim 10 \mu m$ 的粒子，称作微孔过滤（微滤）；要是使用由聚砜、聚丙烯腈、醋酸纤维素制成的由表面活性层（膜厚 $0.1 \sim 1.5 \mu m$）和支持层（膜厚 $200 \sim 250 \mu m$）构成的超滤膜，它可以分离 $0.01 \sim 0.1 \mu m$ 的粒子，称为超滤；要是使用具有极小孔径的纳米膜来分离 $0.001 \sim 0.01 \mu m$（$1 \sim 10 nm$）、相对分子质量为 $200 \sim 1000$ 的组分，称为纳滤；要是用天然的半透膜，如动物的膀胱，就可将相对分子质量很小的水分子与水中相对分子质量高的溶质分离开，这就称作反渗透。所有上述的各种膜分离都是以压力差为驱动力的。

当使用离子交换膜，在电场电位差作用下去除离子时，就称作电渗析。

在现代生化分析中，还使用微渗析技术用于生物活体取样，它可在不破坏生物体内环境的前提下，从生物活体中取出液体样品。取样时微渗析探针植入所需取样部位，用与细胞间液非常相近的生理溶液以慢速（$0.5 \sim 5 \mu L/min$）灌注探针，并将体液导出体外以完成取样。微渗析探针是取样的关键部件，它由渗析膜、生理溶液导入管和体液排出导管三部分组成，探针的长度为 $0.5 \sim 10 mm$。渗析膜材料为纤维素膜、聚丙烯腈膜、聚碳酸酯膜，它们不具有化学选择性，由膜的孔径大小决定体液小分子的渗入和渗出，排出体外的体液可用生物传感器、毛细管电泳、化学发光法、免疫化学法、离子色谱法和高效液相色谱法进行检测。

由于膜分离方法一般没有相变，可节省能源，对于热敏性物质和难分离物质是有特点的分离方法，应用范围广，可分离无机物、有机物及生物制品等，分离装置较简单，易于实现自动化，因此发展很快。

在分析化学领域中，膜分离主要用来进行样品的分离和浓缩，膜分离技术与仪器分析的联用、膜分离和其他分离技术的联用，使分析技术达到了一个新的高度。

习 题

1. 对下列组分的测定，其回收率要求是什么？
(1) 含量 $>1\%$ 的组分；(2) 微量组分。
2. 试说明定量分离在分析工作中的作用。
3. 举例说明什么叫共沉淀剂？它应具备什么条件？
4. 简述用有机共沉淀剂进行分离和富集的作用原理。
5. 某溶液含 Fe^{3+} 10mg，将它萃取入某有机溶剂中，分配比 $D=99$，问用等体积溶剂萃取一次、两次，各剩余多少毫克？萃取率各为多少？
6. 0.020mol/L Fe^{2+} 溶液，加 NaOH 进行沉淀时，要使其沉淀达 99.99% 以上，试问溶液中的 pH 至少应为多少？若考虑溶液中除剩余 Fe^{2+} 外，尚有少量 $FeOH^+$（$\beta=1\times10^4$），溶液的 pH 又至少应为多少？已知 $K_{sp}=8\times10^{-16}$。

7. 含有纯 NaCl 和 KBr 的混合物 0.2567g，溶解后使之通过 H^+ 型离子交换树脂，流出液用 0.1023mol/L NaOH 溶液滴定至终点，用去 34.56mL。问混合物中各种盐的质量分数是多少？

8. 现有 0.1000mol/L 某有机一元弱酸（HA）100mL，用 25.00mL 苯萃取后，取水相 25.00mL，用 0.0200mol/L NaOH 溶液滴定至终点，消耗 20.00mL。计算一元弱酸在两相中的分配系数 K_D。

9. 100mL 含钒 $40\mu g$ 的试液，用 10mL 钽试剂 $CHCl_3$ 溶液萃取，萃取率为 90%。求分配比。

第8章 可见分光光度法

许多物质是有颜色的，例如高锰酸钾在水溶液中呈深紫色，Cu^{2+} 在水溶液中呈蓝色。这些有色溶液颜色的深浅与这些物质的浓度有关。溶液愈浓，颜色愈深。因此，可以用比较颜色的深浅来测定物质的浓度，这种测定方法就称为比色分析法。

基于物质对光的选择性吸收而建立的分析方法称为分光光度法。这种方法具有灵敏、准确、快速及选择性好等特点。

（1）灵敏度高：测定下限可达 $10^{-5}\sim10^{-6}$ mol/L，10^{-4}‰～10^{-5}‰。
（2）准确度能够满足微量组分的测定要求：相对误差2%～5%（1%～2%）。
（3）操作简便快速。
（4）应用广泛。

8.1 分光光度法的基本原理

8.1.1 光的特性

光是一种电磁波，具有波粒二象性。光的偏振、干涉、衍射、折射等现象就是其波动性的反映，波长 λ 与频率 ν 之间的关系式 $\lambda\nu=c$（c 为光速，3×10^{10} cm/s）亦反映光的波动性。光又是由大量具有能量的粒子流所组成的，这些粒子称为光子。光子的能量则反映微粒性，光子的能量 E 与波长 λ 的关系 $E=h\nu=hc/\lambda$（h 为普朗克常数，6.626×10^{-34} J/s）亦可用来表示光的微粒性。由上述关系可知，光子的能量与光的波长（或频率）有关，波长越短，光能越大；反之，光能越小。

光的能量范围很广，在波长或频率上相差大约20个数量级。不同光的波长范围及其在分析化学中的应用情况见表8-1。

表 8-1　电磁波谱范围及其在分析化学中的应用

光 谱 区	频率范围/Hz	空气中波长	作用类型	分析方法
宇宙或 γ 射线	$>10^{20}$	$<10^{-3}$ nm	原子核	
X 射线	$10^{20}\sim10^{16}$	$10^{-3}\sim10$ nm	内层电子跃迁	X射线光谱法
远紫外光	$10^{16}\sim10^{15}$	$10\sim200$ nm	电子跃迁	真空紫外光度法
紫外光	$10^{15}\sim7.5\times10^{14}$	$200\sim400$ nm	电子跃迁	紫外吸收光谱法
可见光	$7.5\times10^{14}\sim4.0\times10^{14}$	$400\sim750$ nm	价电子跃迁	比色及可见分光光度法
近红外光	$4.0\times10^{14}\sim1.2\times10^{14}$	$0.75\sim2.5$ μm	振动跃迁	红外光谱法
红外光	$1.2\times10^{14}\sim10^{11}$	$2.5\sim1000$ μm	振动或转动跃迁	远红外光谱法
微波	$10^{11}\sim10^{8}$	$0.1\sim100$ cm	转动跃迁	微波光谱法
无线电波	$10^{8}\sim10^{5}$	$1\sim1000$ m	原子核旋转跃迁	核自旋共振光谱法
声波	$20000\sim30$	$15\sim10^{6}$ km	分子运动	

（1）光的颜色与波长　人们眼睛能够感受的光是可见光，它是电磁辐射中的小部分。各

种颜色光的近似波长范围见表8-2。

表 8-2　各种颜色光的近似波长范围

颜　　色	波长/nm	颜　　色	波长/nm
近紫外	200～400	黄绿	560～580
紫	400～430	黄	580～590
蓝	430～480	橙	590～620
青色(蓝绿)	480～500	红	620～760
绿	500～560	近红外	760～2500

(2) 光的色散与互补　当一束白光通过光学棱镜时，即可得到不同颜色的谱带，这种谱带叫光谱，这种现象叫光的色散。白光色散后成为红、橙、黄、绿、青、蓝、紫等七色光，说明白光是由其中各种色光按照一定比例混合而成的，所以叫复合光。如果将白光中某种颜色的光分离出去，剩下的光不再是白光，而是呈现出某种颜色。如果两种色光按适当的强度比例混合后组成白光，则这两种色光称为"互补色光"，如图8-1所示。呈直线关系的两种光可混合成白光。例如在白色光中分离出蓝光后，剩下的混合光则呈现黄色，因此，蓝色光和黄色光为互补色光。

图 8-1　光的互补色

8.1.2　物质对光的选择性吸收

(1) 物质的颜色　物质呈现的颜色是物质对不同波长的光选择性吸收的结果，物质的颜色由透过光或反射光的颜色决定。当一束白光（由各种波长的色光按一定比例组成）通过有色溶液时，某些波长的光被溶液吸收，另一些波长的光不被吸收而透过溶液。溶液的颜色由透过光波长所决定。例如，$KMnO_4$溶液强烈地吸收黄绿色的光，对其他的光吸收很少或不吸收，所以溶液呈现紫红色。又如，$CuSO_4$溶液强烈地吸收黄色的光，所以溶液呈现蓝色。如溶液对白光中各种颜色的光都不吸收，则溶液为透明无色；反之，则呈黑色。溶液之所以呈现不同的颜色，是因为它吸收了互补色光。各种物质的颜色与光的互补关系列于表8-3中。

表 8-3　物质的颜色与吸收光颜色的互补关系

物质颜色	黄绿	黄	橙	红	紫红	紫	蓝	绿蓝	蓝绿
吸收光颜色	紫	蓝	绿蓝	蓝绿	绿	黄绿	黄	橙	红
波长/nm	400～450	450～480	480～490	490～500	500～560	560～580	580～610	610～650	650～760

(2) 物质对光的吸收曲线　物质对光的选择性吸收可用吸收光谱曲线（也称为吸收曲线）来描述：用连续的不同波长的光照射化合物的稀溶液，部分波长的光被吸收，被吸收光的波长和吸收程度取决于物质的结构。以波长λ为横坐标、吸光度A为纵坐标，即得吸收光谱曲线，如图8-2所示。

从图8-2可知：

① 同一种物质对不同波长光的吸光度不同。吸光度最大处对应的波长称为最大吸收波长 λ_{max}。

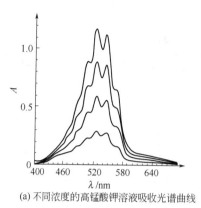

(a) 不同浓度的高锰酸钾溶液吸收光谱曲线　　(b) 不同浓度的二甲基黄溶液吸收光谱曲线

图 8-2　不同物质溶液的吸收光谱曲线

② 不同浓度的同一种物质，其吸收曲线形状相似，λ_{max} 不变。而对于不同物质，它们的吸收曲线形状和 λ_{max} 则不同。

③ 吸收曲线可以提供物质的结构信息，并作为物质定性分析的依据之一。

④ 不同浓度的同一种物质，在某一定波长下吸光度 A 有差异，在 λ_{max} 处吸光度 A 的差异最大。此特性可作为物质定量分析的依据。

8.2　光吸收的基本定律——朗伯-比耳定律

朗伯（Lambert）和比耳（Beer）分别于1760年和1852年研究了光的吸收与有色溶液液层的厚度及溶液浓度的定量关系，奠定了分光光度分析法的理论基础。

朗伯-比耳定律是由实验观察得到的。当一束平行的单色光通过均匀的非散射的有色物质的稀溶液时，溶质吸收了光能，光的强度就要减弱，如图 8-3 所示。

图 8-3　光通过吸光物质的示意图

溶液的浓度愈大，通过的液层厚度愈大，入射光愈强，则光被吸收得愈多。即物质对光的吸收程度与液层厚度和溶液的浓度成正比，这是定量分析的依据，即朗伯-比耳定律，其表达式为：

$$\lg \frac{I_0}{I_t} = Kbc \quad \text{或} \quad A = Kbc \tag{8-1}$$

式中　$\dfrac{I_t}{I_0}$——透射率，用符号 T 表示；

　　　$\lg \dfrac{I_0}{I_t}$——吸光度，用 A 表示；

　　　b——吸收池内溶液的长度；

　　　c——溶液中吸光物质的浓度；

　　　K——吸光系数。

吸光系数的物理意义是：单位浓度的溶液，当液层厚度为 1cm 时，在一定波长下测得的吸光度。K 值的大小取决于吸光物质的性质、入射光波长、溶液温度和溶剂性质等，与溶液浓度大小和液层厚度无关。但 K 值大小因溶液浓度所采用的单位的不同而异。

8.2.1 摩尔吸光系数

当溶液的浓度以物质的量浓度（mol/L）表示，液层厚度以厘米（cm）表示时，相应的比例常数 K 称为摩尔吸光系数，以 ε 表示，其单位为 L/(mol·cm)。这样，比耳定律可以改写成 $A=\varepsilon bc$。

摩尔吸光系数的物理意义是：浓度为 1mol/L 的溶液，在厚度为 1cm 的吸收池中，在一定波长下测得的吸光度。

摩尔吸光系数是吸光物质的重要参数之一，它表示物质对某一特定波长光的吸收能力。ε 愈大，表示该物质对某波长光的吸收能力愈强，测定的灵敏度也就愈高。因此，测定时，为了提高分析的灵敏度，通常选择摩尔吸光系数大的有色化合物进行测定，选择具有最大 ε 值的波长作入射光。一般认为 $\varepsilon < 1\times 10^4$ L/(mol·cm)，灵敏度较低；ε 在 $1\times 10^4 \sim 6\times 10^4$ L/(mol·cm)，属中等灵敏度；$\varepsilon > 6\times 10^4$ L/(mol·cm)，属高灵敏度。

摩尔吸光系数由实验测得。在实际测量中，不能直接取 1mol/L 这样高浓度的溶液去测量摩尔吸光系数，只能在稀溶液中测量后，换算成摩尔吸光系数。

【例 8-1】 已知含 Fe^{3+} 浓度为 $500\mu g/L$ 的溶液用 KSCN 显色，在波长 480nm 处用 2cm 吸收池测得 $A=0.197$，计算摩尔吸光系数。

解
$$c(Fe^{3+}) = \frac{500\times 10^{-6}}{55.85} = 8.95\times 10^{-6}(mol/L)$$

由 $A=\varepsilon bc$ 得
$$\varepsilon = \frac{A}{bc}$$

代入数据，得
$$\varepsilon = \frac{0.197}{2\times 8.95\times 10^{-6}} = 1.1\times 10^4 [L/(mol\cdot cm)]$$

【例 8-2】 精确称取含维生素 B_{12} 的样品 25.0mg，用水溶液配成 100mL 试液。精确吸取试液 10.00mL，置于 100mL 容量瓶中，加水至刻度。取此溶液在 1cm 的吸收池中，于波长 361nm 处测定吸光度为 0.507，求维生素 B_{12} 的质量分数？已知维生素 B_{12} 的摩尔吸光系数为 207L/(mol·cm)。

解 由 $A=\varepsilon bc$ 得
$$c(B_{12}) = \frac{0.507}{207\times 1\times 100} = 2.45\times 10^{-5}(mol/L)$$

$$m(B_{12}) = \frac{2.45\times 10^{-5}}{10.00}\times 100\times 100 = 2.45\times 10^{-2}(g)$$

$$w(B_{12}) = \frac{m(B_{12})}{m_{样}}\times 100\% = \frac{2.45\times 10^{-2}}{25.0\times 10^{-3}}\times 100\% = 98.0\%$$

【例 8-3】 取钢试样 1.00g 溶解于酸中，将其中的锰氧化成 $KMnO_4$，准确配制成 250mL，测得其吸光度为 1.00×10^{-3} mol/L $KMnO_4$ 溶液吸光度的 1.5 倍，计算钢中锰的质量分数。已知 $M(Mn)=54.94$g/mol。

解 根据 $A=\varepsilon bc$ 得

$$\frac{A_x}{A} = \frac{\varepsilon b c_x}{\varepsilon b c} = \frac{c_x}{1.00 \times 10^{-3}} = 1.5$$

$$c_x = 1.50 \times 10^{-3} (\text{mol/L})$$

钢样中锰的质量 $m = c_x VM(\text{Mn}) = 1.50 \times 10^{-3} \times 0.250 \times 54.94 = 0.0206(\text{g})$

钢样中锰的质量分数 $w(\text{Mn}) = (0.0206/1.00) \times 100\% = 2.06\%$

8.2.2 质量吸光系数

质量吸光系数适用于摩尔质量未知的化合物。若溶液浓度以质量浓度 ρ（g/L）表示，液层厚度以厘米（cm）表示，相应的吸光系数则为质量吸光系数，以 a 表示，其单位为 L/(g·cm)。同样朗伯-比耳定律可表示为：

$$A = ab\rho \tag{8-2}$$

8.2.3 偏离朗伯-比耳定律的因素

当入射光波长及光程一定时，吸光度 A 与吸光物质的浓度 c 呈线性关系。以某物质的标准溶液的浓度 c 为横坐标、吸光度 A 为纵坐标，绘出 A-c 曲线，所得直线称标准曲线（也称工作曲线）。但实际工作中，尤其当溶液浓度较高时，标准曲线往往偏离直线，发生弯曲，如图 8-4 所示，这种现象称为对朗伯-比耳定律的偏离。引起这种偏离的原因主要有如下两方面。

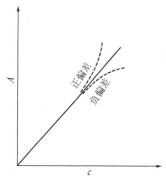

图 8-4 偏离朗伯-比耳定律的现象

(1) 物理因素引起的偏离

① 单色光不纯 单色光不纯引起的偏离朗伯-比耳定律的前提条件之一是入射光为单色光，但即使是现代高精度分光光度计也难以获得真正的纯单色光。大多数分光光度计只能获得近乎单色光的狭窄光带，它仍然是具有一定波长范围的复合光。因物质对不同波长光的吸收程度不同，所以复合光引起对朗伯-比耳定律的偏离，举例说明如下。

假设入射光是包含两个波长 λ_1 和 λ_2 的复合光，当每一个波长的光照射某种物质的溶液时，按朗伯-比耳定律可得：

$$A_1 = \lg \frac{I_{01}}{I_{t1}} = \varepsilon_1 bc \qquad A_2 = \lg \frac{I_{02}}{I_{t2}} = \varepsilon_2 bc$$

整理后可得

$$I_{t1} = I_{01} \times 10^{-\varepsilon_1 bc} \qquad I_{t2} = I_{02} \times 10^{-\varepsilon_2 bc}$$

总的吸光度为：

$$A = \lg \frac{I_{01} + I_{02}}{I_{t1} + I_{t2}} = \lg \frac{I_{01} + I_{02}}{I_{01} \times 10^{-\varepsilon_1 bc} + I_{02} \times 10^{-\varepsilon_2 bc}}$$

可见，当 $\varepsilon = \varepsilon_1 = \varepsilon_2$ 时，$I_{01} = I_{02}$，$A = \varepsilon bc$，即入射光为单色光时，吸光度 A 与浓度 c 呈线性关系。若 $\varepsilon_1 \neq \varepsilon_2$，则 A 与 c 不呈线性关系。ε_1 和 ε_2 差别越大，偏离线性关系越严重。

为了克服非单色光引起的偏离，应选择较好的单色器。此外还应把最大吸收波长 $\lambda_{\max}$ 选定为入射波长，这样不仅是因为在 $\lambda_{\max}$ 处能获得最大灵敏度，还因为在 $\lambda_{\max}$ 附近的一段范围内吸收曲线较平坦，即在 $\lambda_{\max}$ 附近各波长光的摩尔吸光系数 ε 大体相等。图 8-5(a) 为吸收曲线与选用谱带之间的关系，图 8-5(b) 为不同谱带对应的标准曲线。若选用吸光度随波长变化不大的谱带 M 的复合光作入射光,则吸光度的变化较小,即 ε 的变化较小,引起的偏离也较小,A 与 c 基本呈直线关系。若选用谱带 N 的复合光测量,则 ε 的变化较大,A 随波长的变化较明显,因此出现较大偏离,A 与 c 不呈直线关系。

② 非平行光　造成光的损失,使吸光度降低。

③ 杂散光　是指从单色器分出的光不在入射光谱带宽度范围内,与所选波长相距较远。杂散光来源主要有仪器本身缺陷和光学元件污染。

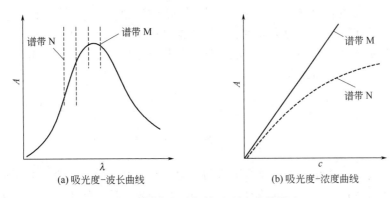

图 8-5　复合光对朗伯-比耳定律的影响

(2) 化学因素引起的偏离　化学因素主要包括吸光质点(分子或离子)间的相互作用和化学平衡。按照朗伯-比耳定律的假定,所有的吸光质点之间不发生相互作用。但实验证明只有在稀溶液 ($c<10^{-2}$ mol/L) 时才符合假设条件。当溶液浓度较大时,吸光质点间可能发生缔合等作用,直接影响对光的吸收。例如图 8-5(b) 中 A-c 曲线上部(高浓度区域)偏离直线,就是因为高浓度引起朗伯-比耳定律的偏离而引起的。因此,朗伯-比耳定律适用于稀溶液。在实际测定中应注意选择适当的浓度范围,使吸光度读数在标准曲线的线性范围内。

另外,溶液中存在着离解、缔合、互变异构、配合物的形成等化学平衡,可导致吸光质点的浓度和吸光性质发生变化而产生对朗伯-比耳定律的偏离,见图 8-6。

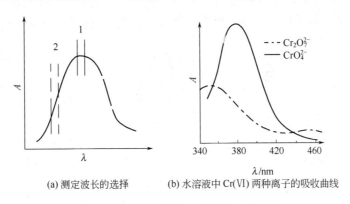

图 8-6　单色光不纯和吸光物质结构变化

如在测定重铬酸钾的含量时,其在水溶液中存在下列平衡:

$$\text{Cr}_2\text{O}_7^{2-}(\text{橙色},350\text{nm}) + \text{H}_2\text{O} \rightleftharpoons 2\text{CrO}_4^{2-}(\text{黄色},375\text{nm}) + 2\text{H}^+$$

CrO_4^{2-}、$\text{Cr}_2\text{O}_7^{2-}$ 的颜色不同,在同波长下的 ε 值不同,所以当稀释溶液或增大 pH 时,平衡右移,$\text{Cr}_2\text{O}_7^{2-}$ 浓度下降,引起朗伯-比耳定律的偏离。故控制溶液为高酸度,使溶液以

$Cr_2O_7^{2-}$ 的形式存在，才能测出 $Cr_2O_7^{2-}$ 的浓度。

8.3 分光光度计的组成

分光光度法是根据物质对一定波长光的吸收程度来确定物质含量的分析方法。在可见光区的分光光度法称为可见光分光光度法。可见光分光光度法采用棱镜或光栅等色散元件把复合光转变为强度一定的单色光，再把单色光照射到吸光物质的溶液后，根据朗伯-比耳定律进行定量。分光光度法是利用分光光度计来测量溶液的透射率或吸光度的。

分光光度计的主要部件如图 8-7 所示。分光光度计的基本部件有：光源、单色器、吸收池、检测系统、信号显示系统。

图 8-7 分光光度计示意图

(1) 光源　光源的作用是供给符合要求的入射光。分光光度计对光源的要求是：在使用波长范围内提供连续的光谱，光强应足够大，有良好的稳定性，使用寿命长。实际应用的光源一般分为紫外光光源和可见光光源。

可见光区使用钨灯或卤钨灯，紫外光区则使用氢灯或氘灯。

所谓卤钨灯是在钨丝中加入适量的卤化物或卤素，灯泡用石英制成。它具有较长的寿命和高的发光效率，紫外光光源多为气体放电光源，如氢、氘、氙放电灯等。其中应用最多的是氢灯及其同位素氘灯，其使用波长范围为 185～375nm。氘灯的光谱分布与氢灯相同，但光强比同功率氢灯要大 3～5 倍，寿命比氢灯长。

近年来，具有高强度和高单色性的激光已被开发用作紫外光源。已商品化的激光光源有氩离子激光器和可调谐染料激光器。

(2) 单色器　单色器的作用是把光源发出的连续光谱分解成单色光，并能准确方便地"取出"所需要的某一波长的光，它是分光光度计的心脏部分，见图 8-8。

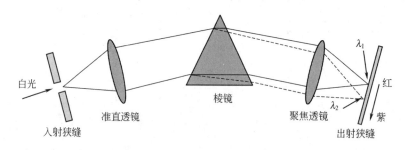

图 8-8 单色器示意图

单色器主要由狭缝、色散元件和透镜系统组成。其中色散元件是关键部件，色散元件是棱镜和反射光栅或两者的组合，它能将连续光谱色散成为单色光。狭缝和透镜系统主要是用来控制光的方向，调节光的强度和"取出"所需要的单色光，狭缝对单色器的分辨率起重要作用，它对单色光的纯度在一定范围内起着调节作用。

分光光度计的单色器有棱镜和光栅两种。棱镜由玻璃或石英制成。玻璃棱镜只适用于可见光区，而石英棱镜可用于紫外-可见的整个光谱区。

分光光度计常用的光栅是平面反射光栅。光栅的分辨率比棱镜高,因此,现在的仪器一般都采用光栅作为色散元件。

(3) 吸收池 吸收池又称比色皿,是用于盛放待测液和决定透光液层厚度的器件。根据光学透光面的材质,吸收池有玻璃吸收池和石英吸收池两种。玻璃吸收池用于可见光光区测定;若在紫外光区测定,则必须使用石英吸收池。吸收池一般为长方体(也有圆鼓形或其他形状,但长方体最普遍),其底及两侧为毛玻璃,另两面为光学透光面。吸收池的规格是以光程为标志的。

常用的吸收池规格有 0.5cm、1.0cm、2.0cm、3.0cm、5.0cm 等,使用时根据实际需要选择。由于一般商品吸收池的光程精度往往不是很高,与其标示值有微小误差,即使是同一个厂出品的同规格的吸收池也不一定完全能够互换使用。所以,仪器出厂前吸收池都经过检验配套,在使用时不应混淆其配套关系。实际工作中,为了消除误差,在测量前还必须对吸收池进行配套性检验,使用吸收池过程中,也应特别注意保护两个光学面。为此,必须做到以下几点。

① 拿取吸收池时,只能用手指接触两侧的毛玻璃,不可接触光学面。

② 不能将光学面与硬物或脏物接触,只能用擦镜纸或丝绸擦拭光学面。

③ 凡含有腐蚀玻璃的物质(如 F^-、$SnCl_2$、H_3PO_4 等)的溶液,不得长时间盛放在吸收池中。

④ 吸收池使用后应立即用水冲洗干净。有色物污染可以用 3mol/L HCl 和等体积乙醇的混合液浸泡洗涤。生物样品、胶体或其他在吸收池光学面上形成薄膜的物质要用适当的溶剂洗涤。

⑤ 不得在火焰或电炉上加热或烘烤吸收池。

(4) 检测器 检测器又称接收器,其作用是对透过吸收池的光作出响应,并把它转变成电信号输出,其输出电信号大小与透过光的强度成正比。常用的检测器有光电池、光电管及光电倍增管等,它们都是基于光电效应原理制成的。作为检测器,对光电转换器的要求是:光电转换有恒定的函数关系,响应灵敏度要高、速度要快,噪声低、稳定性高,产生的电信号易于检测放大等。

光电管(见图 8-9)是将一个涂有光电发射材料的半圆柱形阴极和一个丝状阳极封装在真空管中制成的灯管。光阴极涂有锑-铯氧化物的光电管,称为紫敏光电管,适用于接收185~600nm 的光。光阴极涂有银-氧化铯的光电管,称为红敏光电管,适用于接收600~1000nm 的光。光电管所产生的光电流只有光电池的 1/4,然而它的内阻大,光电流容易放大,因此它的光电流比光电池的大。光电倍增管是检测弱光最常用的光电元

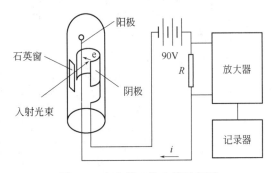

图 8-9 光电管工作电路示意图

件,它不仅响应速度快,能检测 10^{-8}~10^{-9}s 的脉冲光,而且灵敏度高,比一般光电管高 200 倍。目前紫外-可见分光光度计广泛使用光电倍增管作检测器。

(5) 信号显示系统 光电转换器产生的各种电信号,经放大等处理后,用一定方式显示出来,以便于计算和记录。信号显示器有许多种,如检流计、数字显示、微机自动控制。微机

自动控制的仪器,能自动绘制工作曲线,自动计算分析结果并打印报告,实现分析自动化。

8.4 可见分光光度计的分类

8.4.1 单光束分光光度计

单光束分光光度计的光路示意图如图 8-10 所示,经单色器分光后的一束平行光,轮流通过参比溶液和样品溶液,以进行吸光度的测定。这种简易型分光光度计结构简单,操作方便,维修容易,适用于常规分析。国产 721 型、722 型分光光度计等均属于此类光度计。

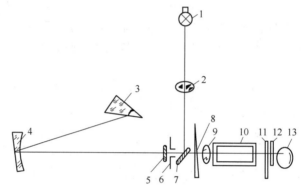

图 8-10 721 型分光光度计的光路示意图

1—光源;2—聚光透镜;3—色散透镜;4—准直镜;5,12—保护玻璃;6—狭缝;
7—反射镜;8—光栅;9—聚光透镜;10—吸收池;11—光门;13—光电管

8.4.2 双光束分光光度计

双光束分光光度计的光路示意图如图 8-11 所示。经单色器分光后由扇形镜分解为强度相等的两束光,一束通过参比池,另一束通过样品池,光度计能自动比较两束光的强度,此比值即为试样的透射率,经对数变换将它转换成吸光度并作为波长的函数记录下来。双光束分光光度计一般都能自动记录吸收光谱曲线。由于两束光同时分别通过参比池和样品池,还能自动消除光源强度变化所引起的误差。

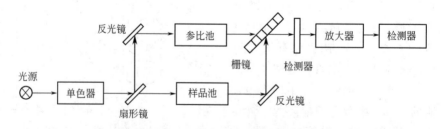

图 8-11 双光束分光光度计的光路示意图

8.4.3 双波长分光光度计

双波长分光光度计的原理示意图如图 8-12 所示。它是一种新型的分光光度计,能把同一光源发出的光通过一个特别的单色器,把光调成两束不同波长的光,经过切光器,使其交替通过吸收池,再至检测器,通过电子系统可以测出样品与参比的吸光度值,从而计算出被测组分的浓度。这类仪器的优点是可以消除人工配制的空白溶液与基底之间的差别而引起的误差,还能测定混合物溶液的吸光度。

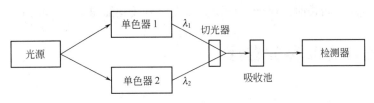

图 8-12 双波长分光光度计的原理示意图

8.4.4 仪器波长的检验与校正

按照分光光度计使用的步骤,以空气作参比,以镨钕滤光片进行波长的校正,具体操作如下。

(1) 调节好仪器后,在波长 500~540nm 范围内,每隔 2nm 测一次吸光度,找出吸光度最大时对应的波长示值($\lambda_{测}$)。

(2) 当 $|\lambda_{测}-529|>3$nm 时,应仔细调节波长调节螺丝,再按(1)的方法测定。重复以上两步操作,直至 $\lambda=529$nm 对应的吸光度最大。

(3) 波长校正之后,就可以使用该仪器进行测定了。

吸收池配套性的检查:石英吸收池在波长 220nm 处装蒸馏水,在波长 350nm 处装 0.001mol/L 的 $K_2Cr_2O_7$ 的 $HClO_4$ 溶液;玻璃吸收池在波长 600nm 处装蒸馏水,在波长 400nm 处装 0.001mol/L 的 $K_2Cr_2O_7$ 的 $HClO_4$ 溶液。以一个吸收池为参比,调节 T 为 100%,测量其他各吸收池的透射率。透射率的偏差小于 0.5% 的吸收池可配成一套。

实际工作中还可以采用下面较为简便的方法进行校正。

用铅笔在洗净的吸收池毛面外壁编号并标注放置方向,在吸收池中都装入测定用空白参比溶液,以其中一个为参比,在测定条件下,测定其他吸收池的吸光度。如果测定的吸光度为零或两个吸收池吸光度相等,即为配对吸收池。若不相等,可以选出吸光度最小的吸收池为参比,测定其他吸收池的吸光度,求出校正值。测定样品时,将待测溶液装入校准过的吸收池中,将测得的吸光度值减去该吸收池的校正值即为测定真实值。

8.4.5 可见分光光度计的日常维护与保养

(1) 对仪器工作环境的要求 分光光度计应安装在稳固的工作台上(周围不应有强磁场,以防电磁干扰),室内温度宜保持在 15~28℃,室内应干燥,相对湿度宜控制在 45%~75%(不应超过 80%)。室内应无腐蚀性气体(如 SO_2、NO_2 及酸雾等);应与化学分析操作室隔开,室内光线不宜过强。

(2) 仪器保养和维护方法

① 仪器工作电源一般允许(220±22)V 的电压波动。为保持光源灯和检测系统的稳定性,在电源电压波动较大的实验室,最好配备稳压器(有过电压保护)。

② 为了延长光源使用寿命,在不使用时不要开光源灯,如果光源灯亮度明显减弱或不稳定,应及时更换新灯。更换后要调节好灯丝位置。不要用手直接接触窗口或灯泡,避免油污黏附,若不小心接触过,要用无水乙醇擦拭。

③ 单色器是仪器的核心部分，装在密封盒内，不能拆开，为防止色散元件受潮生霉，必须经常更换单色器盒内的干燥剂。

④ 必须正确使用吸收池，保护吸收池光学面。

⑤ 电转换元件不能长时间曝光，应避免强光照射或受潮积尘。

8.5 显色与操作条件的选择

8.5.1 显色反应与显色剂

许多无机离子无色，有些金属水合离子有色，但它们的吸光系数值很小，通常必须选一适当的试剂与它发生化学反应，从而转化为有色化合物再进行光度测定。把无色的被测物质转化为有色化合物的过程称为显色过程，所发生的化学反应称为显色反应。用于显色的试剂称为显色剂。常用的显色反应大多是能形成很稳定的、具有特征颜色的螯合物的反应，也有的是氧化还原反应。可见，为了得到准确的分析结果，除了选择合适的测量仪器外，还要使被测离子能生成一个灵敏度和选择性较高的有色化合物。

显色剂分为无机显色剂和有机显色剂。常用的无机显色剂和有机显色剂分别见表 8-4 和表 8-5。

表 8-4 常见的无机显色剂

显色剂	测定元素	反应介质	有色化合物组成	颜色	λ_{max}/nm
硫氰酸盐	铁	$0.1 \sim 0.8 mol/L\ HNO_3$	$[Fe(SCN)_5]^{2-}$	红	480
	钼	$1.5 \sim 2 mol/L\ H_2SO_4$	$[Mo(SCN)_6]^-$ 或 $[MoO(SCN)_5]^{2-}$	橙	460
	钨	$1.5 \sim 2 mol/L\ H_2SO_4$	$[W(SCN)_6]^-$ 或 $[WO(SCN)_5]^{2-}$	黄	405
	铌	$3 \sim 4 mol/L\ HCl$	$[NbO(SCN)_4]^-$	黄	420
	铼	$6 mol/L\ HCl$	$[ReO(SCN)_4]^-$	黄	420
钼酸铵	硅	$0.15 \sim 0.3 mol/L\ H_2SO_4$	硅钼蓝	蓝	$670 \sim 820$
	磷	$0.15 mol/L\ H_2SO_4$	磷钼蓝	蓝	$670 \sim 820$
	钨	$4 \sim 6 mol/L\ HCl$	磷钨蓝	蓝	660
	硅	稀酸性	硅钼杂多酸	黄	420
	磷	稀 HNO_3	磷钼钒杂多酸	黄	430
	钒	酸性	磷钼钒杂多酸	黄	420
氨水	铜	浓氨水	$[Cu(NH_3)_4]^{2+}$	蓝	620
	钴	浓氨水	$[Co(NH_3)_6]^{2+}$	红	500
	镍	浓氨水	$[Ni(NH_3)_6]^{2+}$	紫	580
过氧化氢	钛	$1 \sim 2 mol/L\ H_2SO_4$	$[TiO(H_2O_2)]^{2+}$	黄	420
	钒	$6.5 \sim 3 mol/L\ H_2SO_4$	$[VO(H_2O_2)]^{3+}$	红橙	$400 \sim 450$
	铌	$18 mol/L\ H_2SO_4$	$Nb_2O_3(SO_4)_2(H_2O_2)$	黄	365

表 8-5 常见的有机显色剂

显色剂	测定离子和元素	反应介质	λ_{max}/nm	$\varepsilon/[L/(mol \cdot cm)]$
磺基水杨酸	Fe^{2+}	pH $2 \sim 3$	520	1.6×10^3
邻菲啰啉	Fe^{2+}	pH $3 \sim 9$	510	1.1×10^4
	Cu^+		435	7×10^3

续表

显色剂	测定离子和元素	反应介质	λ_{max}/nm	$\varepsilon/[L/(mol \cdot cm)]$
丁二酮肟	Ni(Ⅳ)	氧化剂存在,碱性	470	1.3×10^4
1-亚硝基-2-苯酚	Co^{2+}		415	2.9×10^4
钴试剂	Co^{2+}		570	1.13×10^5
双硫腙	Cu^{2+}、Pb^{2+}、Zn^{2+}、Cd^{2+}、Hg^{2+}	不同酸度	490~550 (Pb 520)	$4.5 \times 10^4 \sim 3 \times 10^4$ (Pb 6.8×10^4)
偶氮胂(Ⅲ)	Th(Ⅳ)、Zr(Ⅳ)、La^{3+}、Ce^{4+}、Ca^{2+}、Pb^{2+}等	强酸至弱酸	665~675 (Th 665)	$10^4 \sim 1.3 \times 10^5$ (Th 1.3×10^5)
RAR(吡啶偶氮间苯二酚)	Co、Pd、Nb、Ta、Th、In、Mn	不同酸度	(Nb 550)	(Nb 3.6×10^4)
二甲酚橙	Zr(Ⅳ)、Hf(Ⅳ)、Nb(Ⅴ)、UO_2^{2+}、Bi^{3+}、Pb^{2+}等	不同酸度	530~580 (Hf 530)	$1.6 \times 10^4 \sim 5.5 \times 10^4$ (Hf 4.7×10^4)
铬天菁 S	Al	pH 5~5.8	530	5.9×10^4
结晶紫	Ca	7mol/L HCl,$CHCl_3$-丙酮萃取		5.4×10^4
罗丹明 B	Ca、Tl	6mol/L HCl,苯萃取;1mol/L HBr,异丙醚萃取		6×10^4 1×10^5
孔雀绿	Ca	6mol/L HCl,C_6H_5Cl-CCl_4萃取		9.9×10^4
亮绿	Tl B	0.01~0.1mol/L HBr,乙酸乙酯萃取 pH 3.5,苯萃取		7×10^4 5.2×10^4

8.5.2 对显色反应的要求

显色反应首先应有较高的灵敏度与选择性。灵敏度高,即在含量甚低时仍能测定。灵敏度的高低可从摩尔吸光系数 ε 来判断,ε 值越大则灵敏度越高。通常 ε 值为 $10^4 \sim 10^5 L/(cm \cdot g)$ 时,则可认为该反应的灵敏度较高。如 Fe^{2+} 与 1,10-邻菲啰啉生成的螯合物的 ε 为 $1.1 \times 10^4 L/(cm \cdot g)$,其灵敏度较高。选择性好,即在选定的反应条件下,显色剂仅与被测组分显色,不与共存的其他离子显色。其次是形成的有色螯合物的组成要恒定,化学性质要稳定,生成的有色螯合物与显色剂之间的颜色差别要大,显色条件要易于控制等。这样才能保证测定结果有良好的准确度和重现性。

8.5.3 显色条件的选择

显色反应往往会受显色剂用量、体系的酸度、显色反应温度、显色反应时间等因素影响。合适的显色反应条件一般是通过实验来确定的。

(1) 显色剂用量 为保证显色反应完全,需加入过量显色剂,但也不能过量太多,因为过量显色剂有时会导致副反应发生,从而影响测定。确定显色剂用量的具体方法是:保持其他条件不变仅改变显色剂用量,分别测定其吸光度,绘制吸光度 A-显色剂浓度 c 关系曲线,有如图 8-13 所示的几种情况。

图 8-13(a) 表明当显色剂浓度 c 在 $0 \sim a$ 范围内时,显色剂用量不足,待测离子没有完

全转变为有色配合物，随着显色剂浓度的增加，吸光度不断增大；在 $a\sim b$ 范围内曲线较平直，吸光度变化不大，因此可在 $a\sim b$ 范围内选择显色剂用量。这类反应生成的有色配合物稳定，显色剂可选的浓度范围较宽，适用于光度分析。图 8-13(b) 中曲线表明，显色剂过多或过少都会使吸光度变小，因此必须严格控制 c 的大小。显色剂浓度只能选择在吸光度大且较平坦的区域（$a'b'$段）。如硫氰酸盐与钼的反应就属于这种情况。

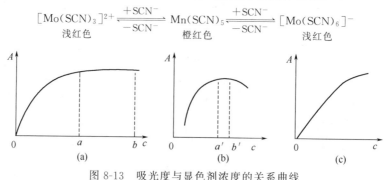

图 8-13 吸光度与显色剂浓度的关系曲线

图 8-13(c) 中，吸光度随着显色剂浓度的增加而增大。例如 SCN^- 与 Fe^{3+} 反应生成逐级配合物 $[Fe(SCN)_n]^{3-n}$（$n=1,2,\cdots,6$），SCN^- 浓度增大，将生成颜色深的高配位数配合物。在这种情况下必须非常严格地控制显色剂的用量。

（2）溶液的酸度　酸度对显色反应的影响是多方面的。许多显色剂本身就是有机弱酸，酸度的变化会影响它们的离解平衡和显色反应能否进行完全；另外，酸度降低可能使金属离子形成各种形式的羟基配合物乃至沉淀；某些逐级配合物的组成可能随酸度而改变，如 Fe^{3+} 与磺基水杨酸的显色反应，当 pH=2～3 时，生成组成为 1∶1 的紫红色配合物；当 pH=4～7 时，生成组成为 1∶2 的橙红色配合物；当 pH=8～10 时，生成组成为 1∶3 的黄色配合物。

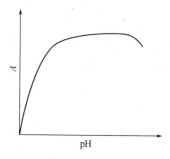

图 8-14　吸光度与 pH 的关系曲线

一般确定适宜酸度的具体方法是：在其他实验条件相同时，分别测定不同 pH 条件下显色溶液的吸光度。通常可以得到如图 8-14 所示的吸光度与 pH 的关系曲线。适宜酸度可在吸光度较大且恒定的平坦区域所对应的 pH 范围中选择。控制溶液酸度的有效办法是加入适宜的 pH 缓冲溶液，但同时应考虑由此可能引起的干扰。

（3）显色反应温度　多数显色反应在室温下即可很快进行，但也有少数显色反应需在较高温度下才能较快完成。这种情况下需注意升高温度带来的有色物质热分解问题。适宜的温度也是通过实验确定的。

（4）显色反应时间　时间对显色反应的影响需从以下两方面综合考虑：一方面要保证足够的时间使显色反应进行完全，对于反应速率较小的显色反应，显色时间需长一些；另一方面测定必须在有色配合物稳定的时间内完成。对于较不稳定的有色配合物，应在显色反应已完成且吸光度下降之前尽快测定。确定适宜的显色时间同样需通过实验作出显色温度下的吸光度-时间关系曲线，在该曲线的吸光度较大且恒定的平坦区域所对应的时间范围内尽快完成测定是最适宜的。

（5）溶剂　由于溶质与溶剂分子的相互作用对紫外可见吸收光谱有影响，因此在选择显色反应条件的同时需选择合适的溶剂。水作为溶剂使用方便且无毒,所以一般尽量采用水相测定。如果水相测定不能满足测定要求(如灵敏度差、干扰无法消除等),则应考虑使用有机溶剂。如 $[Co(SCN)_4]^{2-}$ 在水溶液中大部分离解,加入等体积的丙酮后,因水的介电常数减小而降低了配合物的离解度,溶液显示配合物的天蓝色,可用于钴的测定。对于大多数不溶于水的有机物的测定,常使用脂肪烃、甲醇、乙醇和乙醚等有机溶剂。

(6) 共存离子的干扰及消除　若共存离子有色或共存离子与显色剂形成有色的配合物,则将干扰待测组分的测定。通常采用下列方法消除干扰。

① 加入掩蔽剂　如光度法测定 Ti^{4+},可加入 H_3PO_4 作掩蔽剂,使共存的 Fe^{3+}(黄色)生成无色的 $[Fe(PO_4)_2]^{3-}$,消除干扰。又如用铬天蓝 S 光度法测定 Al^{3+},加入抗坏血酸作掩蔽剂,将 Fe^{3+} 还原为 Fe^{2+},从而消除 Fe^{3+} 的干扰。选择掩蔽剂的原则是:掩蔽剂不与待测组分反应;掩蔽剂本身及掩蔽剂与干扰组分的反应产物不干扰待测组分的测定。

② 分离干扰离子　在不能掩蔽的情况下,一般可采用沉淀、有机溶剂萃取、离子交换和蒸馏挥发等分离方法除去干扰离子,其中以有机溶剂萃取在分光光度法中应用最多。

另外,选择适当的测量条件(如合适的波长与参比溶液等)也能在一定程度上消除干扰离子的影响。

8.5.4　测量条件的选择

(1) 波长的选择　根据被测物质的吸收曲线,在一般情况下,建议选择最大吸收波长作为测定波长,可以提高测定的灵敏度。

(2) 参比溶液的选择　在实验中,要选择合适的空白溶液作为参比溶液来调节仪器的零点,以便消除显色溶液中其他有色物质的干扰,抵消吸收池和试剂对入射光的影响等。

为此,应采用光学性质相同、厚度相同的比色皿装好参比溶液,调节仪器使透过参比溶液的吸光度为零。测得试液的吸光度为下式:

$$A = \lg \frac{I_0}{I} \approx \lg \frac{I_{参比}}{I_{试液}}$$

选择参比溶液的原则为:

① 如果待测物与显色剂的反应产物有吸收,以纯溶剂作参比溶液。
② 显色剂或其他试剂有吸收,以空白溶液(不加试样)作参比溶液。
③ 试样中其他组分有吸收,但不与显色剂反应,显色剂无吸收,以试样作参比溶液。
④ 显色剂略有吸收,试液中加掩蔽剂再加显色剂作为参比溶液。

(3) 吸光度范围的选择与控制　一般当吸光度控制在 0.2~0.8 时,浓度测量的相对误差较小,这就是适宜的吸光度范围。不同吸光度条件下,测量浓度的相对误差不同,根据下式计算得到表 8-6。

表 8-6　不同 T(或 A)时的浓度相对误差($\Delta T = \pm 0.5\%$)

$T/\%$	A	$\Delta c/c$	$T/\%$	A	$\Delta c/c$
95	0.022	±10.2%	40	0.399	±1.36%
90	0.046	±5.3%	30	0.523	±1.38%
80	0.097	±2.8%	20	0.699	±1.55%
70	0.155	±2.0%	10	1.000	±2.17%
60	0.222	±1.63%	3	1.523	±4.75%
50	0.301	±1.44%	2	1.699	±6.38%

注:ΔT 为仪器透射率测量误差;后同。

从表 8-6 发现，$T=15\%\sim 65\%$（$A=0.2\sim 0.8$）时，浓度测量的相对误差较小，这就是适宜的吸光度范围。在实际测量中应创造条件使测量在适宜的吸光度范围内进行，可以采用下面的方法对吸光度进行调整：①调节被测溶液的浓度；②使用厚度不同的吸收池。

（4）吸收池的使用　选择适宜规格的吸收池，尽量把吸光度值调整在 0.2～0.8。同一实验使用同一规格的同一套吸收池。

（5）共存离子的干扰与消除　共存离子的存在给分析工作带来了不小的影响，为了获得准确的结果，要采取适当的措施来消除这些影响。

消除共存离子干扰的方法很多，下面介绍几种常用的方法，在实际工作中可以选择使用。

① 控制溶液的酸度　控制酸度可使待测离子显色，而干扰离子则不能生成有色化合物。例如，以磺基水杨酸测定 Fe^{3+} 时，Cu^{2+} 共存，此时 Cu^{2+} 也能与磺基水杨酸形成黄色配合物而干扰测定。这时只要将溶液酸度控制在 pH=2.5，Fe^{3+} 能与磺基水杨酸形成配合物，而 Cu^{2+} 不能，这样就可以消除 Cu^{2+} 的干扰。

② 加入掩蔽剂，掩蔽干扰离子　采用掩蔽剂来消除干扰的方法是一种有效而且常用的方法。该方法要求加入的掩蔽剂不与被测离子反应，掩蔽剂和掩蔽产物的颜色必须不干扰测定。

③ 改变干扰离子的价态以消除干扰　利用氧化还原反应改变干扰离子的价态，使干扰离子不与显色剂反应，以达到消除干扰的目的。

例如，用铬天菁 S 显色 Al^{3+} 时，若加入抗坏血酸或盐酸羟胺便可以使 Fe^{3+} 还原为 Fe^{2+}，从而消除了干扰。

④ 选择适当的入射光波长消除干扰　例如，用 4-氨基安替比林显色测定废水中的酚时，氧化剂铁氰化钾和显色剂都呈黄色，干扰测定，但若选择用 520nm 单色光为入射光，则可以消除干扰，获得满意结果。因为黄色溶液在波长 420nm 左右有强吸收，但在 500nm 后则无吸收。

⑤ 选择合适的参比溶液可以消除显色剂和某些有色共存离子的干扰。

⑥ 分离干扰离子　当没有适当掩蔽剂或无合适方法消除干扰时，应采用适当的分离方法（如电解法、沉淀法、溶剂萃取分离法及离子交换法等），将被测组分与干扰离子分离，然后再进行测定。其中萃取分离法使用较多，可以直接在有机相中显色。

⑦ 可以利用双波长法、导数光谱法等新技术来消除干扰。

【例 8-4】　某含铁约 0.2% 的试样，用邻菲啰啉亚铁光度法 [$\varepsilon=1.1\times 10^4$ L/(mol·cm)] 测定。试样溶解后稀释至 100mL，用 1.0cm 比色皿在波长 508nm 处测定吸光度。若 $\Delta T=0.5\%$，为使吸光度测量引起的浓度相对误差最小（注：测定的透射率为 36.8% 或吸光度为 0.434 时，测量引起的浓度相对误差最小），应当称取试样多少克？如果所使用的光度计透射率 T 最适宜读数范围为 20%～65%，则测定溶液中铁的物质的量浓度范围应控制在多少？已知 $M(Fe)=55.85$g/mol。

解　当 $\Delta T=0.5\%$ 时，要使浓度相对误差最小，测定的透射率应为 36.8% 或吸光度应为 0.434，满足以上条件的被测溶液的浓度应为：

$$c=\frac{A}{\varepsilon b}=\frac{0.434}{1.1\times 10^4\times 1.0}=3.95\times 10^{-5}\ (\text{mol/L})$$

100mL 溶液中含铁的质量 $= 3.95 \times 10^{-5} \times 0.100 \times 55.85 = 2.21 \times 10^{-4}$（g）

应称取样品的质量 $= 2.21 \times 10^{-4} / 0.2\% = 0.11$（g）

若透射率 T 读数在 $20\% \sim 65\%$，则吸光度 A 在 $0.699 \sim 0.187$。

根据 $A = \varepsilon b c$ 得

$$c_1 = \frac{0.699}{1.1 \times 10^4 \times 1.0} = 6.35 \times 10^{-5} \text{（mol/L）}$$

$$c_2 = \frac{0.187}{1.1 \times 10^4 \times 1.0} = 1.70 \times 10^{-5} \text{（mol/L）}$$

测定溶液中铁的物质的量浓度应控制在 $1.70 \times 10^{-5} \sim 6.35 \times 10^{-5}$ mol/L 之间。

8.6 定量分析方法

8.6.1 工作曲线法

工作曲线法又称标准曲线法，它是实际工作中使用最多的一种定量方法。工作曲线的绘制方法是：配制四个以上浓度不同的待测组分的标准溶液，以空白溶液为参比溶液，在选定的波长下，分别测定各标准溶液的吸光度。以标准溶液的浓度为横坐标，对应的吸光度为纵坐标，在坐标纸上绘制曲线（如图 8-15 所示），此曲线即称为工作曲线（或称标准曲线）。在相同条件下对待测试样进行显色反应，并测定其吸光度 A_x。再从标准曲线上查找试样中待测组分的含量 m_x。若试样本身为有色的，则无需显色反应。

8.6.2 比较法

这种方法是用一个已知浓度的标准溶液（c_s），在一定条件下，测得其吸光度 A_s，然后在相同条件下测得试液 c_x 的吸光度 A_x。设试液、标准溶液完全符合朗伯-比耳定律，则

$$c_x = \frac{A_x}{A_s} \times c_s \tag{8-3}$$

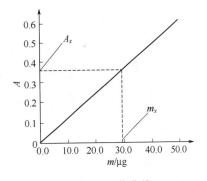

图 8-15 工作曲线

【例 8-5】 在 1cm 比色皿和波长 525nm 处测得 1.00×10^{-4} mol/L $KMnO_4$ 溶液的吸光度为 0.585。现有 0.500g 锰合金试样，溶于酸后，用高碘酸盐将锰全部氧化成 MnO_4^-，然后转移至 500mL 容量瓶中，在 1cm 比色皿和波长 525nm 处时，测得吸光度为 0.400。求试样中锰的质量分数。已知 $M(Mn) = 54.94$ g/mol。

解 根据 $A = \varepsilon b c$ 得

$$A_s = \varepsilon b c_s \qquad A_x = \varepsilon b c_x$$

则

$$\frac{A_s}{A_x} = \frac{c_s}{c_x}$$

即

$$\frac{0.585}{0.400} = \frac{1.00 \times 10^{-4}}{c_x}$$

$$c_x = 6.8 \times 10^{-5} \text{（mol/L）}$$

$$w(\text{Mn}) = \dfrac{c_x V \times \dfrac{54.94}{1000}}{m_s} \times 100\%$$

$$= \dfrac{6.8 \times 10^{-5} \times 500 \times 0.05494}{0.500} \times 100\% \approx 0.37\%$$

8.6.3 多组分定量

多组分是指在被测溶液中含有两个或两个以上的吸光组分。对于多组分的试液,如果各种吸光物质之间没有相互作用,且服从朗伯-比耳定律,这时体系的总吸光度等于各组分吸光度之和,即吸光度具有加和性,由此可得

$$A_{总} = A_1 + A_2 + \cdots + A_n = \varepsilon_1 b c_1 + \varepsilon_2 b c_2 + \cdots + \varepsilon_n b c_n \tag{8-4}$$

通常,各组分的吸收光谱有以下几种情况。进行多组分混合物定量分析的依据是吸光度的加和性。假设溶液中同时存在两种组分 a 和 b,它们的吸收光谱一般有下面三种情况。

(1) 吸收光谱曲线不重叠,或在 a 组分的最大吸收波长处 b 不吸收,在 b 组分的最大吸收波长处 a 不吸收 [见图 8-16(a)],则可分别在波长 λ_1 和 λ_2 处测定组分 a 和 b,而相互不产生干扰。

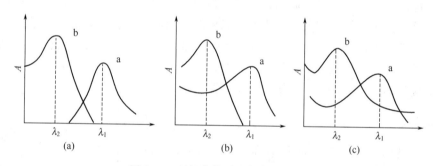

图 8-16 双组分体系吸收光谱曲线

(2) 吸收光谱曲线部分重叠,在 a 组分的最大吸收波长处 b 不吸收,在 b 组分的最大吸收波长处 a 有吸收 [见图 8-16(b)],则可看作 a 组分的单组分溶液,在波长 λ_1 处测定组分 a。

(3) 吸收光谱曲线重叠 [见图 8-16(c)] 时,可选定两个波长 λ_1 和 λ_2,并分别在 λ_1 和 λ_2 处测定吸光度 A_1 和 A_2,根据吸光度的加和性,列出如下方程组:

$$\begin{cases} A_1 = \varepsilon_{\lambda_1}^a b c_a + \varepsilon_{\lambda_1}^b b c_b \\ A_2 = \varepsilon_{\lambda_2}^a b c_a + \varepsilon_{\lambda_2}^b b c_b \end{cases} \tag{8-5}$$

式中,c_a、c_b 分别为 a 组分和 b 组分的浓度;$\varepsilon_{\lambda_1}^a$、$\varepsilon_{\lambda_1}^b$ 分别为 a 组分和 b 组分在波长 λ_1 处的摩尔吸光系数;$\varepsilon_{\lambda_2}^a$、$\varepsilon_{\lambda_2}^b$ 分别为 a 组分和 b 组分在波长 λ_2 处的摩尔吸光系数;$\varepsilon_{\lambda_1}^b$、$\varepsilon_{\lambda_2}^a$、$\varepsilon_{\lambda_2}^b$ 可以用 a、b 的标准溶液分别在波长 λ_1、λ_2 处测定吸光度后计算求得。将 $\varepsilon_{\lambda_1}^a$、$\varepsilon_{\lambda_1}^b$、$\varepsilon_{\lambda_2}^a$、$\varepsilon_{\lambda_2}^b$ 代入方程组,可得 a、b 两组分的浓度。

当混合物的吸收曲线重叠时,还可用双波长方法——等吸收点法消除干扰,见图 8-17。

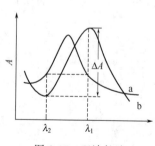

图 8-17 双波长法

具体做法是：将 a 视为干扰组分，现要测定 b 组分。
① 分别绘制各自的吸收曲线；
② 画一平行于横轴的直线分别交于 a 组分曲线上两点，并与 b 组分曲线相交；
③ 以交于 a 上一点所对应的波长 λ_2 为参比波长，另一点对应的波长为测量波长 λ_1，并对混合液进行测量，得到

$$A_1 = A_{1a} + A_{1b}$$
$$A_2 = A_{2a} + A_{2b}$$

即
$$A_1 = \varepsilon_{\lambda_1}^a b c_a + \varepsilon_{\lambda_1}^b b c_b$$
$$A_2 = \varepsilon_{\lambda_2}^a b c_a + \varepsilon_{\lambda_2}^b b c_b$$

两式相减，即得
$$\Delta A = A_1 - A_2 = \varepsilon_{\lambda_1}^a b c_a - \varepsilon_{\lambda_2}^a b c_a + \varepsilon_{\lambda_1}^b b c_b - \varepsilon_{\lambda_2}^b b c_b$$

由于 a 组分在两波长处的吸光度相等，因此
$$\Delta A = (\varepsilon_{\lambda_1}^b - \varepsilon_{\lambda_2}^b) b c_b \tag{8-6}$$

可见，吸光度差 ΔA 与待测物的浓度成正比，用工作曲线法可测定 c_b。

8.6.4 高含量组分的测定——示差分光光度法

一般分光光度法仅适用于微量组分的测定，对于常量或高含量组分的测定则产生较大的误差。这是因为当待测组分浓度过高时，会偏离朗伯-比耳定律，也会因所测的吸光度值超出适宜的读数范围而产生较大的浓度相对误差，使测定结果的准确度降低。若采用示差分光光度法，能较好地解决这一问题。

示差分光光度法与普通光度法的主要区别在于它们所采用的参比溶液不同。示差法一般采用一个合适浓度（接近试样浓度）的标准溶液作参比溶液来调节光度计标尺读数以进行测量。

设待测溶液的浓度为 c_x，标准溶液的浓度为 c_s（$c_s < c_x$）。示差法测定时，首先用标准溶液 c_s 作参比调节仪器透射率 T 为 100%（$A=0$），然后测定待测溶液的吸光度，该吸光度为相对吸光度 ΔA。例如用普通光度法测得待测溶液和标准溶液的吸光度分别为 A_x 和 A_s，则

$$A_x = \varepsilon b c_x \qquad A_s = \varepsilon b c_s$$
$$\Delta A = A_x - A_s = \varepsilon b c_x - \varepsilon b c_s = \varepsilon b \Delta c \tag{8-7}$$

式(8-7)表明示差法所测得的吸光度实际上相当于普通光度法中待测溶液与标准溶液吸光度之差 ΔA，ΔA 与待测溶液与标准溶液的浓度差 Δc 呈线性（正比）关系。若用 c_s 为参比，测定一系列 Δc 已知的标准溶液的相对吸光度 ΔA，以 ΔA 为纵坐标，Δc 为横坐标，绘制 ΔA-Δc 工作曲线，即示差法的标准曲线。再由测得的待测溶液的相对吸光度 ΔA_x，即可从标准曲线上查出相应的 Δc，根据 $c_x = c_s + \Delta c$ 计算得出待测溶液的浓度 c_x。

示差法能够测定高浓度试样的原理见图 8-18。设普通光度法中，浓度为 c_s 的标准溶液的透射率 T_s 为 10%，而示差法中该标准溶液用作参比溶液，其透射率调至 $T_r = 100\%$（$A=0$），这相当于将仪器透射率标尺扩大了 10 倍。若待测溶液在普通光度法中的透射率为 $T_x = 7\%$，则示差法

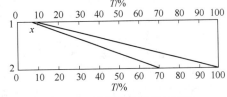

图 8-18 示差法标尺扩大原理

中将是 $T_r=70\%$，此读数落在透射率的适宜范围内，从而提高了 Δc 测量的准确度。

【例 8-6】 用一般分光光度法测量 0.0010mol/L 锌标准溶液和含锌的试液，分别测得吸光度 $A_s=0.700$ 和 $A_x=1.00$，两种溶液的透射率相差多少？如果用 0.0010mol/L 锌标准溶液作为参比溶液，用示差法测定，试样的吸光度是多少？示差法与普通分光光度法相比较，读数标尺放大了多少倍？

解 $A_s=0.700$ 时，$T=10^{-A_s}=20\%$；$A_x=1.00$ 时，$T=10\%$；两种溶液的透射率之差为 $\Delta T=20\%-10\%=10\%$。示差法测定时，把标准溶液的透射率 20% 调节为 100%，放大了 5 倍，此时，试液的透射率由 10% 被放大为 50%，所以试液的吸光度为 $A=-\lg 0.5=0.301$，示差法读数标尺放大的倍数为 $50/10=5$ 倍。

若绘制不同浓度的标准溶液作参比溶液时的误差曲线，可得图 8-19 所示的曲线。图中（a）、（b）、（c）和（d）分别是不同浓度 [（a）～（d）浓度依次变大] 的标准溶液作参比时的误差曲线（假定 $\Delta T=\pm 0.5\%$）。由图可见，随着参比溶液浓度的增加，浓度相对误差也减小。若合理选择参比溶液浓度，示差法的准确度可接近于滴定分析法。

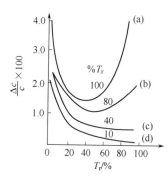

图 8-19 不同浓度的标准溶液作参比时的误差曲线

应用示差法时，要求仪器光源有足够的发射强度或能增大光电流的放大倍数，以便能调节示差法所用参比溶液的透射率为 100%。因此，示差法要求仪器具有质量较高的单色器并足够稳定。

习 题

1. 为什么物质对光发生选择性吸收？
2. 朗伯-比耳定律的物理意义是什么？什么是透射率？什么是吸光度？二者之间的关系是什么？
3. 摩尔吸光系数的物理意义是什么？其大小与哪些因素有关？在分析化学中 ε 有何意义？
4. 什么是吸收光谱曲线？什么是标准曲线？它们有何实际意义？利用标准曲线进行定量分析时可否使用透射率 T 和浓度 c 为坐标？
5. 当研究一种新的显色剂时，必须做哪些实验条件的研究？为什么？
6. 分光光度计有哪些主要部件？它们各起什么作用？
7. 利用二苯氨基脲比色法测定铬酸钡的溶解度时，加过量的 $BaCrO_4$ 与水在 30℃ 的恒温水浴中，使其充分平衡，吸取上层清液 10.00mL 于 25mL 比色管中，在酸性介质中以二苯氨基脲显色并定容，用 1.00cm 比色皿于波长 540nm 处，测得吸光度为 0.200。已知 2.00×10^{-5} mol/L 的铬（Ⅵ）标准溶液 10.0mL 同样显色后，测得 $A=0.440$。试计算 30℃ 时铬酸钡的溶度积 K_{sp}。
8. 某含铁约 0.2% 的试样，用邻菲啰啉亚铁光度法 [$\varepsilon=1.1\times 10^4$ L/(mol·cm)] 测定。试样溶解后稀释至 100mL，用 1.00cm 比色皿在波长 508nm 处测定吸光度。
   (1) 为使吸光度测量引起的浓度相对误差最小，应当称取试样多少克？
   (2) 若光度计的透射率最适宜读数范围为 0.200～0.700，测定溶液应控制含铁浓度范围是多少？
9. 用双硫腙光度法测定铅离子，铅离子的浓度为 0.0016mg/mL，用 2cm 比色皿在波长 520nm 处测得 $T=53.0\%$，求摩尔吸光系数 ε。
10. 取钢试样 1.00g，溶解于酸中，将其中锰氧化成高锰酸盐，准确配制成 250mL 的试液，测得其吸光度为 1.00×10^{-3} mol/L $KMnO_4$ 溶液的吸光度的 1.5 倍。计算钢样中锰的含量。
11. 某钢样含镍约 0.12%，用丁二酮肟光度法 [$\varepsilon=1.3\times 10^4$ L/(mol·cm)] 进行测定。试样溶解后，转入 100mL 容量瓶中，显色，再加水稀释至刻度。取部分试液于波长 470nm 处用 1cm 吸收池进行测量，如果希望此时的测量相对误差最小（注：吸光度 A 为 0.434 时，测量引起的浓度相对误差最小），应称取试样多少克？

12. 用厚度为 1.00cm 的吸收池，应用分光光度法在两个测定波长处测定含有两种吸收物质溶液的吸光度。混合物在波长 580nm 处的吸光度值为 0.945，在 395nm 处的吸光度值为 0.297。试计算混合物中每个组分的浓度。已知组分 1 在 580nm 和 395nm 处的摩尔吸光系数分别为 9874L/(mol·cm) 和 548L/(mol·cm)，组分 2 在 580nm 和 395nm 处的摩尔吸光系数分别为 455L/(mol·cm) 和 8374L/(mol·cm)。

第9章 电位分析法

电位分析法是利用电极电位与化学电池电解质溶液中某种组分浓度的对应关系而实现定量测定的电化学分析法。

电位分析法具有以下特点：①准确度高，重现性和稳定性好；②灵敏度高，$10^{-4} \sim 10^{-8}$ mol/L；③选择性好（排除干扰）；④应用广泛，适用于常量、微量和痕量分析；⑤仪器设备简单，易于实现自动化。

电位分析法分为直接电位法和电位滴定法。

（1）**直接电位法** 通过直接测量电池电动势来确定待测离子的浓度的方法，具有简便、快速、灵敏、应用广泛的特点，常用于溶液 pH 和一些离子浓度的测定，在工业连续自动分析和环境检测方面有独到之处。

（2）**电位滴定法** 通过测量滴定过程中电池电动势的变化来确定终点的滴定方法。电位滴定法分析结果准确度高，容易实现自动化控制，能进行连续和自动滴定，广泛用于酸碱、氧化还原、沉淀、配位等各类滴定反应终点的确定，特别适合于那些滴定突跃小、溶液有色或浑浊的滴定。

9.1 基本原理

9.1.1 电极电位的产生及其测量

德国化学家能斯特（H. W. Nernst）提出了双电层理论解释电极电位产生的原因。当金属放入溶液中时，一方面金属晶体中处于热运动的金属离子在极性水分子的作用下，离开金属表面进入溶液。金属性质愈活泼，这种趋势就愈大；另一方面溶液中的金属离子，由于受到金属表面电子的吸引，而在金属表面沉积，溶液中金属离子的浓度愈大，这种趋势也愈大。在一定浓度的溶液中达到平衡后，在金属和溶液两相界面上形成了一个带相反电荷的双电层，双电层的厚度虽然很小（约为 10^{-8} cm 数量级），但却在金属和溶液之间产生了电位差。通常人们就把产生在金属和盐溶液之间的双电层间的电位差称为金属的电极电位。电极电位的大小主要取决于电极的本性，并受温度、介质和离子浓度等因素的影响。

图 9-1 标准氢电极

（1）**标准氢电极** 绝对电极电位无法得到，因此只能与一共同参比电极构成原电池，测定该电池电动势。常用的参比电极为标准氢电极，如图 9-1 所示。其电极反应为：

$$2H^+ + 2e \Longleftrightarrow H_2(g)$$

1953 年，国际纯粹与应用化学联合会（IUPAC）规定，在任何温度下标准氢电极的电极电位 $\varphi(H^+/H_2)=0$。

(2) 电极电位　IUPAC 规定，任何电极与标准氢电极构成原电池所测得的电动势称为该电极的电极电位。

(3) 标准电极电位　常温（298.15K）条件下，活度 a 均为 1mol/L 的氧化态和还原态构成如下电池：

$$\text{Pt}|\text{H}_2(101325\text{Pa}),\text{H}^+(a=1\text{mol/L})||\text{M}^+(a=1\text{mol/L})|\text{M}$$

该电池的电动势 E 即为电极的标准电极电位。

9.1.2　能斯特方程式

对于任一电极反应：

$$\text{Ox}+ne \rightleftharpoons \text{Red}$$

$$\varphi=\varphi^\ominus+\frac{RT}{nF}\ln\frac{a_{\text{Ox}}}{a_{\text{Red}}} \tag{9-1}$$

其中，$\varphi^\ominus$ 为标准电极电位；R 为摩尔气体常数，8.3145J/(mol·K)；T 为热力学温度；F 为法拉第常数，96485C/mol；n 为电子转移数；a 为活度。

在常温下，能斯特（Nernst）方程为：

$$\varphi=\varphi^\ominus+\frac{0.0592}{n}\ln\frac{a_{\text{Ox}}}{a_{\text{Red}}} \tag{9-2}$$

式(9-1) 和式(9-2) 称为电极反应的能斯特方程。

若电池的总反应为：

$$a\text{A}+b\text{B} \rightleftharpoons c\text{C}+d\text{D}$$

则电池电动势为：

$$E=E^\ominus-\frac{0.0592}{n}\lg\frac{(a_\text{C})^c(a_\text{D})^d}{(a_\text{A})^a(a_\text{B})^b} \tag{9-3}$$

式(9-3) 称为电池反应的能斯特方程。

必须注意：若反应物或产物是纯固体或纯液体时，其活度定义为 1；在分析测量中多要测量待测物的浓度 c_i，其与活度的关系为：

$$a_i=\gamma_i c_i$$

式中，γ_i 为 i 离子的活度系数，与离子电荷 z_i、离子半径大小 r［单位为埃（Å，1Å= 10^{-10}m）］和离子强度 $I\left(I=\frac{1}{2}\sum c_i z_i^2\right)$ 有关：

$$\lg\gamma_\pm=-0.512z_i^2\left(\frac{\sqrt{I}}{1+Br\sqrt{I}}\right)$$

由能斯特方程可以看出影响电极电位的主要因素有以下几方面。

(1) 参加电极反应的离子浓度　这是影响电极电位的主要因素。

(2) 温度　能斯特方程中 $\frac{RT}{nF}$ 项称为能斯特斜率，它是温度的函数。因此，测量电极电位时，必须考虑温度的影响。

(3) 电子转移数　能斯特斜率 $\frac{RT}{nF}$ 也受电子转移数 n 的影响，n 越大，斜率越小。在 25℃时，若 $n=1$，斜率为 0.059V；若 $n=2$，斜率只有 0.030V，因此电位滴定法对测定 $n=1$ 的电极反应离子的灵敏度较高，而对高价离子，测定灵敏度则较低。

【例 9-1】 在 0.1000mol/L Fe^{2+} 溶液中，插入 Pt 电极（＋）和饱和甘汞电极 SCE（－），在 25℃ 时测得电池电动势为 0.395V，问有多少 Fe^{2+} 被氧化成 Fe^{3+}？

解 电池表达式为：$SCE \parallel Fe^{3+}, Fe^{2+} \mid Pt$

$$E = \varphi_{铂电极} - \varphi_{SCE}$$
$$= 0.771 + 0.0592\lg\frac{[Fe^{3+}]}{[Fe^{2+}]} - 0.2438 = 0.395(V)$$

$$\lg\frac{[Fe^{3+}]}{[Fe^{2+}]} = \frac{0.395 + 0.2438 - 0.771}{0.0592} = -2.233$$

设有 x 的 Fe^{2+} 被氧化为 Fe^{3+}，则

$$\lg\frac{[Fe^{3+}]}{[Fe^{2+}]} = \lg\frac{x}{1-x} = -2.233$$

$$\frac{x}{1-x} = 0.00585 \qquad x = 0.582\%$$

即有约 0.58% 的 Fe^{2+} 被氧化为 Fe^{3+}。

9.1.3 液接电位及其消除

（1）**液接电位的形成**　当两个不同种类或不同浓度的溶液直接接触时，由于浓度梯度或离子扩散使离子在相界面上产生迁移。当这种迁移速率不同时会产生电位差或称产生了液接电位。它会影响电池电动势的测定，在实际工作中应消除。

（2）**液接电位的消除——盐桥**　盐桥的制作：加入 3% 琼脂于饱和 KCl 溶液（4.2mol/L），加热混合均匀，注入 U 形管中，冷却成凝胶，两端以多孔砂芯密封防止电解质溶液间的虹吸而发生反应，但仍形成电池回路。由于 K^+ 和 Cl^- 的迁移或扩散速率相当，因而液接电位很小，通常为 $1\sim 2\text{mV}$。

9.2　电极与测量仪器

9.2.1　参比电极及其构成

参比电极是一个辅助电极，是测量电池电动势和计算电极电位的基准。电位值与被测物质无关、电位已知且稳定、提供测量电位参考的电极，称为参比电极。前述标准氢电极可用作测量标准电极电位的参比电极。理想的参比电极要求它的电位值稳定，重现性好，结构简单，容易制作和使用寿命长。

标准氢电极是最精确的参比电极，认为是参比电极的一级标准。因为标准氢电极的电位值为零，当它与另外一支指示电极组成原电池时，所测得的电池电动势，即是该指示电极的电位。但标准氢电极的制备和操作难度较高，电极中的铂黑易中毒而失活，因此，在实际工作中往往采用一些易于制作、使用方便，在一定条件下电极电位恒定的其他电极作为参比电极。目前常用的参比电极有甘汞电极和银-氯化银电极，它们的电极电位值是相对于标准氢电极而测得的，故称为二级标准。

（1）**甘汞电极**　甘汞电极是由金属汞、甘汞（Hg_2Cl_2）和 KCl 溶液所组成的。它的结

构如图 9-2 所示。

甘汞电极的半电池组成为：
$$Hg, Hg_2Cl_2 | KCl$$

电极反应为： $Hg_2Cl_2 + 2e \rightleftharpoons 2Hg + 2Cl^-$

在一定温度下，甘汞电极的电位与 KCl 溶液的 Cl^- 活度有关。

$$\varphi = \varphi^\ominus + \frac{0.0592}{2}\lg\frac{a_{Hg_2^{2+}}}{a_{Hg}^2} = \varphi^\ominus + 0.0592\lg\frac{K_{sp}(Hg_2Cl_2)}{(a_{Cl^-})^2}$$

在 298K 时，其电极电位与 Cl^- 活度的关系为：
$$\varphi = k - 0.0592\lg(a_{Cl^-})^2 \tag{9-4}$$

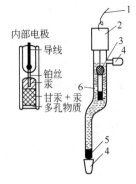

图 9-2 甘汞电极的结构

1—导线；2—绝缘体；3—内部电极；4—橡皮帽；5—多空物质；6—KCl 溶液

由式(9-4) 可知，电极电位与 Cl^- 的活度或浓度有关。当 Cl^- 活度恒定时，它的电极电位值也恒定，可作参比电极。不同浓度的 KCl 溶液，可使甘汞电极的电极电位值不同。当 KCl 溶液为饱和溶液（KCl 浓度为 4.6mol/L）时称为饱和甘汞电极（SCE），其电极电位值为 0.2438V。因为 SCE 的 Cl^- 活度较易控制，所以是最常用的参比电极，其特点如下：

① 制作简单，应用广泛；

② 使用温度较低（<40℃），但受温度影响较大（当 T 从 20℃ 变化到 25℃ 时，饱和甘汞电极电位从 0.2479V 变化到 0.2444V，$\Delta E = 0.0035V$）；

③ 当温度改变时，电极电位平衡时间较长；

④ Hg(Ⅱ) 可与一些离子发生反应。

饱和甘汞电极在使用前应先取下小胶帽，同时应保证饱和 KCl 的液位与电极支管下端相平，电极底端含有少量晶体。

(2) Ag-AgCl 电极　　Ag-AgCl 电极是在银丝上镀一层 AgCl，将其浸在 KCl 溶液中所构成的。该电极的半电池组成为：
$$Ag, AgCl | KCl$$

电极反应为：　　$AgCl + e \rightleftharpoons Ag + Cl^-$

在 298K 时，其电极电位与 Cl^- 活度的关系为：
$$\varphi(AgCl/Ag) = \varphi^\ominus(AgCl/Ag) - 0.0592\lg a_{Cl^-} \tag{9-5}$$

当 Cl^- 活度一定时，Ag-AgCl 电极的电极电位值就是恒定的。Ag-AgCl 电极的特点如下：

① 可在高于 60℃ 的温度下使用；

② 较少与其他离子反应（但可与蛋白质作用并导致与待测物界面的堵塞）。

在 298K 时，甘汞电极和 Ag-AgCl 电极在不同浓度的 KCl 溶液中的电极电位见表 9-1。

表 9-1　常用参比电极的电极电位（298K）

KCl 溶液浓度/(mol/L)	甘汞电极的电位/V	Ag-AgCl 电极的电位/V
0.1000	0.3365	0.2880
1.000	0.2828	0.2223
饱和溶液	0.2438	0.2000

9.2.2 指示电极

指示电极是用来指示溶液中待测离子活度的电极。指示电极可分为两大类：一类叫金属基电极；另一类叫离子选择性电极。

(1) 金属基电极　金属基电极的电极电位主要取决于电极表面发生的氧化还原反应，此类电极的结构及作用原理介绍如下。

① 金属-金属离子电极　金属插入该金属离子的溶液中，就组成金属-金属离子电极，该电极的电极电位能准确地反映溶液中金属离子活度的变化。例如，Ag-Ag$^+$电极的电极反应为：

$$Ag^+ + e \rightleftharpoons Ag$$

298K时其电极电位为：

$$\varphi(Ag^+/Ag) = \varphi^\ominus(Ag^+/Ag) + 0.0592 \lg a_{Ag^+} \tag{9-6}$$

Ag-Ag$^+$电极可用于测定Ag$^+$活度，也可用于测定沉淀滴定或配合滴定中Ag$^+$活度的变化，从而确定滴定终点。

某些活泼金属（如铁、钴、镍）表面易产生氧化膜，故不宜用来制备指示电极。

② 金属-金属难溶盐电极　金属表面涂上该金属的难溶盐或氧化物，将其浸在与该难溶盐具有相同阴离子的溶液中组成的电极。前述的两种参比电极（Hg-Hg$_2$Cl$_2$和Ag-AgCl）均属于此类指示电极。由式(9-4)和式(9-5)可知，其电极电位与溶液中的Cl$^-$活度有关，所以金属-金属难溶盐电极可用于测定金属难溶盐的阴离子。另外，锑电极是属于表面涂有难溶氧化物（Sb$_2$O$_3$）的指示电极，其电极电位与溶液的pH有关，可用于测定溶液的pH。该电极的半电池符号为Sb，Sb$_2$O$_3$ | H$^+$，电极反应为：

$$Sb_2O_3(s) + 6H^+ + 6e \rightleftharpoons 2Sb(s) + 3H_2O$$

298K时其电极电位为：

$$\varphi(Sb_2O_3/Sb) = \varphi^\ominus(Sb_2O_3/Sb) - 0.0592 pH \tag{9-7}$$

③ 惰性金属电极　将惰性金属如铂或石墨制成片状或棒状，浸入含有同一元素不同氧化态的两种离子的溶液中而组成的电极。这类电极的电极电位与两种氧化态离子的活度比有关，惰性金属只是起传递电子的作用，本身不参与氧化还原反应。例如，铂与Fe^{3+}和Fe^{2+}组成的电极，半电池符号可写成Pt | Fe^{3+}(c_1)，Fe^{2+}(c_2)，电极反应为：

$$Fe^{3+} + e \rightleftharpoons Fe^{2+}$$

298K时其电极电位为：

$$\varphi(Fe^{3+}/Fe^{2+}) = \varphi^\ominus(Fe^{3+}/Fe^{2+}) + 0.0592 \lg \frac{a_{Fe^{3+}}}{a_{Fe^{2+}}} \tag{9-8}$$

此类电极可用于测定组成电极的两种离子的活度比或其中一种离子的活度。惰性电极并不参加电极反应，只作为氧化还原反应交换电子的场所。在氧化还原滴定中，铂电极的应用较多。铂电极使用前要用硝酸溶液（1+1）浸泡数分钟，再分别用自来水和蒸馏水清洗干净。

(2) 离子选择性电极　离子选择性电极属于膜电极。电极电位的产生机理与金属基电极不同，它是通过某些离子在膜两侧的扩散、迁移和离子交换等作用，选择性地对某个离子产生膜电位，而膜电位与该离子活度的关系符合能斯特方程。

离子选择性电极的基本结构如图9-3所示，主要由离子选择性膜、内参比电极和内参比溶液组成。根据膜的性质不同，离子选择性电极可分为非晶体膜电极、晶体膜电极和敏化电极等，下面先介绍非晶体膜电极与晶体膜电极。

① **非晶体膜电极** 用于测定溶液中 pH 的玻璃电极就是最早使用的一种非晶体膜电极。它的结构如图 9-4 所示。

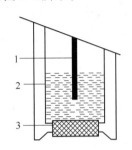
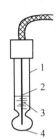

图 9-3　氟离子选择性电极
1—Ag-AgCl 内参比电极；2—NaF-NaCl 内
参比溶液；3—LaF$_3$ 单晶膜

图 9-4　玻璃电极
1—绝缘体；2—Ag-AgCl 内参比电极；
3—内参比溶液；4—玻璃膜

玻璃电极的作用部分主要是下端的玻璃球。球的下半部是由特殊成分的玻璃制成的薄膜，其组成是在 SiO$_2$ 基体中加入 Na$_2$O 或 Li$_2$O 及 CaO ［摩尔分数约为 $x(\text{SiO}_2)=72\%$，$x(\text{Na}_2\text{O})$ 或 $x(\text{Li}_2\text{O})=22\%$，$x(\text{CaO})=6\%$］，膜厚 80～100μm。球内装有一定 pH 的缓冲溶液（称内参比溶液），其中插入一支 Ag-AgCl 电极（称内参比电极），即构成玻璃电极。由于玻璃膜产生的膜电位与待测溶液 pH 之间符合能斯特方程，因而玻璃电极可用于测定溶液的 pH。

玻璃电极使用前应浸入水中进行活化。玻璃膜与水溶液接触时，因为膜中的硅酸结构（Gl$^-$）与 H$^+$ 的结合能力远大于与 Na$^+$ 的结合能力，所以膜中的 Na$^+$ 与水中的 H$^+$ 会发生如下的离子交换：

$$\text{H}^+ \ + \ \text{Na}^+\text{Gl}^- \ \rightleftharpoons \ \text{Na}^+ \ + \ \text{H}^+\text{Gl}^-$$
水溶液　　膜表面　　水溶液　　膜表面

当交换达到平衡后，玻璃膜表面的 Na$^+$ 几乎全部被 H$^+$ 所取代，形成很薄的溶胀的水合硅胶层（简称水化层），如图 9-5 所示。水化层表面的正电荷点位几乎全部由 H$^+$ 占有，水化层表面至干玻璃层 H$^+$ 数目逐渐减少，而 Na$^+$ 数目逐渐增加，到干玻璃层几乎全部由 Na$^+$ 占有，形成 H$^+$ 活度梯度。同理，玻璃膜的内表面上的 Na$^+$ 也因和内参比溶液中的 H$^+$ 发生交换而形成类似的水化层。

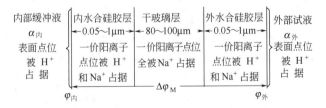

图 9-5　浸泡活化后的玻璃膜示意图

经活化的玻璃电极浸入被测溶液后，由于被测溶液中 H$^+$ 活度与玻璃膜表面的 H$^+$ 活度不同，两相之间产生活度差，引起 H$^+$ 从活度大的一方向活度小的一方扩散。当扩散达到平衡时，水化层表面过剩的正电荷吸引溶液中的阴离子，导致水化层与试液界面上形成双电层，称为相界电位 $\varphi_{外}$。同理，在玻璃膜内表面也会产生一个相界电位 $\varphi_{内}$。若内参比溶液与外部试液的 H^+ 活度不同，则 $\varphi_{外}$ 与 $\varphi_{内}$ 值也不同，由此产生的玻璃膜内外相界电位之差称为玻璃膜电位，用 $\Delta\varphi_M$ 表示。

可见，玻璃膜电位的产生不是由于电子得失，而是由于离子（H^+）在外部溶液和水化层界面间进行迁移的结果。

由热力学理论可知，298K 时，玻璃膜内、外相界电位与 H^+ 活度符合能斯特方程式。

$$\varphi_{外} = k_{外} + 0.0592 \lg \frac{a_{H^+,外}}{a'_{H^+,外}} \tag{9-9}$$

$$\varphi_{内} = k_{内} + 0.0592 \lg \frac{a_{H^+,内}}{a'_{H^+,内}} \tag{9-10}$$

式中 $a_{H^+,外}$，$a_{H^+,内}$——外部溶液和内参比溶液的 H^+ 活度；
　　　$a'_{H^+,外}$，$a'_{H^+,内}$——玻璃膜外、内侧水化层的 H^+ 活度；
　　　$k_{外}$，$k_{内}$——玻璃膜外、内表面性质决定的常数。

因为玻璃膜内、外表面的性质基本相同，应满足 $k_{外}=k_{内}$。另外，因水化层内、外表面的 Na^+ 几乎全部被 H^+ 所取代，所以满足 $a'_{H^+,外}=a'_{H^+,内}$。则玻璃膜电位可表示为：

$$\Delta\varphi_M = \varphi_{外} - \varphi_{内} = 0.0592 \lg \frac{a_{H^+,外}}{a_{H^+,内}} \tag{9-11}$$

因内参比溶液的 $a_{H^+,内}$ 是定值，故在 298K 时式（9-11）可写成

$$\Delta\varphi_M = K + 0.0592 \lg a_{H^+,外} = K - 0.0592 pH_{试液} \tag{9-12}$$

式（9-12）为玻璃电极测定溶液 pH 的理论依据。

当被测试液的 $a_{H^+,外}$ 正好等于内参比溶液的活度 $a_{H^+,内}$ 时，$\Delta\varphi_M$ 应等于零，但实际上 $\Delta\varphi_M$ 并不等于零，此电位差称为玻璃电极的不对称电位，用 $\Delta\varphi_{不对称}$ 表示。$\Delta\varphi_{不对称}$ 是由于玻璃膜内、外表面性质的微小差异，导致 $k_{外} \neq k_{内}$ 而产生的。但是若将玻璃电极在纯水中浸泡足够时间（24h 以上）进行活化，使其表面形成稳定的水化层时，不对称电位很小（为 1~30mV）且稳定。另外，由于玻璃电极中还包含有 Ag-AgCl 内参比电极，因此玻璃电极的电位应该是内参比电极的电位与膜电位之和，再扣除电极的不对称电位，即

$$\varphi_{玻璃} = \varphi(AgCl/Ag^+) + \Delta\varphi_M - \Delta\varphi_{不对称} \tag{9-13}$$

因为内参比电极电位与不对称电位均认为是定值，可以并入到膜电位表达式中的 K 项中，所以玻璃电极电位与 pH 之间的关系为：

$$\varphi_{玻璃} = K' - 0.0592 pH \tag{9-14}$$

② 晶体膜电极　晶体膜电极分为均相与非均相膜电极。非均相膜电极是由电活性物质与某些惰性材料（如聚氯乙烯、聚苯乙烯、硅橡胶和石蜡等）组成的，例如铅离子选择性电极是由聚乙烯-Ag_2S-PbS 组成的非均相晶体膜电极。均相膜电极是由一种或多种化合物的均相混合物的晶体构成的，若由一种晶体组成的电极称为单晶膜电极，如氟离子选择性电极是由氟化镧单晶构成的单晶膜电极；由两种或两种以上晶体组成的电极称为多晶膜电极，如氟以外的卤素离子选择性电极是由 Ag_2S 与卤化银晶体混合制成的多晶膜电极。下面只介绍氟化镧单晶膜电极的结构与作用原理。

氟化镧电极是典型的单晶膜电极，其结构如图 9-3 所示。把氟化镧单晶膜封在塑料管的下端，管内装 0.1mol/L NaF 和 0.1mol/L NaCl 混合溶液作内参比溶液，以 Ag-AgCl 电极作内参比电极，即构成氟离子电极。

利用氟离子选择性电极测定 F^- 的原理，主要是利用当氟电极插入含 F^- 的溶液后，F^- 进入 LaF_3 单晶表面的晶格空隙，使固液界面上产生相界电位。同理，在膜的内侧也产生相界电位。膜两侧相界电位差即为氟离子选择电极的膜电位 $\Delta\varphi_M$，它与溶液中 F^- 活度之间的关系遵循能斯特方程式，即在 298K 时

$$\Delta\varphi_M = K - 0.0591 \lg a_{F^-} = K + 0.0592 pF \tag{9-15}$$

为了提高氟离子选择性电极的测量准确度，使用氟电极时，要求被测溶液的 pH 应控制在 5～7 之间。若溶液的碱度过高，在电极膜表面会发生下列反应：

$$LaF_3 + 3OH^- \rightleftharpoons La(OH)_3 \downarrow + 3F^-$$

由于 LaF_3 中的 F^- 释放出来，使试液中 F^- 活度增加，测定结果偏高；若溶液的酸度偏高，溶液中的 F^- 易与 H^+ 反应，生成 HF 或 HF_2^-，使试液中的 F^- 活度减小，测定结果偏低。氟离子选择性电极对 F^- 的最佳响应范围是 $10^{-6} \sim 1 mol/L$，其测量下限取决于 LaF_3 的溶度积。

（3）流动载体膜电极（液膜电极） 如钙电极，其内参比溶液为含 Ca^{2+} 水溶液；内外管之间装的是 0.1mol/L 二癸基磷酸钙（液体离子交换剂）的苯基磷酸二辛酯溶液，它极易扩散进入微孔膜，但不溶于水，故不能进入试液溶液。二癸基磷酸根可以在液膜-试液两相界面间传递钙离子，直至达到平衡。由于 Ca^{2+} 在水相（试液和内参比溶液）中的活度与有机相中的活度差异，在两相之间产生相界电位。液膜两面发生的离子交换反应为：

$$[(RO)_2PO]_2\text{-}Ca^{2+}(\text{有机相}) \rightleftharpoons 2[(RO)_2PO]_2(\text{有机相}) + Ca^{2+}(\text{水相})$$

钙电极适宜的 pH 范围是 5～11，可测出 10^{-5} mol/L 的 Ca^{2+}。钙电极的构造见图 9-6(a)。

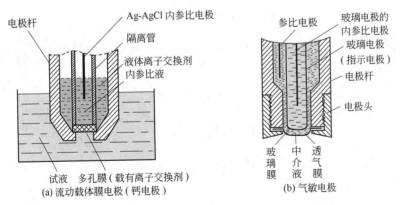

图 9-6　流动载体膜电极（钙电极）和气敏电极的构造

（4）敏化电极　敏化电极是指气敏电极、酶电极、细菌电极及生物电极等，是在原电极上覆盖一层膜或物质，使得电极的选择性提高。如气敏电极是基于界面化学反应的敏化电极；把指示电极与参比电极组装在一起，试样中待测组分气体扩散通过透气膜，进入离子选择性电极的敏感膜与透气膜之间的极薄液层内，使液层内对离子选择性电极敏感的离子活度变化，则离子选择性电极膜电位改变，故电池电动势也发生变化。气敏电极也被称为探头、探测器、传感器。气敏电极的构造见图 9-6(b)。

（5）复合电极　把指示电极和参比电极组装在一起，形成复合电极，这种电极使用时不需另接参比电极。

9.2.3 离子选择性电极的选择性

(1) 离子选择性系数　理想的离子选择性电极应只对某特定的离子产生响应，而对共存的其他离子无响应，但实际上没有绝对只对某一种离子响应的电极。例如用于测定溶液 pH 的玻璃电极，当溶液 pH 大于 9 时，H^+ 和 Na^+ 都产生响应，从而影响 pH 的测定。离子选择性电极所测得的膜电位实际上是被测离子和干扰离子对膜电位的共同响应值。为减小干扰离子对测定的影响，干扰离子所产生的膜电位响应越小越好。

衡量离子选择性电极对各种共存离子响应能力大小的参数是选择性系数 $K_{i,j}$，$K_{i,j}$ 称为干扰离子对欲测离子的选择性系数。设被测离子（i）和干扰离子（j）分别带电荷 n_i 和 n_j，若在相同的测量条件下提供相同膜电位所需的被测离子和干扰离子的活度分别为 a_i 和 a_j，则离子选择性系数 $K_{i,j}$ 的定义式为：

$$K_{i,j} = \frac{a_i}{(a_j)^{n_i/n_j}} \tag{9-16}$$

可见，提供相同膜电位所需干扰离子的活度越大或欲测离子的活度越小，选择性系数 $K_{i,j}$ 越小，电极对被测离子的选择性就越好。例如测定 pH 用的玻璃电极，Na^+ 对 H^+ 的选择性系数为 $K_{H^+,Na^+} = 10^{-9}$，则表示当 Na^+ 活度是 H^+ 活度的 10^9 倍时，两者在该电极上提供相同的膜电位，也可以说此电极对 H^+ 的响应比对干扰离子 Na^+ 的响应灵敏 10^9 倍。

(2) 离子选择性系数的应用　若欲测离子分别为阳离子和阴离子，则在 298K 时，离子的活度与膜电位之间的关系式为：

$$\Delta\varphi_M = K + \frac{0.0592}{n} \lg a_{阳离子} \tag{9-17}$$

$$\Delta\varphi_M = K - \frac{0.0592}{n} \lg a_{阴离子} \tag{9-18}$$

若测定被测离子 i 时，共存离子 j 产生干扰，且已知选择性系数为 $K_{i,j}$，则膜电位的表达式应修正为：

$$\Delta\varphi_M = K + \frac{0.0592}{n_i} \lg[a_i + K_{i,j}(a_j)^{n_i/n_j}] \tag{9-19}$$

$$\Delta\varphi_M = K - \frac{0.0592}{n_i} \lg[a_i + K_{i,j}(a_j)^{n_i/n_j}] \tag{9-20}$$

另外，利用选择性系数 $K_{i,j}$ 还可以估算某种干扰离子在测定中产生的相对误差大小，相对误差的计算式为：

$$相对误差 = \frac{K_{i,j} \times (a_j)^{n_i/n_j}}{a_i} \times 100\% \tag{9-21}$$

例如 $K_{i,j} = 10^{-9}$，当欲测离子活度等于干扰离子活度（$a_i = a_j$）且 $n_1 = n_2$ 时，干扰离子引起的相对误差为：

$$\frac{10^{-9} \times a_j}{a_i} \times 100\% = 10^{-7}\%$$

9.2.4 测量仪器

酸度计是电位分析法测量溶液 pH 的仪器，它既可用于测量水溶液的酸度，又可作为毫伏计测量电池电动势。酸度计有实验室用精密酸度计和工业用酸度计。

（1）酸度计的结构　实验室用酸度计型号很多，但其结构一般均由两部分组成，即电极系统和高阻抗毫伏计两部分。电极与待测溶液组成原电池，以毫伏计测量电极间电位差，电位差经放大电路放大后，由电流表或数码管显示。目前应用较广的是 pHS 系列的数显式精密酸度计，见图 9-7。

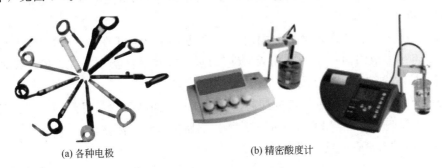

(a) 各种电极　　　　(b) 精密酸度计

图 9-7　测量仪器

（2）电池电动势的测定　酸度计接上各种适当的指示电极和参比电极，用蒸馏水清洗电极对；把电极对插入待测溶液内。开动电磁搅拌器，搅拌均匀后，静置，即可直接读出该电池的电动势值（mV），并自动显示极性。由于电池电动势＝正极电极电位－负极电极电位，从而可以求出被测电极的电极电位。

9.3　直接电位法测溶液 pH

9.3.1　pH 的实用定义

根据能斯特方程得出，在 25℃时，电池电动势与 pH 呈线性关系：

$$E = K + 0.0592 \mathrm{pH} \tag{9-22}$$

式中，K 在一定实验条件下是一个常数；0.0592（V/pH）是电极的响应斜率。测定溶液 pH 时，先测定 pH 已知且与试液 pH 接近的标准缓冲溶液与指示电极、参比电极组成工作电池的电动势 E_s，则

$$E_s = K_s + 0.0592 \mathrm{pH}_s$$

再测定试液与指示电极、参比电极组成工作电池的电动势 E_x，则有

$$E_x = K_x + 0.0592 \mathrm{pH}_x$$

若测量标准缓冲溶液和试液时的条件不变，则 $K_s = K_x$，则有

$$\mathrm{pH}_x = \mathrm{pH}_s + \frac{E_x - E_s}{0.0592} \tag{9-23}$$

通过分别测定标准缓冲溶液和试液所组成的工作电池的电动势就可求出试液的 pH，这就是 pH 的实用定义。

实际测定时，是用标准缓冲溶液进行定位，即将电极插入标准缓冲溶液中，通过仪器定位旋钮将仪器读数调至标准缓冲溶液的 pH_s 值，然后再将电极插入待测液中，即可读出 pH_x 的值，而不是通过电池电动势来计算求出 pH_x。

另外，实际测量时，温度不一定是 25℃，电极斜率也不一定是 0.0592（V/pH），因此

要进行温度补偿和斜率校正。

9.3.2 标准缓冲溶液的配制

（1）pH=4.00 的标准缓冲溶液的配制　称取在 110℃下干燥过 1h 的邻苯二甲酸氢钾（KHP）2.56g，用无 CO_2 的水溶解并稀释至 250mL。贮于用所配溶液荡洗过的聚乙烯试剂瓶中，贴上标签。

（2）pH=6.86 的标准缓冲溶液的配制　称取已于（120±10）℃下干燥过 2h 的磷酸二氢钾 0.850g 和磷酸氢二钠 0.890g，用无 CO_2 的水溶解并稀释至 250mL。贮于用所配溶液荡洗过的聚乙烯试剂瓶中，贴上标签。

（3）pH=9.18 的标准缓冲溶液的配制　称取 0.96g 四硼酸钠，用无 CO_2 的水溶解并稀释至 250mL。贮于用所配溶液荡洗过的聚乙烯试剂瓶中，贴上标签。

几种标准缓冲溶液在不同温度下的 pH 见表 9-2。

表 9-2　几种标准缓冲溶液在不同温度下的 pH

温度/℃	四草酸氢钾	饱和酒石酸氢钾	邻苯二甲酸氢钾	磷酸盐	硼酸盐	氢氧化钙
0	1.67	—	4.00	6.98	9.46	13.42
5	1.67	—	4.00	6.95	9.40	13.21
10	1.67	—	4.00	6.92	9.33	13.00
15	1.67	—	4.00	6.90	9.28	12.81
20	1.68	—	4.00	6.88	9.22	12.63
25	1.68	3.56	4.01	6.86	9.18	12.45
30	1.69	3.55	4.01	6.85	9.14	12.29
35	1.69	3.55	4.02	6.84	9.10	12.13
40	1.69	3.55	4.04	6.84	9.07	11.98

9.3.3 水溶液 pH 的测定

（1）工作电池的组成　电位分析法测定溶液的 pH，是以 pH 玻璃电极为指示电极，饱和甘汞电极为参比电极与待测液组成工作电池，工作电池可表示为：

pH 玻璃电极｜试液‖饱和甘汞电极

（2）酸度计的校正　酸度计在使用前应先开机预热 20min，然后检查、处理和安装饱和甘汞电极和 pH 玻璃电极，接上电极导线，用 pH 试纸测出待测试液的大致 pH。接着用 25℃时 pH=6.86 的标准缓冲溶液调定位，用与待测试液 pH 纸值相近的标准缓冲溶液调斜率，调至读数为 pH_s 的值。

（3）pH 的测定　酸度计用标准缓冲溶液校正后，取出两电极，清洗并用滤纸吸干，直接插入待测试液中，打开搅拌器，待数字显示器显示的数值稳定后，停止搅拌，读出待测试液的 pH，记录数据。

pH 玻璃电极的使用注意事项为：①要保证玻璃球泡没有裂痕，内参比电极浸入内参比溶液中，而且内参比溶液中没有气泡；②pH 玻璃电极在使用时球泡外壁的溶液只能用滤纸吸干，不能用滤纸擦拭；③插线柱要保持干燥；④pH 玻璃电极不能在酒精、浓硫酸等溶液中使用。

9.4 直接电位法测定离子浓度

9.4.1 测定原理

将离子选择性电极（指示电极）和参比电极插入试液，可以组成测定各种离子浓度的电池，电池电动势为：

$$E = K' \pm \frac{2.303RT}{nF} \lg a_i \tag{9-24}$$

离子选择性电极作正极时，对阳离子响应的电极，取正号；对阴离子响应的电极，取负号。由于 $a_i = \gamma_i c_i$，因此有

$$E = K' \pm \frac{2.303RT}{nF} \lg(\gamma_i c_i)$$

$$E = K' \pm \frac{2.303RT}{nF} (\lg \gamma_i + \lg c_i)$$

式中，γ_i 由离子强度 I 决定。如果保持溶液离子强度 I 不变，则活度系数 γ_i 不变，合并常数项，以 K 代表常数项，则有

$$E = K \pm \frac{2.303RT}{nF} \lg c_i \tag{9-25}$$

因此，当离子活度系数保持不变时，膜电位与 $\lg c_i$ 呈线性关系。溶液中加入总离子强度调节缓冲溶液（Total Ionic Strength Adjustment Buffer，简称 TISAB），可保持溶液的离子强度相对稳定不变，则活度系数 γ_i 不变。

TISAB 具有以下作用：①保持较大且相对稳定的离子强度，使活度系数恒定；②维持溶液在适宜的 pH 范围内，满足离子电极的要求；③掩蔽干扰离子。测 F^- 过程所使用的 TISAB 典型组成：1mol/L 的 NaCl，使溶液保持较大的、稳定的离子强度；0.25mol/L 的 HAc 和 0.75mol/L 的 NaAc，使溶液 pH 在 5 左右；0.001mol/L 的柠檬酸钠，掩蔽 Fe^{3+}、Al^{3+} 等干扰离子。

值得注意的是，所加入的 TISAB 中不能含有能被所用的离子选择性电极所响应的离子。

9.4.2 标准曲线法

用测定离子的纯物质配制一系列不同浓度的标准溶液，并用总离子强度调节缓冲溶液保持溶液的离子强度相对稳定不

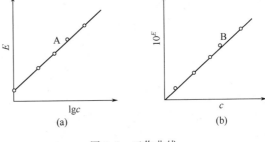

图 9-8 工作曲线

变，分别测定各溶液的电位值，并绘制 E-$\lg c$ 或者 10^E-c 关系曲线，如图 9-8 所示。

同样条件下测定未知试液的电池电动势，利用工作曲线就可以计算出 c_x。

9.4.3 标准加入法

设某一试液体积为 V_0，其待测离子的浓度为 c_x，测定的工作电池电动势为 E_1，则

$$E_1 = K + \frac{2.303RT}{nF} \lg(\gamma_1 c_x)$$

式中，γ_1 是活度系数；c_x 是待测离子的总浓度。

往试液中准确加入一小体积 V_s（大约为 V_0 的 1/100）的用待测离子的纯物质配制的标准溶液，浓度为 c_s（约为 c_x 的 100 倍）。由于 $V_0 \gg V_s$，故可认为溶液体积基本不变。浓度增量为：

$$\Delta c = \frac{c_s V_s}{V_0}$$

再次测定工作电池的电动势为 E_2：

$$E_2 = K + \frac{2.303RT}{nF} \lg[\gamma_2(c_x + \Delta c)]$$

可以认为 $\gamma_1 \approx \gamma_2$，则

$$\Delta E = E_2 - E_1 = \frac{2.303RT}{nF} \lg\left(1 + \frac{\Delta c}{c_x}\right)$$

令 $S = \dfrac{2.303RT}{nF}$，则

$$\Delta E = S \lg\left(1 + \frac{\Delta c}{c_x}\right)$$

因此

$$c_x = \Delta c (10^{\Delta E/S} - 1)^{-1}$$

【例 9-2】 将钙离子选择性电极和饱和甘汞电极插入 100.0mL 水样中，用直接电位法测定水样中的 Ca^{2+}。25℃ 时，测得钙离子电极电位为 $-0.0619V$（对 SCE），加入 0.0731mol/L 的 $Ca(NO_3)_2$ 标准溶液 1.00mL，搅拌平衡后，测得钙离子电极电位为 $-0.0483V$（对 SCE）。试计算原水样中 Ca^{2+} 的浓度。

解 $c_s = 0.0731 \text{mol/L}$，$V_s = 1.00\text{mL}$，$V_x = 100.0\text{mL}$，$S = 0.0592/2 = 0.0296$，则

$$\Delta E = -0.0483 - (-0.0619) = 0.0136 \text{ (V)}$$

代入公式 $c_x = \dfrac{c_s V_s}{V_x(10^{\Delta E/S} - 1)}$ 得

$$c_x = \frac{0.0731 \times 1.00}{100.0 \times (10^{0.0136/0.0296} - 1)} = 3.89 \times 10^{-4} \text{ (mol/L)}$$

试样中 Ca^{2+} 的浓度为 3.89×10^{-4} mol/L。

9.4.4 影响电位测定准确性的因素

（1）测量温度　温度对测量的影响主要表现在对电极的标准电极电位、直线的斜率和离子活度的影响上，温度的波动可以使离子活度变化而影响电位测定的准确性。在测量过程中应尽量保持温度恒定。

（2）线性范围和电位平衡时间　一般线性范围在 $10^{-1} \sim 10^{-6}$ mol/L，平衡时间越短越好。测量时可通过搅拌使待测离子快速扩散到电极敏感膜，以缩短平衡时间。测量不同浓度试液时，应由低到高测量。

（3）溶液特性　溶液特性主要是指溶液的离子强度、pH 及共存组分等。溶液的总离子强度

应保持恒定。溶液的 pH 应满足电极的要求。避免对电极敏感膜造成腐蚀。干扰离子的影响表现在两个方面：一是能使电极产生一定响应；二是干扰离子与待测离子发生配合或沉淀反应。

（4）**电位测量误差** 当电位读数误差为 1mV 时，对于一价离子，由此引起结果的相对误差为 3.9%，对于二价离子，则相对误差为 7.8%。故电位分析多用于测定低价离子。

9.5 电位滴定法

电位滴定法是根据滴定过程中指示电极电位的变化来确定滴定终点的一种滴定分析方法。滴定时，在被测溶液中插入一支指示电极和一支参比电极，组成工作电池。随着滴定剂的加入，溶液中被测离子浓度不断发生变化，因而指示电极的电位也相应发生变化。在化学计量点附近，被测离子浓度发生突跃，指示电极电位也产生了突跃，因此只要测量出工作电池电动势的变化，就可以确定滴定终点的位置。电位滴定法是根据滴定过程中指示电极电位的突跃来确定滴定终点的一种滴定分析方法。

9.5.1 电位滴定法的分析过程

在待测试液中加入搅拌子后置于搅拌器上，在小烧杯中插入参比电极与指示电极，并将两电极接在酸度计上；选择酸度计上的选择开关为"mV"挡，打开电磁搅拌器；在滴定管中加入标准滴定溶液，转动滴定管上的活塞，在小烧杯中逐滴加入标准溶液，一直到电位值出现突变；继续滴加少量标准溶液后，停止滴定。每滴加一次滴定剂，平衡后测量电动势。

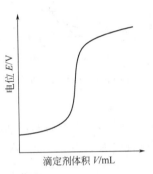

图 9-9　电位滴定曲线

首先，快速滴定寻找化学计量点所在的大致范围。然后，正式精确滴定，在滴定突跃范围内每次滴加体积都控制在 0.1mL。记录每次滴定时的滴定剂用量（V）和相应的电动势数值（E），作图得到滴定曲线，见图 9-9。

9.5.2 电位滴定法的基本仪器装置

将指示电极与参比电极插入被滴定溶液中组成原电池，在不断搅拌下，由滴定管滴入滴定液，根据滴定过程中电池电动势的变化来确定滴定终点。

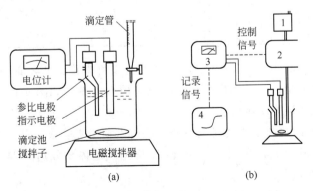

图 9-10　电位滴定装置

1—储液器；2—加液控制器；3—电位测量；4—记录仪

电位滴定法的基本仪器装置主要由滴定管、指示电极与参比电极、酸度计或离子计、电磁搅拌器等组成，见图 9-10。

9.5.3 电位滴定确定终点的方法

在电位滴定中每加一定体积的滴定剂，测定相应的电动势，一直到超过化学计量点为止。记录所有滴定点的数据，可得到一系列的滴定剂用量 V 和对应的电动势 E。例如，用 0.1000mol/L $AgNO_3$ 溶液滴定 Cl^- 时所得数据经整理后列于表 9-3。下面利用表中的数据讨论确定终点的 3 种方法。

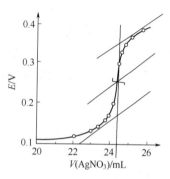

图 9-11　E-V 滴定曲线

（1）E-V 曲线法　利用表 9-3 数据，以加入滴定剂体积 V 为横坐标，电动势 E 为纵坐标，绘制 E-V 曲线，可得如图 9-11 所示的滴定曲线。曲线中电动势发生突跃的转折点对应的体积即为滴定终点，转折点可通过作图法求得。如在 S 形滴定曲线上绘制两条与两拐点相切的平行直线，两平行线的等分线与曲线的交点就是转折点，如图 9-11 所示。

（2）$\Delta E/\Delta V$-$\overline{V}$ 曲线法（一阶微商法）　此法的理论依据为 E-V 曲线的拐点就是一阶微商曲线的极大值。以 E 的变化值 ΔE 与相对应的加入滴定剂体积的增量 ΔV 的比值 $\Delta E/\Delta V$ 为纵坐标，以体积（V_1 和 V_2 的平均值 $\overline{V}$）为横坐标作图，可得到一阶微商滴定曲线，如图 9-12 所示。例如表 9-3 中 24.30mL 和 24.40mL 之间的相应数据为 $\Delta E/\Delta V=0.83$，$\overline{V}=24.35$。曲线上最高点对应的横坐标即为滴定终点体积。

表 9-3　用 0.1000mol/L $AgNO_3$ 溶液滴定 Cl^- 溶液的数据

加入 $AgNO_3$ 体积 V/mL	E/mV	$\Delta E/\Delta V$	$\Delta^2 E/\Delta V^2$	加入 $AgNO_3$ 体积 V/mL	E/mV	$\Delta E/\Delta V$	$\Delta^2 E/\Delta V^2$
5.00	0.062			24.20	0.194		2.8
15.00	0.085	0.002		24.30	0.233	0.39	4.4
20.00	0.107	0.004		24.40	0.316	0.83	−5.9
22.00	0.123	0.008		24.50	0.340	0.24	−1.3
23.00	0.138	0.015		24.60	0.351	0.11	−0.4
23.50	0.146	0.016		24.70	0.358	0.07	
23.80	0.161	0.050		25.00	0.373	0.05	
24.00	0.174	0.065		25.50	0.385	0.024	
24.10	0.183	0.09					
		0.11					

（3）$\Delta^2 E/\Delta V^2$-V 曲线法（二阶微商法）　因为二阶微商等于零的点就是 S 形曲线的拐点。以 $\Delta^2 E/\Delta V^2$ 为纵坐标，V 为横坐标，绘制二阶微商图，如图 9-13 所示。曲线上 $\Delta^2 E/\Delta V^2=0$ 所对应的体积即为滴定终点。

二阶微商法除了图解法求滴定终点以外，还可以利用实验数据以内插法计算滴定终点体积。例如根据表 9-3 中，一阶微商值 0.39 和 0.83 对应的体积分别为 24.25mL 和 24.35mL，则二阶微商值可计算如下：

$$\frac{\Delta^2 E}{\Delta V^2}=\frac{(\Delta E/\Delta V)_2-(\Delta E/\Delta V)_1}{\overline{V}_2-\overline{V}_1}=\frac{0.83-0.39}{24.35-24.25}=+4.4$$

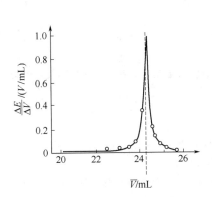

图 9-12　$\Delta E/\Delta V$-$\overline{V}$ 曲线

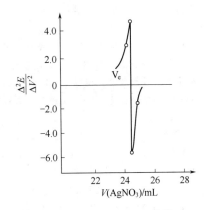

图 9-13　$\Delta^2 E/\Delta V^2$-V 曲线

同理，利用一阶微商值 0.83 和 0.24 及对应的体积 24.35mL 和 24.45mL，可计算二阶微商值为：

$$\frac{\Delta^2 E}{\Delta V^2}=\frac{(\Delta E/\Delta V)_3-(\Delta E/\Delta V)_2}{\overline{V}_3-\overline{V}_2}=\frac{0.24-0.83}{24.45-24.35}=-5.9$$

因为二阶微商值对应的体积分别为 24.30mL 和 24.40mL，所以二阶微商值为零时对应的体积一定在 24.30～24.40mL 之间，用内插法可求算相应的体积。设滴定终点体积为 V_{ep}，则根据内插法计算如下：

$$\frac{24.30-V_{ep}}{24.30-24.40}=\frac{4.4-0}{4.4-(-5.9)}$$

$$V_{ep}=24.30+4.4\times\frac{0.1}{4.4+5.9}=24.34\text{（mL）}$$

用二阶微商计算法确定滴定终点，因为不必绘制曲线，是一种简便、快速、准确的方法，在实际工作中广泛被应用。

【例 9-3】　用 0.1000mol/L $AgNO_3$ 标准溶液滴定 10.00mL NaCl 溶液，所得电池电动势与溶液体积的关系见下表，求 NaCl 溶液的浓度。

$AgNO_3$ 体积 V/mL	5.00	8.00	10.00	11.00	11.10	11.20	11.30	11.40	11.50	12.00	13.00	14.00
电动势 E/mV	130	145	168	202	210	224	250	303	328	364	389	401

解　由 E-V 曲线确定终点：以 E 为纵坐标，V 为横坐标作图，得到左边的曲线，曲线的拐点即为滴定终点。拐点的确定方法为：作两条与曲线相切的 45°倾斜角的直线，两条直线的等分线与曲线的交点就是滴定终点。由此法得到的终点为 11.35mL。

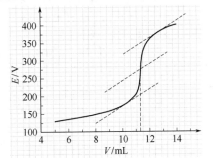

$$c(NaCl)=\frac{0.1000\times 11.35}{10.00}=0.1135\text{（mol/L）}$$

习　题

1. 直接电位法的依据是什么？为什么用此法测定溶液 pH 时，必须使用标准缓冲溶液？

2. 用离子选择性电极校准曲线法进行定量分析应注意什么问题？使用总离子强度调节缓冲溶液有何作用？

3. 电位滴定法终点如何确定？各类反应的电位滴定应选用什么指示电极和参比电极？

4. 何谓电位分析法？它可以分成哪两类？

5. 在使用玻璃电极测定溶液的 pH 时，如果玻璃电极是新的或者是放置很长一段时间没有被使用，为什么必须放在蒸馏水中浸泡 24h 后才能被使用？

6. 当以 0.05mol/L KHP 标准缓冲溶液（pH＝4.004）为下述电池的电解质溶液时

$$\text{玻璃电极} | \text{KHP} (0.05\text{mol/L}) \| \text{SCE}$$

测得其电池电动势为 0.209V，当分别以三种待测溶液代替 KHP 溶液后，测得其电池电动势分别为：(1) 0.312V，(2) 0.088V，(3) −0.017V，计算每种待测溶液的 pH。

7. 用氟离子选择性电极测定水样中的氟，取水样 25.00mL，加总离子强度调节缓冲溶液 25mL，测得水样的电极电位值为 +0.1372V（对 SCE），再加入 $1.00×10^{-3}$ mol/L 标准氟溶液 1.00mL，测得电极电位值为 +0.1170V（对 SCE），氟电极的斜率为 0.058V/pF，不考虑稀释效应的影响，计算水样中氟的浓度。

8. 用标准加入法测定离子浓度时，于 100mL 铜盐溶液中加入 1mL 0.1mol/L $Cu(NO_3)_2$ 后，电动势增加 4mV，求铜原来的浓度。

9. 以 0.1052mol/L NaOH 标准溶液电位滴定 25.00mL HCl 溶液，用玻璃电极和饱和甘汞电极时，测得以下数据：

V(NaOH)/mL	0.55	24.5	25.5	25.6	25.7	25.8	25.9	26.0
pH	1.70	3.00	3.37	3.41	3.45	3.50	3.75	7.5
V(NaOH)/mL	26.1	26.2	26.3	26.4	26.5	27.0	27.5	
pH	10.20	10.35	10.47	10.52	10.56	10.74	10.92	

绘制 pH-V(NaOH) 曲线，从曲线拐点确定化学计量点，并计算 HCl 溶液浓度。

10. 以 KCl 浓度为 1.0mol/L 的甘汞电极作正极，氢电极作负极与试液组成电池。在 298K 下，$p(H_2)$＝101.325kPa 时测得试样 HCl 溶液的电动势为 0.342V。在相同条件下，当试样为 NaOH 溶液时，测得电动势为 1.050V。用此碱溶液中和 20.00mL 上述 HCl 溶液，需 NaOH 溶液多少毫升？

11. 在 298K 时，测定水样中 Ca^{2+} 的浓度。取水样 50.00mL，其中加入 0.50mL 100μg/L 的钙标准溶液，测得电动势增加 30.05mV，求水样中 Ca^{2+} 的浓度（以 μg/L 表示）。

12. 20.00mL 未知浓度的一元弱酸 HA，稀释至 100mL，以 0.1000mol/L NaOH 标准溶液电位滴定。所用指示电极为氢电极，参比电极为饱和甘汞电极，当中和一半酸时，电池电动势为 0.524V；滴定至终点时，电池电动势为 0.749V。求：

(1) 该弱酸的离解常数；

(2) 终点时溶液的 pH；

(3) 终点时所消耗 NaOH 溶液的体积；

(4) 未知弱酸 HA 的浓度。

13. 下表是用 0.1000mol/L NaOH 标准溶液电位滴定 50.00mL 某一元弱酸的数据：

V/mL	pH	V/mL	pH	V/mL	pH
0.00	2.90	14.00	6.60	17.00	11.30
1.00	4.00	15.00	7.04	18.00	11.60
2.00	4.50	15.50	7.70	20.00	11.96
4.00	5.05	15.60	8.24	24.00	12.39
7.00	5.47	15.70	9.43	28.00	12.57
10.00	5.85	15.80	10.03		
12.00	6.11	16.00	10.61		

(1) 绘制 pH-V 曲线与一阶微商曲线；

(2) 用二阶微商法确定滴定终点（内插法）；

(3) 计算试样中弱酸的浓度。

第10章 气相色谱法

10.1 色谱法简介

10.1.1 色谱法的由来

俄国植物学家茨维特（Tswett）于1906年提出柱色谱法，他用细粒状碳酸钙装填在一根玻璃管中，制成了一根"柱子"，以分离绿色植物叶子的石油醚抽取液（含叶绿素、叶黄素等）加入柱子的顶端，然后用纯石油醚淋洗，见图10-1。在操作中他观察到柱上的色带，从而创造了一个新词chromatography（色谱法）。在希腊文中chroma是"颜色"的意思，graphein为"书写"的意思。现在的色谱分析已经失去颜色的含义，只是沿用"色谱"这个名词。

试样混合物的分离过程也就是试样中各组分在称之为色谱分离柱中的两相间不断进行着的分配过程。

由此可见，色谱分析法是一种用以分离、分析多组分混合物质的分析方法。色谱分析法具有分离效能高、检测性能高和分析速度快等特点。其分离原理是混合试样在两相间进行移动时，由于试样中的各个组分与两相之间的作用力的不同。两相中保持不动的相称为固定相；而能携带混合试样流经固定相的另一相称为流动相。当混合试样随着流动相进入固定相时，因各组分在固定相中滞留时间不同，流出固定相的先后顺序不同，从而达到分离的目的。

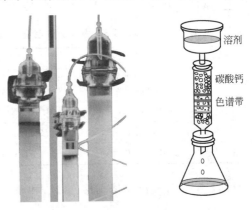

图10-1 色谱柱及色谱分离示意图

10.1.2 色谱法的分类

色谱法有多种类型，从不同的角度可以有不同的分类方法。通常是按照下述三种方法进行分类的。

（1）按固定相和流动相所处的状态分类 见表10-1。

表10-1 色谱法按固定相和流动相所处的状态的分类

流动相	总　　称	固定相	色谱名称
气　体	气相色谱(GC)	固体	气-固色谱(GSC)
		液体	气-液色谱(GLC)

续表

流动相	总称	固定相	色谱名称
液体	液相色谱(LC)	固体	液-固色谱(LSC)
		液体	液-液色谱(LLC)

(2) 按固定相性质和操作方式分类　见表10-2。

表 10-2　色谱法按固定相性质和操作方式的分类

固定相形式	柱		纸	薄层板
	填充柱	开口管柱		
固定相性质	在玻璃或不锈钢柱管内填充固体吸附剂或涂渍在惰性载体上的固定液	在弹性石英玻璃或玻璃毛细管内壁附有吸附剂薄层或涂渍固定液等	具有多孔和强渗透能力的滤纸或纤维素薄膜	在玻璃板上涂有硅胶G薄层
操作方式	液体或气体流动相从柱头向柱尾连续不断地冲洗		液体流动相从滤纸一端向另一端扩散	液体流动相从薄层板一端向另一端扩散
名称	柱色谱		纸色谱	薄层色谱

(3) 按色谱分离过程的物理化学原理分类　见表10-3。

表 10-3　色谱法按色谱分离过程的物理化学原理的分类

名称	吸附色谱	分配色谱	离子交换色谱	凝胶色谱
原理	利用吸附剂对不同组分吸附性能的差别	利用固定液对不同组分分配性能的差别	利用离子交换剂对不同离子亲和能力的差别	利用凝胶对不同组分分子的阻滞作用的差别
平衡常数	吸附系数 K_A	分配系数 K_P	选择性系数 K_S	渗透系数 K_{PF}
流动相为液体	液-固吸附色谱	液-液分配色谱	液相离子交换色谱	液相凝胶色谱
流动相为气体	气-固吸附色谱	气-液分配色谱		

目前，应用最广泛的是气相色谱法和高效液相色谱法。

10.1.3　气相色谱法的特点

气相色谱法是基于色谱柱能分离样品中的各组分和检测器能连续响应，能同时对各组分进行定性定量的一种分离分析方法。它具有分离效率高、灵敏度高、分析速度快、所用样品量很少、应用范围广等优点。①分离效率高。对性质极为相似的烃类异构体、同位素等有很强的分离能力，能分析沸点十分接近的复杂混合物。例如用毛细管柱可分析汽油中 50~100 多个组分。②灵敏度高。使用高灵敏度检测器可检测出 10^{-11}~10^{-13}g 的痕量物质。③分析速度快。一般情况下，完成一个样品的分析，仅需几分钟。目前气相色谱仪普遍配有色谱数据处理机（或色谱工作站），能自动记录色谱峰，打印出保留时间和分析结果，分析速度更快，操作更方便。④所用样品量很少。通常气体样品仅需要 1mL，液体样品仅需 1μL。⑤应用范围广。气相色谱法适用于沸点低于 400℃ 的各种有机或无机气体分析；液相色谱法适用于高沸点、热不稳定、生物试样的分离分析。

气相色谱法的不足之处，首先是由于色谱峰不能直接给出定性的结果，它不能用来直接分析未知物，必须用已知纯物质的色谱图和它对照；其次，分析无机物和高沸点有机物时比较困难，需要采用其他的色谱分析方法来完成。

10.1.4 气相色谱法的分离原理

当流动相中携带的混合物流经固定相时,其与固定相发生相互作用。由于混合物中各组分在性质和结构上的差异,与固定相之间产生的作用力的大小、强弱不同,随着流动相的移动,混合物在两相间经过反复多次的分配平衡,使得各组分被固定相保留的时间不同,从而按一定次序由固定相中流出。与适当的柱后检测方法结合,实现混合物中各组分的分离与检测。两相及两相的相对运动构成了色谱法的基础。

(1) 气-液色谱分离原理 气-液色谱的固定相是涂在载体表面的固定液,试样气体由载气携带进入色谱柱,与固定液接触时,气相中各组分就溶解到固定液中。随着载气的不断通入,被溶解的组分又从固定液中挥发出来,挥发出的组分随着载气向前移动时又再次被固定液溶解。随着载气的流动,溶解-挥发的过程反复进行。显然,由于组分性质差异,固定液对它们的溶解能力将有所不同,易被溶解的组分,挥发较难,在柱内移动的速度慢,停留时间长;反之,不易被溶解的组分,挥发快,随载气移动的速度快,因而在柱内停留时间短。经一定的时间间隔(一定柱长)后,性质不同的组分便彼此分离。

(2) 气-固色谱分离原理 气-固色谱的固定相是固体吸附剂,试样气体由载气携带进入色谱柱,与吸附剂接触时,很快被吸附剂吸附。随着载气的不断通入,被吸附的组分又从固定相中洗脱下来(这种现象称为脱附),脱附下来的组分随着载气向前移动时又再次被固定相吸附。这样,随着载气的流动,组分在固定相上吸附-脱附的过程反复进行。由于组分性质的差异,固定相对它们的吸附能力不同,易被吸附的组分,脱附较难,在柱内移动的速度慢,停留的时间长,流出色谱柱较慢;反之,不易被吸附的组分在柱内移动速度快,停留时间短,流出色谱柱较快。所以,经过一定的时间间隔(一定柱长)后,性质不同的组分便彼此分离,见图10-2。

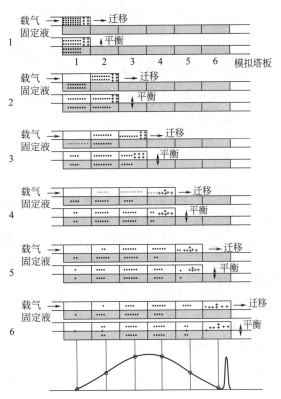

图 10-2 色谱分离原理

10.2 气相色谱术语

(1) 色谱图 色谱图是指色谱柱流出物通过检测器系统时所产生的响应信号对时间或流动相流出体积的曲线图。

(2) 色谱流出曲线 色谱流出曲线是指色谱图中随时间或载气流出体积变化的响应信号曲线,也就是以组分流出色谱柱的时间(t)或载气流出体积(V)为横坐标,以检测器对各组分的电信号响应值（mV）为纵坐标的一条曲线，见图 10-3。

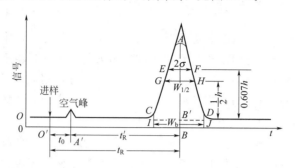

图 10-3　典型色谱流出曲线

（3）保留值　保留值是用来描述各组分色谱峰在色谱图中的位置。在一定实验条件下，组分的保留值具有特征性，是气相色谱定性的参数。通常用时间或用将组分带出色谱柱所需载气的体积来表示保留值（如图 10-3 所示）。

① 死时间（t_M）　指从进样开始到惰性组分（指不被固定相吸附或溶解的空气或甲烷）从柱中流出，呈现浓度极大值时所需要的时间。反映了色谱柱中未被固定相填充的柱内死体积和检测器死体积的大小，t_M 与被测组分的性质无关。

② 保留时间（t_R）　从进样到色谱柱后出现待测组分信号极大值所需要的时间，以 t_R 表示。t_R 可作为色谱峰位置的标志。

③ 调整保留时间（t'_R）　扣除死时间后的保留时间，以 t'_R 表示：

$$t'_R = t_R - t_M$$

t'_R 反映了被分析的组分与色谱柱中固定相发生相互作用，而在色谱柱中滞留的时间，它更确切地表达了被分析组分的保留特性，是气相色谱定性分析的基本参数。

④ 死体积（V_M）、保留体积（V_R）和调整保留体积（V'_R）　保留时间受载气流速的影响，为了消除这一影响，保留值也可以用从进样开始到出现峰（空气或甲烷峰、组分峰）极大值所流过的载气体积来表示，即用保留时间乘以载气平均流速。

死体积　　　　　　　　　　　$V_M = t_M F_0$

保留体积　　　　　　　　　　$V_R = t_R F_0$

调整保留体积　　　　　　　　$V'_R = t'_R F_0$

式中，$F_0 = \dfrac{p_0 - p_w}{p_0} \times \dfrac{T_{柱}}{T_{室}} \times F_{皂}$，$F_{皂}$ 为用皂膜流量计测得的柱后流速。

⑤ 相对保留值 r_{is}　一定的实验条件下组分 i 与另一标准组分 s 的调整保留时间之比：

$$r_{is} = \dfrac{t'_{Ri}}{t'_{Rs}}$$

r_{is} 仅与柱温及固定相性质有关，而与其他操作条件如柱长、柱内填充情况及载气的流速等无关。

⑥ 选择性因子（α）　指相邻两组分调整保留值之比，以 α 表示：

$$\alpha = \dfrac{t'_{R1}}{t'_{R2}}$$

α 数值的大小反映了色谱柱对难分离物质对的分离选择性。α 值越大，相邻两组分色谱峰相距越远，色谱柱的分离选择性越高。当 α 接近于 1 或等于 1 时，说明相邻两组分色谱峰重叠，未能分开。

（4）**峰高和峰面积**　峰高（h）是指峰顶到基线的距离，以 h 表示。峰面积（A）是指每个组分的流出曲线与基线间所包围的面积。峰高或峰面积的大小和每个组分在样品中的含量相关，因此色谱峰的峰高或峰面积是气相色谱法进行定量分析的主要依据。

（5）**分配系数（K）**　在某柱温下组分在流动相与固定相间的分配达到平衡时，组分在固定相与流动相中的浓度（或量）之比。对于气-固色谱，组分的分配系数为：

$$K = \frac{每平方米吸附剂表面所吸附的组分量}{柱温及柱平均压力下每毫升载气所含组分的量}$$

对于气-液色谱，组分的分配系数为：

$$K = \frac{固定液中组分的浓度}{柱温及平均柱压下载气中组分的浓度}$$

（6）**容量因子（k）**　又称分配比、容量比，指组分在固定相和流动相中分配量（质量、体积、物质的量）之比。

$$k = \frac{固定相中组分的质量}{流动相中组分的质量}$$

（7）**区域宽度**　用来衡量色谱峰宽度的参数，有三种表示方法。
① 标准偏差（σ）　即 0.607 倍峰高处色谱峰宽度的一半。
② 半峰宽　在 0.5 倍峰高处的峰宽，称为半峰宽，常用符号 $W_{1/2}$ 表示。

$$W_{1/2} = 2\sigma\sqrt{2\ln 2} = 2.345\sigma$$

③ 峰底宽（W_b）　色谱峰两侧拐点处所作的切线与峰底相交两点之间的距离，称为峰底宽，常用符号 W_b 表示，$W_b = 4\sigma$。

（8）**基线**　当不含被测组分的载气进入检测器时，所得流出曲线称为基线。基线反映检测系统噪声随时间变化的情况，稳定的基线是一条直线，如图 10-3 中所示的直线部分。

（9）**色谱流出曲线的意义**　气相色谱的流出曲线图可提供很多重要的定性和定量信息，例如：
① 根据色谱峰的数目，可以判断试样中所含组分的最少个数。
② 根据组分峰在曲线上的位置（保留值），可以进行定性鉴定。
③ 根据组分峰的面积或峰高，可以进行定量分析。
④ 根据色谱峰的保留值和区域宽度，可对色谱柱的分离效能进行评价。
⑤ 依据色谱峰间距判断固定相或流动相选择是否合适。

10.3　气相色谱仪

10.3.1　气相色谱分析的流程

气相色谱法是采用气体作为流动相的一种色谱分析法。流动相（通常叫载气）是不与被测试样作用的惰性气体（如氢、氮、氦等），仅用于载送试样。载气带着欲分离的被测试样通过色谱柱中的固定相，使试样中各组分在固定相中得到分离，然后在检测器中依次被检测。其简单流程如图 10-4 所示。气相色谱由载气系统、进样系统、分离系统、检测系统、温控系统、数据处理系统组成。

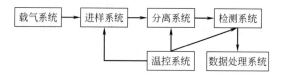

图 10-4　气相色谱流程图

其流程为首先由高压瓶供给的载气，经减压阀减压后，进入净化干燥管，除去载气中的水分。再通过针形阀、流量计和压力表后，以一定压力和流量的载气进入进样器（包括汽化室，因液态试样需在汽化室预先汽化），此时由进样器注入的试样气体同时被载气携带进入色谱柱。各组分在色谱柱内分离后，依次进入检测器，在检测器内转化成电信号，并由放大器放大，最后由记录仪记录色谱流出曲线，如图 10-5 所示。

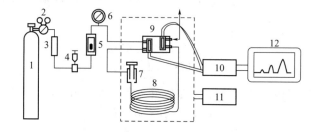

图 10-5　气相色谱仪原理示意图

1—高压瓶；2—减压阀；3—载气净化干燥管；4—针形阀；5—流量计；
6—压力表；7—进样器；8—色谱柱；9—检测器；10—放大器；
11—温度控制器；12—记录仪

(1) 气路系统　气相色谱仪中的气路是一个载气连续运行的密闭管路系统。整个气路系统要求载气纯净、密闭性好、流速稳定及流速测量准确。

(2) 进样系统　进样就是把气体或液体样品快速而定量地加到色谱柱上端。进样系统包括进样器和汽化室两部分。

(3) 分离系统　分离系统的核心是色谱柱，它的作用是将多组分样品分离为单个组分。色谱柱分为填充柱和毛细管柱两类。

(4) 检测系统　检测器的作用是把被色谱柱分离的样品组分根据其特性和含量转换成电信号，经放大后，由记录仪记录成色谱图。常用的检测器有热导检测器、氢火焰离子化检测器、电子捕获检测器、火焰光度检测器等。

(5) 信号记录或微机数据处理系统　近年来气相色谱仪主要采用色谱数据处理机。色谱数据处理机可打印记录色谱图，并能在同一张记录纸上打印出处理后的结果，如保留时间、被测组分及其质量分数等。

(6) 温度控制系统　简称温控系统。用于控制和测量色谱柱、检测器、汽化室温度，是气相色谱仪的重要组成部分。

10.3.2　气路系统

气相色谱的气路系统由以下四个部件组成。

(1) 载气　气相色谱的载气是载送样品进行分离的惰性气体，是气相色谱的流动相。常用的载气为氮气、氢气（在使用氢火焰离子化检测器时作燃气，在使用热导检测器时常作为载气）、氦气、氩气。载气由高压钢瓶盛装，通过减压阀减压后使用。

(2) 净化管　气体钢瓶供给的气体经减压阀后，必须经净化管净化处理，以除去水分和杂质。净化管通常为内径 50mm、长 200～250mm 的金属管，如图 10-6 所示。

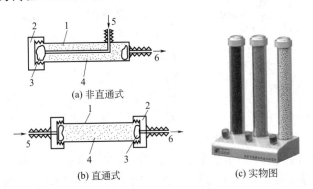

图 10-6　气体净化管

1—干燥管；2—螺帽；3—玻璃棉；4—干燥剂；5—载气入口；6—载气出口

净化管在使用前应该清洗烘干，方法为：用热的 100g/L NaOH 溶液浸泡半小时，而后用自来水冲洗干净，用蒸馏水荡洗后，烘干。净化管内可以装填 5A 分子筛和变色硅胶，以吸附气源中的微量水和相对分子质量较小的有机杂质，有时还可以在净化管中装入一些活性炭，以吸附气源中相对分子质量较大的有机杂质。如果要求去除载气中的微量氧气，则可填装活性铜粉。具体装填什么物质取决于载气纯度的要求。出口应当用少量纱布或脱脂棉轻轻塞上，严防净化剂粉尘流出净化管进入色谱仪。当硅胶变色时，应重新活化分子筛和硅胶后，再装入使用。

(3) 气流调节阀

① 稳压阀　通常在减压阀输出气体的管线中还要串联稳压阀，用于稳定载气（或燃气）的压力，常用的是波纹管双腔式稳压阀。使用这种稳压阀时，气源压力应高于输出压力 0.05MPa，进气口压力不得超过 0.6MPa，出气口压力一般在 0.1～0.3MPa 时稳压效果最好。稳压阀不工作时，应顺时针转动放松调节手柄，使阀关闭，以防止波纹管、压簧长期受力疲劳而失效。使用时进气口和出气口不要接反，以免损坏波纹管。所用气源应干燥、无腐蚀性、无机械杂质。

② 针形阀　用来调节载气流量，也可以用来控制燃气和空气的流量。由于针形阀结构简单，当进口压力发生变化时，处于同一位置的阀针使其出口的流量也发生变化，所以用针形阀不能精确地调节流量。针形阀常安装于空气的气路中，用于调节空气的流量。

当针形阀不工作时，应使针形阀全开（此点和稳压阀相反），以防止阀针密封圈粘在阀门入口处，也可防止压簧长期受压而失效。

③ 稳流阀　当用程序升温进行色谱分析时，由于色谱柱柱温不断升高引起色谱柱阻力不断增加，也会使载气流量发生变化。为了在气体阻力发生变化时，也能维持载气流速的稳定，需要使用稳流阀来自动控制载气的稳定流速。

稳流阀的输入压力为 0.03～0.3MPa，输出压力为 0.01～0.25MPa，输出流量为 5～400mL/min。当柱温从 50℃升至 300℃时，若流量为 40mL/min，此时的流量变化可小于

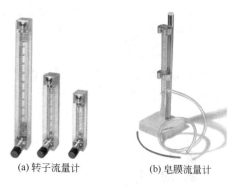

±1%。使用稳流阀时，应使其针形阀处于"开"的状态，从大流量调至小流量。气体的进口、出口不要反接，以免损坏流量控制器。

（4）流量计　气相色谱仪的载气流速一般用转子流量计和皂膜流量计指示（见图10-7）。

转子流量计的主要测量元件为一根小端向下、大端向上垂直安装的锥形玻璃管及其在内可以上下移动的浮子。当流体自下而上流经锥形玻璃管时，在浮子上下之间产生压差，浮子在此压差作用下上升。当使浮子上升的力与浮子所受的重力、浮力及黏性力三者的合力相等时，浮子处于平衡位置。因此，流经流量计的流体流量与浮子上升高度，即与流量计的流通面积之间存在着一定的比例关系，浮子的位置高度可作为流量量度。转子流量计装在色谱柱之前，用于测定柱前压。使用时应在使用压力下用皂膜流量计校正。

(a) 转子流量计　　(b) 皂膜流量计

图 10-7　流量计

气相色谱仪的管路连接必须保证有良好的气密性。因此气路的连接和检漏方法是一个重要的基本操作技能。

10.3.3　进样系统

气相色谱仪的进样系统包括进样器和汽化室。

（1）进样器　气体样品可以用六通阀进样。六通阀有平面六通阀（又称旋转六通阀）和拉杆六通阀两种（见图10-8）。拉杆六通阀一般做成方形。一只亮的镀铬的圆钮为拉杆手柄，六通阀四面六孔，当拉杆推入时为取样，拉杆推出时（必须拉到底）为分析。定量管接在六通阀一面相距15mm的两孔；样品气从六通阀第二面相距25mm的两孔进入，其中近圆钮的一孔为样品气进口，另一孔为放空。此外六通阀的另两面的两孔分别连接在仪器正前面"气体进样"两孔即可。需分析时，只要拉动拉杆，样品气便随载气带入柱管，完成一次进样。也可利用其安装在生产的流程中，随时可分析生产过程中间产物的纯度。平面六通阀取样时，样品气体进入定量管，而载气直接进入色谱柱。进样时，将阀旋转60°，此时载气通过定量管，将管中气体样品带入色谱柱中。定量管有0.5mL、1mL、3mL、5mL等规格，实际工作时，可以根据需要选择合适体积的定量管。这类定量管阀是目前气体定量阀中比较理想的阀件，使用温度较高、寿命长、耐腐蚀、死体积小、气密性好，可以在低压下使用。六通阀的构造和取样/进样位置见图10-8和图10-9。

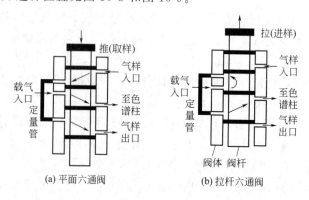

(a) 平面六通阀　　(b) 拉杆六通阀

图 10-8　六通阀

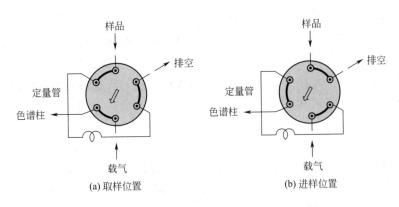

图 10-9 取样和进样位置

液体样品可以采用微量注射器直接进样，常用的微量注射器有 1μL、5μL、10μL、50μL、100μL 等规格。实际工作中可根据需要选择合适规格的微量注射器。

为保证好的分离结果，并保证分析结果有较好的重现性，在直接进样时要注意以下几点。

① 用注射器取样时，应先用丙酮或乙醚抽洗 5～6 次后，再用被测试液抽洗 5～6 次，然后缓缓抽取一定量试液（稍多于需要量），此时若有空气带入注射器内，应先排除气泡后，再排去过量的试液，并用滤纸或擦镜纸吸去针杆处所沾的试液（千万勿吸去针头内的试液）。

② 取样后就立即进样，进样时要求注射器垂直于进样口，左手扶着针头防弯曲，右手拿注射器，迅速刺穿硅橡胶垫，平稳、敏捷地推进针筒（针头尖尽可能刺深一些，且深度一定，针头不能碰着汽化室内壁），用右手食指平稳、轻巧、迅速地将样品注入，完成后立即拔出。

③ 进样时要求操作稳当、连贯、迅速。进针位置及速度、针尖停留和拔出速度都会影响进样的重现性。一般进样相对误差为 2％～5％。

④ 微量注射器使用后立即清洗处理（一般常用下述溶液依次清洗：5％NaOH 水溶液、蒸馏水、丙酮、氯仿，最后用真空泵抽干），以免芯子被样品中高沸点物质玷污而阻塞；切忌用重碱性溶液洗涤，以免玻璃受腐蚀失重和不锈钢零件受腐蚀而漏水漏气；对于注射器针尖为固定式者，不宜吸取有较粗悬浮物质的溶液；一旦针尖堵塞，可用 Φ0.1mm 不锈钢丝串通；高沸点样品在注射器内部分冷凝时，不得强行多次来回抽动拉杆，以免发生卡住或磨损而造成损坏；如发现注射器内有不锈钢氧化物（发黑现象）影响正常使用时，可在不锈钢芯子上蘸少量肥皂水塞入注射器内，来回抽拉几次就可去掉，然后洗清即可；注射器的针尖不宜在高温下工作，更不能用火直接烧，以免针尖退火而失去穿戳能力。

⑤ 在进行精确分析时，要以纯水用称量法进行校正。

（2）汽化室　为了让样品在汽化室中瞬间汽化而不分解，要求汽化室热容量大，无催化效应。为了尽量减少柱前色谱峰变宽，汽化室的死体积应尽可能小。

10.3.4 分离系统

气相色谱仪的分离系统是由柱箱和色谱柱组成的。色谱柱是分离系统的核心，作用是将多组分样品分离为单一组分样品。色谱柱有以下两种。

（1）填充柱　填充柱由不锈钢或玻璃材料制成，内装固定相，一般内径为 2～4mm，长

1~3m。填充柱的形状有 U 形和螺旋形两种。

（2）毛细管柱　又叫空心柱，分为涂壁、多孔层和涂载体空心柱。空心毛细管柱材质为玻璃或石英。内径一般为 0.2~0.5mm，长度 30~300m，呈螺旋形。

色谱柱的分离效果除与柱长、柱径和柱形有关外，还与所选用的固定相和柱填料的制备技术以及操作条件等许多因素有关。

10.3.5　检测系统

气相色谱检测器的作用是将经色谱柱分离后顺序流出的各组分按其特性及含量转换成电信号。常用的检测器有：热导检测器（TCD）、氢火焰离子化检测器（FID）、火焰光度检测器（FPD）、电子捕获检测器（ECD）等。

根据检测原理的差别，气相色谱检测器可分为浓度型和质量型两类。

浓度型检测器测量的是载气中组分浓度的瞬间变化，即检测器的响应值正比于组分的浓度，如热导检测器（TCD）、电子捕获检测器（ECD）。质量型检测器测量的是载气中所携带的样品进入检测器的速度变化，即检测器的响应信号正比于单位时间内组分进入检测器的质量，如氢火焰离子化检测器（FID）和火焰光度检测器（FPD）。

（1）检测器的性能指标　一个优良的检测器应具有以下几个性能指标：灵敏度高；检出限低；死体积小；响应迅速；线性范围宽和稳定性好。通用性检测器要求适用范围广；选择性检测器要求选择性好。

① 灵敏度　当一定浓度或一定质量的组分进入检测器时，产生一定的响应信号 R。以进样量 c（单位 mg/mL 或 g/s）对响应信号（R）作图得到一条通过原点的直线。直线的斜率就是检测器的灵敏度（S）。因此，灵敏度可定义为信号（R）对进入检测器的组分量（c）的变化率：

$$S = \Delta R / \Delta c$$

对于浓度型检测器，ΔR 单位取 mV，Δc 单位取 mg/mL，灵敏度 S 的单位是 mV·mL/mg；对于质量型检测器，Δc 单位取 g/s，灵敏度 S 的单位是 mV·s/g。

浓度型检测器的灵敏度定义为 1mL 的载气携带 1mg 的组分进入检测器产生的信号（mV）值，计算公式为：

$$S_g = \frac{A_i u_1 F_0}{m_i u_2}$$

式中　S_g——灵敏度，mV·mL/mg；
　　　A_i——色谱峰的面积，cm²，$A_i = 1.065 h W_{1/2}$；
　　　u_1——记录仪的灵敏度，mV/cm；
　　　F_0——柱温、柱压下检测器入口处载气的平均流速，mL/min；
　　　m_i——进入检测器的样品的质量，mg；
　　　u_2——记录纸的移动速度，cm/min。

对于气体样品，进样量以体积 mL 表示时，则灵敏度 S_g 的单位为 mV·mL/mL。

质量型检测器的灵敏度（S_t）定义为每秒内 1g 某组分进入检测器时所产生的信号（mV）值，计算公式为：

$$S_t = \frac{60 u_1 A_i}{m_i u_2}$$

式中　S_t——灵敏度，mV·s/g；

　　　m_i——进入检测器的样品质量，g。

② 检出限　检出限定义为：检测器恰能产生二倍于噪声（$2R_N$）时的单位时间（s）引入检测器的样品量（单位 g）或单位体积（mL）载气中需含的样品量。

对于浓度型检测器，检出限为：

$$D_g = \frac{2R_N}{S_g}$$

D_g 的物理意义指每毫升载气中含有恰好能产生二倍于噪声信号的溶质质量（mg/mL）。

对于质量型检测器，检出限为：

$$D_t = \frac{2R_N}{S_t}$$

D_t 的物理意义指每秒通过的溶质质量（g）恰好能产生二倍于噪声的信号（g/s）。

无论哪种检测器，检出限都与灵敏度成反比，与噪声成正比。检出限不仅决定于灵敏度，而且受限于噪声，所以它是衡量检测器性能的综合指标。

③ 最小检测量　最小检测量指产生二倍噪声峰高时，色谱体系（由柱、汽化室、记录仪和连接管道等组成一个色谱体系）所需的进样量。

浓度型检测器组成的色谱仪，最小检测量（单位为 mg）为：

$$m_c^0 = 1.065 W_{1/2} F_0 D_g / u_2$$

质量型检测器组成的色谱仪，最小检测量（单位为 g）为：

$$m_m^0 = 1.065 W_{1/2} \times 60 \times D_t / u_2$$

最小检测量和检出限是两个不同的概念。检出限只用来衡量检测器的性能；而最小检测量不仅与检测器性能有关，还与色谱柱效及操作条件有关。

④ 线性范围　检测器的线性范围定义为在检测信号与含量呈线性时最大进样量和最小进样量之比，或最大允许进样量（浓度）与最小检测量（浓度）之比。

⑤ 响应时间　响应时间指进入检测器的某一组分的输出信号达到其值的 63% 所需的时间，一般小于 1s。

(2) 热导检测器（TCD）

① 结构　热导检测器由池体和热敏元件构成，可分双臂热导池和四臂热导池两种。由于四臂热导池热丝的阻值比双臂热导池增加一倍，故灵敏度也提高一倍。目前仪器中都采用四根金属丝组成的四臂热导池。其中两臂为参比臂，另两臂为测量臂，将参比臂和测量臂接入惠斯登电桥，由恒定的电流加热组成热导池测量线路（见图 10-10）。它是一种结构简单、性能稳定、线性范围宽、对无机和有机物质都有响应、灵敏度适中的检测器，因此在气相色谱中广泛应用。

热导检测器是根据各种物质和载气的热导率不同，采用热敏元件进行检测的。

② 作用原理　热导检测器是基于不同的气体具有不同的热导率而进行检测的。当电流通过钨丝时，钨丝被加热到一定温度，钨丝的电阻值增加到一定值（一般金属丝的电阻值随温度升高而增加）。在未进试样组分时，热导池的两个池孔（参比池和测量池）都通以载气。因载气的导热作用，使钨丝的温度下降，电阻值减小，而且两个池孔中钨丝温度下降和电阻的减小值完全相同。当试样组分进入时，纯载气只流经参比池，而载气携带试样组分流经测量池。因被测组分与载气所组成的混合气体的热导率与纯载气的热导率不同，使两个热导池

中钨丝的散热速度也不同，两个池孔中的两根钨丝的电阻值也发生变化。此变化可利用如图 10-10(c) 所示的电桥测出。图中 $R_参$ 和 $R_测$ 分别指参比池和测量池中钨丝的电阻，它们分别连于电桥中作为两臂，且 $R_参 = R_测$。电桥平衡时，$R_参 R_2 = R_测 R_1$。当电流通过热导池两臂的钨丝时，两个池孔中电阻增加的程度相同。当同种载气以恒定流速流经两池时，两个池孔中钨丝温度下降相同，电阻值减小也相同，即 $\Delta R_参 = \Delta R_测$，ab 两端电位相等，$\Delta E = 0$，电桥仍处于平衡状态，即 $(R_参 + \Delta R_参)R_2 = (R_测 + \Delta R_测)R_1$。此时无电信号输出，电位差计记录一条零电位直线（基线）。当进样器注入的试样经色谱柱分离后由载气携带先后流入测量池时，因被测组分与载气组成的混合气体的热导率与纯载气不同，使测量池中钨丝散热情况发生变化，导致测量池中钨丝温度和电阻值改变与只通过纯载气的参比池内钨丝的电阻值改变不同，即 $\Delta R_参 \neq \Delta R_测$。这样电桥 ab 两端产生不平衡电位差，即 $(R_参 + \Delta R_参)R_2 \neq (R_测 + \Delta R_测)R_1$，此时电桥有电信号输出。载气中被测组分的浓度越大，测量池钨丝的电阻值改变也越明显，检测器所产生的响应信号越大，由电位差计记录的响应电位值越大，在记录纸上可记录相应的色谱峰。

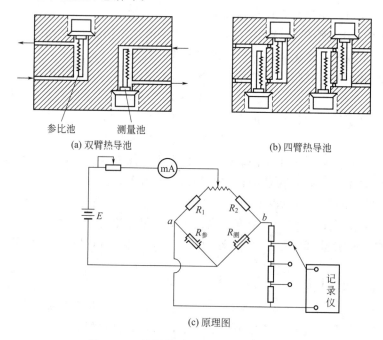

图 10-10　热导检测器结构及原理示意图

③ 影响热导检测器灵敏度的因素

a. 桥路工作电流的影响。当增大桥路工作电流时，钨丝的温度升高，钨丝与热导池体的温差增大，气体就容易将热量传出去，灵敏度就提高。响应值与工作电流的三次方成正比。所以，增大电流有利于提高灵敏度，但电流过大时，将使钨丝处于灼热状态，引起基线不稳定，甚至会将钨丝烧坏，影响钨丝寿命。一般桥电流控制在 100～200mA（N_2 作载气时 100～150mA 为宜，H_2 作载气时 150～200mA 为宜）。

b. 热导池池体温度的影响。当桥路电流一定时，钨丝温度也恒定。此时若降低池体温度，池体与钨丝间温差增大，测定灵敏度会提高。但一般池体温度不能低于柱温，否则被测组分会在检测器内冷凝，影响检测。

c. 载气的影响。若载气与试样的热导率相差越大，则检测灵敏度越高。因一般物质的热导率都较小,故应选择热导率大的气体(如 H_2 或 He)作载气,灵敏度就比较高。另外,在相同的桥路电流下,载气的热导率大,则热丝温度低,桥路电流可升高,使热导池的检测灵敏度增大。故选择热导率大的氢气或氦气作载气有利于提高灵敏度。如用氮气作载气时,有些试样(如甲烷)的热导率比氮气的热导率大就会出现倒峰。

d. 热敏元件阻值的影响。一般应选择阻值高、电阻温度系数较大的热敏元件。当温度稍有变化时,即能引起电阻值的显著变化,使测定灵敏度增高。钨丝是一种广泛应用的热敏元件,它的阻值随温度升高而增大,其电阻温度系数为 $5.5×10^{-3}$ cm/(Ω·℃),电阻率为 $5.5×10^{-6}\Omega$·cm。为防止钨丝气化,可在表面镀金或镍。桥路电流、载气、热敏元件的电阻值、电阻温度系数、池体温度等因素影响热导池的灵敏度。通常载气与样品的热导率相差越大,灵敏度越高。

(3) 氢火焰离子化检测器(FID) 氢火焰离子化检测器简称氢焰检测器,是使用最广泛的检测器。系利用 H_2 在空气中燃烧生成火焰,当样品成分在火焰中产生离子(离子化)时,在电场作用下形成离子流,收集于电极成为电流而加以检测。电流的大小与离子数成正比,可用于检测绝大多数有机化合物,并可检测痕量级(ng/mL)物质,易于进行痕量有机物的分析。它具有结构简单、灵敏度高(约 10^{-13}g 分析物/s)、响应快、线性范围宽(约 10^7)、选择性好、低干扰性、坚固、易于使用等优点。

其缺点是不能检测惰性气体、空气、水、CO、CO_2、CS_2、NO、SO_2 及 H_2S,且检测时对样品有破坏性。

此检测器主要用于检测空气污染及饮水、饮料中所含的微量有机物及微生物,其灵敏度甚高,且不受柱温的影响,适于程序升温色谱分析。

① 结构 氢火焰离子化检测器的主要部分是离子室。离子室由气体入口、火焰喷嘴、一对电极和不锈钢外罩等组成,如图 10-11 所示。流出色谱柱的被测组分与载气在气体入口处与氢气混合后一同经毛细管喷入离子室,氢气在空气的助燃下,经引燃后燃烧,在燃烧所产生的高温(约 2100℃)火焰下,被测有机物组分电离成正负离子。因为在氢火焰附近设有收集极(正极)和极化极(负极),在两极之间加有 150～300V 的极化电压,形成直流电场,所以产生的正负

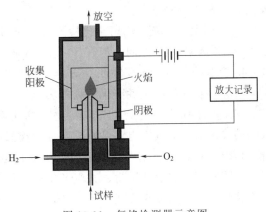

图 10-11 氢焰检测器示意图

离子在收集极和极化极的电场作用下,作定向运动形成电流。此电流大小与进入离子室的被测组分的含量之间存在定量关系。但一般在氢火焰中,物质的电离效率很低,大约每 50 万个碳原子中只有一个碳原子被电离,因此产生的电流很微弱,需经放大器放大后,才能在记录仪上得出色谱峰。

② 火焰离子化机理 至今还不十分清楚其机理,普遍认为这是一个化学电离过程。有机物在火焰中先形成自由基,然后与氧产生正离子,再同水反应生成 H_3^+O。以苯为例,在氢火焰中的化学电离反应如下:

$$C_6H_6 \xrightarrow{裂解} 6CH\cdot$$

$$6CH\cdot + 3O_2 =\!\!=\!\!= 6CHO^+ + 6e$$

正离子与水蒸气碰撞：

$$6CHO^+ + 6H_2O =\!\!=\!\!= 6CO + 6H_3^+O$$

化学电离产生的正离子和电子在电场作用下，分别为收集极和极化极捕获而产生微电流，经微电流放大器放大后，送记录仪记录而获得色谱图。

③ 操作条件的选择　离子室的结构对火焰离子化检测器的灵敏度有直接影响，操作条件的变化，包括氢气、载气、空气流速和检测室的温度等都对检测器灵敏度有影响。

a. 载气流量。一般用氮气作载气。因载气流量影响分离效能，故对给定的色谱柱和试样，需经实验来选定最佳的流速，使柱的分离效率尽可能提高。

b. 氢气流量。氢气流量的大小将直接影响氢火焰的温度及火焰中的电离过程。若氢气流量太小，火焰温度太低，则被测组分分子电离的数太少，产生的电流信号小，检测灵敏度低，且易熄火。但若氢气流量太大，会使噪声变大，故必须控制氢气的流量。当用 N_2 作载气时，一般控制 H_2 和 N_2 的流量比为 （1∶1）～（1∶1.5）。在最佳氢氮比时，检测器不仅灵敏度高，而且稳定性好。

c. 空气流量。空气是助燃气体，并为组分电离成正离子提供氧气。空气流量在一定范围内，对响应值有影响。当空气流量较小时，灵敏度也较低；但当空气流量达到某一值后，对响应值几乎不产生影响。一般氢气与空气的流量比为 1∶10。

d. 极化电压。在氢火焰中电离产生的离子，只有在电场的作用下，才能向两极定向移动产生电流，而且极化电压与检测器的响应值有关。当增加极化电压时，开始阶段响应值增加，而后会趋向一个稳定值。此后继续增加极化电压，检测器的响应值几乎不变。一般选择极化电压为 100～300V。

e. 使用温度。氢火焰离子化检测器的使用温度应控制在 80～200℃的范围内。在此温度范围内，灵敏度几乎相同。但在 80℃以下时，灵敏度显著下降。

f. 管道的清洁。必须保证管道的清洁。因为气体中的杂质或载气中含有的微量有机杂质，将会对基线的稳定性产生很大的影响。

（4）电子捕获检测器（ECD）　电子捕获检测器也称电子俘获检测器，它是一种选择性很强的检测器，对具有电负性物质（如含卤素、硫、磷、氰等的物质）的检测有很高灵敏度（检出限约 10^{-14}g/mL）。它是目前分析痕量电负性有机物最有效的检测器。电子捕获检测器已广泛应用于农药残留量、大气及水质污染分析，以及生物化学、医学、药物学和环境监测等领域中。它的缺点是线性范围窄，只有 10^3 左右，且响应易受操作条件的影响，重现性较差。

电子捕获检测器也是一种离子化检测器，它可以与氢焰检测器共用一个放大器，其应用仅次于热导检测器和氢焰检测器。

（5）火焰光度检测器（FPD）　火焰光度检测器是一种选择性检测器，它对含硫、磷化合物有高的选择性和灵敏度，适宜于分析含硫、磷的农药及环境分析中监测含微量硫、磷的有机污染物。

（6）原子发射检测器（AED）　原子发射检测器是 20 世纪 90 年代新型的一种检测器。工作原理如下：将被测组分导入一个与光电二极管阵列光谱检测器耦合的等离子体中，等离子体提供足够能量使组分样品全部原子化，并使之激发出特征原子发射光谱，经分光后，含有光谱信息的全部波长聚焦到二极管阵列。用电子学方法及计算机技术对二极管阵列快速扫描,采集数据,最后可得三维色谱光谱图。

10.3.6 温度控制系统

温度直接影响色谱柱的选择分离、检测器的灵敏度和稳定性。控制温度主要指对色谱柱、汽化室、检测室的温度控制,尤其是对色谱柱的温度控制。色谱柱的温度控制方式有恒温和程序升温两种。

(1) 柱温度　对于沸点范围很宽的混合物,一般采用程序升温法。色谱柱箱温度从室温至400℃连续可调,可在任意给定温度保持恒温,也可按一定的速率程序升温。对于宽沸程的多组分混合物,可采用程序升温法,即在分析过程中按一定速度提高柱温,在程序开始时,柱温较低,低沸点的组分得到分离,中等沸点的组分移动很慢,高沸点的组分还停留于色谱柱入口附近,随着温度上升,组分由低沸点到高沸点依次分离出来。

采用程序升温后不仅改善分离,而且可以缩短分析时间,得到的峰形也很理想。

(2) 汽化室温度　汽化室温度应使试样瞬间汽化而又不分解,一般汽化室温度比柱温高30~50℃。

(3) 检测器的温度　除氢火焰离子化检测器外,所有检测器对温度变化都较敏感,尤其是热导检测器,温度的微小变化都直接影响检测器的灵敏度和稳定性,所以检测器的控温精度要优于±0.1℃。

10.3.7 记录系统

记录仪是一种能自动记录由检测器输出的电信号的装置,实际上是一种电子电位差计。记录系统包括信号放大器及微处理器或记录器,将检测器的电子信号放大,绘成色谱图,可进行自动峰面积积分及数据分析,将结果打印出。

现在已广泛使用色谱数据处理机和色谱工作站,实现了人机对话,方便、快捷、智能计算结果。

10.4 气相色谱固定相

气相色谱中的固定相通常可分为三类,即液体固定相、固体固定相以及合成固定相。

10.4.1 液体固定相

液体固定相是将固定液均匀涂渍在载体上而成。

(1) 固定液的要求　固定液一般为高沸点的有机物,能作固定相的有机物必须具备下列条件。

① 热稳定性好,在操作温度下,不发生聚合、分解或交联等现象,且有较低的蒸气压,以免固定液流失而影响柱寿命。通常,固定液有一个"最高使用温度"。

② 化学稳定性好,固定液与样品或载气不能发生不可逆的化学反应。

③ 固定液的黏度和凝固点低,以保证固定液能均匀地分布在载体上,并减小液相传质阻力。

④ 各组分必须在固定液中有一定的溶解度,并且具有良好的选择性,这样才能根据各组分溶解度的差异,达到相互分离,否则样品会迅速通过柱子,难以使组分分离。

(2) 固定液和组分分子间的作用力　固定液为什么能牢固地附着在载体表面上，而不为流动相所带走？为什么样品中各组分通过色谱柱的时间不同？这些问题都涉及分子间的作用力。前者，取决于载体分子与固定液分子间作用力的大小；后者，则与组分、固定液分子相互作用力的不同有关。

分子间的作用力是一种极弱的吸引力，主要包括静电力、诱导力、色散力和氢键力等。如在极性固定液柱上分离极性样品时，分子间的作用力主要是静电力。被分离组分的极性越大，与固定液间的相互作用力就越强，因而该组分在柱内滞留时间就越长。又如存在于极性分子与非极性分子之间的诱导力。

(3) 固定液的分类　目前用于气相色谱的固定液有数百种，一般按其化学结构类型和极性进行分类，以便总结出一些规律供选用固定液时参考。

① 按固定液的化学结构分类　把具有相同官能团的固定液排在一起，然后按官能团的类型不同分类，这样就便于按组分与固定液"结构相似"原则选择固定液时参考。

② 按固定液的相对极性分类　极性是固定液重要的分离特性，按相对极性分类是一种简便而常用的方法。

固定液的品种繁多，在气-液色谱中所使用的固定液已达 1000 多种，为了便于选择和使用，一般按固定液的"极性"大小进行分类。固定液极性是表示含有不同官能团的固定液，与分析组分中官能团及亚甲基间相互作用的能力。通常用相对极性（P）的大小来表示。这种表示方法规定：β,β'-氧二丙腈的相对极性 $P=100$，角鲨烷的相对极性 $P=0$，其他固定液以此为标准通过实验测出它们的相对极性均在 0~100 之间。通常将相对极性值分为五级，每 20 个相对单位为一级，相对极性在 0~+1 间的固定液为非极性固定液（也可用"-1"表示非极性）；+2、+3 为中等极性固定液；+4、+5 为强极性固定液。

(4) 固定液的选择　在选择固定液时，一般按"相似相溶"的规律选择，因为这时的分子间的作用力强，选择性高，分离效果好。在应用中，应根据实际情况并按如下几个方面考虑。

① 非极性试样一般选用非极性固定液。非极性固定液对样品的保留作用，主要靠色散力。分离时，试样中各组分基本上按沸点从低到高的顺序流出色谱柱；若样品中含有同沸点的烃类和非烃类化合物，则极性化合物先流出。

② 中等极性的试样应首先选用中等极性固定液。在这种情况下，组分与固定液分子之间的作用力主要为诱导力和色散力。分离时组分基本上按沸点从低到高的顺序流出色谱柱，但对于同沸点的极性和非极性物，由于此时诱导力起主要作用，使极性化合物与固定液的作用力加强，所以非极性组分先流出。

③ 强极性的试样应选用强极性固定液。此时，组分与固定液分子之间的作用主要靠静电力，组分一般按极性从小到大的顺序流出；对含有极性和非极性的样品，非极性组分先流出。

④ 具有酸性或碱性的极性试样，可选用带有酸性或碱性基团的高分子多孔微球，组分一般按相对分子质量大小顺序分离。此外，还可选用极性强的固定液，并加入少量的酸性或碱性添加剂，以减小谱峰的拖尾。

⑤ 能形成氢键的试样，应选用氢键型固定液，如腈醚和多元醇固定液等。各组分将按形成氢键的能力大小顺序分离。

⑥ 对于复杂组分，可选用两种或两种以上的混合液配合使用，增加分离效果。

以上几点是选择固定液的大致原则。由于色谱柱中的作用比较复杂，因此合适的固定液还必须通过实验进行选择。

（5）载体　载体是固定液的支持骨架，使固定液能在其表面上形成一层薄而均匀的液膜。载体应有如下的特点：①具有多孔性，即比表面积大；②化学惰性且具有较好的浸润性；③热稳定性好；④具有一定的机械强度，使固定相在制备和填充过程中不易粉碎。

10.4.2　固体固定相

固体固定相一般采用固体吸附剂，主要有强极性硅胶、中等极性氧化铝、非极性活性炭及特殊作用的分子筛。

10.4.3　合成固定相

合成固定相主要有高分子多孔小球和化学键合固定相两大类。

（1）高分子多孔小球（GDX）　以苯乙烯等为单体与交联剂二乙烯基苯交联共聚的小球，从化学性质上可分为极性和非极性两种。这种聚合物在有些方面具有类似吸附剂的性能，而在另外一些方面又显示出固定液的性能。高分子多孔小球作为固定相主要具有吸附活性低、对含羟基的化合物具有相对低的亲和力、可选择的范围大等优点。高分子多孔小球在交联共聚过程中，使用不同的单体或不同的共聚条件，可获得不同分离效能、不同极性的产品。

（2）化学键合固定相　又称化学键合多孔微球固定相。这是一种以表面孔径度可人为控制的球形多孔硅胶为基质，利用化学反应方法把固定液键合于载体表面上制成的键合固定相。这种键合固定相大致可以分为硅氧烷型、硅脂型以及硅碳型三种类型。

与载体涂渍固定液制成的固定相比较，化学键合固定相主要有以下优点：具有良好的热稳定性；适合于作快速分析；对极性组分和非极性组分都能获得对称峰；耐溶剂。化学键合固定相在气相色谱中常用于分析 $C_1 \sim C_3$ 烷烃、烯烃、炔烃、CO_2、卤代烃及有机含氧化合物等。

10.4.4　色谱柱的制备

色谱柱分离效能的高低，不仅与选择固定液和载体有关，而且与固定液的涂渍和色谱柱的填充情况有密切关系。因此，色谱柱的制备是气相色谱法的重要操作技术之一。气-液色谱柱的制备过程主要包括下面四个步骤。

（1）柱管的选择与清洗　色谱柱柱形、柱内径、柱长度都会影响柱的分离效果，一般直形优于 U 形、螺旋形，但后两种体积小，为一般仪器常用。柱的内径大小要合适，若内径太大，柱的分离效果不好；若太小，则容易造成填充困难和柱压降增大，给操作带来麻烦，所以内径一般选用 3～4mm。柱子长，柱的分离效果好，但柱子的压降增大，保留时间长，甚至会出现扁平峰，使分离效果下降。因此，选择柱长的原则是：在使最难分离的物质对得以分离的情况下，尽量选择短柱。通常使用 1～2m 长的不锈钢柱子。选择好后试漏、清洗、烘干备用。

（2）固定液的涂渍　根据柱长和柱径计算出柱容积，然后用量筒量取柱容积 120%～150%事先过筛后的载体，并称出质量。再根据液载比［固定液与载体的质量比，一般为（1∶100）～（30∶100）］，准确称取一定量的固定液倾入适当溶剂中。待全溶解后，将载体倒入溶液中，轻轻摇动烧杯，置于通风橱中让溶剂均匀挥发，然后在红外灯下去除残余溶剂，过筛后准备装柱。

（3）色谱柱的装填　将已洗净烘干的柱管一端塞上玻璃棉，接真空泵，在不断抽气下，在色谱柱的另一端通过专用小漏斗加入已涂渍好的固定相。在装填时，不断轻轻敲打柱管，使装填均匀紧密，直至填满。

（4）色谱柱的老化　新填充的色谱柱不能马上使用，还需要进行老化处理。老化的目的有两个：一是为了彻底除去填充物中的残余溶剂和某些挥发性杂质；二是促进固定液均匀、牢固地分布在载体表面上。

色谱柱老化的方法如下所述。把柱子接真空泵的一端与汽化室连接，与检测器一端要断开，以氮气为载气，流速是正常的一半即可。老化温度由固定液的性质决定，一般比使用温度高 20℃，不得高于固定液的最高使用温度；老化时间为 8～20h。老化完成后将仪器温度降至近室温，关闭色谱仪，待仪器温度恢复室温，再将色谱柱连接到检测器上，开机，在使用温度下看基线是否平稳，如果平稳，色谱柱就算老化好了，否则要继续老化。

10.5　定性分析方法

气相色谱的优点是能对多种组分的混合物进行分离分析（这是光谱法、质谱法所不能的）。但由于能用于色谱分析的物质很多，不同组分在同一固定相上色谱峰出现时间可能相同，仅凭色谱峰对未知物定性有一定困难。对于一个未知样品，首先要了解它的来源、性质及分析目的；在此基础上，对样品可有初步估计；再结合已知纯物质或有关的色谱定性参考数据，用一定的方法进行定性鉴定。

（1）利用保留值定性

① 已知物对照法　各种组分在给定的色谱柱上都有确定的保留值，可以作为定性指标。即通过比较已知纯物质和未知组分的保留值定性。如待测组分的保留值与在相同色谱条件下测得的已知纯物质的保留值相同，则可以初步认为它们是属同一种物质。由于两种组分在同一色谱柱上可能有相同的保留值，只用一根色谱柱定性，结果不可靠。可采用另一根极性不同的色谱柱进行定性，比较未知组分和已知纯物质在两根色谱柱上的保留值，如果都具有相同的保留值，即可认为未知组分与已知纯物质为同一种物质。

利用纯物质对照定性，首先要对试样的组分有初步了解，预先准备用于对照的已知纯物质（标准对照品）。该方法简便，是气相色谱定性中最常用的定性方法。

② 相对保留值法　对于一些组成比较简单的已知范围的混合物或无已知物时，可选定一基准物按文献报道的色谱条件进行实验，计算两组分的相对保留值：

$$r_{is} = \frac{t'_{Ri}}{t'_{Rs}} = \frac{K_i}{K_s}$$

式中，i 表示未知组分；s 表示基准物。

将计算值与文献值比较，若二者相同，则可认为是同一物质（r_{is} 仅随固定液及柱温变化而变化）。可选用易于得到的纯品，而且与被分析组分的保留值相近的物质作基准物。

（2）保留指数法　又称为 Kovats 指数法。与其他保留数据相比，是一种重现性较好的定性参数。

保留指数是将正构烷烃作为标准物，把一个组分的保留行为换算成相当于含有几个碳的正构烷烃的保留行为来描述，这个相对指数称为保留指数，定义式如下：

$$I_x = 100\left[Z + n\frac{\lg t'_{R(x)} - \lg t'_{R(Z)}}{\lg t'_{R(Z+n)} - \lg t'_{R(Z)}}\right]$$

I_x 为待测组分的保留指数，Z 与 $(Z+n)$ 为正构烷烃对的碳数。规定正己烷、正庚烷及正辛烷等的保留指数为 600、700、800，其他类推。保留指数测定如图 10-12 所示。

在有关文献给定的操作条件下，将选定的标准和待测组分混合后进行色谱实验（要求被测组分的保留值在两个相邻的正构烷烃的保留值之间）。由上式计算待测组分 x 的保留指数 I_x，再与文献值对照，即可定性。

测定出的保留指数的准确度和重现性都很好，用同一色谱柱测定相对误差小于 1%，因此只要柱

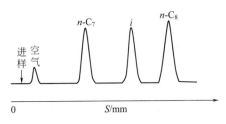

图 10-12　保留指数测定示意图

温和固定液相同，就可以用文献上发表的保留指数定性。但在使用文献上的数据时，色谱实验条件要求必须与文献一致而且要用几个已知组分验证，最好也用双柱法确认。

【**例 10-1**】　柱温 100℃时，在阿皮松 L 柱上测得某组分的调整保留时间以记录纸距离表示为 310.0mm。又测得正庚烷和正辛烷的保留时间分别为 174.0mm 和 373.5mm，如图 10-12 所示。计算此组分的保留指数，并判断是什么组分。

解　已知 $t'_{R(x)} = 310.0\text{mm}$，$t'_{R(7)} = 174.0\text{mm}$，$t'_{R(8)} = 373.5\text{mm}$，则

$$I_x = 100 \times \left(7 + 1 \times \frac{\lg 310 - \lg 174.0}{\lg 373.5 - \lg 174.0}\right) = 775.6$$

从文献上查得，在该色谱条件下，乙酸乙酯保留指数为 775.6，再用纯乙酸乙酯对照实验，可以确认该组分是乙酸乙酯。

保留指数仅与柱温和固定相性质有关，与色谱操作条件无关。不同的实验室测定的保留指数的重现性较好，精度可达 ±0.03 个指数单位。所以，使用保留指数定性具有一定的可靠性。又由于很多色谱文献上都可以查到很多纯物质的保留指数，因此使用保留指数定性也是十分方便的。保留指数定性与用已知标准物直接对照定性相比，虽然避免了寻找已知标准物质的困难，但它也有一定的局限性，对一些多官能团的化合物和结构比较复杂的天然产物是无法采用保留指数进行定性的，主要原因是这些化合物的保留指数文献上很少有报道。

(3) **仪器联用技术**　气相色谱对多组分复杂混合物的分离效率很高，但定性却很困难。而质谱、红外光谱和核磁共振等是鉴别未知物的有力工具，但要求所分析的试样组分很纯。因此，将气相色谱与质谱、红外光谱、核磁共振联用，复杂的混合物先经气相色谱分离成单一组分后，再利用质谱仪、红外光谱仪或核磁共振谱仪进行定性。未知物经色谱分离后，质谱可以很快地给出未知组分的相对分子质量和电离碎片，提供是否含有某些元素或基团的信息。红外光谱也可很快得到未知组分所含各类基团的信息，对结构鉴定提供可靠的论据。近年来，随着电子计算机技术的应用，大大促进了气相色谱法与其他方法联用技术的发展。

10.6　定量分析

在一定的色谱操作条件下，流入检测器的待测组分 i 的含量 m_i（质量或浓度）与检测器的响应信号（峰面积 A 或峰高 h）成正比：

$$m_i = f_i A_i \quad \text{或} \quad m_i = f_i h_i$$

式中，比例系数 f_i 为定量校正因子。此两式是色谱定量分析的理论依据。

10.6.1 峰面积的测量

（1）峰高乘半峰宽法　对于对称色谱峰，可用下式计算峰面积：

$$A = 1.065 h W_{1/2}$$

在相对计算时，系数 1.065 可约去。

（2）峰高乘平均峰宽法

$$A = h \times \frac{1}{2}(W_{0.15} + W_{0.85})$$

对于不对称峰的测量，应在 $0.15h$ 和 $0.85h$ 处分别测出峰宽，再由上式计算峰面积。此法测量时比较麻烦，但计算结果较准确。

（3）自动积分法　具有微处理机（工作站、数据站等），能自动测量色谱峰面积，对不同形状的色谱峰可以采用相应的计算程序自动计算，得出准确的结果，并由打印机打印出保留时间和 A 或 h 等数据。

10.6.2 定量校正因子

由于同一检测器对不同物质的响应值不同，所以当相同质量的不同物质通过检测器时，产生的峰面积（或峰高）不一定相等。为使峰面积能够准确地反映待测组分的含量，就必须先用已知量的待测组分测定在所用色谱条件下的峰面积，以计算定量校正因子。

$$f_i = \frac{m_i}{A_i} \quad \text{或} \quad f_i = \frac{m_i}{h_i}$$

式中，f_i 称为绝对校正因子，即是单位峰面积所相当的物质的量。它与检测器性能、组分和流动相性质及操作条件有关，不易准确测量。在定量分析中常用相对校正因子，即某一组分与标准物质的绝对校正因子之比，即

$$f'_{i/s} = \frac{f_i}{f_s} = \frac{m_i A_s}{m_s A_i} \quad \text{或} \quad f'_{i/s} = \frac{f_i}{f_s} = \frac{m_i h_s}{m_s h_i}$$

式中，A_i、A_s 分别为组分和标准物质的峰面积；m_i、m_s 分别为组分和标准物质的量。m_i、m_s 可以是质量或物质的量，其所得的相对校正因子分别称为相对质量校正因子和相对摩尔校正因子，用 f_m 和 f_M 表示。使用时常将"相对"二字省去。

校正因子一般都由实验者自己测定。准确称取组分和标准物，配制成溶液，取一定体积注入色谱柱，经分离后，测得各组分的峰面积，再由上式计算 f_m 和 f_M。

10.6.3 定量方法

（1）归一化法　如果试样中所有组分均能流出色谱柱，并在检测器上都有响应信号，都能出现独立的色谱峰，可用此法计算各待测组分的含量。其计算公式如下：

$$w_i = \frac{m_i}{m_1 + m_2 + \cdots + m_n} \times 100\% = \frac{f_i A_i}{\sum\limits_{i=1}^{n} f_i A_i} \times 100\% = \frac{f'_{i/s} A_i}{\sum\limits_{i=1}^{n} f'_{i/s} A_i} \times 100\%$$

归一化法简便、准确，进样量多少不影响定量的准确性，操作条件的变动对结果的影响

也较小，尤其适用多组分的同时测定。但若试样中有的组分不能出峰，则不能采用此法。

（2）外标法（标准曲线法）　取待测试样的纯物质配成一系列不同浓度的标准溶液，分别取一定体积，进样分析。从色谱图上测出峰面积（或峰高），以峰面积（或峰高）对含量作图即为标准曲线。在测定样品中的组分含量时，要用与绘制标准曲线完全相同的色谱条件作出色谱图，测量色谱峰面积或峰高，然后根据峰面积和峰高在标准曲线上直接查出注入色谱柱中样品组分的浓度。

外标法是最常用的定量方法。其优点是操作简便，不需要测定校正因子，计算简单。结果的准确性主要取决于进样的重现性和色谱操作条件的稳定性。若标准曲线不通过原点，则说明存在系统误差。标准曲线的斜率即为绝对校正因子。

外标法的优点是：绘制好标准工作曲线后测定工作就变得相当简单，可直接从标准工作曲线上读出含量，因此特别适合于大量样品的分析。

外标法的缺点是：每次样品分析的色谱条件（检测器的响应性能、柱温、流动相流速及组成、进样量、柱效等）很难完全相同，因此容易出现较大误差。此外，标准工作曲线绘制时，一般使用待测组分的标准样品（或已知准确含量的样品），而实际样品的组成却千差万别，因此必将给测量带来一定的误差。

（3）单点校正法　当待测组分含量变化不大，并已知这一组分的大概含量时，也可以不必绘制标准曲线，采用单点校正法，即直接比较法定量。具体方法是：先配制一个和待测组分含量相近的已知浓度的标准溶液，在相同的色谱条件下，分别将待测样品溶液和标准样品溶液等体积进样，得到色谱图，测量待测组分和标准样品的峰面积或峰高，然后由下式直接计算样品溶液中待测组分的含量：

$$w_i = \frac{w_s}{A_s} A_i \quad \text{或} \quad w_i = \frac{w_s}{h_s} h_i$$

式中，w_s 为标准样品溶液的质量分数；w_i 为样品溶液中待测组分的质量分数；A_s（或 h_s）为标准样品的峰面积（或峰高）；A_i（或 h_i）为样品中待测组分的峰面积（或峰高）。

显然，当方法存在系统误差时（即标准工作曲线不通过原点），单点校正法的误差比标准曲线法要大得多。

（4）内标法　内标法是在试样中加入一定量的纯物质作为内标物来测定组分的含量。内标物应选用试样中不存在的纯物质，其色谱峰应位于待测组分色谱峰附近或几个待测组分色谱峰的中间，并与待测组分及其他组分完全分离，内标物的加入量也应接近试样中待测组分的含量。具体做法是首先准确称取 $m_i(g)$ 待测组分纯物质，加入 $m_s(g)$ 内标物，混合均匀后进样测定，根据待测组分和内标物的质量、相应的峰面积，求出待测组分对内标物的相对校正因子：

$$f'_{i/s} = \frac{f_i}{f_s} = \frac{m_i A_s}{m_s A_i}$$

然后准确称取 $m(g)$ 试样，加入 $m_s(g)$ 内标物，根据试样和内标物的质量比及相应的峰面积之比，由下式计算待测组分的含量：

$$w_i = \frac{m_i}{m} \times 100\% = f'_{i/s} \frac{A_i}{A_s} \frac{m_s}{m} \times 100\%$$

内标法的优点是定量准确。因为该法是用待测组分和内标物的峰面积的相对值进行计算，所以不要求严格控制进样量和操作条件，试样中含有不出峰的组分时也能使用，但每次分析都要准确称取或量取试样和内标物的量，比较费时。

为了减少称量和测定校正因子，可采用内标标准曲线法——简化内标法：在一定实验条件下，待测组分的含量 m_i 与 $\dfrac{A_i}{A_s}$ 呈正比。先用待测组分的纯品配制一系列已知准确浓度的标准溶液，分别加入相同量的内标物；再将同样量的内标物加入到同体积的待测样品溶液中，分别进样，测出 $\dfrac{A_i}{A_s}$，并作 $\dfrac{A_i}{A_s}\text{-}m$ 或 $\dfrac{A_i}{A_s}\text{-}c$ 图，由 A_i/A_s 即可从标准曲线上查得待测组分的含量。

内标法的缺点是：选择合适的内标物比较困难，内标物的称量要准确，操作较复杂。使用内标法定量时要测量待测组分和内标物的两个峰的峰面积（或峰高）。根据误差叠加原理，内标法定量的误差中，由于峰面积测量引起的误差是标准曲线法定量的 $\sqrt{2}$ 倍。但是由于进样量的变化和色谱条件变化引起的误差，内标法比标准曲线法要小很多，所以总的来说，内标法定量比标准曲线法定量的准确度和精密度都要好。

（5）标准加入法　标准加入法实质上是一种特殊的内标法，是在选择不到合适的内标物时，以欲测组分的纯物质为内标物，加入到待测样品中，然后在相同的色谱条件下，测定加入欲测组分纯物质前后欲测组分的峰面积（或峰高），从而计算欲测组分在样品中的含量的方法。

标准加入法具体做法如下：首先在一定的色谱条件下作出待分析样品的色谱图，测定其中欲测组分 i 的峰面积 A_i（或峰高 h_i）；然后在该样品中准确加入定量欲测组分（i）的标样或纯物质（与样品相比，欲测组分的浓度增量为 Δw_i），在完全相同的色谱条件下，作出已加入欲测组分（i）标样或纯物质后的样品的色谱图。测定这时欲测组分（i）的峰面积 A'_i（或峰高 h'_i），此时待测组分的含量计算方法为：

$$w_i = f_i A_i$$
$$w_i + \Delta w_i = f_i A'_i$$
$$w_i = \Delta w_i \dfrac{A_i}{A'_i - A_i} \quad 或 \quad w_i = \Delta w_i \dfrac{h_i}{h'_i - h_i}$$

标准加入法的优点是：不需要另外的标准物质作内标物，只需欲测组分的纯物质，进样量不必十分准确，操作简单。若在样品的预处理之前就加入已知准确量的欲测组分，则可以完全补偿欲测组分在预处理过程中的损失，是色谱分析中较常用的定量分析方法。

标准加入法的缺点是：要求加入欲测组分前后两次色谱测定的色谱条件完全相同，以保证两次测定时的校正因子完全相等，否则将引起分析测定的误差。

10.7　色谱基本理论与操作条件的选择

两组分峰间距离由各组分在两相间的分配系数决定，即由色谱过程的热力学性质决定。每个组分峰宽大小，由组分在色谱柱中的传质和扩散决定，即由色谱过程的动力学性质决定。而组分能否有效分离，既与峰间距离有关，也与峰的宽度有关。因此，研究、解释色谱分离行为应从热力学和动力学两方面进行。

10.7.1　塔板理论——柱分离效能指标

塔板理论是 1941 年马丁（Martin）和詹姆斯（James）提出的半经验式理论，他们将色谱分离技术比拟作一个蒸馏过程，即将连续的色谱过程看作是许多小段平衡过程的重复（类似于蒸馏塔塔板上的平衡过程）。

(1) 塔板理论的基本假设　塔板理论把色谱柱比作一个分馏塔，这样色谱柱可由许多假想的塔板组成（即色谱柱可分成许多个小段），在每一小段（塔板）内，一部分空间为涂在载体上的液相占据，另一部分空间充满载气（气相），载气占据的空间称为板体积 ΔV。当欲分离的组分随载气进入色谱柱后，就在两相间进行分配。由于流动相在不停地移动，组分就在这些塔板间隔的气-液两相间不断地达到分配平衡。塔板理论的基本假设为：

① 每一小段间隔内，气相平均组成与液相平均组成可以很快地达到分配平衡；
② 载气进入色谱柱，不是连续的而是脉动式的，每次进气为一个板体积；
③ 试样开始时都加在 0 号塔板上，且试样沿色谱柱方向的扩散（纵向扩散）可略而不计；
④ 分配系数在各塔板上是常数。

这样，单一组分进入色谱柱，在固定相和流动相之间经过多次分配平衡，流出色谱柱时便可得到一趋于正态分布的色谱峰，色谱峰上组分的最大浓度处所对应的流出时间或载气板体积即为该组分的保留时间或保留体积。若试样为多组分混合物，则经过很多次的平衡后，如果各组分的分配系数有差异，则在柱出口处出现最大浓度时所需的载气板体积数也将不同。由于色谱柱的塔板数相当多，因此不同组分的分配系数只要有微小差异，仍然可能得到很好的分离效果。

设色谱柱长为 L，虚拟的塔板间距离（理论塔板高度）为 H，色谱柱的理论塔板数为 n，则三者之间的关系为：

$$n = \frac{L}{H}$$

理论塔板数与色谱参数之间的关系为：

$$n = 5.54 \left(\frac{t_R}{W_{1/2}}\right)^2 = 16 \left(\frac{t_R}{W_b}\right)^2$$

注意：保留时间包含死时间，在死时间内不参与分配。

(2) 有效塔板数和有效塔板高度　单位柱长的塔板数越多，表明柱效率越高。用不同物质计算可得到不同的理论塔板数。

组分在 t_M 时间内不参与柱内分配，因此需引入有效塔板数和有效塔板高度：

$$n_{有效} = 5.54 \left(\frac{t'_R}{W_{1/2}}\right)^2 = 16 \left(\frac{t'_R}{W_b}\right)^2$$

$$H_{有效} = \frac{L}{n_{有效}}$$

【例 10-2】　在长 2m 的色谱柱上，苯和环己烷的半峰宽分别为 1.8mm 和 1.2mm，其保留时间分别为 185s 和 175s，记录仪的纸速为 600mm/h，计算两组分的理论塔板数。

解　利用记录仪的纸速把半峰宽的长度单位换算为时间秒，因纸速可换算为 1/6mm/s，则

$$W_{1/2}(苯) = \frac{1.8}{1/6} = 10.8(s) \quad W_{1/2}(环己烷) = \frac{1.2}{1/6} = 7.2(s)$$

故

$$n(苯) = 5.54 \left[\frac{t_R(苯)}{W_{1/2}(苯)}\right]^2 = 5.54 \times \left(\frac{185}{10.8}\right)^2 = 1.6 \times 10^3$$

$$n(环己烷)=5.54\left[\frac{t_R(环己烷)}{W_{1/2}(环己烷)}\right]^2=5.54\times\left(\frac{175}{7.2}\right)^2=3.3\times10^3$$

(3) 塔板理论的特点和不足

① 当色谱柱长度一定时，塔板数 n 越大（塔板高度 H 越小），被测组分在柱内被分配的次数越多，柱效能则越高，所得色谱峰越窄。

② 不同物质在同一色谱柱上的分配系数不同，用有效塔板数和有效塔板高度作为衡量柱效能的指标时，应指明测定物质。

③ 柱效不能表示被分离组分的实际分离效果。当两组分的分配系数 K 相同时，无论该色谱柱的塔板数多大，都无法分离。

④ 塔板理论无法解释同一色谱柱在不同的载气流速下柱效不同的实验结果，也无法指出影响柱效率的因素及提高柱效的途径。

10.7.2 速率理论——影响柱效的因素

速率方程（也称范·弟姆特方程式）为：

$$H=A+B/u+Cu$$

式中，u 为载气的线速度，cm/s。减小 A、B、C 三项可提高柱效。

(1) 涡流扩散项 A

$$A=2\lambda d_p$$

式中，d_p 为固定相的平均颗粒直径；λ 为固定相的填充不均匀因子。

固定相颗粒越小，d_p 越小，填充得越均匀；A 越小，H 越小，柱效率 n 越高。表现在涡流扩散所引起的色谱峰变宽现象减轻，色谱峰较窄。

(2) 分子扩散项 B/u 见图 10-13。

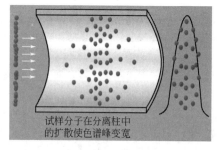

图 10-13 分子扩散

$$B=2\nu D_g$$

式中，ν 为弯曲因子，对填充柱色谱，$\nu<1$；D_g 为试样组分分子在气相中的扩散系数，cm^2/s。

分子扩散也叫纵向扩散，这是因为载气携带样品进入色谱柱后，组分形成浓度梯度，因此产生浓差扩散，由于沿轴向扩散，故称纵向扩散。分子扩散与组分在柱内的保留时间有关，保留时间越长，分子扩散项对色谱峰扩张的影响越显著。因扩散系数 D_g 与载气的相对分子质量的平方根成反比，即 $D_g \propto 1/\sqrt{M_{载气}}$，所以采用相对分子质量较大的载气（如氮气）可使 B 项降低。D_g 还与温度有关，柱温高，D_g 变大，B 项增大。

(3) 传质阻力项 Cu 见图 10-14。

传质阻力包括气相传质阻力 C_g 和液相传质阻力 C_L，即

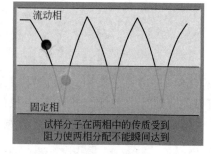

图 10-14 传质阻力

$$Cu=C_g+C_L$$

$$C_L = \frac{2}{3} \times \frac{k}{(1+k)^2} \times \frac{d_f^2}{D_L}$$

$$C_g = \frac{0.01k}{(1+k)^2} \times \frac{d_f^2}{D_g}$$

式中，k 为容量因子；D_g、D_L 为扩散系数。

减小载体粒度，选择小分子量的气体作载气，可降低传质阻力。

（4）载气流速与柱效　载气流速高时，传质阻力项是影响柱效的主要因素，流速增大，柱效降低；载气流速低时，分子扩散项成为影响柱效的主要因素，流速增大，柱效降低。

由于流速对后两项完全相反的作用，流速对柱效的总影响使得存在着一个最佳流速值，即速率方程式中塔板高度对流速的一阶导数有一极小值。

以塔板高度 H 对应载气流速 u 作图，曲线最低点的流速即为最佳流速（见图 10-15）。

（5）速率理论的要点

① 组分分子在柱内运行的多路径与涡流扩散、浓度梯度所造成的分子扩散及传质阻力，使气-液两相间的分配平衡不能瞬间达到等因素是造成色谱峰扩展、柱效下降的主要原因。

② 通过选择适当的固定相粒度、载气种类、液膜厚度及载气流速可提高柱效。

③ 速率理论为色谱分离和操作条件选择提供了理论指导。阐明了流速和柱温对柱效及分离的影响。

图 10-15　各项因素对 H 的影响

④ 各种因素相互制约，如载气流速增大，分子扩散项的影响减小，使柱效提高，但同时传质阻力项的影响增大，又使柱效下降；柱温升高，有利于传质，但又加剧了分子扩散的影响。选择最佳条件，才能使柱效达到最高。

10.7.3　分离度

塔板理论和速率理论都难以描述难分离物质对的实际分离程度。即柱效率为多大时，相邻两组分能够被完全分离。

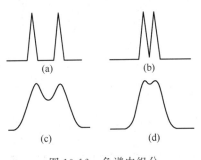

图 10-16　色谱中组分分离的四种情况

难分离物质对的分离度大小受色谱过程中两种因素的综合影响：①保留值之差，为色谱过程的热力学因素；②区域宽度，为色谱过程的动力学因素。

色谱分离中的四种情况如图 10-16 所示。

分离度的表达式为：

$$R = \frac{2[t_{R(2)} - t_{R(1)}]}{W_{b(2)} + W_{b(1)}}$$

$$= \frac{2[t_{R(2)} - t_{R(1)}]}{1.699[W_{1/2(2)} + W_{1/2(1)}]}$$

若 $R=0.8$，两峰的分离程度可达 89%；若 $R=1$，分离程度达 98%；若 $R=1.5$，分离程度达 99.7%（这是相邻两峰完全分离的标准）。

令 $W_{b(2)} = W_{b(1)} = W_b$（相邻两峰的峰底宽近似相等），引入相对保留值和塔板数，可导出下式：

$$R = \frac{2[t_{R(2)} - t_{R(1)}]}{W_{b(2)} + W_{b(1)}} = \frac{t'_{R(2)} - t'_{R(1)}}{W_b} = \frac{[t'_{R(2)}/t'_{R(1)} - 1]t'_{R(1)}}{W_b}$$

$$= \frac{(r_{21}-1)}{t'_{R(2)}/t'_{R(1)}} \frac{t'_{R(2)}}{W_b} = \frac{(r_{21}-1)}{r_{21}} \sqrt{\frac{n_{有效}}{16}}$$

$$n_{有效} = 16R^2 \left(\frac{r_{21}}{r_{21}-1}\right)^2$$

$$L = 16R^2 \left(\frac{r_{21}}{r_{21}-1}\right)^2 H_{有效}$$

（1）分离度与柱效　分离度与柱效的平方根成正比，r_{21}一定时，增加柱效，可提高分离度，但组分保留时间增加且峰扩展，分析时间长。

（2）分离度与r_{21}　增大r_{21}是提高分离度的最有效方法。计算可知，在相同分离度下，当r_{21}增加一倍时，需要的$n_{有效}$减小10000倍。增大r_{21}的最有效方法是选择合适的固定液。

【例10-3】　在一定条件下，两个组分的调整保留时间分别为85s和100s，要达到完全分离（即$R=1.5$），计算需要多少块有效塔板？若填充柱的塔板高度为0.1cm，柱长是多少？

解　$r_{21} = \frac{100}{85} = 1.18$

$$n_{有效} = 16R^2 \left(\frac{r_{21}}{r_{21}-1}\right)^2 = 16 \times 1.5^2 \times \left(\frac{1.18}{1.18-1}\right)^2 = 1547 \text{（块）}$$

$$L_{有效} = n_{有效} H_{有效} = 1547 \times 0.1 = 155 \text{（cm）}$$

即柱长为1.55m时，两组分可以得到完全分离。

【例10-4】　在一定条件下，在1m长的色谱柱上两个组分的保留时间分别为12.2s和12.8s，有效塔板数为3600块，计算分离度。要达到完全分离，即$R=1.5$，计算所需要的柱长。

解　$W_{b(1)} = 4 \frac{t_{R(1)}}{\sqrt{n}} = \frac{4 \times 12.2}{\sqrt{3600}} = 0.8133$

$$W_{b(2)} = 4 \frac{t_{R(2)}}{\sqrt{n}} = \frac{4 \times 12.8}{\sqrt{3600}} = 0.8533$$

$$R = \frac{2 \times (12.8 - 12.2)}{0.8533 + 0.8133} = 0.72$$

$$L_{需} = \left(\frac{R_2}{R_1}\right)^2 \times L_{原} = \left(\frac{1.5}{0.72}\right)^2 \times 1 = 4.34 \text{（m）}$$

10.7.4　色谱操作条件的选择

在固定相确定后，对一项分析任务，主要以在较短时间内，实现试样中难分离的相邻两组分的定量分离为目标来选择合适的分离操作条件。色谱分离操作条件的选择主要有以下几项。

（1）柱温的选择　柱温是一个重要的色谱操作参数，它直接影响分离效能和分析速度。柱温不能高于固定液的最高使用温度，否则会造成固定液大量挥发流失。某些固定液有最低操作温度。一般地说，操作温度至少必须高于固定液的熔点，以使其有效地发挥作用。

降低柱温可使色谱柱的选择性增大，但升高柱温可以缩短分析时间，并且可以改善气相和液相的传质速率，有利于提高效能。所以这两方面的情况均需考虑。

在实际工作中，一般根据试样的沸点选择柱温、固定液用量及载体的种类。对于宽沸程混合物，一般采用程序升温法进行。

(2) 柱长和内径的选择　由于分离度正比于柱长的平方根，所以增加柱长对分离是有利的。但增加柱长会使各组分的保留时间增加，延长分析时间。因此，在满足一定分离度的条件下，应尽可能使用较短的柱子。增加色谱柱的内径，可以增加分离的样品量，但由于纵向扩散路径的增加，会使柱效降低。

(3) 载气种类及流速的选择　载气种类的选择首先要考虑使用何种检测器。比如使用 TCD，选用氢或氦作载气，能提高灵敏度；使用 FID，则选用氮气作载气。然后再考虑所选的载气要有利于提高柱效能和分析速度。例如选用摩尔质量大的载气（如 N_2）可以使 D_g 减小，提高柱效能。

根据范·弟姆特方程式可知：

① 当 u 值较小时，分子扩散项 B/u 将成为影响色谱峰扩张的主要因素。此时宜采用相对分子质量较大的载气（N_2、Ar），以使组分在载气中有较小的扩散系数。

② 当 u 较大时，传质阻力项 Cu 将是主要控制因素。此时宜采用相对分子质量较小、具有较大扩散系数的载气（H_2、He），以改善气相传质。

(4) 汽化室温度的选择　合适的汽化室温度既能保证样品迅速且完全汽化，又不引起样品分解。一般汽化室温度比柱温高 30～70℃ 或比样品组分中最高沸点高 30～50℃，就可以满足分析要求。温度是否合适，可通过实验来检查。检查方法是：重复进样时，若出峰数目变化，重现性差，则说明汽化室温度过高；若峰形不规则，出现平头峰或宽峰则说明汽化室温度太低；若峰形正常，峰数不变，峰形重现性好则说明汽化室温度合适。

(5) 进样量和进样时间的选择　在进行气相色谱分析时，进样量要适当。若进样量过大，所得到的色谱峰峰形不对称程度增加，峰变宽，分离度变小，保留值发生变化，峰高或峰面积与进样量不呈线性关系，无法定量。若进样量太小，又会因检测器灵敏度不够，不能检出。色谱柱的最大允许进样量可以通过实验确定。方法是：其他实验条件不变，仅逐渐加大进样量，直至所出的峰的半峰宽变宽或保留值改变时，此进样量就是最大允许进样量。对于内径 3～4mm、柱长 2m、固定液用量为 15%～20% 的色谱柱，液体进样量为 0.1～10μL；检测器为 FID 时进样量应小于 1μL。

色谱柱的有效分离试样量，随柱内径、柱长及固定液用量的不同而异。柱内径大，固定液用量高，可适当增加试样量。但进样量过大，会造成色谱柱超负荷，柱效急剧下降，峰形变宽，保留时间改变。理论上允许的最大进样量是使下降的塔板数不超过 10%。总之，最大允许进样量，应控制在使峰面积和峰高与进样量呈线性关系的范围内。

进样速度必须很快，因为当进样时间太长时，试样原始宽度将变大，色谱峰半峰宽随之变宽，有时甚至使峰变形。一般地，进样时间应在 1s 以内。

10.7.5　气相色谱进样方法

气相色谱仪的进样系统的作用是将样品直接或经过特殊处理后引入气相色谱仪的汽化室或色谱柱进行分析，进样系统根据不同功能可划分为如下几种。

(1) 手动进样系统微量注射器　使用微量注射器抽取一定量的气体或液体样品注入气相

色谱仪进行分析的手动进样系统,广泛适用于热稳定的气体和沸点一般在 500℃ 以下的液体样品的分析。用于气相色谱的微量注射器种类繁多,可根据样品性质选用不同的注射器。

固相微萃取(SPME)进样器:固相微萃取是 20 世纪 90 年代发明的一种样品预处理技术,可用于萃取液体或气体基质中的有机物,萃取的样品可手动注入气相色谱仪的汽化室进行热解吸汽化,然后进色谱柱分析。这一技术特别适用于水中有机物的分析。

(2) 液体自动进样器 液体自动进样器用于液体样品的进样,可以实现自动化操作,降低人为的进样误差,减少人工操作成本。适用于批量样品的分析。

(3) 阀进样系统和气体进样阀 气体样品采用阀进样不仅定量重复性好,而且可以与环境空气隔离,避免空气对样品的污染。而采用注射器的手动进样很难做到上面这两点。采用阀进样的系统可以进行多柱多阀的组合,从而进行一些特殊分析。气体进样阀的样品定量管体积一般在 0.25mL 以上。

液体进样阀一般用于装置中液体样品的在线取样分析,其样品定量环一般是阀芯处体积为 $0.1 \sim 1.0 \mu L$ 的刻槽。

(4) 吹扫捕集系统 用于固体、半固体、液体样品基质中挥发性有机化合物的富集,然后直接进气相色谱仪进行分析。

(5) 热解吸系统 用于气体样品中挥发性有机化合物的捕集,然后热解吸进气相色谱仪进行分析。

(6) 顶空进样系统 顶空进样器主要用于固体、半固体、液体样品基质中挥发性有机化合物的分析,如水中挥发性有机化合物、茶叶中香气成分、合成高分子材料中残留单体的分析等。

(7) 热裂解器进样系统 配备热裂解器的气相色谱仪称为热解气相色谱仪(PGC),理论上可适用于由于挥发性差依靠气相色谱还不能分离分析的任何有机物(在无氧条件下热分解,其热解产物或碎片一般与母体化合物的结构有关,通常比母体化合物的分子小,适于气相色谱分析),但目前主要应用于聚合物的分析。

通常在气相色谱仪的载气(氦气或氮气)中,在无氧条件下,将聚合物试样加热,由于施加到聚合物试样上的热能超过了分子的键能,结果引起化合物分子裂解。分子的碎裂包括以下过程:失去中性小分子,打开聚合物链产生单体单元或裂解成无规的链碎片。聚合物热裂解的机理取决于聚合物的种类,但热解产物的性质和相对产率还与热裂解器的设计和热裂解条件有关。影响特征热裂解碎片产率重现性的关键因素有:终点热解温度、升温时间或升温速率和进样量。

用于固体和高沸点液体的热解器分为两类:脉冲型和连续型。目前常用的居里点热解器和热丝热解器属于第一类,炉式热解器属于第二类。此外还有一些特殊的热解器。

PGC 应用于聚合物分析包括合成聚合物和生物聚合物。在合成聚合物领域的主要应用包括指纹鉴定、共聚物或共混物组成的定量分析和结构测定(如无规、序列和支化)。在生物聚合物领域的应用包括研究细菌、真菌、碳水化合物和蛋白质等。此外 PGC 在其他很多方面也有应用。

10.7.6 应用实例

气相色谱分析法是一种高分辨率、高选择性、高灵敏度和快速的分析方法。它不仅可分析气态试样,也可分析沸点在 500℃ 以下的易挥发或容易转化为易挥发物的液体和固体的无机物或有机物。随着微机的应用，色谱的操作及数据处理可实现自动化，大大地提高了分析的效率，尤其是近年来发展的高效毛细管色谱、裂解气相色谱、反应气相色谱以及气相色谱与其他分析方法的联用技术，使气相色谱分析法已成为分离、分析复杂混合物的最有效的手段之一，也成为现代仪器分析方法中应用最广泛的一种分析方法。现举例介绍几方面的应用。

(1) 在石油化工与有机化工产品和原料分析方面的应用　气相色谱分析法在石油工业上显示了广泛的用途。尤其是利用高效毛细管色谱技术后，已成功地分离了全部石油产品，从低级气态烃直到石蜡、沥青和原油。如已分离了石油馏分（初馏大约500℃）中 $C_3 \sim C_{41}$ 各正构烷烃的含量；测定了汽油中链烷烃及环烷烃的含量。图10-17为重整生油的色谱图。

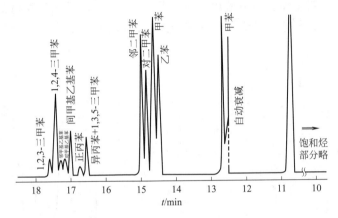

图 10-17　重整生油的色谱图（芳烃部分）

(2) 在环境保护及污染检测方面的应用　环境保护问题是公众关注的重大研究课题。空气污染的检测工作也成为分析工作中的重要部分。目前用于分析空气中污染物的方法虽不少，但因色谱柱的分离或浓缩能力，再加上高灵敏度和高选择性的检测器，使气相色谱分析法成为环境检测工作中一种理想的分析技术。它可直接检测大气中质量分数为 $10^{-9} \sim 10^{-6}$ 的污染物。如应用此法测定了烷基铅、烃类、聚丙烯腈、CO、醛、酮、SO_2、H_2S 和若干氮氧化物。又如利用氢火焰离子化检测器可在几分钟内对汽车尾气的气态烃类进行成功的分析。再如利用极其灵敏的氦检测器，可对抽烟者和不抽烟者呼出的气体中痕量差别的CO作出比较，如图10-18所示。

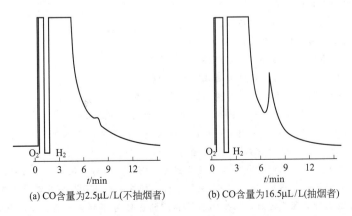

(a) CO含量为2.5μL/L(不抽烟者)　　(b) CO含量为16.5μL/L(抽烟者)

图 10-18　呼气中痕量CO的色谱图

(3) 在农药、临床和中草药有效成分分析方面的应用 农药中常含有许多神经系毒剂，故控制和分析农药及其残留物是一件值得重视的大事。因气相色谱法拥有对卤素化合物及磷化合物有特效的电子捕获检测器和磷检测器，故常用于分析农副产品、食品和水质中质量分数低达 $10^{-9} \sim 10^{-6}$ 的卤素、硫和磷化物等。气相色谱分析法也常用来分离和分析许多与临床有关的化合物，如已用于对氨基酸、糖类和血液中 CO_2、O_2、脂肪酸及其衍生物、血浆甘油三酸酯、甾族化合物（类固醇）、巴比妥酸盐和维生素等的分析。典型的糖类气相色谱图如图 10-19 所示。

(4) 在食品分析方面的应用 气相色谱分析法也用于分析和检测食品中的抗氧剂和防腐剂。常把气相色谱分析法和薄层色谱、柱色谱联用来研究食品的掺杂、污染和分解，包括对橄榄油、猪油、牛奶制品和食品中增塑剂的分析等。图 10-20 是用气相色谱分析甜酒时所得的色谱图。此外，气相色谱分析法也广泛用于涂料、香精、空间技术、公安、法医和地球化学等特种分析方面。

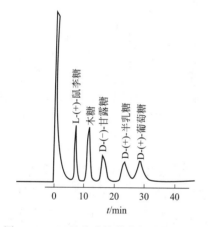

图 10-19 四甲基硅烷糖的衍生物色谱图

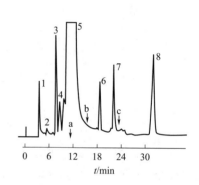

图 10-20 甜酒的色谱图
1—乙醛；2—未知物；3—乙酸乙酯；4—乙缩醛；5—乙醇；
6—正丙醇；7—异丁醇；8—戊醇和异戊醇

习 题

1. 什么叫保留时间？什么叫相对保留值？
2. 简要说明气相色谱分析法的分离原理。
3. 从给定的色谱图上可以得到哪些信息？
4. 气相色谱仪的基本组成包括哪些部分？各有什么作用？
5. 能否根据理论塔板数来判断分离的可能性？为什么？
6. 气相色谱对载体和固定液有何要求？选择固定液的原则是什么？
7. 试述热导检测器的工作原理。有哪些因素影响热导检测器的灵敏度？
8. 色谱定量分析中，为何要用校正因子？在什么情况下可以不用校正因子？
9. 有哪些色谱定量方法？试述它们的特点及适用情况。
10. 试述氢火焰离子化检测器的工作原理。哪些因素影响氢火焰离子化检测器的灵敏度？
11. 简述气相色谱分析的分离原理。简述气相色谱仪器的基本设备包括哪几部分，各有什么作用？
12. 用纯物质对照进行定性鉴定时，未知物与纯物质的保留时间相同，则未知物就是该纯物质。这结论是否可靠？应如何处理这一问题？

13. 色谱法有哪些类型？气相色谱法有哪些常用的定性分析方法和定量分析方法？

14. 如何选择最佳的色谱工作条件？

15. 在一根 2m 长的色谱柱上分析一个混合物，测得下列数据：苯、甲苯及乙苯的保留时间分别为 $1'20''$、$2'02''$ 及 $3'01''$，半峰宽分别为 $0.211cm$、$0.291cm$ 及 $0.409cm$。已知记录纸速为 $1200mm/h$。求色谱柱对每种组分的理论塔板数及塔板高度。

16. 已知组分 A 和 B 在某色谱柱上的保留时间分别为 27mm 和 30mm，理论塔板数为 3600 块。求两峰的峰底宽 W_b 及分离度 R。

17. 分析某试样时，两种组分的相对保留值 $r_{21}=1.16$，柱的有效塔板高度 $H'=1mm$，需要多长的色谱柱才能将两组分完全分离（即 $R=1.5$）？

18. 色谱图上有两个色谱峰，它们的保留时间和半峰宽分别为 $t_{R(1)}=1'20''$、$t_{R(2)}=3'01''$，$W_{1/2(1)}=1.7mm$、$W_{1/2(2)}=1.9mm$。已知 $t_M=20''$，记录纸速为 $1cm/min$。求这两个组分的相对保留值 r_{21} 和分离度 R。

19. 已知两组分色谱峰的相对保留值 $r_{21}=1.2$，色谱柱的有效塔板数为 $n'=1500$。求这两组分色谱峰的分离度 R。两组分的分离是否完全？

20. 已知某石油裂解气，经色谱定量测出峰面积 A_i 与各组分的质量校正因子 f_i 列于下表中。假定全部组分都在色谱图上出峰，求各组分的质量分数为多少？

出峰次序	空气	甲烷	二氧化碳	乙烯	乙烷	丙烯	丙烷
峰面积 A_i	34	3.14	4.6	298	87	260	48.3
校正因子 f_i	0.84	1.00	1.00	1.00	1.05	1.28	1.36

21. 已知在混合酚试样中仅含有苯酚、邻甲酚、间甲酚和对甲酚四种组分，经乙酸化处理后，用液晶柱测得色谱图。图上各组分色谱峰的峰高、半峰宽及已测得各组分的校正因子分别如下。求各组分的质量分数。

出峰次序	苯酚	邻甲酚	间甲酚	对甲酚
h/mm	63.0	102.1	88.2	76.0
$W_{1/2}/mm$	1.91	2.48	2.85	3.22
f	0.85	0.95	1.03	1.00

22. 在一定色谱条件下，对某厂生产的粗蒽质量进行检测。今欲测定其中蒽含量，用吩嗪为内标。称取试样 0.130g，加入内标吩嗪 0.0401g。溶解后进样分析，测得以下数据：蒽峰高 51.6mm，吩嗪峰高 57.9mm。已知 $f_{蒽}=1.27$，$f_{吩嗪}=1.00$。求试样中蒽的质量分数。

23. 已知某试样含甲酸、乙酸、丙酸、水及苯等。现称取试样 1.055g，内标为 0.1907g 的环己酮，混合后，取 $3\mu L$ 试液进样，从色谱流出曲线上测量出峰面积及有关的相对响应值列于下表：

出峰次序	甲酸	乙酸	环己酮	丙酸
峰面积 A_i	15.8	74.6	135	43.4
响应值 S'	0.261	0.562	1.00	0.938

求甲酸、乙酸、丙酸的质量分数。

24. 欲求苯、甲苯、乙苯、邻二甲苯的峰高校正因子，则可称取各组分的纯物质质量，混合后进样，在一定色谱条件下，测得色谱图上各组分色谱峰的峰高分别如下：

出峰次序	苯	甲苯	乙苯	邻二甲苯
质量/g	0.5987	0.5678	0.6320	0.7680
峰高/mm	181.1	86.4	46.2	59.0

求各组分对苯（标准）的相对（质量）峰高校正因子。

25. 在某色谱条件下，分析只含有二氯乙烷、二溴乙烷和四乙基铅三组分的样品，结果如下：

组　分	二氯乙烷	二溴乙烷	四乙基铅
相对质量校正因子	1.00	1.65	1.75
峰面积/cm²	1.50	1.01	2.82

(1) 试用归一化法求各组分的百分含量。
(2) 若用甲苯为内标物（其相对质量校正因子为 0.87），甲苯与样品配比为 1∶10，测得甲苯的峰面积为 $0.95 cm^2$，三个主要成分的数据同上表，试求各组分的质量分数。

26. 在测定苯、甲苯、乙苯、邻二甲苯的峰高校正因子时，称取一定量的各组分纯物质，在一定条件下测得如下数据，以苯为标准物，求各组分的相对质量校正因子。

数　据	苯	甲苯	乙苯	邻二甲苯
质量/g	0.5967	0.5478	0.6120	0.6680
峰高/mm	180.1	84.4	45.2	49.0
半峰宽/mm	1.0	2.0	2.5	3.8

27. 用内标法测乙醇中微量水的含量，称取 2.2679g 乙醇样品，加入 0.0115g 甲醇，测得 $h_{H_2O}=150mm$，$h_{CH_3OH}=174mm$，已知峰高相对质量校正因子 $f'_{H_2O/CH_3OH}=0.55$，求乙醇中水的质量分数。

28. 热导检测器灵敏度 S 的测定。已知色谱柱长 3m，柱温 90℃，汽化室温度 110℃，检测器温度 110℃，用高纯苯作为标准物，进样量注入苯 $1.0\mu L$（密度为 $0.88g/mL$），记录纸速为 $2.0mm/min$，记录仪灵敏度为 $0.40mV/cm$，信号衰减为 64，载气流速为 $30.5mL/min$，苯的峰面积为 $1.90cm^2$。求 S 值（室温为 20℃）。

29. 某工厂采用气相色谱法测定废水样品中二甲苯的含量。
(1) 首先以苯作标准物配制纯样品溶液，进样后测定结果为：

组　分	质量分数/%	峰面积/cm²	组　分	质量分数/%	峰面积/cm²
间二甲苯	2.4	16.8	邻二甲苯	2.2	18.2
对二甲苯	2.0	15.0	苯	1.0	10.5

(2) 在质量为 10.0g 的待测样品中加入 $9.55×10^{-2}$ g 的苯，混合均匀后进样，测得间二甲苯、对二甲苯、邻二甲苯、苯的峰面积分别为 $11.2cm^2$、$14.7cm^2$、$8.80cm^2$、$10.0cm^2$。
计算样品中各组分的质量分数。

30. 已知某含酚废水中仅含有苯酚、邻甲酚、间甲酚、对甲酚四种组分。用气相色谱分析结果如下：

组　分	峰高/mm	半峰宽/mm	相对校正因子 f'
苯酚	55.3	1.25	0.85
邻甲酚	89.2	2.30	0.95
间甲酚	101.7	2.89	1.03
对甲酚	74.8	3.44	1.00

计算各组分的质量分数。

第二篇
化工分析应用技能训练

实训 1　实验室安全规范细则

1.1　实验室安全操作基本规范

（1）熟悉实验室及周围环境，如水阀、电闸、灭火器和安全门的位置。

（2）熟悉安全淋浴器、洗眼器和急救箱的位置并确保能够熟练使用。

（3）进入实验室时要穿戴好实验服、防护眼镜、口罩和橡胶手套等。

（4）实验进行时，不得随便离开岗位，要密切注意实验的进展情况。

（5）熟知你所使用的药品、设施和设备具有的潜在危险，实验用化学试剂不得入口，严禁在实验室内吸烟或饮食。实验结束后要细心洗手。

（6）做实验时应打开门窗或换气设备，保持室内空气流通；易挥发有害液体的加热和易产生严重异味、易污染环境的实验操作应在通风橱内进行。

（7）各种气体钢瓶用毕，都应立即关闭阀门，若发现漏气或气阀失灵，应停止实验，立即检查并修复，待实验室通风一段时间后，再恢复实验。禁止实验室内存在火种。需要循环冷却水的实验，要绑好水管，以免减压或停水发生爆炸和着火事故。

（8）使用电器时，谨防触电。不要在通电时用湿手和物接触电器或电插销。实验完毕，应将电器的电源切断。

（9）进入实验室的人员需穿全棉工作服，不得穿凉鞋、高跟鞋或拖鞋；留长发者应束扎头发。

（10）规定在实验结束后要回收的药品，都应倒入回收瓶中。

（11）实验所产生的化学废液应按有机、无机和剧毒等分类收集存放，严禁倒入下水道。

（12）易燃、易爆、剧毒化学试剂和高压气瓶要严格按有关规定领用、存放和保管。

（13）每个实验室人员必须熟练使用灭火器。

（14）使用药品时应注意下列几点：

① 药品应按实验内容中的规定量取用，如果书中未规定用量，应注意节约，尽量少用。

② 取用固体药品时，注意勿使其撒落在实验台上。

③ 药品自瓶中取出后，不应倒回原瓶中，以免带入杂质而引起瓶中药品污染变质。

④ 试剂瓶用过后，应立即盖上塞子，并放回原处，以免不同试剂瓶的塞子搞错，混入杂质。

（15）使用精密仪器时，必须严格按照操作规程进行操作，细心谨慎，避免粗枝大叶而损坏仪器。如发现仪器有故障，应立即停止使用，报告指导老师，及时排除故障。实验后，应将仪器洗刷干净。把实验台面用抹布揩净，地面清扫干净，最后检查水电开关是否关好。

（16）实验开始和结束前都要按实验室开列的仪器清单认真清点自己使用的一套仪器。

实验过程中损坏或丢失的仪器要及时去仪器室登记领取,并按仪器室的有关规定进行赔偿。

(17) 值日人员或最后离开实验室的工作人员都应养成检查水阀、电闸、煤气阀等的良好习惯,关闭门、窗、水、电、气后再离开实验室。

1.2 实验室安全操作及防护

1.2.1 操作安全

切割玻璃管或插接乳胶管等要注意防止割伤。如发生割伤立即用消毒棉棒揩净伤口。若伤口内有玻璃碎片应小心挑出,然后涂上红药水(或紫药水),撒上消炎粉或敷上消炎膏并用绷带包扎。若伤口过大,应立即送医院救治。

1.2.2 用电安全及防护

(1) 防止触电
① 不用潮湿的手接触电器。
② 电源裸露部分应有绝缘装置(例如电线接头处应裹上绝缘胶布)。
③ 所有电器的金属外壳都应保护接地。
④ 实验时,应连接好电路后再接通电源。实验结束时,先切断电源再拆线路。
⑤ 修理或安装电器时,应先切断电源。
⑥ 不能用试电笔去试高压电。使用高压电源应有专门的防护措施。
⑦ 如有人触电,应迅速切断电源,然后进行抢救,必要时进行人工呼吸。

(2) 防止引起火灾
① 使用的保险丝要与实验室允许的用电量相符。
② 电线的安全通电量应大于用电功率。
③ 室内若有易燃易爆气体,应避免产生电火花。继电器工作和开关电闸时,易产生电火花,要特别小心。电器接触点(如电插头)接触不良时,应及时修理或更换。
④ 如遇电线起火,立即切断电源,用沙或二氧化碳、四氯化碳灭火器灭火,禁止用水或泡沫灭火器等导电液体灭火。

(3) 防止短路
① 电线、电器不要被水淋湿或浸在导电液体中,例如实验室加热用的灯泡接口不要浸在水中。
② 在仪器使用过程中,如发现有不正常声响,局部温升或嗅到绝缘漆过热产生的焦味,应立即切断电源。

1.2.3 化学试剂使用安全及防护

(1) 防毒
① 实验前,应了解所用药品的毒性及防护措施。
② 操作有毒气体(如 H_2S、Cl_2、Br_2、NO_2、浓 HCl 和 HF 等)应在通风橱内进行。
③ 苯、四氯化碳、乙醚、硝基苯等的蒸气会引起中毒。它们虽有特殊气味,但久嗅会使人嗅觉减弱,所以应在通风良好的情况下使用。

④ 有些药品（如苯、有机溶剂、汞等）能透过皮肤进入人体，应避免与皮肤接触。

⑤ 禁止在实验室内喝水、吃东西。饮食用具不要带进实验室，以防毒物污染，离开实验室及饭前要洗净双手。

⑥ 贮汞的容器要用厚壁玻璃器皿或瓷器。用烧杯暂时盛汞，不可多装以防破裂。

⑦ 若有汞掉落在桌上或地面上，先用吸汞管尽可能将汞珠收集起来，然后用硫黄盖在汞溅落的地方，并摩擦使之生成 HgS。也可喷洒 20%$FeCl_3$ 溶液或者 $KMnO_4$ 溶液使其氧化，最后清扫干净，并集中做危险固体废物处理。

⑧ 盛汞器皿和有汞的仪器应远离热源，严禁把有汞仪器放进烘箱。

⑨ 碘化汞及氰化物等剧毒物品必须保存在保险箱内，严格执行"五双"制度，使用时填写完整登记信息。使用后的废液及时倒入废液回收桶内，按规定进行处理。

⑩ 吸入刺激性气体者可吸入少量酒精和乙醚的混合蒸气，然后到室外呼吸新鲜空气。

⑪ 毒物进入口内者可将 5~10mL 1%~5% 稀硫酸铜溶液加入一杯温水中，搅匀后喝下，然后用手指伸入喉部，促使呕吐再送医院治疗。

(2) 防爆

① 使用可燃性气体时，要防止气体逸出，室内通风要良好。

② 操作大量可燃性气体时，严禁同时使用明火，还要防止发生电火花及其他撞击火花。

③ 有些药品如叠氮铝、高氯酸盐、过氧化物等受震和受热都易引起爆炸，使用时要特别小心。

④ 严禁将强氧化剂和强还原剂放在一起。

⑤ 久藏的乙醚使用前应除去其中可能产生的过氧化物。

⑥ 进行容易引起爆炸的实验时，应有防爆措施。

(3) 防火

① 许多有机溶剂如乙醚、丙酮、乙醇、苯等非常容易燃烧，大量使用时室内不能有明火、电火花或静电放电。实验室内不可存放过多这类药品，用后还要及时回收处理，不可倒入下水道，以免聚集引起火灾。

② 有些物质如磷、金属钠、钾、电石及金属氢化物等，在空气中易氧化自燃。还有一些金属如铁、锌、铝等粉末，比表面积大也易在空气中氧化自燃。这些物质要隔绝空气保存，使用时要特别小心。

以下几种情况不能用水灭火。

a. 金属钠、钾、镁、铝粉、电石、过氧化钠着火，应用干沙灭火。

b. 比水轻的易燃液体，如汽油、苯、丙酮等着火，可用泡沫灭火器。

c. 有灼烧的金属或熔融物的地方着火时，应用干沙或干粉灭火器。

d. 电器设备或带电系统着火，可用二氧化碳灭火器或四氯化碳灭火器。

实验过程中万一发生着火，不要惊慌，应尽快切断电源或燃气源，移走易燃药品，防止火势蔓延。当身上衣服着火时，切勿惊慌乱跑，应赶快脱下衣服，或就地卧倒翻滚，或用防火布覆盖着火处。如因酒精、苯或醚等引起着火，应立即用湿布或沙土等扑灭；如火势较大，可使用 CCl_4 灭火器或二氧化碳泡沫灭火器，但不可用水扑救，因水能和某些化学药品（如金属钠）发生剧烈的反应而引起更大的火灾。如遇电气设备着火，必须使用 CCl_4 或干粉灭火器，绝对不能用水或 CO_2 泡沫灭火器，以防触电。着火范围较大时，应立即用灭火器灭火，并根据火情决定是否要报告消防部门。

(4) 防灼伤

① 强酸、强碱、强氧化剂、溴、磷、钠、钾、苯酚、冰醋酸等都会腐蚀皮肤，特别要防止溅在皮肤上。强酸与水混合时，应当将强酸缓缓加入不停搅拌的水中，以防止飞溅。将固体氢氧化钠溶于水时，应在搅拌下分批加入氢氧化钠，防止因溶解放出大量热而致使碱液飞溅。

若浓酸浓碱溅滴到皮肤上，应先用抹布擦净，再用大量清水冲洗，浓酸烧伤可抹上碳酸氢钠油膏或 5% 碳酸氢钠溶液；浓碱烧伤大量水洗后再用柠檬酸或硼酸饱和溶液冲洗，涂上适量硼酸溶液；稀酸稀碱溅滴到皮肤上直接用大量清水冲洗，情况严重及时就医。

② 当有酸或碱飞溅入眼内时，应立即用洗眼器冲洗眼睛，如果溅入酸可用饱和碳酸氢钠溶液冲洗，如果溅入碱液可用 3% 硼酸溶液冲洗，最后用蒸馏水冲洗，情况严重者及时就医。

③ 高压灭菌锅压力表应按规定期限进行检定，若发现压力表指示不稳定或不能恢复到零位、橡胶密封圈变形、螺丝、螺母松动现象应及时暂停使用，予以检修或更换配件。

④ 高压灭菌锅灭菌液体时，应将液体罐装在硬质的耐热玻璃瓶中，以不超过 3/4 体积为好，瓶口选用棉花纱塞，切勿使用未开孔的橡胶或软木塞。特别注意：在灭菌液体结束时不准立即释放蒸汽，必须待压力表指针回复到零位后方可排放余汽，以免被蒸汽灼伤。

⑤ 使用箱式电阻炉加热试剂后，应先打开炉门，待温度下降后再取出，在炉内取出试剂时必须使用隔热手套或铁钳，以防止烫伤。

⑥ 烫伤可用高锰酸钾或苦味酸溶液揩洗烫伤处，再抹上凡士林或烫伤油膏。

1.2.4 气体钢瓶的安全使用

（1）气体钢瓶的颜色标记　实验室气体钢瓶常用的标记见实表 1-1。

实表 1-1　实验室气体钢瓶常用标记

气体类别	瓶身颜色	标字颜色	字样
氮气	黑	黄	氮
氧气	天蓝	黑	氧
氢气	深蓝	红	氢
乙炔	白	红	乙炔
纯氩气体	灰	绿	纯氩

（2）气体钢瓶的使用

① 在钢瓶上装上配套的减压阀。检查减压阀是否关紧，方法是逆时针旋转调压手柄至螺杆松动为止。

② 打开钢瓶总阀门，此时高压表显示出瓶内贮气总压力。

③ 慢慢地顺时针转动调压手柄，至低压表显示出实验所需压力为止。

④ 停止使用时，先关闭总阀门，待减压阀中余气逸尽后，再关闭减压阀。

（3）注意事项

① 钢瓶应存放在阴凉、干燥、远离热源的地方。可燃性气瓶应与氧气瓶分开存放。

② 搬运钢瓶要小心轻放，要旋上钢瓶帽。

③ 使用时应装减压阀和压力表。可燃性气瓶（如 H_2、C_2H_2）气门螺丝为反丝，不燃

性或助燃性气瓶（如 N_2、O_2）为正丝。各种压力表一般不可混用。

④ 不要让油或易燃有机物沾染在气瓶上（特别是气瓶出口和压力表上）。

⑤ 开启总阀门时，不要将头或身体正对总阀门，防止万一阀门或压力表冲出伤人。

⑥ 不可把气瓶内气体用光，以防重新充气时发生危险。

⑦ 使用中的气瓶每三年应检查一次，装腐蚀性气体的钢瓶每两年检查一次，不合格的气瓶不可继续使用。

⑧ 钢瓶内气体不能全部用尽，要留下一些气体，以防止外界空气进入气体钢瓶，一般应保持 0.5MPa 表压以上的残留压力。

⑨ 钢瓶须定期送交检验，合格钢瓶才能充气使用。

1.2.5 化学废弃物品的处理

（1）化学废弃物品的贮存

① 完成实验后将实验过程中产生的废液转移至相应的废液回收桶中。

② 受到污染的实验室垃圾（如玻璃器皿、手套、薄毛巾等）不能被液体浸湿，必须把它们放入干净的双层塑料袋里并贴上"危险废弃物质"字样的标签。

③ 受到危害物质（如化学物质、放射性物质、生化物质等）污染的注射器、玻璃吸管和其他锋利物质必须放到指定的固定容器里。

（2）处理化学废弃物质注意事项

① 不能把玻璃或塑料试管、吸管或搅拌棒放在装有液体废弃物质的容器里。废弃物质必须和容器是不相容的，因此，不能把酸或盐基装在金属容器运输，不能把氢氟酸装在玻璃容器里运输。

② 在实验室的任何一个地方，实验室废弃物品的堆放时间决不能超过半年。危险废弃物质的容器一装满，立即将其处理，或者至少每 90 天清理一次。

③ 预留容器内的顶部空间，以防容器内物质膨胀。

实训 2 化验室试剂溶液使用管理

为确保检测质量，规范试剂溶液的使用，必须按试剂性能和实际用量进行配制，不要盲目多配，一般标准溶液（除 EDTA 和重铬酸钾外）配制量不超过 1L，不稳定试剂应少量配制，同时采取特殊贮存方法，如避光、冷藏、加入不干扰测定的稳定剂。凡属常用量的各种试剂，应该严格标准化手续和使用规定，防止变质浪费。特制定本规定。

2.1 保证试剂溶液的质量

（1）试液的贮存期　化学试剂有效期：①试剂瓶上规定有效期的，按其规定执行。②试剂瓶上没有规定有效期的，开口后，固体试剂有效期为 5 年，液体试剂有效期为 3 年。极易吸湿及性质不稳定的试剂有效期为 1.5 年，并在试剂瓶上标明开口日期和有效期。③如果使用中发现某试剂变质，可经实验室主任的批准，立即撤下，按其性质销毁。④一般浓溶液在贮存期内的变化不大，而稀溶液则随贮存时间的延长，其浓度多会发生变化。溶液的浓度愈低，有效使用期限愈短。除本身不稳定的试剂外，一般稳定性较好的试剂，其浓度为 10^{-3} mol/L 的溶液可贮存一个月以上，10^{-4} mol/L 溶液只能贮存一周，而 10^{-5} mol/L 溶液即需在当日配制。常温（15～25℃）下各种试剂溶液的保存时间见实表 2-1。

（2）贮存容器的选择　玻璃容器的耐碱性都较差，玻璃容易被碱腐蚀后可释放出某些物质，所以应采用聚乙烯瓶存放碱液。软质玻璃的耐酸性和耐水性也较差，不应采用此种玻璃容器长期贮存溶液。同时，试剂瓶的磨口塞必须能与瓶口密合，以防杂质侵入和溶剂或溶质挥发溢出。试剂瓶使用前应认真检查，将玻璃塞插入瓶口后从各个方向摇动检查，严密无隙者方可使用。

（3）试液的配制和标定
① 试剂的配制必须符合现行药典及相关规定。
② 配制后应及时贴上相应标签，标签内容包括：品名、浓度、配制日期、配制人、复核人、失效日期、特殊贮存条件等内容。
③ 在有效期内发现变质迹象，如沉淀、分层、混浊变色、分解等，均不得使用，应重配。
④ 标准滴定溶液必须由第一人进行标定，第二人进行复标。每次标定至少三份平行操作，结果的相对平均偏差不得超过 0.1%，结果取平均值，浓度值取四位有效数字。滴定液的配置、标定与复标应有完整的原始记录。

2.2 溶液的使用与保存

① 标准溶液常因化学变化或微生物作用而慢慢变质，这类标准溶液要注意保存并经常

进行标定。易挥发溶液需密封保存。

② 溶液受日光照射易引起变质，如硝酸银溶液等，应保存于深色玻璃瓶中并贮存于暗处。

③ 试液的试剂瓶应放在试液柜内或无阳光直射的试液架上。

④ 试剂瓶附近勿放置发热设备，如电炉等，以免促使试液变质。

⑤ 试剂瓶内液面以上的内壁，常凝聚着成片的水珠，用前应振摇以混匀水珠和试液。

⑥ 试液的吸管应预先洗净和晾干。多次或连续使用时，每次用后应妥善存放避免污染，不允许裸露平放在桌面上或插在试剂瓶内。

⑦ 变质、污染或失效的试液应随即倒掉，以免与新配试液混淆而被误用。

⑧ 配制及使用有腐蚀性或有毒试液的用量须及时填写《化验药品使用登记表》。

2.3 各种溶液的保质期

各种溶液的保质期见实表 2-1～实表 2-4。

实表 2-1　标准溶液的有效期

标准溶液名称	浓度/(mol/L)	有效期	备注
EDTA 滴定液	各种浓度	3 个月	
高锰酸钾溶液	0.05；0.1	3 个月	
重铬酸钾	0.1	3 个月	
硫氰酸钾	0.1	3 个月	
各种酸液	各种浓度	3 个月	
氢氧化钠滴定液	各种浓度	2 个月	
硫代硫酸钠滴定液	0.05；0.1	2 个月	
硝酸银滴定液	0.1	2 个月	
亚硝酸钠滴定液	0.1；0.25	2 个月	
锌盐溶液	0.01；0.025	2 个月	
硝酸铅溶液	0.025	2 个月	
铁氰化钾	0.03	2 个月	
钴标准溶液	2.00mg/mL	2 个月	
亚铁氰化钾	各种浓度	2 个月	
碘滴定液	0.02；0.1	1 个月	避光干燥保存
硫酸铁铵	0.05	1 个月	
硫酸铜	0.035	用前标定	
硫酸亚铁	1，0.64	用前标定	
硫酸亚铁铵	0.01；0.1	用前标定	
三氧化二铁标准液	0.10mg/mL	1 个月	
氧化钾、氧化钠混合标准溶液	0.01mg/mL	1 个月	
铁、铜、铅、铟、铋标准溶液	100μg/mL	1 个月	
锌标准溶液	10μg/mL	1 个月	

续表

标准溶液名称	浓度/(mol/L)	有效期	备注
氯标准溶液	10μg/mL	1个月	
磷、锂标准溶液	0.1mg/mL	1个月	
硫标准溶液	20μg/mL	1个月	
三氧化钨$\rho(WO_3)$	100μg/mL	1个月	
硼标准溶液	1.00mg/L	1个月	
锶标准液	0.10mg/L	1个月	
铝标准溶液	5μg/mL	1个月	
氢离子标准液	0.1mol/L	1个月	

实表 2-2　浓度验证允许范围

溶液名称	偏差范围
$NaOH$、H_2SO_4	$\lvert X_2 - X_1 \rvert \leqslant 0.05\%$
HCl 标准溶液	$\lvert X_2 - X_1 \rvert \leqslant 0.3\%$
其他标准溶液	$\lvert X_2 - X_1 \rvert \leqslant 0.1\%$

注：X_1、X_2 均代表标定后的溶液浓度。

例：3月1日标定 NaOH 标准溶液浓度为 0.1005mol/L，4月10日验证3月1日标定的 NaOH 标准溶液浓度为 0.1007mol/L。用 0.1007－0.1005＝0.0002 即为 0.02% 的偏差，在 $\lvert X_2 - X_1 \rvert \leqslant 0.05\%$ 的允许范围内。

注：各种标准溶液在有效期内也需经常标定（特别是检测结果可疑时）。

实表 2-3　一般溶液的有效期

溶液名称	浓度	有效期	备注
硫磷混酸		6个月	
氯化汞饱和溶液	饱和	6个月	
氯化钡	100g/L	6个月	
盐酸溶液	1＋3,1＋1	6个月	
硫酸溶液	各种浓度	6个月	
三乙醇胺	1＋1,1＋3	6个月	
EDTA	20g/L	6个月	
柠檬酸	20g/L	6个月	
磺基水杨酸	100g/L	6个月	
硫酸铍	20g/L	6个月	
硫酸锌	100g/L	6个月	
硫酸锰	40g/L,5g/L	6个月	
高锰酸钾	25g/L	6个月	
硝酸溶液	1＋3,1＋1	3个月	
硝酸银	17g/L,10g/L	3个月	贮于棕色瓶中，并加数滴硝酸

续表

溶液名称	浓度	有效期	备注
硫酸铵	200g/L	3个月	
氢氧化钠	100g/L,48g/L	3个月	
氢氧化钾	100g/L	3个月	
硫氰酸钾	100g/L,500g/L	3个月	
氯化镁	2%	3个月	
硫氰酸铵	50mg/L	3个月	
硼酸	20g/L	3个月	
苦杏仁酸	160g/L	3个月	
硫酸锰	200g/L	3个月	
乙酸	1+4	3个月	
硝酸钙ρ(Ca)	50mg/mL	3个月	
钼酸铵	50g/L	3个月	静置24h后使用,若有沉淀必须过滤
对硝基苯酚	1g/L	3个月	
钒酸铵	2.5g/L	3个月	
酒石酸锑钾	5g/L	2个月	贮存于棕色瓶中
酒石酸	400g/L,10g/L,200g/L	2个月	
锌溶液	0.2g/mL	2个月	
三氯化铁	50g/L	2个月	易水解,用时带空白
氯化铵	100g/L	2个月	
亚硝酸钠	10g/L	2个月	
硫酸铁铵	100g/L	2个月	
硫酸铁	5g/L	2个月	
硫酸亚铁铵	200g/L,40g/L	2个月	
碘化钾	500g/L,100g/L	2个月	
氯化铯	10g/L	2个月	
草酸溶液	50g/L,2g/L	2个月	
单宁酸	20g/L	2个月	
氟化铵	5g/L	2个月	
L-半胱氨酸盐溶液	10g/L	2个月	
硫代硫酸钠	3.5g/L	2个月	
氯化镁	2%	2个月	
盐酸羟胺	1g/L	2个月	
酒石酸钾钠	500g/L	2个月	3~5℃冷藏可6个月
六亚甲基四胺缓冲溶液	pH5.5	2个月	
铬天箐-S溶液	0.5g/L	2个月	
氨-氯化铵缓冲溶液	pH10	1个月	

续表

溶液名称	浓度	有效期	备注
乙酸乙酸钠缓冲溶液	pH5.5~6.0	1个月	
过硫酸铵	200g/L	1个月	
喹钼柠酮试剂		1个月	置于暗处,避光避热
氯化亚锡	100g/L	一周	
尿素溶液	200g/L,100g/L	现配	
二甲基乙二醛肟乙酸溶液	10g/L	现配	
四苯硼钠碱性溶液		现配	
氯化汞酸钠	0.1mol/L	现配	
甲醛	0.20%	现配	
王水		现配	
正丁醇-氯仿混合液	1+3	现配	
高氯酸洗涤液	1+199	现配	
草酸洗液	2g/L	现配	
抗坏血酸	100g/L	现配	
丁二酮肟	10g/L	现配	

实表2-4 指示剂

指示剂名称	浓度	有效期	备注
甲基红	1g/L	3个月	
铬黑T指示剂		3个月	
二甲酚橙指示剂	1g/L	3个月	
甲基橙指示剂	1g/L	3个月	
酚酞指示剂	10g/L	3个月	
紫脲酸铵指示剂		3个月	
孔雀绿	2g/L	3个月	
甲酚红	2g/L	3个月	
二苯胺磺酸钠指示剂	2g/L	3个月	
百里香酚酞指示剂	1g/L	3个月	
溴甲酚绿	1g/L	3个月	
亚硝基红盐	2g/L	3个月	
甲基红-次甲基蓝混合指示剂		3个月	
溴甲酚绿-甲基红混合指示剂		3个月	
溴甲酚蓝指示剂	3.5g/L	3个月	
n-苯基邻氨基苯甲酸	2g/L	3个月	
对硝基酚	2g/L	3个月	
纳氏试剂		1个月	
二苯氨基脲指示剂	10g/L	1个月	
淀粉指示剂		1周	

2.4 常用洗涤液的配制和使用方法

（1）重铬酸钾-浓硫酸溶液（100g/L）（洗液） 称取化学纯重铬酸钾100g于烧杯中，加入100mL水，微加热，使其溶解。把烧杯放于水盆中冷却后，慢慢加入化学纯硫酸，边加边用玻璃棒搅动，防止硫酸溅出，开始有沉淀析出，硫酸加到一定量沉淀可溶解，加硫酸至溶液总体积为1000mL。

该洗液是强氧化剂，但氧化作用比较慢，直接接触器皿数分钟至数小时才有作用，取出后要用自来水充分冲洗7~10次，最后用纯水淋洗3次。

（2）肥皂洗涤液、碱洗涤液、合成洗涤剂洗涤液 配制一定浓度，主要用于油脂和有机物的洗涤。

（3）氢氧化钾-乙醇洗涤液（100g/L） 取100g氢氧化钾，用50mL水溶解后，加工业乙醇至1L，适用于洗涤油垢、树脂等。

（4）酸性草酸或酸性羟胺洗涤液 称取10g草酸或1g盐酸羟胺，溶于10mL盐酸（1+4）中，该洗液用于洗涤氧化性物质。对沾污在器皿上的氧化剂，酸性草酸作用较慢，羟胺作用快且易洗净。

（5）硝酸洗涤液 常用浓度（1+9）或（1+4），主要用于浸泡清洗测定金属离子时的器皿。一般浸泡过夜，取出用自来水冲洗，再用去离子水或亚沸水冲洗。

2.5 标准滴定溶液的配制

2.5.1 NaOH标准溶液的配制和标定

（1）配制 固体氢氧化钠有很强的吸水性，而且容易吸收空气中的CO_2，因而市售NaOH常含有Na_2CO_3，此外还有少量的其他杂质。因此，不能用直接法配制准确浓度的溶液。

制备不含Na_2CO_3的NaOH溶液最常用的方法是，将NaOH先配成饱和溶液（约50%），在此溶液中$c(NaOH)$约为20mol/L。在此浓碱溶液中，Na_2CO_3几乎不溶解而慢慢沉淀下来，吸取上层清液，用无CO_2的蒸馏水稀释至所需浓度即可。

若分析测定要求不高，可采用比较简便的方法配制：称取比需要量稍多的NaOH，用少量水迅速清洗2~3次，除去固体表面形成的碳酸盐，然后溶解在无CO_2的蒸馏水中。

（2）标定 常用基准物质邻苯二甲酸氢钾（$KHC_8H_4O_4$）标定，它与NaOH的反应为：

$$\text{C}_6\text{H}_4(\text{COOH})(\text{COOK}) + \text{NaOH} \longrightarrow \text{C}_6\text{H}_4(\text{COONa})(\text{COOK}) + \text{H}_2\text{O}$$

化学计量点时pH为9.1，可用酚酞作指示剂。

$$c(NaOH) = \frac{m \times 1000}{(V-V_0)M(KHC_8H_4O_4)}$$

式中　　m——$KHC_8H_4O_4$的质量，g；

V——滴定时消耗NaOH溶液的体积，mL；

V_0——空白试验消耗 NaOH 溶液的体积，mL；

$M(KHC_8H_4O_4)$——$KHC_8H_4O_4$ 的摩尔质量，204.22g/mol。

配制好的 NaOH 标准溶液应盛装在附有碱石灰干燥管及有引出导管的试剂瓶中。

2.5.2 HCl 标准溶液的配制和标定

（1）配制　市售盐酸的密度为 $\rho=0.19g/mL$，HCl 的质量分数 $\omega(HCl)$ 约为 0.37，其物质的量浓度约为 12mol/L。配制时先用浓 HCl 配成所需近似浓度，然后用基准物质进行标定，以获得准确浓度。由于浓盐酸具有挥发性，配制时所取 HCl 的量应适当多些。

（2）标定

① 用基准物质标定　国家标准 GB/T 601—2016 中使用于 270～300℃灼烧至恒重的基准无水碳酸钠进行标定，标定反应为：

$$Na_2CO_3+2HCl = 2NaCl+H_2O+CO_2\uparrow$$

化学计量点时 pH=3.9，用甲基红-溴甲酚绿混合指示液，溶液由绿色变为暗红色时为终点，近终点时要煮沸赶除 CO_2 后继续滴定至暗红色。

$$c(HCl)=\frac{m\times 10^3}{(V-V_0)M\left(\frac{1}{2}Na_2CO_3\right)}$$

式中　　m——Na_2CO_3 的质量，g；

V——滴定时消耗 HCl 溶液的体积，mL；

V_0——空白试验消耗 HCl 溶液的体积，mL；

$M\left(\frac{1}{2}Na_2CO_3\right)$——以 $\frac{1}{2}Na_2CO_3$ 为基本单元的摩尔质量，52.99g/mol。

② 用已知浓度的 NaOH 标准溶液进行"比较"滴定　"比较"与"标定"结果作比较，要求两种方法测得的浓度之相对偏差不得大于 0.2%，并以基准物质标定的结果为准。

2.5.3 EDTA 标准溶液的配制与标定

2.5.3.1 目的要求

（1）掌握间接法配制 EDTA 标准滴定溶液的原理和方法。

（2）熟悉铬黑 T（EBT）、二甲酚橙指示剂和钙指示剂的配制方法、应用条件及终点颜色判断。

2.5.3.2 方法原理

用金属锌或 ZnO 基准物标定 EDTA 标准滴定溶液的准确浓度，溶液酸度控制在 pH=10 的 $NH_3\cdot H_2O$-NH_4Cl 缓冲溶液中，以铬黑 T（EBT）作指示剂直接滴定，终点颜色由红色变为纯蓝色；或将溶液酸度控制在 pH=5～10 的六亚甲基四胺缓冲溶液中，以二甲酚橙（XO）作指示剂直接滴定，终点颜色由紫红色变为亮黄色。

2.5.3.3 试剂

EDTA 二钠盐（$Na_2H_2Y\cdot 2H_2O$），HCl 溶液（浓）、HCl 溶液（1+2），KOH 溶液（100g/L），氨水（1+1），六亚甲基四胺（$(CH_2)_6N_4$）（300g/L）。

$NH_3\cdot H_2O$-NH_4Cl 缓冲溶液（pH=10）：称取 5.4g 固体 NH_4Cl，加水 20mL，加浓氨水 35mL，溶解后，用水稀释至 100mL，摇匀备用。

铬黑T（EBT）指示剂：称取0.25g固体铬黑T、2.5g盐酸羟胺，用50mL无水乙醇溶解。

二甲酚橙指示剂（2g/L水溶液）。

钙指示剂：将钙指示剂1.0g与固体NaCl（干燥、研细）100g混合均匀。临用前配制。

基准试剂锌片或氧化锌：锌纯度为99.99%，ZnO基准物质在900℃灼烧至恒重。

基准试剂$CaCO_3$：于110℃烘箱中干燥2h，稍冷后置于干燥器中冷却至室温，备用。

2.5.3.4 操作步骤

（1）配制EDTA溶液（0.02mol/L） 称取分析纯$Na_2H_2Y \cdot 2H_2O$ 3.7g，溶于300mL水中，加热溶解，冷却后转移至试剂瓶中，用水稀释至500mL，充分摇匀，待标定。

（2）标定EDTA溶液

① 以金属锌或氧化锌基准物质标定EDTA溶液

a. $c(Zn^{2+})=0.02mol/L$的Zn^{2+}标准溶液的配制：可用纯金属锌或氧化锌等基准物质直接配制。

ⅰ. 纯金属锌基准物质配制Zn^{2+}标准溶液：准确称取基准物质金属锌0.33g，置于小烧杯中，加入HCl溶液（1+2）5～6mL，待锌完全溶解后，以少量蒸馏水冲洗杯壁，定量转入250.0mL容量瓶中，稀释至刻度，摇匀。计算其浓度。

$$c(Zn^{2+})=\frac{m(Zn)}{M(Zn)\times 250.0\times 10^{-3}}$$

式中 $c(Zn^{2+})$——Zn^{2+}标准溶液的浓度，mol/L；

$m(Zn)$——基准物质Zn的质量，g；

$M(Zn)$——基准物质Zn的摩尔质量，g/mol。

ⅱ. ZnO基准物质配制Zn^{2+}标准溶液：准确称取基准物质ZnO 0.4g，先用几滴蒸馏水润湿，盖上表面皿。滴加浓HCl至ZnO刚好溶解，以少量蒸馏水冲洗表面皿，再加25mL蒸馏水定量转入250.0mL容量瓶中，稀释至刻度，摇匀。计算其浓度。

$$c(Zn^{2+})=\frac{m(ZnO)}{M(ZnO)\times 250.0\times 10^{-3}}$$

式中 $c(Zn^{2+})$——Zn^{2+}标准溶液的浓度，mol/L；

$m(ZnO)$——基准物质ZnO的质量，g；

$M(ZnO)$——基准物质ZnO的摩尔质量，g/mol。

b. 标定EDTA溶液

ⅰ. 铬黑T作指示剂。用移液管准确移取25.00mL Zn^{2+}标准溶液于250mL锥形瓶中，加20mL蒸馏水，滴加氨水（1+1）至刚出现浑浊，此时pH约为8，然后加入10mL $NH_3 \cdot H_2O-NH_4Cl$缓冲溶液，加入铬黑T指示剂4滴，用待标定的EDTA溶液滴定，溶液颜色由红色转变为纯蓝色30s不褪即为终点，记下消耗EDTA溶液的体积。平行滴定3次，取平均值计算EDTA溶液的准确浓度。

ⅱ. 二甲酚橙作指示剂。用移液管准确移取25.00mL Zn^{2+}标准溶液于250mL锥形瓶中，加20mL蒸馏水，加入二甲酚橙指示剂2～3滴，然后加入六亚甲基四胺至溶液呈稳定的紫红色（30s内不褪），用待标定的EDTA溶液滴定，溶液颜色由紫红色转变为亮黄色30s不褪即为终点，记下消耗EDTA溶液的体积。平行滴定3次，取平均值计算EDTA溶液的准确浓度。

② 以 $CaCO_3$ 基准物质标定 EDTA 溶液

a. $c(Ca^{2+})=0.02mol/L$ 的 Ca^{2+} 标准溶液的配制。准确称取基准物质 $CaCO_3$ 0.5g 于 150mL 烧杯中，加入少量水润湿，盖上表面皿，然后缓慢滴加 HCl 溶液（1+2）至恰好使 $CaCO_3$ 全部溶解。以少量蒸馏水冲洗表面皿，再加蒸馏水定量转入 250.0mL 容量瓶中，稀释至刻度，摇匀。计算其浓度。

$$c(Ca^{2+})=\frac{m(CaCO_3)}{M(CaCO_3)\times 250.0\times 10^{-3}}$$

式中　$c(Ca^{2+})$——Ca^{2+} 标准溶液的浓度，mol/L；
　　　$m(CaCO_3)$——基准物质 $CaCO_3$ 的质量，g；
　　　$M(CaCO_3)$——基准物质 $CaCO_3$ 的摩尔质量，g/mol。

b. 标定 EDTA 溶液。用移液管准确移取 25.00mL Ca^{2+} 标准溶液于 250mL 锥形瓶中，加入 20mL 蒸馏水，再加少量钙指示剂，滴加 KOH 溶液（约 20 滴）至溶液呈现稳定的紫红色，然后用待标定的 EDTA 溶液滴定，溶液颜色由红色变成蓝色 30s 不褪即为终点，记录消耗 EDTA 溶液的体积。平行滴定 3 次，取平均值计算 EDTA 溶液的准确浓度。

2.5.3.5　数据处理

按下式计算 EDTA 标准滴定溶液的浓度：

$$c(EDTA)=\frac{cV}{V(EDTA)}$$

式中　$c(EDTA)$——EDTA 标准滴定溶液的浓度，mol/L；
　　　c——Zn^{2+} 标准溶液或 Ca^{2+} 标准溶液的浓度，mol/L；
　　　V——Zn^{2+} 标准溶液或 Ca^{2+} 标准溶液的体积，L；
　　　$V(EDTA)$——滴定时消耗 EDTA 标准滴定溶液的体积，L。

2.5.3.6　注意事项

（1）以基准物质配制 Zn^{2+}、Ca^{2+} 标准溶液时，要使基准物质溶解完全，且要定量转移到容量瓶中。

（2）滴加氨水（1+1）调整溶液的酸度时要逐滴加入，且边加边摇动锥形瓶，防止滴加过量，以出现浑浊为限。滴加过快时，可能会使浑浊立即消失，误以为还没有出现浑浊。

（3）加入 $NH_3\cdot H_2O-NH_4Cl$ 缓冲溶液后应尽快滴定，不宜放置过久。

2.5.3.7　思考与讨论

（1）EDTA 标准滴定溶液通常使用乙二胺四乙酸二钠，而不使用乙酸，为什么？

（2）用氨水调节溶液 pH 时，先出现白色沉淀，后又溶解，解释现象，并写出反应方程式。

（3）为什么在调节溶液的酸度至 pH=7～8 以后，再加入 $NH_3\cdot H_2O-NH_4Cl$ 缓冲溶液？

（4）以 HCl 溶液溶解 $CaCO_3$ 基准物质时，操作中应注意什么？为什么？

2.5.4　高锰酸钾标准溶液的配制和标定

2.5.4.1　目的要求

（1）了解高锰酸钾标准溶液的配制方法和保存条件。

(2) 掌握用 $Na_2C_2O_4$ 作基准物标定高锰酸钾溶液浓度的原理、方法及滴定条件。

2.5.4.2 方法原理

市售的高锰酸钾常含有少量杂质，如硫酸盐、氯化物及硝酸盐等，因此不能用精确称量的高锰酸钾来直接配制准确浓度的溶液。$KMnO_4$ 氧化能力强，易和水中的有机物、空气中的尘埃及氨等还原性物质作用。$KMnO_4$ 能自行分解，其分解反应如下：

$$4KMnO_4 + 2H_2O = 4MnO_2\downarrow + 4KOH + 3O_2\uparrow$$

分解速率随溶液的 pH 而改变。在中性溶液中，分解很慢，但 Mn^{2+} 和 MnO_2 能加速 $KMnO_4$ 的分解，见光则分解得更快。由此可见，$KMnO_4$ 溶液的浓度容易改变，必须正确地配制和保存。正确配制和保存的 $KMnO_4$ 溶液应呈中性，不含 MnO_2，这样，浓度就比较稳定，放置数月后浓度大约只降低 0.5%。但是如果长期使用，仍应定期标定。

$KMnO_4$ 标准溶液常用还原剂草酸钠（$Na_2C_2O_4$）作基准物来标定。$Na_2C_2O_4$ 不含结晶水，容易精制。用 $Na_2C_2O_4$ 标定 $KMnO_4$ 溶液的反应如下：

$$2MnO_4^- + 5H_2C_2O_4 + 6H^+ = 2Mn^{2+} + 10CO_2\uparrow + 8H_2O$$

滴定时可利用 MnO_4^- 本身的颜色指示滴定终点。

2.5.4.3 试剂

$KMnO_4$（固），$Na_2C_2O_4$（A.R. 或基准试剂），1mol/L 的 H_2SO_4 溶液。

2.5.4.4 操作步骤

(1) 0.02mol/L $KMnO_4$ 溶液的配制 称取计算量的 $KMnO_4$，溶于适量水中，加热煮沸 20~30min（随时加水以补充因蒸发而损失的水）。冷却后在暗处放置 7~10d，然后用玻璃砂芯漏斗或玻璃纤维过滤除去 MnO_2 等杂质。滤液贮于洁净的玻璃塞棕色瓶中，放置于暗处保存。如果溶液经煮沸并在水浴上保温 1h[1]，冷却后过滤，则不必长期放置，就可以标定其浓度。

(2) $KMnO_4$ 溶液浓度的标定 准确称取计算量（精确至 0.0002g）的烘过的 $Na_2C_2O_4$ 基准物于 250mL 锥形瓶中，加水约 10mL 使之溶解，再加 30mL 1mol/L H_2SO_4 溶液[2]并加热至 75~85℃[3]，立即用待标定的 $KMnO_4$ 溶液滴定[4]（不能沿瓶壁滴入）至呈粉红色经 30s 不褪，即为终点[5]。

重复测定 2~3 次。根据滴定所消耗的 $KMnO_4$ 溶液体积和 $Na_2C_2O_4$ 基准物的质量，计算 $KMnO_4$ 溶液的浓度。

$$c\left(\frac{1}{5}KMnO_4\right) = \frac{m \times 1000}{(V_1 - V_2)M}$$

式中 m——草酸钠的质量准确数，g；

V_1——滴定所消耗的 $KMnO_4$ 溶液体积，mL；

V_2——空白实验所消耗的 $KMnO_4$ 溶液体积，mL；

M——草酸钠基本单元的摩尔质量$\left[M\left(\frac{1}{2}Na_2C_2O_4\right) = 66.999\right]$，g/mol。

2.5.4.5 注释

[1] 加热及放置时，均应盖上表面皿，以免尘埃及有机物等落入。

[2] $KMnO_4$ 作氧化剂，通常是在强酸溶液中反应，滴定过程中若发现产生棕色浑浊（是酸度不足引起的），应立即加入 H_2SO_4 补救，但若已经达到终点，则加 H_2SO_4 已无效，这时应该重做实验。

[3] 加热可使反应加快，但不应热至沸腾，否则容易引起部分草酸分解。正确的温度是75~85℃（手触烧杯壁感觉烫手），在滴定至终点时，溶液的温度不应低于60℃。

[4] $KMnO_4$ 溶液应装在玻璃塞滴定管中（为什么？）。由于 $KMnO_4$ 溶液颜色很深，不易观察溶液弯月面的最低点，因此应该从液面最高边上读数。滴定时，第一滴 $KMnO_4$ 溶液褪色很慢，在第一滴 $KMnO_4$ 溶液没有褪色以前，不要加入第二滴，等几滴 $KMnO_4$ 溶液已经起作用之后，滴定的速度就可以稍快些，但不能让 $KMnO_4$ 溶液像流水似地流下去，近终点时更需小心缓慢滴入。

[5] $KMnO_4$ 滴定的终点是不大稳定的，这是由于空气中含有还原性气体及尘埃等杂质，落入溶液中能使 $KMnO_4$ 慢慢分解，而使粉红色消失，所以经过30s不褪色，即可认为已达到终点。

2.5.4.6 思考与讨论

（1）配制 $KMnO_4$ 标准溶液时为什么要把 $KMnO_4$ 水溶液煮沸一定时间（或放置数天）？配好的 $KMnO_4$ 溶液为什么要过滤后才能保存？过滤时是否能用滤纸？

（2）配好的 $KMnO_4$ 溶液为什么要装在棕色瓶中放置暗处保存？如果没有棕色瓶应该怎样办？

（3）用 $Na_2C_2O_4$ 基准物标定 $KMnO_4$ 溶液浓度时，为什么必须在大量 H_2SO_4 存在下进行？可以用 HCl 或 HNO_3 溶液吗？酸度过高或过低有无影响？为什么要加热至75~85℃后才能滴定？溶液温度过高或过低有什么影响？

（4）用 $KMnO_4$ 溶液滴定 $Na_2C_2O_4$ 溶液时，$KMnO_4$ 溶液为什么一定要装在玻璃塞滴定管中？为什么第一滴 $KMnO_4$ 溶液加入后红色褪去很慢，以后褪色较快？

（5）装 $KMnO_4$ 溶液的烧杯放置较久后，杯壁上常有棕色沉淀，不容易洗净，棕色沉淀是什么？应该怎样洗涤？

2.5.5 碘和硫代硫酸钠标准溶液的配制和标定

2.5.5.1 目的要求

（1）掌握 I_2 及 $Na_2S_2O_3$ 溶液的配制方法和保存条件。

（2）了解标定 I_2 及 $Na_2S_2O_3$ 溶液浓度的原理和方法。

（3）掌握直接碘量法和间接碘量法的测定条件。

2.5.5.2 方法原理

碘量法用的标准溶液主要有硫代硫酸钠和碘标准溶液两种。用升华法可制得纯的 I_2，纯 I_2 可用作基准物，用纯 I_2 可按直接法配制标准溶液。如用普通的 I_2 配制标准溶液，则应先配成近似浓度，然后再标定。

I_2 微溶于水而易溶于 KI 溶液，但在稀的 KI 溶液中溶解得很慢，所以配制 I_2 溶液时不能过早加水稀释，应先将 I_2 与 KI 混合，用少量水充分研磨，溶解完全后再稀释。I_2 与 KI 间存在如下平衡：

$$I_2 + I^- \rightleftharpoons I_3^-$$

游离 I_2 容易挥发损失，这是影响碘溶液稳定性的原因之一。因此溶液中应维持适当过量的 I^-，以减少 I_2 的挥发。

空气能氧化 I^-，引起 I_2 浓度增加：

$$4I^- + O_2 + 4H^+ \rightleftharpoons 2I_2 + 2H_2O$$

此氧化作用缓慢，但能因光、热及酸的作用而加速，因此 I_2 溶液应贮存于棕色瓶中置冷暗处保存。I_2 能缓慢腐蚀橡胶和其他有机物，所以 I_2 溶液应避免与这类物质接触。

标定 I_2 溶液浓度的最好方法是用三氧化二砷 As_2O_3（俗名砒霜，剧毒）作基准物。As_2O_3 难溶于水，易溶于碱性溶液中生成亚砷酸盐：

$$As_2O_3 + 6OH^- \rightleftharpoons 2AsO_3^{3-} + 3H_2O$$

亚砷酸盐与 I_2 的反应是可逆的：

$$AsO_3^{3-} + I_2 + H_2O \rightleftharpoons AsO_4^{3-} + 2I^- + 2H^+$$

随着滴定反应的进行，溶液酸度增加，反应将反方向进行，即 AsO_4^{3-} 将氧化 I^-，使滴定反应不能完成。但是又不能在强碱溶液中进行滴定，因此一般在酸性溶液中加入过量 $NaHCO_3$，使溶液的 pH 保持在 8 左右，所以实际上滴定反应是：

$$I_2 + AsO_3^{3-} + 2HCO_3^- \rightleftharpoons 2I^- + AsO_4^{3-} + 2CO_2\uparrow + H_2O$$

I_2 溶液的浓度，也可用 $Na_2S_2O_3$ 标准溶液来标定。

硫代硫酸钠（$Na_2S_2O_3 \cdot 5H_2O$）一般都含有少量杂质（如 S、Na_2SO_3、Na_2SO_4、Na_2CO_3 及 NaCl 等），同时还容易风化和潮解，因此不能直接配制准确浓度的溶液。

$Na_2S_2O_3$ 溶液易受空气和微生物等的作用而分解。

(1) 溶解的 CO_2 的作用　$Na_2S_2O_3$ 在中性或碱性溶液中较稳定，当 pH<4.6 时即不稳定。溶液中含有 CO_2 时，它会促进 $Na_2S_2O_3$ 分解：

$$Na_2S_2O_3 + H_2CO_3 \rightleftharpoons NaHSO_3 + NaHCO_3 + S\downarrow$$

此分解作用一般发生在溶液配成后的最初 10d 内。分解后一分子 $Na_2S_2O_3$ 变成了一分子 $NaHSO_3$，一分子 $Na_2S_2O_3$ 只能和一个碘原子作用，而一分子 $NaHSO_3$ 却能和两个碘原子作用，因此从反应能力看溶液的浓度增加了。以后由于空气的氧化作用，浓度又慢慢减小。

在 pH=9～10 之间硫代硫酸盐溶液最为稳定，所以在 $Na_2S_2O_3$ 溶液加入少量 Na_2CO_3。

(2) 空气的氧化作用

$$2Na_2S_2O_3 + O_2 \rightleftharpoons 2Na_2SO_4 + 2S\downarrow$$

(3) 微生物的作用　这是使 $Na_2S_2O_3$ 分解的主要原因。为了避免微生物的分解作用，可加入少量 HgI_2(10mg/L)。

为了减少溶解在水中的 CO_2 并杀死水中的微生物，应用新煮沸后冷却的蒸馏水配制溶液并加入少量 Na_2CO_3（浓度约为 0.02%），以防止 $Na_2S_2O_3$ 分解。

日光能促进 $Na_2S_2O_3$ 溶液分解，所以 $Na_2S_2O_3$ 溶液应贮存于棕色瓶中，放置暗处，经 8～14d 再标定。长期使用的 $Na_2S_2O_3$ 溶液，应定期标定。若保存得好，可每两月标定一次。

通常用 K_2CrO_7 作基准物标定 $Na_2S_2O_3$ 溶液的浓度。K_2CrO_7 先与 KI 反应析出 I_2：

$$Cr_2O_7^{2-} + 6I^- + 14H^+ \rightleftharpoons 2Cr^{3+} + 3I_2 + 7H_2O$$

析出的 I_2 再用标准 $Na_2S_2O_3$ 溶液滴定：

$$I_2 + 2S_2O_3^{2-} \rightleftharpoons S_4O_6^{2-} + 2I^-$$

这个标定方法是间接碘量法的应用。

2.5.5.3　试剂

$Na_2S_2O_3 \cdot 5H_2O$（固），Na_2CO_3（固），KI（固），As_2O_3（A.R. 或基准试剂），I_2（固），可溶性淀粉，$K_2Cr_2O_7$（A.R. 或基准试剂），10% KI 溶液，2mol/L HCl 溶液，

1mol/L NaOH 溶液，4%NaHCO$_3$ 溶液，0.5mol/L H$_2$SO$_4$ 溶液，1%酚酞溶液。

2.5.5.4 操作步骤

（1）0.05mol/L I$_2$ 溶液的配制　称取 13g I$_2$ 和 40g KI 置于小研钵或小烧杯中，加水少许，研磨或搅拌至 I$_2$ 全部溶解后，转移至棕色瓶中，加水稀释至 1L，塞紧，摇匀后放置过夜再标定。

（2）0.1mol/L Na$_2$S$_2$O$_3$ 溶液的配制[1]　称取 25g Na$_2$S$_2$O$_3$·5H$_2$O 于 500mL 烧杯中，加入 300mL 新煮沸已冷却的蒸馏水，待完全溶解后，加入 0.2g Na$_2$CO$_3$，然后用新煮沸已冷却的蒸馏水稀释至 1L，贮存于棕色瓶中，在暗处放置 7～14d 后标定。

（3）0.05mol/L I$_2$ 溶液浓度的标定

① 用 As$_2$O$_3$ 标定　准确称取在 H$_2$SO$_4$ 干燥器中干燥 24h 的 As$_2$O$_3$，置于 250mL 锥形瓶中，加入 1mol/L NaOH 溶液 10mL，待 As$_2$O$_3$ 完全溶解后，加 1 滴酚酞指示剂，用 0.5mol/L H$_2$SO$_4$ 溶液或 HCl 溶液中和至呈微酸性，然后加入 25mL 4%NaHCO$_3$[2] 和 1mL 1%淀粉溶液，再用 I$_2$ 标准溶液[3]滴定至出现蓝色，即为终点。根据 I$_2$ 溶液的用量及 As$_2$O$_3$ 的质量计算 I$_2$ 标准溶液的浓度。

$$c\left(\frac{1}{2}I_2\right)=\frac{m\times1000}{(V_1-V_2)M}$$

式中　m——三氧化二砷的质量准确数，g；

V_1——滴定所消耗的碘溶液体积，mL；

V_2——空白试验所消耗的碘溶液体积，mL；

M——三氧化二砷基本单元的摩尔质量 $\left[M\left(\frac{1}{4}As_2O_3\right)=49.460\right]$，g/mol。

② 用 Na$_2$S$_2$O$_3$ 标准溶液标定　准确吸取 25mL I$_2$ 标准溶液置于 250mL 碘量瓶中，加 50mL 水，用 0.1mol/L Na$_2$S$_2$O$_3$ 标准溶液滴定至呈浅黄色后，加入 1%淀粉溶液[4] 1mL，用 Na$_2$S$_2$O$_3$ 溶液继续滴定至蓝色恰好消失，即为终点[5]。根据 Na$_2$S$_2$O$_3$ 及 I$_2$ 溶液的用量和 Na$_2$S$_2$O$_3$ 溶液的浓度，计算 I$_2$ 标准溶液的浓度。

$$c\left(\frac{1}{2}I_2\right)=\frac{c_1V_1}{V_2}$$

式中　c_1——硫代硫酸钠标准滴定溶液的浓度，mol/L；

V_1——滴定消耗的硫代硫酸钠溶液体积，mL；

V_2——碘溶液体积，mL。

（4）0.1mol/L Na$_2$S$_2$O$_3$ 溶液浓度的标定　准确称取已烘干的 K$_2$Cr$_2$O$_7$（A.R.，其质量相当于 20～30mL 0.1mol/L Na$_2$S$_2$O$_3$ 溶液）于 250mL 碘量瓶中，加入 10～20mL 水使之溶解[6]，再加入 20mL 10% KI 溶液（或 2g 固体 KI）和 6mol/L HCl 溶液 5mL，混匀后用表面皿盖好，放在暗处 5min[7]。然后用 50mL 水稀释[8]，用 0.1mol/L Na$_2$S$_2$O$_3$ 溶液滴定到溶液呈浅黄绿色。加入 1%淀粉溶液 1mL，继续滴定至蓝色变绿色，即为终点[9]。根据 K$_2$Cr$_2$O$_7$ 的质量及消耗的 Na$_2$S$_2$O$_3$ 溶液体积，计算 Na$_2$S$_2$O$_3$ 溶液的浓度。

$$c(Na_2S_2O_3)=\frac{m\times1000}{(V_1-V_2)M}$$

式中　m——重铬酸钾的质量准确数，g；

V_1——滴定所消耗的硫代硫酸钠溶液体积，mL；

V_2——空白试验所消耗的硫代硫酸钠溶液体积，mL；

M——重铬酸钾基本单元的摩尔质量$\left[M\left(\frac{1}{6}K_2Cr_2O_7\right)=49.031\right]$，g/mol。

2.5.5.5 注释

[1] 一般分析使用 0.1mol/L $Na_2S_2O_3$ 标准溶液，如果选择的测定实验需用 0.05mol/L（或其他浓度）$Na_2S_2O_3$ 溶液，则此处应配制 0.05mol/L（或其他浓度）的标准溶液。

[2] 加入 $NaHCO_3$ 溶液时，应用小表面皿盖住瓶口，缓缓加入，以免发泡剧烈而引起溅失，反应完毕，将表面皿上的附着物洗入锥形瓶中。

[3] I_2 能与橡胶发生作用，因此 I_2 溶液不能装在碱式滴定管中。

[4] 淀粉指示剂若加入过早，则大量的 I_2 与淀粉结合成蓝色物质，这一部分 I_2 不容易与 $Na_2S_2O_3$ 反应，因而使滴定发生误差。

[5] 也可用 I_2 标准溶液滴定预先加有淀粉指示剂的一定量 $Na_2S_2O_3$ 溶液。

[6] 如果 $Na_2S_2O_3$ 溶液浓度较稀，标定用的 $K_2Cr_2O_7$ 称取量较小时，可采用称大样的办法，即称取 5 倍量（按消耗 20～30mL $Na_2S_2O_3$ 溶液计算的量）$K_2Cr_2O_7$ 溶于水后，配成 100mL 溶液，再吸取 20mL 进行标定。

[7] $K_2Cr_2O_7$ 与 KI 的反应不是立刻完成的，在稀溶液中反应更慢，因此应等反应完成后再加水稀释。在上述条件下，大约经 5min 反应即可完成。

[8] 生成的 Cr^{3+} 显蓝绿色，妨碍终点观察。滴定前预先稀释，可使 Cr^{3+} 浓度降低，蓝绿色变浅，终点时溶液由蓝变到绿，容易观察。同时稀释也使溶液的酸度降低，适于用 $Na_2S_2O_3$ 溶液滴定 I_2。

[9] 滴定完了的溶液放置后会变蓝色。如果不是很快变蓝（经过 5～10min），那就是由于空气氧化所致。如果溶液很快而且又不断变蓝，说明 $K_2Cr_2O_7$ 和 KI 的作用在滴定前进行得不完全，溶液稀释得太早。遇此情况，实验应重做。

2.5.5.6 思考与讨论

(1) 如何配制和保存浓度比较稳定的 I_2 和 $Na_2S_2O_3$ 标准溶液？

(2) 用 As_2O_3 作基准物标定 I_2 溶液时，为什么先要加酸至呈微酸性，还要加入 $NaHCO_3$ 溶液？As_2O_3 与 I_2 的化学计量关系是什么？

(3) 用 $K_2Cr_2O_7$ 作基准物标定 $Na_2S_2O_3$ 溶液时，为什么要加入过量的 KI 和 HCl 溶液？为什么放置一定时间后才加水稀释？如果①加 KI 溶液而不加 HCl 溶液，②加酸后不放置暗处，③不放置或少放置一定时间即加水稀释，各自会产生什么影响？

(4) 为什么用 I_2 溶液滴定 $Na_2S_2O_3$ 溶液时应预先加入淀粉指示剂？而用 $Na_2S_2O_3$ 滴定 I_2 溶液时必须在近终点之前才加入？

(5) 马铃薯和稻米等都含淀粉，它们的溶液是否可用作指示剂？

(6) 淀粉指示剂的用量为什么要多达 1mL（1%）？和其他滴定方法一样，只加几滴行不行？

(7) 如果分析的试样不同，$Na_2S_2O_3$ 和 I_2 标准溶液的浓度是否都应分别配成 0.1mol/L 和 0.05mol/L？

(8) 如果 $Na_2S_2O_3$ 标准溶液是用来分析铜的，为什么可用纯铜作基准物标定 $Na_2S_2O_3$ 溶液的浓度？

2.5.6 硝酸银标准溶液的配制和标定

2.5.6.1 目的要求
（1）掌握 $AgNO_3$ 溶液的配制方法和保存条件。
（2）了解标定 $AgNO_3$ 溶液浓度的原理和方法。

2.5.6.2 方法原理
在中性或弱碱性溶液中，以 K_2CrO_4 为指示剂，用 $AgNO_3$ 标准溶液进行滴定。由于 AgCl 的溶解度小于 Ag_2CrO_4 的溶解度，所以，当 AgCl 定量沉淀后，即生成砖红色的沉淀，表示达到终点，其化学反应式如下：

$$Ag^+ + Cl^- \Longrightarrow AgCl \downarrow （白色）$$

$$2Ag^+ + CrO_4^{2-} \Longrightarrow Ag_2CrO_4 \downarrow （砖红色）$$

2.5.6.3 试剂
$AgNO_3$ 固体，NaCl 基准物质，5% K_2CrO_4 溶液。

2.5.6.4 操作步骤
（1）配制
① 称取硝酸银 17.5g，加水适量使之溶解，并稀释至 1000mL，摇匀，避光保存。
② 淀粉指示液：称取 0.5g 可溶性淀粉，加入约 5mL 水使其成糊状，在搅拌下将糊状物缓缓加到 90mL 沸腾的水中，煮沸 1~2min，稀释至 100mL，冷却后备用。此指示液最好临用时配制，贮存于冷藏箱中，最长使用期不超过 2 周。
③ 荧光黄（素）指示液：称取 0.5g 荧光黄，用 95%乙醇溶解并稀释至 100mL。
（2）标定　准确称取在 270℃（GB/T 601 中要求 500~600℃）实验电阻炉中干燥至恒重的基准氯化钠约 0.2g，加水 50mL 使之溶解，再加入 5mL 淀粉指示液，边摇动边用硝酸银标准溶液避光滴定，近终点时，加入 3 滴荧光黄指示液，继续滴定浑浊液由黄色变为粉红色。
变色过程：用硝酸银滴定液避光滴定至由无色→白色浑浊→乳白，悬浮物不再增加，加 3 滴荧光黄指示液，继续滴至由黄色→粉红色。
（3）计算　硝酸银滴定液的浓度 c(mol/L) 按下式计算：

$$c(AgNO_3) = \frac{m \times 1000}{VM} = \frac{m}{0.058442V}$$

式中　m——基准氯化钠的准确称取量（精确至 0.1mg），g；
　　　V——硝酸银滴定液的消耗量，mL；
　　　M——氯化钠基本单元的摩尔质量 [M(NaCl)=58.442]，g/mol。

（4）有关注释及注意事项
① 标定中采用以荧光黄为指示剂的吸附指示剂法，要求生成的氯化银呈胶体状态，以利于在到达滴定终点时对指示剂阴离子吸附而产生颜色的突变，因此在基准氯化钠加水溶解后再加 5mL 糊精（淀粉指示液），以形成保护胶体。
② 一般吸附指示剂多是有机酸，而起指示作用的主要是阴离子。为了使指示剂主要以阴离子形式存在，标定需要在中性或弱碱性（pH 7~10）中进行，以利于荧光黄阴离子的形成，故需在溶液中加入碳酸钙 0.1g，以维持溶液的微碱性，使终点变色明显。
③ 氯化银的胶体沉淀遇光极易分解析出黑色的金属银，因此在滴定过程中应避免强光

直接照射。

④ 本滴定液有效期暂定为 3 个月，到期需重新标定后才能使用。

（5）贮藏　宜置于具玻璃塞的棕色或用黑布包裹的玻璃瓶中，避光密闭保存。

2.6　杂质测定用标准贮备溶液的配制

2.6.1　氟（F）

称取以 500℃灼烧 15min、置于干燥器冷却后的优级纯氟化钠（NaF）2.1000g 于聚四氟乙烯烧杯中，加水溶解。用水移入 1000mL 聚乙烯容量瓶中，并稀释至刻度，摇匀。氟浓度为 1mg/mL。

2.6.2　氯（Cl）

称取以 500℃灼烧 15min、置于干燥器冷却后的光谱纯氯化钠（NaCl）1.6485g 于烧杯中，加水溶解。用水移入 1000mL 聚乙烯容量瓶中，并稀释至刻度，摇匀。氯浓度为 1mg/mL。

2.6.3　磷（P）

称取 4.2608g 优级纯磷酸氢二铵［$(NH_4)_2HPO_4$］于烧杯中，加水溶解。用 5%HNO_3（体积分数）移入 1000mL 聚乙烯容量瓶中，并稀释至刻度，摇匀。磷浓度为 1mg/mL。

2.6.4　钾（K）

称取 1.9068g 于 500～600℃灼烧至恒重的优级纯氯化钾（KCl）于烧杯中，加水溶解，用 5%HNO_3（体积分数）移入 1000mL 聚乙烯容量瓶中，并稀释至刻度，摇匀。钾的浓度为 1mg/mL。

2.6.5　钠（Na）

称取 2.5420g 于 105℃烘干的优级纯氯化钠（NaCl）于聚四氟乙烯烧杯中，加水溶解。用 5%HCl（体积分数）移入 1000mL 聚乙烯容量瓶中，并稀释至刻度，摇匀。钠浓度为 1mg/mL。

2.6.6　钙（Ca）

称取 2.4970g 于 105～110℃干燥至恒重的优级纯碳酸钙（$CaCO_3$）于烧杯中，加 100mL 水。然后慢慢加入 10mL HNO_3，以便使 $CaCO_3$ 完全溶解，加热赶出 CO_2。冷后，用 5%HNO_3（体积分数）移入 1000mL 聚乙烯容量瓶中，并稀释至刻度，摇匀。钙浓度为 1mg/mL。

2.6.7　镁（Mg）

（1）称取 1.6583g 于 800℃灼烧至恒重的优级纯氧化镁（MgO）于烧杯中，加 20mL

水，慢慢加入 HCl 溶解完全。用 5% HCl（体积分数）移入 1000mL 聚乙烯容量瓶中，并稀释至刻度，摇匀。镁浓度为 1mg/mL。

(2) 称取光谱纯金属镁 1.0000g 于烧杯中，溶解于少量 6mol/L HCl 中，然后用 5% HCl（体积分数）移入 1000mL 聚乙烯容量瓶中，并稀释至刻度，摇匀。镁浓度为 1mg/mL。

2.6.8 铁（Fe）

(1) 称取 8.6948g 的优级纯硫酸铁铵 $[NH_4Fe(SO_4)_2 \cdot 12H_2O]$ 于烧杯中，加水溶解。加 2.5mL HNO_3，用 5% HNO_3（体积分数）移入 1000mL 聚乙烯容量瓶中，并稀释至刻度，摇匀。铁浓度为 1mg/mL。

(2) 称取 1.0000g 高纯金属铁于烧杯中，加 50mL (1+1) HNO_3 溶解，用 5% HNO_3（体积分数）移入 1000mL 聚乙烯容量瓶中，并稀释至刻度，摇匀。铁浓度为 1mg/mL。

2.6.9 锰（Mn）

(1) 称取 1.5825g 高纯二氧化锰（MnO_2）于烧杯中。用约 50mL HCl 溶解、加热蒸发至干，残渣用 HNO_3 溶解。用 5% HNO_3（体积分数）移入 1000mL 聚乙烯容量瓶中，并稀释至刻度，摇匀。锰浓度为 1mg/mL。

(2) 称取 2.7474g 于 400~500℃ 灼烧至恒重的优级纯无水硫酸锰（$MnSO_4$）于烧杯中，加水溶解。用 5% HCl（体积分数）移入 1000mL 聚乙烯容量瓶中，并稀释至刻度，摇匀。锰浓度为 1mg/mL。

(3) 称取 1.0000g 高纯金属锰，于烧杯中，加入 (1+1) HNO_3 溶解。然后用 5% HCl（体积分数）移入 1000mL 聚乙烯容量瓶中，并稀释至刻度，摇匀。锰浓度为 1mg/mL。

2.6.10 铜（Cu）

(1) 称取 3.9270g 优级纯硫酸铜（$CuSO_4 \cdot 5H_2O$）于烧杯中，水溶解，用 5% HNO_3（体积分数）移入 1000mL 聚乙烯容量瓶中，并稀释至刻度，摇匀。铜浓度为 1mg/mL。

(2) 称取 1.0000g 高纯铜于烧杯中，溶解于 10mL (1+1) HNO_3 中，然后用 5% HNO_3（体积分数）移入 1000mL 聚乙烯容量瓶中，并稀释至刻度，摇匀。铜浓度为 1mg/mL。

2.6.11 锌（Zn）

(1) 称取 1.2447g 在 1000℃ 灼烧至恒重的高纯氧化锌（ZnO）于烧杯中，加 100mL 水及 20mL HCl 溶解，用 5% HCl（体积分数）移入 1000mL 聚乙烯容量瓶中，并稀释至刻度，摇匀。锌浓度为 1mg/mL。

(2) 称取 1.0000g 高纯金属锌在烧杯中，用 (1+1) HCl 溶解，然后用 5% HCl（体积分数）移入 1000mL 聚乙烯容量瓶中，并稀释至刻度，摇匀。锌浓度为 1mg/mL。

2.6.12 铅（Pb）

(1) 称取 1.5985g 优级纯硝酸铅 Pb$(NO_3)_2$ 于烧杯中。加 5% HNO_3（体积分数）溶解后。用 5% HNO_3（体积分数）移入 1000mL 聚乙烯容量瓶中，并稀释至刻度，摇匀。铅浓度为 1mg/mL。

（2）称取 1.0000g 高纯金属铅于烧杯中，加少量 7mol/L HNO_3 溶解。用 5% HNO_3（体积分数）移入 1000mL 聚乙烯容量瓶中，并稀释至刻度，摇匀。铅浓度为 1mg/mL。

2.6.13 镉（Cd）

（1）称取 1.1423g 优级纯氧化镉（CdO）于烧杯中，加 20mL 的 7mol/L HNO_3 溶解。用 5% HNO_3（体积分数）移入 1000mL 聚乙烯容量瓶中，并稀释至刻度，摇匀。镉浓度为 1mg/mL。

（2）称取 2.4323g 优级纯氯化镉（$CdCl_2 \cdot 5H_2O$）于烧杯中，加水溶解，用 5% HCl（体积分数）移入 1000mL 聚乙烯容量瓶中，并稀释至刻度，摇匀。镉浓度为 1mg/mL。

2.6.14 铬（Cr）

（1）称取 3.7349g 于 105℃ 干燥至恒重的优级纯铬酸钾（K_2CrO_4）于烧杯中，加水溶解，用 5% HNO_3（体积分数）移入 1000mL 聚乙烯容量瓶中，并稀释至刻度，摇匀。铬浓度为 1mg/mL。

（2）称取 1.0000g 高纯金属铬于烧杯中，加 50mL HCl 溶解，用 5% HCl（体积分数）移入 1000mL 聚乙烯容量瓶中，并稀释至刻度，摇匀。铬浓度为 1mg/mL。

实训 3 酸碱滴定应用技能训练

3.1 工业硫酸含量的测定

3.1.1 实验目的

(1) 掌握液体样品的称量方法。
(2) 学会混合指示液的配制，能正确使用混合指示液判断终点。
(3) 掌握液体样品含量的测定方法。

3.1.2 方法原理

硫酸是强酸，可采用酸碱滴定法直接进行测定。以甲基红-亚甲基蓝混合指示液指示终点，用氢氧化钠标准滴定溶液直接滴定，参照 GB/T 534—2014《工业硫酸》。

3.1.3 试剂和仪器

(1) 试剂
① NaOH 溶液 $c(NaOH)=0.1mol/L$。
② 甲基红-亚甲基蓝混合指示液：称取 0.12g 甲基红和 0.08g 亚甲基蓝溶于 100mL 95% 乙醇中。
(2) 试样 工业 H_2SO_4。
(3) 仪器 胶帽滴瓶、容量瓶、移液管、锥形瓶、滴定管、分析天平等。

3.1.4 测定步骤

将工业硫酸试样盛放在胶帽滴瓶中，准确称取其质量，用胶帽滴管快速滴出 25~30 滴样品（约 1.5~2.0g），滴入事先装有 100mL 蒸馏水的 250mL 容量瓶中，立即将滴管放置在滴瓶中（防止吸收水分），摇动容量瓶并冷却至室温，用蒸馏水稀释至刻度，摇匀，用移液管吸取 25.00mL 该试液于锥形瓶中，加甲基红-亚甲基蓝混合指示液 2 滴，用 $c(NaOH)=0.1mol/L$ NaOH 标准溶液滴定至溶液由红紫色变为灰绿色为终点，记录 NaOH 标准溶液的体积。

3.1.5 结果计算

$$w(H_2SO_4)=\frac{c(NaOH)V(NaOH)M\left(\frac{1}{2}H_2SO_4\right)\times 10^{-3}}{m_s\times\frac{25.00}{250.0}}$$

式中　$c(NaOH)$——NaOH 标准溶液的浓度，mol/L；
　　　$V(NaOH)$——消耗 NaOH 标准溶液的体积，mL；
　　　$M\left(\frac{1}{2}H_2SO_4\right)$——基本单元 $\frac{1}{2}H_2SO_4$ 的摩尔质量，g/mol；
　　　m_s——H_2SO_4 试样的质量，g。

3.1.6　注意事项

（1）称取硫酸样品时要小心，检查胶帽是否已老化，防止硫酸洒落在天平、实验台、皮肤及衣物上。

（2）在容量瓶中一定要先放入一定量的蒸馏水。

3.2　工业硝酸含量的测定

3.2.1　目的要求

（1）掌握返滴定法的操作过程和结果计算。

（2）初步掌握用安瓿称取挥发性液体试样的方法。

3.2.2　方法原理

硝酸是强酸，可采用酸碱滴定法直接进行测定。将样品加入过量的氢氧化钠标准滴定溶液中，在甲基橙存在的情况下，用硫酸标准滴定溶液返滴定。方法参照 GB/T 337.1—2014《工业硝酸　浓硝酸》。

3.2.3　仪器和试剂

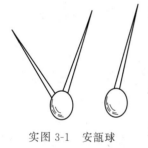

实图 3-1　安瓿球

（1）仪器

① 安瓿球：直径约 20mm，毛细管端长约 60mm，如实图 3-1 所示。

② 锥形瓶：容量 500mL，带有磨口玻璃塞，颈部内径约为 30mm。

（2）试剂

① 氢氧化钠标准滴定溶液：$c(NaOH) \approx 1mol/L$，称取 40g 氢氧化钠溶于 1000mL 无 CO_2 的蒸馏水中，用邻苯二甲酸氢钾作为基准物标定后备用。

② 硫酸标准滴定溶液：$c(1/2H_2SO_4) \approx 1mol/L$，量取 30mL 浓 H_2SO_4 注入 1000mL 水中，冷却摇匀，用无水碳酸钠作为基准物标定后备用。

③ 甲基橙指示剂：1g/L，称取 0.1g 甲基橙溶于 100mL 水中，混匀。

3.2.4　测定步骤

（1）将安瓿球预先称准至 0.0002g，然后在火焰上微微加热安瓿球的球泡。将安瓿球的毛细管端浸入盛有样品的瓶中，并使冷却，待样品充至 1.5～2.0mL 时，取出安瓿球。用滤纸仔细擦净毛细管端，在火焰上使毛细管端密封，不使玻璃损失。称量含有样品的安瓿球，精确至 0.0002g，并根据差值计算样品质量。

（2）将盛有样品的安瓿球小心置于预先盛有 100mL 水和用移液管移入 50mL 氢氧化钠标准滴定溶液的锥形瓶中，塞紧磨口塞。然后剧烈震荡，使安瓿球破裂，并冷却至室温，摇动锥形瓶，直至酸雾全部吸收为止。

（3）取下塞子，用水洗涤，洗涤液并入同一锥形瓶内，用玻璃棒捣碎安瓿球，研碎毛细管，取出玻璃棒，用水洗涤，将洗液并入同锥形瓶内。加 1~2 滴甲基橙指示剂，然后用硫酸标准滴定溶液将过量的氢氧化钠标准滴定溶液滴定至溶液呈现橙色为终点。记录硫酸标准滴定溶液消耗的体积。

3.2.5 结果计算

以质量分数表示的硝酸含量 ω 按下式计算：

$$\omega = \frac{(c_1 V_1 - c_2 V_2) M}{m \times 1000} \times 100\% - 1.34 \omega_1 - 1.29 \omega_2$$

式中 c_1——氢氧化钠标准滴定溶液的物质的量浓度，mol/L；

c_2——硫酸标准滴定溶液的物质的量浓度，mol/L；

V_1——加入氢氧化钠标准滴定溶液的体积，mL；

V_2——滴定所消耗的硫酸标准滴定溶液的体积，mL；

m——试样的质量，g；

M——硝酸的摩尔质量，63.02g/mol；

ω_1——硝酸中亚硝酸的质量分数，%；

ω_2——硝酸中硫酸的质量分数，%；

1.34——将亚硝酸换算为硝酸的系数；

1.29——将硫酸换算为硝酸的系数。

3.3 工业氢氧化钠中氢氧化钠和碳酸钠含量的测定

3.3.1 目的要求

（1）掌握强酸强碱滴定的操作过程和结果计算。

（2）初步掌握氢氧化钠中碳酸钠测定的方法。

3.3.2 方法原理

（1）氢氧化钠含量的测定原理　试样溶液中首先加入氯化钡，则碳酸钠转化成碳酸钡沉淀，然后以酚酞为指示剂，用盐酸标准溶液滴定至终点，反应如下：

$$Na_2CO_3 + BaCl_2 = BaCO_3 \downarrow + 2NaCl$$

$$NaOH + HCl = NaCl + H_2O$$

（2）碳酸钠含量的测定原理　试样溶液以溴甲酚绿-甲基红为指示剂，用盐酸标准溶液滴定至终点，则得氢氧化钠和碳酸钠含量的总和，再减去氢氧化钠的含量即得碳酸钠的含量，方法参照 GB/T 4348.1《工业用氢氧化钠　氢氧化钠和碳酸钠含量的测定》。

3.3.3 仪器和设备

一般实验室仪器和磁力搅拌器。

(1) 试剂和溶液

① 本方法要求使用不含二氧化碳的蒸馏水或相当纯度的水。
② 氯化钡（分析纯）：10%。使用前以酚酞为指示剂，用氢氧化钠溶液调至微红色。
③ 酚酞指示剂：1%乙醇溶液。
④ 溴甲酚绿-甲基红指示剂。
⑤ 盐酸标准溶液（1mol/L）。

(2) 试样溶液的制备　用已知重量的称量瓶，迅速称取固体氢氧化钠 38.00g 或液体氢氧化钠 50.00g，转入 1000mL 容量瓶中，完全溶解并冷却到室温后稀释至刻度，混匀备用。

3.3.4 测定步骤

(1) 氢氧化钠含量的测定　吸取已制备好的试样溶液 50.0mL 于 250mL 具塞磨口锥形瓶中，加入 20.0mL 氯化钡溶液，加入 3 滴酚酞指示剂，以盐酸标准溶液滴定至溶液呈微红色为终点，记下盐酸溶液消耗的体积 V_1。

(2) 氢氧化钠和碳酸钠含量的测定　吸取已制备好的试样溶液 50.0mL 于 250mL 具塞磨口锥形瓶中，加 3 滴溴甲酚绿-甲基红指示剂，在磁力搅拌器搅拌下，以盐酸标准溶液滴定至溶液呈暗红色为终点，记下盐酸溶液消耗的体积 V_2。

3.3.5 结果计算与表述

(1) 氢氧化钠含量以氢氧化钠（NaOH）质量分数 ω_1 计，数值以%表示：

$$\omega_1 = \frac{(V_1/1000)cM_1}{m \times 50/1000} \times 100\% = \frac{2V_1 cM_1}{m}$$

(2) 碳酸钠的含量以碳酸钠（Na_2CO_3）的质量分数 ω_2 计，数值以%表示：

$$\omega_2 = \frac{(V_2-V_1)/1000 \cdot cM_2/2}{m \times 50/1000} \times 100\% = \frac{(V_2-V_1)cM_2}{m}$$

式中　V_1——滴定氢氧化钠含量所消耗的盐酸标准滴定溶液的体积，mL；
　　　V_2——滴定氢氧化钠和碳酸钠总量所消耗的盐酸标准滴定溶液的体积，mL；
　　　c——盐酸标准滴定溶液的物质的量浓度，mol/L；
　　　m——试样的质量，g；
　　　M_1——氢氧化钠的摩尔质量，40g/mol；
　　　M_2——碳酸钠的摩尔质量，105.98g/mol。

(3) 允许差　平行测定结果的绝对值之差不超过下列数值。
氢氧化钠（NaOH）：0.1%；
碳酸钠（Na_2CO_3）：0.05%。
取平行测定结果的算术平均值为测定结果。

3.4　氨水中氨含量的测定

3.4.1　目的要求

(1) 掌握返滴定法的操作过程和结果计算。

(2) 初步掌握用安瓿球称取挥发性液体试样的方法。

3.4.2 方法原理

采用返滴定法测定，将称好的氨水试样加入到已知准确量且过量的盐酸标准溶液中，然后用氢氧化钠标准溶液滴定剩余的盐酸。

$$NH_3 \cdot H_2O + HCl =\!\!=\!\!= NH_4Cl + H_2O$$

3.4.3 仪器与试剂

(1) 仪器　滴定分析所需仪器，安瓿球，酒精灯，具塞锥形瓶，分析天平。

(2) 试剂

① 氢氧化钠标准溶液 $c(NaOH)=0.5mol/L$，盐酸标准溶液 $c(HCl)=0.5mol/L$。

② 甲基红-亚甲基蓝混合指示液：将甲基红乙醇溶液（1g/L）与亚甲基蓝乙醇溶液（1g/L）按 2+1 体积比混合。

3.4.4 操作步骤

(1) 取洁净干燥的安瓿球，用分析天平准确称其质量。然后将安瓿球在酒精灯上微微加热，赶出部分空气，立即将毛细管插入盛有氨水的试样瓶中，吸入约 1mL 氨水试样。用小片滤纸擦干毛细管口，在酒精灯上封口，再准确称其质量（精确至 0.0002g）。

(2) 将安瓿球放入预先装有 50.00mL 0.5mol/L HCl 的具塞锥形瓶中，将塞塞紧，用力振摇使安瓿球破碎，以少量水淋洗瓶塞。用玻璃棒将未破碎的玻璃毛细管捣碎，以少量水淋洗玻璃棒及内壁。

(3) 加 2~3 滴甲基红-亚甲基蓝混合指示液，以 0.5mol/L NaOH 标准溶液滴定至灰绿色为终点。

平行测定两份或三份。

3.4.5 结果计算

以质量分数表示的氨水试样中 NH_3 含量按下式计算：

$$w(NH_3)=\frac{[c(HCl)V(HCl)-c(NaOH)V(NaOH)]\times 17.03}{m}\times 100\%$$

式中　$c(HCl)$——盐酸标准溶液的浓度，mol/L；

$V(HCl)$——加入盐酸标准溶液的体积，L；

$c(NaOH)$——氢氧化钠标准溶液的浓度，mol/L；

$V(NaOH)$——滴定消耗氢氧化钠溶液的体积，L；

m——氨水试样的质量，g；

17.03——NH_3 的摩尔质量，g/mol。

3.4.6 思考与讨论

(1) 用安瓿球称量挥发性液体试样，应注意哪些事项？

(2) 本实验在加入混合指示剂后，若溶液呈绿色说明什么？实验能否继续进行？

(3) 讨论测定氨含量引入的个人操作误差。

3.5 食醋中总酸度的测定

3.5.1 目的要求

（1）熟练掌握滴定管、容量瓶、移液管的使用方法和滴定操作技术。
（2）掌握 NaOH 标准溶液的配制和标定方法。
（3）了解强碱滴定弱酸的反应原理及指示剂的选择。
（4）学会食醋中总酸度的测定方法。

3.5.2 方法原理

食醋的主要成分是醋酸，此外还含有少量其他弱酸如乳酸等，用 NaOH 标准溶液滴定，在化学计量点时溶液呈弱碱性，选用酚酞作指示剂或者 pH 计测定 pH＝8.2 为终点，测得的是总酸度，以醋酸的质量浓度（g/mL）来表示。方法参照 GB/T 5009.41—2003《食醋卫生标准的分析方法》。

3.5.3 仪器和试剂

0.1mol/L NaOH 标准溶液，酚酞指示剂（0.2％乙醇溶液）。

3.5.4 操作步骤

（1）0.1mol/L NaOH 溶液的配制和标定　参见本书第二篇 2.5.1 中 0.1mol/L NaOH 溶液的配制及用邻苯二甲酸氢钾作为基准物质的标定方法，平行标定三次，计算 NaOH 标准溶液的浓度，取其平均值。

（2）食醋的测定　准确吸取醋样 10.00mL 于 250mL 容量瓶中，以新煮沸并冷却的蒸馏水稀释至刻度，摇匀。用移液管吸取 25.00mL 稀释过的醋样于 250mL 锥形瓶中，加入 25mL 新煮沸并冷却的蒸馏水，加酚酞指示剂 2～3 滴，用已标定的 NaOH 标准溶液滴定至溶液呈粉红色，并在 30s 内不褪色，即为终点。根据 NaOH 标准溶液的用量，计算食醋的总酸度。

3.5.5 注意事项

（1）食醋中醋酸的浓度较大，且颜色较深，故必须稀释后再滴定。
（2）测定醋酸含量时，所用的蒸馏水不能含有 CO_2，否则 CO_2 溶于水生成 H_2CO_3，将同时被滴定。

3.5.6 思考与讨论

（1）为什么说此法测出的是食醋的总酸度？
（2）在测定过程中，CO_2 是如何干扰测定的？怎样避免？

3.6 铵盐中氮含量的测定

常见的铵盐有硫酸铵、氯化铵、硝酸铵及碳酸氢铵。它们都是重要的化工原料，也是农用化肥。除碳酸氢铵可以用酸标准溶液直接滴定外，通常将样品作适当处理转化为氨后，再进行测定。常用的方法有甲醛法和蒸馏法两种。

3.6.1 甲醛法（GB/T 2946—2008）

(1) 方法原理　在试样中加入过量甲醛，与 NH_4^+ 作用生成一定量的酸和六亚甲基四胺。生成的酸可用 NaOH 标准溶液来滴定，计量点时溶液中存在的六亚甲基四胺是很弱的有机碱（$K_b=1.4\times10^{-9}$），使溶液呈碱性，可选酚酞作指示剂。反应式如下：

$$4NH_4^+ + 6HCHO = (CH_2)_6N_4 + 4H^+ + 6H_2O$$

$$H^+ + OH^- = H_2O$$

按下式计算试样中氮的质量分数：

$$w(N) = \frac{c(NaOH)V(NaOH)M(N)\times10^{-3}}{m_s}\times100\%$$

(2) 注意事项　如果试样中含有游离的酸或碱，则应先加以中和，采用甲基红作指示剂（不能用酚酞作指示剂，否则有部分 NH_4^+ 被中和）；如果甲醛中含有少量甲酸，使用前也要中和，中和甲酸用酚酞作指示剂。

3.6.2 蒸馏法

将铵盐试液置于蒸馏瓶中，加入过量的浓碱溶液，加热将 NH_3 蒸馏出来，吸收到一定量过量的 HCl 标准溶液中，然后用 NaOH 标准溶液滴定剩余的酸。反应如下：

蒸馏反应　　　　　　　$NH_4^+ + OH^- \rightleftharpoons NH_3 + H_2O$

吸收反应　　　　　　　$NH_3 + H^+ = NH_4^+$

返滴定反应　　　　　　H^+（剩余）$+ OH^- = H_2O$

按下式计算氮的质量分数：

$$w(N) = \frac{[c(HCl)V(HCl) - c(NaOH)V(NaOH)]M(N)\times10^{-3}}{m_s}\times100\%$$

由于计量点时溶液中存在 NH_4^+，呈酸性，故可用甲基红作指示剂。

蒸馏法也可用硼酸溶液吸收 NH_3，生成 $NH_4H_2BO_3$，由于 $H_2BO_3^-$ 是较强的碱，可用 HCl 标准溶液滴定。

吸收反应　　　　　　　$NH_3 + H_3BO_3 \rightleftharpoons NH_4^+ + H_2BO_3^-$

滴定反应　　　　　　　$H_2BO_3^- + H^+ \rightleftharpoons H_3BO_3$

计量点溶液的 pH=5，选用甲基红和溴甲酚绿混合指示剂。其中 H_3BO_3 作为吸收剂，只需过量即可，不需知道其准确的量。

按下式计算氮的质量分数：

$$w(N) = \frac{c(HCl)V(HCl)M(N)\times10^{-3}}{m_s}\times100\%$$

蒸馏法测定结果比较准确，但较费时。

实训 4 配位滴定应用技能训练

4.1 自来水总硬度的测定

4.1.1 目的要求

（1）掌握用配位滴定法直接测定水硬度的原理和方法。
（2）掌握水硬度的表示方法。
（3）掌握钙指示剂的应用条件和终点颜色判断。

4.1.2 方法原理

水硬度的测定分为钙镁总硬度的测定与分别测定钙硬度和镁硬度两种，前者是测定钙镁总量，后者是分别测定钙和镁的含量。

（1）水的总硬度测定　在用 $NH_3 \cdot H_2O\text{-}NH_4Cl$ 缓冲溶液控制水样 pH=10 的条件下，以铬黑 T 为指示剂，用三乙醇胺掩蔽 Fe^{3+}、Al^{3+} 等共存离子，用 Na_2S 消除 Cu^{2+}、Pb^{2+} 等离子的影响，用 EDTA 标准溶液直接滴定 Ca^{2+} 和 Mg^{2+}，终点时溶液颜色由红色变为纯蓝色。

（2）钙硬度的测定　用 NaOH 溶液调节水样的酸度 pH=12，此时 Mg^{2+} 形成 $Mg(OH)_2$ 沉淀，用 EDTA 标准溶液直接滴定 Ca^{2+}，采用钙指示剂，终点时溶液颜色由红色变为蓝色。

（3）镁硬度的测定　可由总硬度减去钙硬度之差求得。

方法参照 GB 7477—87《水质　钙和镁总量的测定　EDTA 滴定法》。

4.1.3 试剂

水试样（自来水），$c(EDTA)=0.02mol/L$ 的 EDTA 标准滴定溶液，铬黑 T 指示剂，刚果红试纸，$NH_3 \cdot H_2O\text{-}NH_4Cl$ 缓冲溶液（pH=10），钙指示剂。

4mol/L 的 NaOH 溶液：将 160g 固体 NaOH 溶于 500mL 水中，冷却至室温，稀释至 1000mL。

HCl 溶液（1+1），三乙醇胺溶液（200g/L），Na_2S 溶液（20g/L）。

4.1.4 操作步骤

（1）总硬度的测定　用 50mL 移液管准确移取水样 50.00mL，置于 250mL 锥形瓶中，加 1~2 滴 HCl 溶液（1+1）酸化，用刚果红试纸检验变蓝紫色即可，煮沸数分钟驱除 CO_2。冷却后，加入 3mL 三乙醇胺溶液、5mL $NH_3 \cdot H_2O\text{-}NH_4Cl$ 缓冲溶液、1mL Na_2S

溶液、3 滴铬黑 T 指示剂溶液，立即用 0.02mol/L 的 EDTA 标准溶液滴定，滴定至溶液颜色由红色变为纯蓝色 30s 不褪即为终点，记录消耗 EDTA 标准滴定溶液的体积 V_1(EDTA)。平行测定 3 次，取平均值计算水样的总硬度。

（2）钙硬度的测定　用 50mL 移液管准确移取水样 50.00mL，置于 250mL 锥形瓶中，加入 HCl 溶液（1+1）酸化，加入一小块刚果红试纸检验，试纸变蓝紫色为止。煮沸 2～3min，冷却至 40～50℃，加入 4mol/L NaOH 溶液 4mL，充分振摇，再加少量钙指示剂，用 0.02mol/L 的 EDTA 标准溶液滴定，滴定至溶液颜色由红色变为蓝色 30s 不褪即为终点，记录消耗 EDTA 标准滴定溶液的体积 V_2(EDTA)。平行测定 3 次，取平均值计算水样的钙硬度。

4.1.5　数据处理

$$\rho_{总}(CaCO_3) = \frac{c(EDTA)V_1(EDTA)M(CaCO_3)}{V} \times 10^3$$

$$水硬度(°) = \frac{c(EDTA)V_1(EDTA)M(CaO)}{V \times 10} \times 10^3$$

$$\rho_{钙}(CaCO_3) = \frac{c(EDTA)V_2(EDTA)M(CaCO_3)}{V} \times 10^3$$

式中　$\rho_{总}(CaCO_3)$——水样的总硬度，mg/L；

　　　$\rho_{钙}(CaCO_3)$——水样的钙硬度，mg/L；

　　　$c(EDTA)$——EDTA 标准滴定溶液的浓度，mol/L；

　　　$V_1(EDTA)$——测定总硬度时消耗 EDTA 标准滴定溶液的体积，L；

　　　$V_2(EDTA)$——测定钙硬度时消耗 EDTA 标准滴定溶液的体积，L；

　　　V——水样的体积，L；

　　　$M(CaCO_3)$——$CaCO_3$ 的摩尔质量，g/mol；

　　　$M(CaO)$——CaO 的摩尔质量，g/mol。

4.1.6　注意事项

（1）滴定速度不能过快，接近终点时要慢，以免滴定过量。

（2）加入 Na_2S 溶液后，若生成的沉淀较多，则需将沉淀过滤。

4.1.7　相关知识——水硬度的表示方法

世界各国表示水的硬度的方法不尽相同。中国目前采用的表示方法主要有两种：一种是以每升水中所含 $CaCO_3$ 的质量（mg/L）或物质的量（mmol/L）表示；另一种是以每升水中含 10mg CaO 为 1 度（1°）表示。

实表 4-1 是一些国家水硬度的换算关系（以 $CaCO_3$ 表示）。

实表 4-1　一些国家水硬度的换算关系

硬 度 单 位	mmol/L	德国硬度	法国硬度	英国硬度	美国硬度
1mmol/L	1.00000	2.8040	5.0050	3.5110	50.050
1 德国硬度	0.35663	1.0000	1.7848	1.2521	17.848

续表

硬 度 单 位	mmol/L	德国硬度	法国硬度	英国硬度	美国硬度
1法国硬度	0.19982	0.5603	1.0000	0.7215	10.000
1英国硬度	0.28483	0.7987	1.4255	1.0000	14.255
1美国硬度	0.01998	0.0560	0.1000	0.0702	1.000

在日常应用中，水质分类见实表 4-2。

实表 4-2 水质分类

总硬度	0°~4°	4°~8°	8°~16°	16°~25°	25°~40°	40°~60°	60°以上
水质	很软水	软水	中硬水	硬水	高硬水	超硬水	特硬水

4.1.8 思考与讨论

（1）测定钙硬度时为什么要加盐酸？加盐酸应注意什么？

（2）根据该实验测定结果，评价该水样的水质情况。

（3）若某试液中只含有 Ca^{2+}，能否用铬黑 T 作指示剂？试说明测定方法。

4.2 钙制剂中钙含量的测定

4.2.1 目的要求

（1）掌握钙制剂的溶样方法。

（2）进一步掌握配位滴定法的应用。

（3）掌握铬蓝黑 R 指示剂的应用条件和终点颜色判断。

4.2.2 方法原理

钙制剂通常用酸溶解，并加入少量三乙醇胺，以消除 Fe^{3+}、Al^{3+} 等离子的干扰，调节 pH=12~13，以铬蓝黑 R 作指示剂，指示剂与钙离子生成红色配合物，当用 EDTA 滴定至化学计量点时，游离出指示剂，使溶液颜色呈现蓝色即为终点。

4.2.3 试剂

EDTA 标准溶液（0.01mol/L）。

$c(CaCO_3)=0.01mol/L$ 的 $CaCO_3$ 标准溶液：称取 $CaCO_3$ 基准物质 0.25g 左右，先以少量蒸馏水润湿，再小心逐滴加入 6mol/L HCl 溶液，使 $CaCO_3$ 全部溶解，然后定量转入 250mL 容量瓶中，用蒸馏水稀释至刻度，摇匀。计算其浓度。

NaOH 溶液（5mol/L），HCl 溶液（6mol/L），三乙醇胺溶液（200g/L），铬蓝黑 R 指示液（5g/L 乙醇溶液）。

4.2.4 操作步骤

（1）EDTA 标准滴定溶液的标定　用移液管准确移取 25.00mL $CaCO_3$ 标准溶液，置于

250mL 锥形瓶中，加入 2mL NaOH 溶液、铬蓝黑 R 指示液 2~3 滴，用待标定的 EDTA 溶液滴定至溶液颜色由红色变为蓝色 30s 不褪即为终点，记录消耗 EDTA 标准滴定溶液的体积。平行测定 3 次，取平均值计算 EDTA 标准滴定溶液的准确浓度。

（2）钙制剂中钙含量的测定　称取钙制剂（视其含量而定，本实验以葡萄糖酸钙为例）2g 左右，加 6mol/L HCl 溶液 5mL，加热使其全部溶解后，定量移入 250mL 容量瓶中，用蒸馏水稀释至刻度，摇匀。

用移液管准确移取上述试液 25.00mL 于锥形瓶中，加入三乙醇胺溶液 5mL、5mol/L NaOH 溶液 5mL，再加蒸馏水 25mL，摇匀，加入铬蓝黑 R 指示液 3~4 滴，用 0.01mol/L EDTA 标准滴定溶液滴定至溶液颜色由红色变为蓝色 30s 不褪即为终点，记录消耗 EDTA 标准滴定溶液的体积。平行测定 3 次，取平均值计算钙制剂中钙的含量。

4.2.5　数据处理

$$w(\mathrm{Ca}) = \frac{c(\mathrm{EDTA})V(\mathrm{EDTA}) \times 10^{-3} \times M(\mathrm{Ca})}{m \times \dfrac{25.00}{250.0}} \times 100\%$$

式中　$w(\mathrm{Ca})$——钙制剂中钙的含量（质量分数）；
　　$c(\mathrm{EDTA})$——EDTA 标准滴定溶液的浓度，mol/L；
　　$V(\mathrm{EDTA})$——测定时消耗 EDTA 标准滴定溶液的体积，mL；
　　$M(\mathrm{Ca})$——Ca 的摩尔质量，g/mol；
　　m——钙制剂试样的质量，g。

4.2.6　注意事项

根据钙制剂中钙含量多少来确定试样的称量范围。有色有机钙因颜色干扰而不易辨别终点，应先进行消化处理，然后再进行滴定。牛奶、钙奶均为乳白色，终点颜色变化不太明显，滴定近终点时再补加 2~3 滴指示液。

4.2.7　思考与讨论

（1）简述铬蓝黑 R 的变色原理。
（2）计算钙制剂钙含量为 30% 和 20% 时试样的称量范围。
（3）设计牛奶和钙奶等液体钙制剂中钙含量的测定方法。

4.3　铝盐中铝含量的测定

4.3.1　目的要求

（1）掌握置换滴定法测定铝盐中铝含量的原理及方法。
（2）掌握二甲酚橙指示剂的应用条件和终点颜色判断。
（3）了解复杂试样的分析方法，提高分析问题、解决问题的能力。

4.3.2　方法原理

Al^{3+} 与 EDTA 的配位反应比较缓慢，因此需要加入过量的 EDTA 溶液，并加热煮沸才能反应完全。Al^{3+} 对二甲酚橙指示剂又有封闭作用，酸度较低时 Al^{3+} 又会水解，所以不能采用直接滴定法，必须采用置换滴定法进行测定。

在 pH=3～4 的条件下，在铝盐试液中加入过量的 EDTA 溶液，加热煮沸使 Al^{3+} 配位完全。调节溶液的酸度 pH=5～6，以二甲酚橙为指示剂，用 Zn^{2+} 标准滴定溶液滴定剩余的 EDTA。然后，加入过量 NH_4F，加热煮沸，置换出与 Al^{3+} 配位的 EDTA，再用 Zn^{2+} 标准滴定溶液滴定至溶液由黄色变为紫红色即为终点。有关反应如下：

$$H_2Y^{2-} + Al^{3+} \rightleftharpoons AlY^- + 2H^+$$

$$H_2Y^{2-}(剩余) + Zn^{2+} \rightleftharpoons ZnY^{2-} + 2H^+$$

$$H_2Y^{2-}(置换生成) + Zn^{2+} \rightleftharpoons ZnY^{2-} + 2H^+$$

4.3.3 试剂

HCl 溶液（1+1），$c(EDTA)=0.02mol/L$ 的 EDTA 标准滴定溶液，$c(Zn^{2+})=0.02mol/L$ 的 Zn^{2+} 标准滴定溶液，百里酚蓝指示剂（1g/L，用20%乙醇溶解），二甲酚橙水溶液（2g/L），氨水（1+1）。

六亚甲基四胺溶液（20%）：将 20g $(CH_2)_6N_4$ 溶于少量水中，稀释至 100mL。

固体 NH_4F，铝盐试样（如工业氯化铝）。

4.3.4 操作步骤

准确称取铝盐试样 0.5～1.0g，加入少量 HCl 溶液（1+1）及 50mL 蒸馏水溶解，定量转入 100mL 容量瓶中，加蒸馏水稀释至刻度，摇匀。

用移液管准确移取铝盐试液 10.00mL 于 250mL 锥形瓶中，加蒸馏水 20mL，加入 0.02mol/L EDTA 标准溶液 30mL，加百里酚蓝指示剂 4～5 滴，用氨水（1+1）中和至恰好为黄色（pH=3～3.5），加热煮沸。再加六亚甲基四胺溶液 20mL，使 pH=5～6。用力振荡，用水冷却，加入二甲酚橙指示液 2 滴。然后用 0.02mol/L Zn^{2+} 标准溶液滴定至溶液由黄色变为紫红色，此时不记体积。再加入 NH_4F 1～2g，加热煮沸 2min，冷却后，用 0.02mol/L Zn^{2+} 标准溶液滴定至溶液颜色由黄色变为紫红色 30s 不褪即为终点，记录消耗 Zn^{2+} 标准溶液的体积。平行测定 3 次，取平均值计算铝盐试样中铝的含量。

4.3.5 数据处理

$$w(Al) = \frac{c(Zn^{2+})V(Zn^{2+}) \times 10^{-3} \times M(Al)}{m \times \dfrac{10.00}{100.0}} \times 100\%$$

式中　$w(Al)$——铝盐试样中铝的含量（质量分数）；

$c(Zn^{2+})$——Zn^{2+} 标准滴定溶液的浓度，mol/L；

$V(Zn^{2+})$——测定时消耗 Zn^{2+} 标准滴定溶液的体积，mL；

$M(Al)$——Al 的摩尔质量，g/mol；

m——铝盐试样的质量，g。

4.3.6 思考与讨论

（1）测定过程中，为什么需要加热两次？

（2）什么是置换滴定法？为什么不能采用直接滴定法测定 Al^{3+}？

（3）第一次用 Zn^{2+} 标准滴定溶液滴定 EDTA 时，为什么可以不记体积呢？若此时 Zn^{2+} 标准滴定溶液过量，对分析结果将有何影响？

（4）置换滴定法中所使用的 EDTA 溶液，要不要标定？为什么？

4.4 镍盐中镍含量的测定

4.4.1 目的要求

（1）掌握 EDTA 返滴定法测定镍含量的原理和方法。

（2）熟悉以 PAN 为指示液滴定终点的正确判断。

（3）学习 PAN 指示液的配制方法。

4.4.2 方法原理

Ni^{2+} 与 EDTA 的配位反应进行缓慢，必须采用返滴定法测定 Ni^{2+}。在 Ni^{2+} 溶液中加入过量的 EDTA 标准溶液，调节酸度至 pH=5，加热煮沸使 Ni^{2+} 与 EDTA 配位完全。过量的 EDTA 用 $CuSO_4$ 标准溶液回滴，以 PAN 为指示剂，终点时溶液颜色由绿色变为蓝紫色。有关反应如下：

$$Ni^{2+} + H_2Y \rightleftharpoons NiY + 2H^+$$

$$H_2Y + Cu^{2+} \rightleftharpoons CuY + 2H^+$$
$$\text{蓝色}$$

$$PAN + Cu^{2+} \rightleftharpoons Cu\text{-}PAN$$
$$\text{黄绿色} \qquad\qquad \text{紫红色}$$

4.4.3 试剂

$c(EDTA)=0.02mol/L$ 的 EDTA 标准溶液，氨水（1+1），稀 H_2SO_4 溶液（6mol/L）。

$HAc\text{-}NH_4Ac$ 缓冲溶液：称取 NH_4Ac 20.0g，以适量水溶解，加 HAc 溶液（1+1）5mL，稀释至 100mL。

硫酸铜（$CuSO_4 \cdot 5H_2O$）固体，刚果红试纸。

PAN 指示剂（1g/L 乙醇溶液）：将 0.10g PAN 溶于乙醇，用乙醇稀释至 100mL。

4.4.4 操作步骤

（1）$c(CuSO_4)=0.02mol/L$ 的 $CuSO_4$ 溶液的配制 称取 1.25g $CuSO_4 \cdot 5H_2O$，溶于少量稀 H_2SO_4 溶液（6mol/L）中，转入 250mL 容量瓶中，用蒸馏水稀释至刻度，摇匀，待标定。

（2）$CuSO_4$ 标准滴定溶液的标定 用移液管准确移取 25.00mL EDTA 标准溶液于 250mL 锥形瓶中，加入 50mL 蒸馏水，再加入 20mL $HAc\text{-}NH_4Ac$ 缓冲溶液，煮沸后立即加入 10 滴 PAN 指示液，迅速用待标定的 $CuSO_4$ 溶液滴定至溶液呈紫红色 30s 不褪即为终点，记录消耗 $CuSO_4$ 溶液的体积。平行滴定 3 次，取平均值计算 $CuSO_4$ 标准滴定溶液的浓度。

(3) 镍盐中镍含量的测定　准确称取镍盐试样（相当于 Ni 含量在 30mg 以内）于小烧杯中，加蒸馏水 50mL 溶解，定量转入 100mL 容量瓶中，用蒸馏水稀释至刻度，摇匀。用移液管准确移取 10.00mL 上述试液于 250mL 锥形瓶中，加入 0.02mol/L EDTA 标准溶液 30.00mL，用氨水（1+1）调节到恰好使刚果红试纸变红，加入 HAc-NH$_4$Ac 缓冲溶液 20mL，加热煮沸，然后立即加入 10 滴 PAN 指示剂，迅速用 CuSO$_4$ 标准滴定至溶液由绿色变为蓝紫色 30s 不褪即为终点，记录消耗 CuSO$_4$ 标准滴定溶液的体积。平行测定 3 次，取平均值计算镍盐试样中镍的含量。

4.4.5　数据处理

$$c(\text{CuSO}_4) = \frac{c(\text{EDTA})V(\text{EDTA})}{V(\text{CuSO}_4)}$$

式中　$c(\text{CuSO}_4)$——CuSO$_4$ 标准滴定溶液的浓度，mol/L；
　　　$c(\text{EDTA})$——EDTA 标准溶液的浓度，mol/L；
　　　$V(\text{CuSO}_4)$——标定时消耗 CuSO$_4$ 标准滴定溶液的体积，mL；
　　　$V(\text{EDTA})$——标定时所用 EDTA 标准溶液的体积，mL。

$$w(\text{Ni}) = \frac{[c(\text{EDTA})V(\text{EDTA}) - c(\text{CuSO}_4)V(\text{CuSO}_4)] \times 10^{-3} \times M(\text{Ni})}{m \times \frac{1}{10}} \times 100\%$$

式中　$w(\text{Ni})$——镍盐试样中镍的含量（质量分数）；
　　　$c(\text{EDTA})$——EDTA 标准溶液的浓度，mol/L；
　　　$V(\text{EDTA})$——测定时加入 EDTA 标准溶液的体积，mL；
　　　$c(\text{CuSO}_4)$——CuSO$_4$ 标准滴定溶液的浓度，mol/L；
　　　$V(\text{CuSO}_4)$——测定时消耗 CuSO$_4$ 标准滴定溶液的体积，mL；
　　　$M(\text{Ni})$——Ni 的摩尔质量，g/mol；
　　　m——镍盐试样的质量，g。

4.4.6　思考与讨论

(1) 用 EDTA 测定镍的含量时，为什么不能采用直接滴定法？而要采用返滴定法？
(2) 用 PAN 为指示剂测定 Ni^{2+} 时，滴定终点颜色如何变化？用反应式表示变化过程。
(3) 为什么刚果红试纸变红后，要加入 HAc-NH$_4$Ac 缓冲溶液？

4.5　胃舒平药片中铝和镁含量的测定

4.5.1　目的要求

(1) 学习固体药剂测定前的处理方法。
(2) 学习返滴定法测定铝的方法。
(3) 掌握沉淀分离的操作方法。

4.5.2 方法原理

胃病患者常服用的胃舒平药片主要成分为氢氧化铝、三硅酸镁及少量中药颠茄浸膏,在制成片剂时还加了大量糊精等赋形剂。药片中 Al 和 Mg 的含量可用 EDTA 配位滴定法测定。为此先溶解样品,分离除去水不溶物,然后移取试液加入过量的 EDTA 标准滴定溶液,调节溶液的酸度至 pH≈4,加热煮沸使 EDTA 与 Al^{3+} 配位完全,再以二甲酚橙作指示剂,用 Zn^{2+} 标准滴定溶液返滴过量的 EDTA,由此测出 Al 的含量。

另取试液,调节溶液酸度,使 Al^{3+} 沉淀完全后,进行分离。在 pH=10 的条件下,以铬黑 T 为指示剂,用 EDTA 标准滴定溶液滴定滤液中的 Mg^{2+},由此测出 Mg 的含量。

4.5.3 试剂

$c(EDTA)=0.02mol/L$ 的 EDTA 标准溶液,$c(Zn^{2+})=0.02mol/L$ 的 Zn^{2+} 标准滴定溶液,二甲酚橙指示剂(0.2%),六亚甲基四胺溶液(20%),$NH_3 \cdot H_2O$ 溶液(1+1),HCl 溶液(1+1),三乙醇胺溶液(1+2),$NH_3 \cdot H_2O$-NH_4Cl 缓冲溶液(pH=10),甲基红指示剂(0.2%乙醇溶液),铬黑 T 指示剂,NH_4Cl 固体。

4.5.4 操作步骤

(1) 试样处理 称取胃舒平药片 10 片,研细后,从中准确称取药粉约 2g,加入 HCl 溶液(1+1)20mL,加蒸馏水 100mL,加热煮沸。待冷却后过滤,并以蒸馏水洗涤沉淀,收集滤液及洗涤液于 250mL 容量瓶中,稀释至刻度,摇匀。

(2) Al 的测定 用移液管准确移取上述试液 5.00mL,加蒸馏水至 25mL。滴加 $NH_3 \cdot H_2O$ 溶液(1+1)至刚好出现浑浊,再加 HCl 溶液(1+1)至沉淀恰好溶解。准确加入 EDTA 标准滴定溶液 25.00mL,再加入 20%六亚甲基四胺溶液 10mL,加热煮沸 10min。待冷却后,加入二甲酚橙指示剂 2~3 滴,再用 Zn^{2+} 标准滴定溶液滴定至溶液由黄色变为红色 30s 不褪即为终点,记录消耗 Zn^{2+} 标准滴定溶液的体积。以 EDTA 标准滴定溶液加入体积和 Zn^{2+} 标准滴定溶液滴定体积,计算该种药片中 $Al(OH)_3$ 的质量分数。平行测定 3 次,取平均值。

(3) Mg 的测定 用移液管准确移取上述试液 25.00mL,滴加 $NH_3 \cdot H_2O$ 溶液(1+1)至刚好出现沉淀,再加入 HCl 溶液(1+1)至沉淀恰好溶解。加入固体 NH_4Cl 2g,滴加 20%六亚甲基四胺溶液至沉淀出现并过量 15mL。加热到 80℃,维持 10~15min。冷却后过滤,以少量蒸馏水洗涤沉淀数次。收集滤液与洗涤液于 250mL 锥形瓶中,加入三乙醇胺溶液(1+2)10mL,加入 $NH_3 \cdot H_2O$-NH_4Cl 缓冲溶液 10mL,再加甲基红指示剂 1 滴、铬黑 T 指示剂 4~5 滴。用 EDTA 标准滴定溶液滴定至溶液由暗红色转变为蓝绿色 30s 不褪即为终点,记录消耗 EDTA 标准滴定溶液的体积。计算该种药片中 Mg 的质量分数(以 MgO 表示)。平行测定 3 次,取平均值。

4.5.5 数据处理

$$w[Al(OH)_3] = \frac{[c(EDTA)V_1(EDTA) - c(Zn^{2+})V(Zn^{2+})] \times 10^{-3} \times M[Al(OH)_3]}{m \times \frac{5.00}{250}} \times 100\%$$

$$w(\text{MgO}) = \frac{c(\text{EDTA})V_2(\text{EDTA}) \times 10^{-3} \times M(\text{MgO})}{m \times \dfrac{25.00}{250}} \times 100\%$$

式中 $w[\text{Al(OH)}_3]$——胃舒平药片中 Al(OH)$_3$ 的含量（质量分数）；
　　$w(\text{MgO})$——胃舒平药片中 MgO 的含量（质量分数）；
　　$c(\text{EDTA})$——EDTA 标准滴定溶液的浓度，mol/L；
　　$V_1(\text{EDTA})$——滴定 Al^{3+} 时加入 EDTA 标准滴定溶液的体积，mL；
　　$V_2(\text{EDTA})$——滴定 Mg^{2+} 时消耗 EDTA 标准滴定溶液的体积，mL；
　　$c(\text{Zn}^{2+})$——Zn^{2+} 标准滴定溶液的浓度，mol/L；
　　$V(\text{Zn}^{2+})$——测定 Al^{3+} 时消耗 Zn^{2+} 标准滴定溶液的体积，mL；
　　$M[\text{Al(OH)}_3]$——Al(OH)$_3$ 的摩尔质量，g/mol；
　　$M(\text{MgO})$——MgO 的摩尔质量，g/mol；
　　m——胃舒平药片试样的质量，g。

4.5.6　思考与讨论

（1）本实验为什么要采用称取大样法溶解后，再分取部分试液进行滴定？
（2）在控制一定的条件下，能否用 EDTA 标准滴定溶液直接滴定 Al^{3+}？
（3）在分离 Al^{3+} 后的滤液中测定 Mg^{2+}，为什么还要加入三乙醇胺溶液？

4.6　铜合金中铜含量的测定

4.6.1　目的要求

（1）掌握配位置换滴定法测定铜合金中铜含量的原理和方法。
（2）掌握合金试样的酸溶解技术。
（3）掌握配位滴定法中预分析法的应用。

4.6.2　方法原理

在 pH=5~6 的介质中，Cu^{2+} 可与 EDTA 形成稳定的蓝色配合物（lg$K$=18.8），但干扰元素较多，为了提高配位滴定的选择性，故采用配位置换滴定法测定 Cu^{2+} 的含量。

先将 Cu^{2+} 在 pH=5~6 的酸性介质中与过量的 EDTA 反应，未反应的 EDTA 用 Zn^{2+} 标准溶液滴定完全；然后用 H$_2$SO$_4$ 调节溶液的酸度至 pH=1~2，再加一定量的抗坏血酸和硫脲以破坏 Cu-EDTA 配合物；再调节溶液的酸度至 pH=5~6，用 Zn^{2+} 标准滴定溶液滴定释放出来的 EDTA，溶液颜色呈现紫红色即为终点。有关反应如下：

$$\text{Cu}^{2+} + \text{H}_2\text{Y}(\text{过量}) \rightleftharpoons \text{CuY} + 2\text{H}^+ + \text{H}_2\text{Y}(\text{剩余})$$
$$\text{Zn}^{2+} + \text{H}_2\text{Y}(\text{剩余}) \rightleftharpoons \text{ZnY} + 2\text{H}^+$$
$$2\text{CuY} + 6\text{SC(NH}_2)_2 + \text{C}_6\text{H}_8\text{O}_6 + 2\text{H}^+ \rightleftharpoons 2\text{Cu}[\text{SC(NH}_2)_2]_3^+ + \text{C}_6\text{H}_6\text{O}_6 + 2\text{H}_2\text{Y}$$
$$\text{Zn}^{2+} + \text{H}_2\text{Y} \rightleftharpoons \text{ZnY} + 2\text{H}^+$$

4.6.3　试剂

$c(\text{EDTA})$=0.02mol/L 的 EDTA 标准滴定溶液，六亚甲基四胺溶液（20%），二甲酚

橙指示剂（0.2%），$c(Zn^{2+})=0.02mol/L$ 的 Zn^{2+} 标准滴定溶液，硫脲水溶液（4%），抗坏血酸（固体，A.R.），H_2SO_4 溶液（1+2），HNO_3 溶液（1+3），HCl 溶液（1+1）。

4.6.4 操作步骤

（1）含铜分析试液的制备　准确称取铜合金试样 0.24~0.26g，置于 100mL 烧杯中，加入 HNO_3 溶液（1+3）10mL，加热溶解，待完全溶解后，用少量蒸馏水冲洗杯壁，将试液定量移入 50mL 容量瓶中，用蒸馏水稀释至刻度，摇匀。获得含铜分析试液。

（2）含铜分析试液的预分析　移取含铜分析试液（约含 Cu^{2+} 10mg）于 250mL 锥形瓶中，加入 0.02mol/L EDTA 标准滴定溶液 20mL，再加蒸馏水 70mL，加 20% 的六亚甲基四胺溶液 3.0mL，加二甲酚橙指示剂 3 滴，用 0.02mol/L Zn^{2+} 标准滴定溶液滴定至溶液由黄色变为紫红色；用 H_2SO_4 溶液（1+2）调节溶液的酸度至 pH=1~2，加入 0.2g 抗坏血酸，摇动，使其溶解，再加入 4% 硫脲溶液 10mL，放置 5~10min，再加六亚甲基四胺溶液 20mL，用 Zn^{2+} 标准滴定溶液滴定至溶液由黄色变为紫红色即为终点。根据消耗 Zn^{2+} 标准滴定溶液的体积，计算含铜分析试液中 Cu^{2+} 的浓度。

（3）铜合金中 Cu^{2+} 的测定　用移液管准确移取含铜分析试液 10.00mL，加入 0.02mol/L EDTA 标准滴定溶液 45mL，加蒸馏水 25mL，再加 20% 的六亚甲基四胺溶液 5.0mL，加二甲酚橙指示剂 2 滴，用 Zn^{2+} 标准滴定溶液滴定至溶液由黄色变为紫红色。然后用 H_2SO_4 溶液（1+2）调节溶液的酸度至 pH=1~2，加入 0.5g 抗坏血酸，摇动，使其溶解，再加 4% 硫脲溶液 25mL，放置 10min。加 20% 六亚甲基四胺溶液 25mL，再用 Zn^{2+} 标准滴定溶液滴定至溶液由黄色变为紫红色 30s 不褪即为终点，记录消耗 Zn^{2+} 标准滴定溶液的体积。平行滴定 3 次，取平均值计算铜合金中铜的质量分数。

4.6.5 数据处理

$$w(Cu)=\frac{c(Zn^{2+})V(Zn^{2+})\times 10^{-3}\times M(Cu)}{m\times \frac{10.00}{50.0}}\times 100\%$$

式中　$w(Cu)$——铜合金试样中铜的含量（质量分数）；

　　　$c(Zn^{2+})$——Zn^{2+} 标准滴定溶液的浓度，mol/L；

　　　$V(Zn^{2+})$——滴定 Cu^{2+} 时消耗 Zn^{2+} 标准滴定溶液的体积，mL；

　　　$M(Cu)$——Cu 的摩尔质量，g/mol；

　　　m——铜合金试样的质量，g。

4.6.6 思考与讨论

（1）用本方法测定铜，加入的 EDTA 溶液的浓度是否需要标定？是否需要准确加入？

（2）第一次用 Zn^{2+} 标准滴定溶液滴定时，为什么要准确滴定至溶液颜色突变却又不计体积呢？

（3）在本实验中，加入抗坏血酸和硫脲的作用是什么？

（4）在加入抗坏血酸和硫脲之前，为什么要加 H_2SO_4 溶液（1+2）调节溶液的酸度至 pH=1~2？

实训 5 氧化还原滴定应用技能训练

5.1 硫酸铜中铜含量的测定

5.1.1 目的要求

掌握用碘法测定铜的原理和方法。

5.1.2 方法原理

二价铜盐与碘化物发生下列反应：

$$2Cu^{2+} + 4I^- \rightleftharpoons 2CuI \downarrow + I_2$$

$$I_2 + I^- \rightleftharpoons I_3^-$$

析出的 I_2 再用 $Na_2S_2O_3$ 标准溶液滴定，由此可以计算出铜的含量。Cu^{2+} 与 I^- 的反应是可逆的，为了促使反应实际上能趋于完全，必须加入过量的 KI。但是由于 CuI 沉淀强烈地吸附 I_3^-，会使测定结果偏低。如果加入 KSCN，可使 CuI（$K_{sp}=5.06\times10^{-12}$）转化为溶解度更小的 CuSCN（$K_{sp}=4.8\times10^{-15}$）：

$$CuI + SCN^- \rightleftharpoons CuSCN \downarrow + I^-$$

这样不但可以释放出被吸附的 I_3^-，而且反应时再生出来的 I^- 可与未反应的 Cu^{2+} 发生作用。在这种情况下，可以使用较少的 KI 而能使反应进行得更完全。但是 KSCN 只能在接近终点时加入，否则因为 I_2 的量较多，会明显地被 KSCN 所还原而使结果偏低：

$$SCN^- + 4I_2 + 4H_2O \rightleftharpoons SO_4^{2-} + 7I^- + ICN + 8H^+$$

为了防止铜盐水解，反应必须在酸性溶液中进行。酸度过低，Cu^{2+} 氧化 I^- 的反应进行不完全，结果偏低，而且反应速率慢，终点拖长；酸度过高，则 I^- 被空气氧化为 I_2 的反应被 Cu^{2+} 催化，使结果偏高。

大量 Cl^- 能与 Cu^{2+} 配合，I^- 不易从 Cu(Ⅱ) 的氯配合物中将 Cu(Ⅱ) 定量地还原，因此最好用硫酸而不用盐酸（少量盐酸不干扰）。

矿石或合金中的铜也可以用碘量法测定。但必须设法防止其他能氧化 I^- 的物质（如 NO_3^-、Fe^{3+} 等）的干扰。防止的方法是加入掩蔽剂以掩蔽干扰离子（例如使 Fe^{3+} 生成 $[FeF_6]^{3-}$ 而掩蔽），或在测定前将它们分离除去。若有 As(Ⅴ)、Sb(Ⅴ) 存在，应将 pH 调至 4，以免它们氧化 I^-。

5.1.3 试剂

0.05mol/L 的 $Na_2S_2O_3$ 标准溶液，1mol/L 的 H_2SO_4 溶液，10% KSCN 溶液，10% KI 溶液，1% 淀粉溶液。

5.1.4 操作步骤

精确称取硫酸铜试样（每份质量相当于 20～30mL 0.05mol/L $Na_2S_2O_3$ 溶液）于 250mL 碘量瓶中，加 1mol/L H_2SO_4 溶液 3mL 和水 30mL 使之溶解。加入 10%KI 溶液 7～8mL，立即用 $Na_2S_2O_3$ 标准溶液滴定至呈浅黄色。然后加入 1%淀粉溶液 1mL，继续滴定到呈浅蓝色。再加入 5mL 10% KSCN（可否用 NH_4SCN 代替？）溶液，摇匀后溶液蓝色转深，再继续滴定到蓝色恰好消失，此时溶液为米色 CuSCN 悬浮液。由实验结果计算试样中 Cu 的含量。

5.1.5 思考与讨论

（1）硫酸铜易溶于水，为什么溶解时要加硫酸？

（2）用碘量法测定铜含量时，为什么要加入 KSCN 溶液？如果在酸化后立即加入 KSCN 溶液，会产生什么影响？

（3）已知 $\varphi^{\ominus}(Cu^{2+}/Cu^{+})=0.158V$，$\varphi^{\ominus}(I_2/I^-)=0.54V$，为什么本法中 Cu^{2+} 却能将 I^- 氧化为 I_2？

（4）测定反应为什么一定要在弱酸性溶液中进行？

（5）如果分析矿石或合金中的铜，应怎样分解试样？试液中含有的干扰性杂质如 Fe^{3+}、NO_3^- 等离子，应如何消除它们的干扰？

（6）如果用 $Na_2S_2O_3$ 标准溶液测定铜矿或钢合金中的铜，用什么基准物标定 $Na_2S_2O_3$ 溶液的浓度最好？

5.2 亚硝酸钠纯度的测定

5.2.1 目的要求

（1）掌握高锰酸钾法的原理与方法应用。
（2）掌握亚硝酸钠的含量测定方法。

5.2.2 方法原理

亚硝酸钠的分子式为 $NaNO_2$，分子量为 69.00。它是利用硝酸生产过程中残余的氮氧化物与纯碱反应而制得的。反应式为：

$$2NO_2 + Na_2CO_3 \Longrightarrow NaNO_2 + NaNO_3 + CO_2 \uparrow$$
$$NO + NO_2 + Na_2CO_3 \Longrightarrow 2NaNO_2 + CO_2 \uparrow$$

从反应式中可知 $NaNO_2$ 中的主要杂质为 $NaNO_3$，经提纯得到纯度为 99% 以上、略带淡黄色的白色结晶物质。亚硝酸钠纯度的测定一般均采用 $KMnO_4$ 法。

在酸性介质中，用 $KMnO_4$ 标准溶液将 $NaNO_2$ 氧化成 $NaNO_3$，过量的 $KMnO_4$ 用一定浓度的 $Na_2C_2O_4$ 标准溶液还原。根据 $KMnO_4$ 和 $Na_2C_2O_4$ 的用量计算亚硝酸钠的纯度。其反应式为：

$$5NaNO_2 + 2KMnO_4 + 3H_2SO_4 \Longrightarrow 5NaNO_3 + K_2SO_4 + 2MnSO_4 + 3H_2O$$
$$5Na_2C_2O_4 + 2KMnO_4 + 8H_2SO_4 \Longrightarrow 5Na_2SO_4 + K_2SO_4 + 2MnSO_4 + 10CO_2 \uparrow + 8H_2O$$

5.2.3 试剂

硫酸溶液（1+3、3mol/L），$c\left(\frac{1}{5}\text{KMnO}_4\right)=0.1\text{mol/L}$ 的高锰酸钾标准溶液，$c\left(\frac{1}{2}\text{Na}_2\text{C}_2\text{O}_4\right)=0.1\text{mol/L}$ 的草酸钠标准溶液。

5.2.4 操作步骤

称 1.3~1.4g（准确到 0.0001g）试样，置于 250mL 烧杯中，加水溶解。全部转移至 250mL 容量瓶中，用蒸馏水稀释至刻度，摇匀。在 250mL 锥形瓶中，用滴定管滴加约 40mL 高锰酸钾溶液，用移液管加入 25mL 试样溶液，加入 10mL 硫酸溶液，加热至 40℃。用移液管加入 10mL 草酸钠标准溶液，加热至 70~80℃，继续用高锰酸钾标准溶液滴定至溶液呈浅粉红色并保持 30s 不褪色为终点。平行测定 3 次，计算亚硝酸钠的纯度。

5.2.5 结果计算

$$w(\text{NaNO}_2)=\frac{(c_1V_1-c_2V_2)M\left(\frac{1}{2}\text{NaNO}_2\right)}{m\times\frac{25}{250}\times 1000}\times 100\%$$

式中　$w(\text{NaNO}_2)$——试样中亚硝酸钠的含量（质量分数）；

　　　c_1——高锰酸钾标准溶液的浓度，mol/L；

　　　V_1——加入和滴定用去高锰酸钾标准溶液的总体积，mL；

　　　c_2——草酸钠标准溶液的浓度，mol/L；

　　　V_2——加入草酸钠标准溶液的体积，mL；

　　　$M\left(\frac{1}{2}\text{NaNO}_2\right)$——$\frac{1}{2}\text{NaNO}_2$ 的摩尔质量，34.50g/mol。

5.2.6 注意事项

（1）加入的 H_2SO_4 溶液必须无还原性物质，否则还原性物质与 $KMnO_4$ 作用，使结果偏高。检验硫酸是否符合本方法规定，可取一定量的 H_2SO_4 溶液置于锥形瓶中，加一滴 $KMnO_4$ 标准溶液，观察紫红色是否消失，如不消失，则此 H_2SO_4 溶液符合要求。

（2）加入 H_2SO_4 溶液的目的是使滴定反应在强酸性介质中进行。

（3）加热至 40℃是使 $NaNO_2$ 与 $KMnO_4$ 反应完全，要严格控制温度不能超过 40℃，否则过量的 $KMnO_4$ 分解，造成测定结果偏高。

（4）$KMnO_4$ 与 $Na_2C_2O_4$ 在常温下反应缓慢，为加快反应速率必须加热至 70~80℃，不低于 60℃，不高于 90℃。温度太高，草酸易分解。

5.3　过氧化氢含量的测定

5.3.1　目的要求

（1）掌握高锰酸钾标准溶液的配制和标定方法。

(2) 掌握过氧化氢的含量测定方法与操作技术。

5.3.2 方法原理

过氧化氢具有还原性,在酸性介质中和室温条件下能被高锰酸钾定量氧化,其反应方程式为:

$$2MnO_4^- + 5H_2O_2 + 6H^+ = 2Mn^{2+} + 5O_2\uparrow + 8H_2O$$

室温时,开始反应缓慢,随着 Mn^{2+} 的生成而加速。H_2O_2 加热时易分解,因此,滴定时通常加入 Mn^{2+} 作催化剂。

5.3.3 试剂

$c\left(\frac{1}{5}KMnO_4\right)=0.1mol/L$ 的 $KMnO_4$ 标准溶液,H_2SO_4 溶液(3mol/L),$MnSO_4$ 溶液(1mol/L),H_2O_2 试样(市售质量分数约为30%的 H_2O_2 水溶液[1])。

5.3.4 操作步骤

(1) $c\left(\frac{1}{5}KMnO_4\right)=0.1mol/L$ 的 $KMnO_4$ 标准溶液的配制与标定

① 配制 称取 $KMnO_4$ 固体约0.8g溶于250mL水中,盖上表面皿,加热至沸并保持微沸状态30s后,冷却,贮存于棕色试剂瓶中。

② 标定 准确称取 $0.15\sim0.20g$ $Na_2C_2O_4$ 基准物质3份,分别置于250mL锥形瓶中,加入60mL水使之溶解,加入15mL H_2SO_4 溶液,在水浴上加热到 $75\sim85℃$,趁热用 $KMnO_4$ 溶液滴定,开始滴定时反应速率慢,待溶液中产生了 Mn^{2+} 后,滴定速度可加快,直到溶液呈现微红色并保持30s不褪色即为终点。

(2) 过氧化氢含量的测定 用移液管移取 H_2O_2 试液2.00mL,置于250mL容量瓶中,用水稀释至刻度,充分摇匀备用。用移液管移取稀释过的 H_2O_2 试液25.00mL于250mL锥形瓶中,加入3mol/L H_2SO_4 溶液5mL,用 $KMnO_4$ 标准溶液滴定到溶液呈微红色,30s不褪即为终点。平行测定3次,计算试样中 H_2O_2 的质量浓度(g/L)和相对平均偏差。

5.3.5 结果计算

$$\rho(H_2O_2)=\frac{c\left(\frac{1}{5}KMnO_4\right)V(KMnO_4)M\left(\frac{1}{2}H_2O_2\right)}{2.00\times\frac{25.00}{250}\times10^{-3}}$$

式中 $\rho(H_2O_2)$ ——试样中过氧化氢的质量浓度,g/L;

$c\left(\frac{1}{5}KMnO_4\right)$ ——高锰酸钾标准溶液的浓度,mol/L;

$V(KMnO_4)$ ——滴定时消耗高锰酸钾标准溶液的体积,mL;

$M\left(\frac{1}{2}H_2O_2\right)$ —— $\frac{1}{2}H_2O_2$ 的摩尔质量,g/mol。

5.3.6 注释

[1] H_2O_2 试样若系工业产品,则用高锰酸钾法测定不合适,因为产品中常加有少量

乙酰苯胺等有机化合物作稳定剂，滴定时也将被 $KMnO_4$ 氧化，引起误差。此时应采用碘量法或硫酸铈法进行测定。

5.3.7 思考与讨论

（1）H_2O_2 与 $KMnO_4$ 反应较慢，能否通过加热溶液来加快反应速率？为什么？

（2）用 $KMnO_4$ 法测定 H_2O_2 含量时，能否用 HNO_3、HCl 或 HAc 调节溶液的酸度？为什么？

（3）分析本试验误差的主要来源，如何减免？

5.4 铁矿中全铁含量的测定

5.4.1 目的要求

（1）掌握铁矿石中铁含量的测定方法原理。
（2）掌握无汞定铁法测定铁含量的原理与操作技术。

5.4.2 方法原理

用 HCl 溶液分解铁矿石后，在热 HCl 溶液中，以甲基橙为指示剂，用 $SnCl_2$ 溶液将 Fe^{3+} 还原至 Fe^{2+}，并过量 1～2 滴。经典方法是用 $HgCl_2$ 氧化过量的 $SnCl_2$，除去 Sn^{2+} 的干扰，但 $HgCl_2$ 造成环境污染。本实验采用无汞定铁法，还原反应为：

$$2FeCl_3 + SnCl_2 \rightleftharpoons 2FeCl_2 + SnCl_4$$

使用甲基橙指示 $SnCl_2$ 还原 Fe^{3+} 的原理是：Sn^{2+} 将 Fe^{3+} 还原完后，过量的 Sn^{2+} 可将甲基橙还原为氢化甲基橙而褪色，不仅指示了还原的终点，Sn^{2+} 还能继续使氢化甲基橙还原成 N,N-二甲基对苯二胺和对氨基苯磺酸，过量的 Sn^{2+} 则可以消除。反应为：

$$(CH_3)_2NC_6H_4N=NC_6H_4SO_3Na \xrightarrow{2H^+} (CH_3)_2NC_6H_4NH-NHC_6H_4SO_3Na$$

$$\xrightarrow{2H^+} (CH_3)_2NC_6H_4NH_2 + NH_2C_6H_4SO_3Na$$

以上反应为不可逆的，因而甲基橙的还原产物不消耗 $K_2Cr_2O_7$。HCl 溶液浓度应控制在 4mol/L。若 HCl 溶液浓度大于 6mol/L，Sn^{2+} 会先将甲基橙还原为无色，无法指示 Fe^{3+} 的还原反应；HCl 溶液浓度低于 2mol/L，则甲基橙褪色缓慢。滴定反应为：

$$Cr_2O_7^{2-} + 6Fe^{2+} + 14H^+ \rightleftharpoons 2Cr^{3+} + 6Fe^{3+} + 7H_2O$$

滴定突跃范围为 0.93～1.34V，使用二苯胺磺酸钠为指示剂时，由于它的条件电位为 0.85V，因而需加入 H_3PO_4 使滴定生成的 Fe^{3+} 生成 $[Fe(HPO_4)_2]^-$ 而降低电对 Fe^{3+}/Fe^{2+} 的电位，使突跃范围变成 0.71～1.34V，指示剂可以在此范围内变色，同时也消除了 $FeCl_3$ 的黄色对终点观察的干扰。$Sb(V)$、$Sb(Ⅲ)$ 干扰本实验，不应存在。

5.4.3 试剂

$SnCl_2$ 溶液（100g/L）：10g $SnCl_2 \cdot 2H_2O$ 溶于 40mL 热的浓 HCl 溶液中，用水稀释至 100mL。

$SnCl_2$ 溶液（50g/L）：取上述 100g/L 的 $SnCl_2$ 溶液稀释得到。

H_2SO_4-H_3PO_4 混合酸:将 15mL 浓 H_2SO_4 缓慢加至 70mL 水中,冷却后加入 15mL 浓 H_3PO_4,混匀。

甲基橙指示剂溶液(1g/L),二苯胺磺酸钠溶液(2g/L),$c\left(\frac{1}{6}K_2Cr_2O_7\right)=0.1mol/L$ 的 $K_2Cr_2O_7$ 标准溶液。

5.4.4 操作步骤

准确称取铁矿石粉 1.0~1.5g 于 250mL 烧杯中,用少量水润湿,加入 20mL 浓 HCl 溶液,盖上表面皿,在通风柜中低温加热分解试样,若有带色不溶残渣,可滴加 20~30 滴 100g/L $SnCl_2$ 溶液助溶。试样分解完全时,残渣应接近白色(SiO_2),用少量水吹洗表面皿及烧杯壁,冷却后转移至 250mL 容量瓶中,稀释至刻度并摇匀。

移取试液 25.00mL 于锥形瓶中,加 8mL 浓 HCl 溶液,加热近沸,加入 6 滴甲基橙,趁热边摇动锥形瓶边逐滴加入 100g/L $SnCl_2$ 溶液还原 Fe^{3+}。溶液由橙变红,再慢慢滴加 50g/L $SnCl_2$ 溶液至溶液变为淡粉色,再摇几下直至粉色褪去。立即用流水冷却,加 50mL 蒸馏水、20mL H_2SO_4-H_3PO_4 混合酸、4 滴二苯胺磺酸钠溶液,立即用 $K_2Cr_2O_7$ 标准溶液滴定到呈稳定的紫红色为终点,记录滴定消耗 $K_2Cr_2O_7$ 标准溶液的体积。平行测定 3 次,计算矿石中铁的含量(质量分数)。

5.4.5 结果计算

$$w(Fe)=\frac{c\left(\frac{1}{6}K_2Cr_2O_7\right)V(K_2Cr_2O_7)M(Fe)\times 10^{-3}}{m\times\frac{25.00}{250}}\times 100\%$$

式中 $w(Fe)$——铁矿石试样中 Fe 的含量(质量分数);

$c\left(\frac{1}{6}K_2Cr_2O_7\right)$——$K_2Cr_2O_7$ 标准溶液的浓度,mol/L;

$V(K_2Cr_2O_7)$——滴定消耗 $K_2Cr_2O_7$ 标准溶液的体积,mL;

$M(Fe)$——Fe 的摩尔质量,g/mol;

m——铁矿石试样的质量,g。

5.4.6 思考与讨论

(1) $K_2Cr_2O_7$ 为什么可以直接称量配制准确浓度的溶液?

(2) 分解铁矿石时,为什么要在低温下进行?如果加热至沸会对结果产生什么影响?

(3) $SnCl_2$ 还原 Fe^{3+} 的条件是什么?怎样控制 $SnCl_2$ 溶液不过量?

(4) 以 $K_2Cr_2O_7$ 溶液滴定 Fe^{2+} 时,加入 H_3PO_4 的作用是什么?

5.5 水中化学需氧量的测定

5.5.1 目的要求

(1) 掌握水中化学需氧量的测定方法原理。

(2)掌握水中化学需氧量的操作技术。

5.5.2 方法原理

化学需氧量（COD）是指在一定条件下，经重铬酸钾氧化处理时，水样中的溶解性物质和悬浮物所消耗的重铬酸钾盐相对应的氧的质量浓度。

在水样中加入已知量的重铬酸钾溶液，并在强酸介质下以银盐作催化剂，经沸腾回流后，以试亚铁灵为指示剂，用硫酸亚铁铵滴定水样中未被还原的重铬酸钾，由消耗的硫酸亚铁铵的量换算成消耗氧的质量浓度。

在酸性重铬酸钾条件下，芳香烃及吡啶难以被氧化，其氧化率较低。在硫酸银催化作用下，直链脂肪族化合物可有效地被氧化。方法参照 HJ 828—2017《水质　化学需氧量的测定　重铬酸盐法》。

本方法适用于各种类型的含 COD 值大于 30mg/L 的水样，对未经稀释的水样的测定上限为 700mg/L，超过此限值的水样经稀释后测定，但不适用于含氯化物浓度大于 1000 mg/L（稀释后）的含盐水。

5.5.3 试剂与仪器

除非另有说明，实验时所用试剂均为符合国家标准的分析纯试剂，试验用水均为蒸馏水或同等纯度的水。

5.5.3.1　硫酸银（Ag_2SO_4），化学纯。

5.5.3.2　硫酸汞（$HgSO_4$），化学纯。

5.5.3.3　硫酸（H_2SO_4），$\rho = 1.84g/mL$。

5.5.3.4　硫酸银-硫酸试剂：向 1L 硫酸（5.5.3.3）中加入 10g 硫酸银（5.5.3.1），放置 1～2 天使之溶解，并混匀，使用前小心摇动。

5.5.3.5　重铬酸钾标准溶液

5.5.3.5.1　浓度为 $c(1/6K_2Cr_2O_7) = 0.250mol/L$ 的重铬酸钾标准溶液：将 12.258g 在 105℃干燥 2h 后的重铬酸钾溶于水中，稀释至 1000mL。

5.5.3.5.2　浓度为 $c(1/6K_2Cr_2O_7) = 0.0250mol/L$ 的重铬酸钾标准溶液：将 5.5.3.5.1 条的溶液稀释 10 倍而成。

5.5.3.6　硫酸亚铁铵标准滴定溶液

5.5.3.6.1　浓度为 $c[(NH_4)_2Fe(SO_4)_2 \cdot 6H_2O] \approx 0.10mol/L$ 的硫酸亚铁铵标准滴定溶液：溶解 39g 硫酸亚铁铵 $[(NH_4)_2Fe(SO_4)_2 \cdot 6H_2O]$ 于水中，加入 20mL 硫酸（5.5.3.3），待其溶液冷却后稀释至 1000mL。

5.5.3.6.2　每日临用前，必须用重铬酸钾标准溶液（5.5.3.5.1）准确标定此溶液（5.5.3.6.1）的浓度。

取 10.00mL 重铬酸钾标准溶液（5.5.3.5.1）置于锥形瓶中，用水稀释至约 100mL，加入 30mL 硫酸（5.5.3.3），混匀，冷却后，加 3 滴（约 0.15mL）试亚铁灵指示剂（5.5.3.8），用硫酸亚铁铵（5.5.3.6.1）滴定溶液的颜色由黄色经蓝绿色变为红褐色，即为终点。记录下硫酸亚铁铵的消耗量（mL）。

5.5.3.6.3　硫酸亚铁铵标准滴定溶液浓度的计算

$$c[(NH_4)_2Fe(SO_4)_2 \cdot 6H_2O] = \frac{10.00 \times 0.250}{V} = \frac{2.50}{V}$$

式中 V——滴定时消耗硫酸亚铁铵溶液的体积数，mL。

5.5.3.6.4 浓度为 $c[(NH_4)_2Fe(SO_4)_2 \cdot 6H_2O] \approx 0.010 \text{mol/L}$ 的硫酸亚铁铵标准滴定溶液：将 5.5.3.6.1 条的溶液稀释 10 倍，用重铬酸钾标准溶液（5.5.3.5.2）标定，其滴定步骤及浓度计算分别与 5.5.3.6.2 及 5.5.3.6.3 类同。

5.5.3.7 浓度为 $c(KCr_6H_5O_4) = 2.0824 \text{mmol/L}$ 的邻苯二甲酸氢钾标准溶液：称取 105℃时干燥 2h 的邻苯二甲酸氢钾（$HOOCC_6H_4COOK$）0.4251g 溶于水，并稀释至 1000mL，混匀。以重铬酸钾为氧化剂，将邻苯二甲酸氢钾完全氧化的 COD 值为 1.176g O_2/g（指 1g 邻苯二甲酸氢钾耗氧 1.176g），故该标准溶液的理论 COD 值为 500mg/L。

5.5.3.8 试亚铁灵指示剂：溶解 0.7g 七水合硫酸亚铁（$FeSO_4 \cdot 7H_2O$）于 50mL 的水中，加入 1.5g 1,10-邻菲啰啉，搅动至溶解，加水稀释至 100mL。

5.5.3.9 防爆沸玻璃珠。

5.5.3.10 回流装置：带有 24 号标准磨口的 250mL 锥形瓶的全玻璃回流装置。回流冷凝管长度为 300~500mm。若取样量在 30mL 以上，可采用带 500mL 锥形瓶的全玻璃回流装置。

5.5.3.11 加热装置（YHCOD-100 型 COD 自动消解回流仪）。

5.5.3.12 25mL 或 50mL 酸式滴定管。

5.5.4 操作步骤

5.5.4.1 采样：水样要采集于玻璃瓶中，应尽快分析。如不能立即分析时，应加入硫酸（5.5.3.3）至 pH<2，置 4℃下保存。但保存时间不多于 5 天。采集水样的体积不得少于 100mL。

5.5.4.2 试料的准备：将试样充分摇匀，取出 20.0mL 作为试料。

5.5.4.3 对于 COD 值小于 50mg/L 的水样，应采用低浓度的重铬酸钾标准溶液（5.5.3.5.2）氧化，加热回流以后，采用低浓度的硫酸亚铁铵标准溶液（5.5.3.6.4）回滴。

5.5.4.4 该方法对未经稀释的水样测定上限为 700mg/L，超过此限时必须经稀释后测定。

5.5.4.5 对于污染严重的水样，可选取所需体积 1/10 的试料和 1/10 的试剂，放入 10mm×150mm 硬质玻璃管中，摇匀后，用酒精灯加热至沸数分钟，观察溶液是否变成蓝绿色。如呈蓝绿色，应再适当少取试料，重复以上试验，直至溶液不变蓝绿色为止。从而确定待测水样适当的稀释倍数。

5.5.4.6 取试料（5.5.4.2）于锥形瓶中，或取适量试料加水至 20.0mL。

5.5.4.7 空白试验：按相同步骤以 20.0mL 蒸馏水代替试料进行空白试验，其余试剂和试料测定相同，记录下空白滴定时消耗硫酸亚铁铵标准溶液的体积数 V_1。

5.5.4.8 校核试验：按测定试料提供的方法分析 20.0mL 邻苯二甲酸氢钾标准溶液（5.5.3.7）的 COD 值，用以检验操作技术及试剂纯度。

该溶液的理论 COD 值为 500mg/L，如果校核试验的结果大于该值的 96%，即可认为实验步骤基本上是适宜的；否则，必须寻找失败的原因，重复实验，使之达到要求。

5.5.4.9 去干扰试验：无机还原性物质如亚硝酸盐、硫化物及二价铁盐将使结果增加，将其需氧量作为水样 COD 值的一部分是可以接受的。

该实验的主要干扰物为氯化物，可加入硫酸汞（5.5.3.2）部分地除去，经回流后，氯离子可与硫酸汞结合成可溶性的氯汞络合物。

当氯离子含量超过 1000mg/L 时，COD 的最低允许值为 250mg/L，低于此值的结果的准确度就不可靠。

5.5.4.10 水样的测定：于试料（5.5.4.2）中加入 10.0mL 重铬酸钾标准溶液（5.5.3.5.1）和几颗防爆沸玻璃珠（5.5.3.9），摇匀。

将锥形瓶接到回流装置（5.5.3.10）冷凝管下端，接通冷凝水。从冷凝管上端缓慢加入 30mL 硫酸银-硫酸试剂（5.5.3.4），以防止低沸点有机物的逸出，不断旋动锥形瓶使之混合均匀。自溶液开始沸腾起回流 2h。

冷却后，用 20～30mL 水自冷凝管上端冲洗冷凝管后，取下锥形瓶，再用水稀释至 140mL 左右。

溶液冷却至室温后，加入 3 滴试亚铁灵指示剂（5.5.3.8），用硫酸亚铁铵标准滴定溶液（5.5.3.6）滴定，溶液的颜色由黄色经蓝绿色变为红褐色即为终点。记下硫酸亚铁铵标准滴定溶液消耗的体积数 V_2。

5.5.4.11 在特殊情况下，需要测定的试料在 10.0～50.0mL 之间时，试剂的体积或质量按实表 5-1 作相应的调整。

实表 5-1 不同取样量采用的试剂用量

样品量/mL	0.250mol/L $K_2Cr_2O_7$ /mL	Ag_2SO_4-H_2SO_4 /mL	$HgSO_4$ /g	$(NH_4)_2Fe(SO_4)_2$·$6H_2O$/(mol/L)	滴定前体积 /mL
10.0	5.0	15	0.2	0.05	70
20.0	10.0	30	0.4	0.10	140
30.0	15.0	45	0.6	0.15	210
40.0	20.0	60	0.8	0.20	200
50.0	25.0	75	1.0	0.25	350

5.5.5 结果计算

$$\mathrm{COD(mg/L)} = \frac{c(V_1 - V_2) \times 8000}{V_0}$$

式中 c——硫酸亚铁铵标准滴定溶液（5.5.3.6）的浓度，mol/L；

V_1——空白试验所消耗的硫酸亚铁铵标准滴定溶液的体积，mL；

V_2——试料试验所消耗的硫酸亚铁铵标准滴定溶液的体积，mL；

V_0——试料的体积，mL；

8000——1/4 O_2 的摩尔质量，mg/L。

测定结果一般保留三位有效数字，对 COD 值小的水样，当计算出的 COD 值小于 10mg/L 时，应表示为"COD＜10mg/L"。

5.6 水质高锰酸盐指数的测定

5.6.1 目的要求

（1）掌握水质高锰酸盐指数的测定方法原理。

(2) 掌握高锰酸钾氧化还原法的操作技术。

5.6.2 方法原理

高锰酸盐指数,是衡量水中污染有机物和无机可氧化物质的常用指标,定义为:在一定条件下,用高锰酸钾氧化水样中的某些有机物和无机还原性物质,由消耗的高锰酸钾量计算相应的氧量。高锰酸盐指数不能作为理论需氧量或总有机物含量的指标,因为在规定的条件下,许多有机物只能部分地被氧化,易挥发有机物也不包含在此测定值之内。

本法测定原理为:样品中加入已知过量的高锰酸钾和硫酸,在沸水浴中加热30min,高锰酸钾将水试样中的某些有机物和无机还原性物质氧化。反应后加入过量的草酸钠还原剩余的高锰酸钾,再用$KMnO_4$标准溶液滴定过量的草酸钠,其反应如下:

$$4KMnO_4 + 5C + 6H_2SO_4 = 2K_2SO_4 + 4MnSO_4 + 6H_2O + 5CO_2 \uparrow$$

$$2KMnO_4 + 5Na_2C_2O_4 + 8H_2SO_4 = K_2SO_4 + 2MnSO_4 + 5Na_2SO_4 + 8H_2O + 10CO_2 \uparrow$$

通过计算得到样品中的高锰酸盐指数。方法参照 GB 11892—89《水质 高锰酸盐指数的测定》。

5.6.3 试剂和仪器

(1) $c\left(\frac{1}{5}KMnO_4\right)=0.01mol/L$的高锰酸钾标准溶液:用0.1mol/L的标准贮备液以不含还原性物质的纯水稀释并标定。

(2) $c\left(\frac{1}{2}Na_2C_2O_4\right)=0.01000mol/L$的草酸钠标准溶液:用0.1mol/L的标准贮备液稀释。

(3) 1:3 H_2SO_4:配制时,利用稀释时的温热条件,用$KMnO_4$溶液滴至微红色。

(4) 500g/L氢氧化钠。

(5) 不含还原性物质的水:将1L蒸馏水置于全玻璃蒸馏器中,加入10mL(1:3)硫酸和少量的高锰酸钾溶液蒸馏,弃去100mL初馏液,余下馏出液贮存于具玻璃塞的细口瓶中。

(6) 25mL酸式滴定管(注:新的玻璃器皿必须用酸性高锰酸钾溶液清洗干净)。

5.6.4 操作步骤

用移液管准确量取100mL经充分摇动混合均匀的水样(或分取适量用水稀释至100mL),置于250mL锥形瓶中,加入(5±0.5)mL 1:3 H_2SO,用滴定管加入10.00mL $KMnO_4$标准溶液,将锥形瓶放在沸水浴上加热(30±2)min(水浴沸腾后开始计时),取下锥形瓶,立即加入10.00mL $Na_2S_2O_4$标准溶液(此时应为无色,若仍为红色,再补加5.00mL),趁热用$KMnO_4$标准溶液滴至微红色(30s不变即可;若滴定温度低于60℃,应加热至60~80℃间进行滴定),记录消耗$KMnO_4$标准溶液的体积。做空白实验(以100mL蒸馏水取代样品,按同样操作进行)。

当上述空白实验滴定结束后,趁热加入$Na_2C_2O_4$标准溶液10.00mL,如果需要,将溶液加热至80℃,用高锰酸钾标准溶液滴至微红色,保持30s不褪色,记录消耗$KMnO_4$标准溶液的体积。

5.6.5 数据处理

高锰酸盐指数（I_{Mn}）以每升样品消耗氧的质量数（mg）来表示（O_2，mg/L），按下式计算：

$$I_{Mn} = \frac{\left[(10+V_1)\dfrac{10}{V_2}-10\right]c\left(\dfrac{1}{2}Na_2C_2O_4\right) \times 8 \times 1000}{100}$$

式中 $c\left(\dfrac{1}{2}Na_2C_2O_4\right)$——草酸钠标准溶液的物质的量浓度，mol/L；

V_1——样品测定消耗 $KMnO_4$ 标准溶液的体积，mL；

V_2——标定消耗 $KMnO_4$ 标准溶液的体积，mL。

如果样品经稀释后测定，按下式计算：

$$I_{Mn} = \frac{\left\{\left[(10+V_1)\dfrac{10}{V_2}-10\right]-\left[(10+V_0)\dfrac{10}{V_2}-10\right]f\right\}c\left(\dfrac{1}{2}Na_2C_2O_4\right) \times 8 \times 1000}{V_3}$$

式中 V_0——空白实验时消耗的高锰酸钾标准溶液的体积，mL；

V_3——测定时所取水样的体积，mL；

f——稀释样品时，蒸馏水在 100mL 测定用体积内所占比例（如 10mL 水样用水稀释至 100mL 时，$f=\dfrac{100-10}{100}=0.90$）。

5.6.6 思考与讨论

（1）标定 $KMnO_4$ 时，滴定操作应注意哪些问题？

（2）在酸性溶液中测定样品时，若加热煮沸出现棕色的 MnO_2 沉淀，为什么需要重做？

实训 6　称量分析法和沉淀滴定法应用技能训练

6.1　工业循环冷却水和锅炉用水中氯离子的测定

6.1.1　实验目的和要求

(1) 学习银量法测定氯含量的原理和方法。
(2) 掌握 $AgNO_3$ 标准溶液的配制和标定方法。

6.1.2　方法原理

在中性至弱碱性范围内（pH6.5～10.5），以铬酸钾为指示剂，用硝酸银滴定氯化物时，由于氯化银的溶解度小于铬酸银的溶解度，氯离子首先被完全沉淀出来，然后铬酸盐以铬酸银的形式被沉淀，产生砖红色，指示滴定终点到达。其反应式如下：

$$Ag^+ + Cl^- =\!=\!= AgCl \downarrow$$

$$2Ag^+ + CrO_4^{2-} =\!=\!= Ag_2CrO_4 \downarrow \text{（砖红色）}$$

本方法引用 GB/T 15453《工业循环冷却水和锅炉用水中氯离子的测定》。

6.1.3　实验仪器和设备

250mL 锥形瓶，25mL 滴定管（棕色），10mL、25mL、50mL（移液管），100mL、1000mL 容量瓶。

6.1.4　实验试剂和材料

分析中仅使用分析纯试制及蒸馏水或去离子水。

(1) $c(NaCl)=0.0141mol/L$ 的氯化钠标准溶液，相当于 500mg/L 氯化物含量：将氯化钠（NaCl）置于瓷坩埚内，在 105℃下烘干 2h。在干燥器中冷却后称取 8.2400g，溶于蒸馏水中，在容量瓶中稀释至 1000mL。用移液管吸取 10.0mL，在容量瓶中准确稀释至 100mL。1.00mL 此标准溶液含 0.50mg 氯化物（Cl^-）。

(2) $c(AgNO_3)=0.0141mol/L$ 的硝酸银标准溶液：称取 2.3950g 于 105℃烘半小时的硝酸银（$AgNO_3$），溶于蒸馏水中，在容量瓶中稀释至 1000mL，贮于棕色瓶中。

用氯化钠标准溶液 (1) 标定其浓度：用移液管准确吸取 25.00mL 氯化钠标准溶液于 250mL 或 100mL 锥形瓶中，加蒸馏水 25mL。另取一锥形瓶，量取蒸馏水 50mL 作为空白。各加入 1mL 铬酸钾溶液 (3)，在不断摇动下用硝酸银标准溶液滴定至砖红色沉淀刚刚出现为终点。计算每毫升硝酸银溶液所相当的氯化物量，然后校正其浓度，再作最后标定。1.00mL 此标准溶液相当于 0.50mg 氯化物（Cl^-）。

(3) 50g/L 铬酸钾溶液：称取 5g 铬酸钾（K_2CrO_4）溶于少量蒸馏水中，滴加硝酸银溶液（2）至有红色沉淀生成。摇匀，静置 12h，然后过滤并用蒸馏水将滤液稀释至 100mL。

(4) $c(1/5KMnO_4)=0.01mol/L$ 高锰酸钾。

(5) 30% 过氧化氢（H_2O_2）。

(6) $c(1/2H_2SO_4)=0.05mol/L$ 的硫酸溶液。

(7) $c(NaOH)=0.05mol/L$ 的氢氧化钠溶液。

(8) 95% 乙醇（C_6H_5OH）。

(9) 氢氧化铝悬浮液：溶解 125g 硫酸铝钾 [$KAl(SO_4)_2·12H_2O$] 于 1L 蒸馏水中，加热至 60℃，然后边搅拌边缓缓加入 55mL 浓氨水放置约 1h 后，移至大瓶中，用倾泻法反复洗涤沉淀物，直到洗出液不含氯离子为止。用水稀释至约为 300mL。

(10) 酚酞指示剂：称取 0.5g 酚酞溶于 50mL 95% 乙醇中。加入 50mL 蒸馏水，再滴加 0.05mol/L 氢氧化钠溶液使呈微红色。

(11) 广泛 pH 试纸。

6.1.5 干扰及消除

如水样浑浊及带有颜色，则取 150mL 或取适量水样稀释至 150mL，置于 250mL 锥形瓶中，加入 2mL 氢氧化铝悬浮液 [6.1.4 中（9）]，振荡过滤，弃去最初滤下的 20mL，用干的清洁锥形瓶接取滤液备用。

如果有机物含量高或色度高，可用马弗炉灰化法预先处理水样。取适量废水样于瓷蒸发皿中，调节 pH 值至 8～9，置水浴上蒸干，然后放入马弗炉中在 600℃下灼烧 1h，取出冷却后，加 10mL 蒸馏水，移入 250mL 锥形瓶中，并用蒸馏水清洗三次，一并转入锥形瓶中，调节 pH 值到 7 左右，稀释至 50mL。

由于有机质而产生的较轻色度，可以加入 0.01mol/L 高锰酸钾 2mL，煮沸。再滴加乙醇 [6.1.4 中（8）] 以除去多余的高锰酸钾至水样褪色，过滤，滤液贮于锥形瓶中备用。

如果水样中含有硫化物、亚硫酸盐或硫代硫酸盐，则加氢氧化钠溶液将水样调至中性或弱碱性，加入 1mL 30% 过氧化氢，摇匀。1min 后加热至 70～80℃，以除去过量的过氧化氢。

6.1.6 样品的采集与保存

采集代表性水样，放在干净且化学性质稳定的玻璃瓶或聚乙烯瓶内。保存时不必加入特别的防腐剂。

6.1.7 实验步骤

(1) $AgNO_3$ 标准溶液的标定　用移液管准确吸取 25.00mL 氯化钠标准溶液于 250mL 锥形瓶中，加蒸馏水 25mL。然后加入 1mL 5% 的 K_2CrO_4 溶液，摇匀。用 $AgNO_3$ 溶液滴定至溶液出现砖红色，即达到终点。根据 NaCl 的质量和消耗的 $AgNO_3$ 的体积，计算 $AgNO_3$ 标准溶液的浓度。

(2) 水样测定

① 准确吸取 10.00mL 水样或经过预处理的水样（若氯化物含量高，可取适量水样用蒸馏水稀释至 50mL），置于锥形瓶中，加 40mL 蒸馏水。另取一锥形瓶加入 50mL 蒸馏水作

空白试验。

② 如水样pH值在6.5~10.5范围时，可直接滴定，超出此范围的水样应以酚酞作指示剂，用稀硫酸或氢氧化钠的溶液调节至红色刚刚褪去。

③ 加入1mL 5%铬酸钾溶液，用硝酸银标准溶液滴定至砖红色沉淀刚刚出现，即为滴定终点。

平行测定三次，同法作空白滴定。

注：铬酸钾在水样中的浓度影响终点的到达，在50~100mL滴定液中加入1mL 5%铬酸钾溶液，使CrO_4浓度为$2.6×10^{-3}$~$5.2×10^{-3}$mol/L。在滴定终点时，硝酸银加入量略过终点，可用空白测定值消除。

6.1.8 结果计算

氯离子含量c(mg/L)按下式计算：

$$c = \frac{c_1(V_2 - V_1) \times 35.45 \times 1000}{V}$$

式中 V_1——空白试验消耗硝酸银标准溶液的体积，mL；
  V_2——水样消耗硝酸银标准溶液的体积，mL；
  c_1——硝酸银标准溶液的浓度，mol/L；
  V——试样体积，mL。

6.1.9 思考与讨论

(1) $AgNO_3$溶液为什么用棕色试剂瓶，放在暗处保存？
(2) 滴定时，为什么要控制指示剂铬酸钾的加入量？

6.2 工业氯化钠中氯含量的测定

6.2.1 目的要求

(1) 学习$AgNO_3$标准溶液的配制和标定方法。
(2) 掌握沉淀滴定法中以K_2CrO_4为指示剂测定氯离子的方法。

6.2.2 方法原理

利用沉淀滴定法测定氯化物中氯的含量，有莫尔法、福尔哈德法和法扬司法三种。现将莫尔法介绍如下。

此方法是在中性或弱碱性溶液中，以K_2CrO_4为指示剂，用$AgNO_3$标准溶液进行滴定。由于AgCl沉淀的溶解度比Ag_2CrO_4小，因此，溶液中首先析出AgCl沉淀，当AgCl定量沉淀后，过量一滴$AgNO_3$溶液即与CrO_4^{2-}生成砖红色Ag_2CrO_4沉淀，指示到达终点。主要反应式如下：

$$Ag^+ + Cl^- \longrightarrow AgCl\downarrow（白色） \qquad K_{sp} = 1.8 \times 10^{-10}$$

$$2Ag^+ + CrO_4^{2-} \longrightarrow Ag_2CrO_4\downarrow（砖红色） \qquad K_{sp} = 2.0 \times 10^{-12}$$

滴定必须在中性或弱碱性溶液中进行，最适宜 pH 范围为 6.5~10.5。如果有铵盐存在，溶液的 pH 需控制在 6.5~7.2 之间。

指示剂的用量对滴定有影响，一般以 5×10^{-3} mol/L 为宜[1]。凡是能与 Ag^+ 生成难溶性化合物或配合物的阴离子都干扰测定，如 PO_4^{3-}、AsO_4^{3-}、AsO_3^{3-}、S^{2-}、CO_3^{2-}、$C_2O_4^{2-}$ 等。其中 H_2S 可加热煮沸除去，将 SO_3^{2-} 氧化成 SO_4^{2-} 后不再干扰测定。大量 Cu^{2+}、Ni^{2+}、Co^{2+} 等有色离子将影响终点观察。凡是能与 CrO_4^{2-} 指示剂生成难溶化合物的阳离子也干扰测定，如 Ba^{2+}、Pb^{2+} 能与 CrO_4^{2-} 分别生成 $BaCrO_4$ 和 $PbCrO_4$ 沉淀。Ba^{2+} 的干扰可加入过量的 Na_2SO_4 消除。

Al^{3+}、Fe^{3+}、Bi^{3+}、Sn^{4+} 等高价金属离子在中性或弱碱性溶液中易水解产生沉淀，会干扰测定。

6.2.3 试剂

NaCl 基准试剂：在 500~600℃ 高温炉中灼烧半小时后，放置干燥器中冷却。也可将 NaCl 置于带盖的瓷坩埚中，加热，并不断搅拌，待爆炸声停止后继续加热 15min，将坩埚放入干燥器中冷却后使用。

0.1mol/L $AgNO_3$ 溶液：称取 8.5g $AgNO_3$ 溶解于 500mL 不含 Cl^- 的蒸馏水中，将溶液转入棕色试剂瓶中，置暗处保存，以防见光分解。

K_2CrO_4 溶液（5%水溶液）。

6.2.4 操作步骤

（1）$AgNO_3$ 溶液的标定　准确称取 1.4621g 基准 NaCl，置于小烧杯中，用蒸馏水溶解后，转入 250mL 容量瓶中，稀释至刻度，摇匀。

用移液管移取 25.00mL NaCl 溶液注入 250mL 锥形瓶中，加入 25mL 水[2]，用 1mL 吸量管加入 1mL 5%的 K_2CrO_4 溶液，在不断摇动下，用 $AgNO_3$ 溶液滴定至呈现砖红色，即为终点。平行标定 3 份，根据所消耗 $AgNO_3$ 溶液的体积和 NaCl 标准溶液的浓度，计算 $AgNO_3$ 的浓度。

（2）试样分析　准确称取 2g NaCl 试样置于烧杯中，加水溶解后，转入 250mL 容量瓶中，用水稀释至刻度，摇匀。

用移液管移取 25.00mL 试液于 250mL 锥形瓶中，加 25mL 水，用 1mL 吸量管加入 1mL 5%的 K_2CrO_4 溶液，在不断摇动下，用 $AgNO_3$ 标准溶液滴定至溶液出现砖红色，即为终点。平行测定 3 份。实验结束，洗净滴定管[3]。

根据试样质量和消耗的 $AgNO_3$ 标准溶液的体积，计算试样中 Cl^- 的含量。

6.2.5 注释

[1] 指示剂用量大小对测定有影响，必须定量加入。有时还须作指示剂的空白校正。方法如下：取 2mL K_2CrO_4 指示剂溶液，加入 100mL 水，然后加入无 Cl^- 的 $CaCO_3$ 固体（相当于滴定时 AgCl 的沉淀量），制成相似于实际滴定的浑浊溶液。逐渐滴入 $AgNO_3$ 溶液，至与终点颜色相同为止。空白值一般约为 0.05mL。

[2] 沉淀滴定中，为减少沉淀对被测离子的吸附，一般滴定的体积以大些为好，故须加水稀释试液。

[3] 实验完毕,应将盛 $AgNO_3$ 溶液的滴定管先用蒸馏水冲洗 2~3 次后,再用自来水冲洗干净,以免产生 AgCl 沉淀留于滴定管内。

6.2.6 思考与讨论

(1) 莫尔法测 Cl^- 时,为什么溶液的 pH 需控制在 6.5~10.5?

(2) 以 K_2CrO_4 作指示剂时,其浓度太大或太小对测定有何影响?

(3) 准确分析时,为什么要校正指示剂空白?它是引起正误差还是负误差?

(4) 指示剂是 $K_2Cr_2O_7$ 溶液还是 K_2CrO_4 溶液?为什么?

6.3 工业氯化钡中钡含量的测定

6.3.1 目的要求

(1) 了解测定 $BaCl_2 \cdot 2H_2O$ 中钡含量的原理和方法。

(2) 掌握晶形沉淀的制备、过滤、洗涤、灼烧及恒重等基本操作技术。

6.3.2 方法原理

$BaSO_4$ 称量法既可用于测定 Ba^{2+},也可用于测定 SO_4^{2-}。称取一定量 $BaCl_2 \cdot 2H_2O$,用水溶解,加稀 HCl 溶液酸化,加热至微沸,在不断搅动下,慢慢地加入热的稀 H_2SO_4,Ba^{2+} 与 SO_4^{2-} 反应,形成晶形沉淀。沉淀经陈化、过滤、洗涤、烘干、炭化、灰化、灼烧后,以 $BaSO_4$ 形式称量,可求出 $BaCl_2 \cdot 2H_2O$ 中 Ba 的含量。

6.3.3 试剂

1mol/L H_2SO_4 溶液,2mol/L HNO_3 溶液,2mol/L HCl 溶液,$AgNO_3$ 溶液。

6.3.4 操作步骤

(1) 称样及沉淀的制备　准确称取两份 0.4~0.6g $BaCl_2 \cdot 2H_2O$ 试样,分别置于 250mL 烧杯中,加入约 100mL 水、3mL 2mol/L HCl 溶液,搅拌溶解,加热至近沸。另取 4mL 1mol/L H_2SO_4 两份于两个 100mL 烧杯中,加水 30mL,加热至近沸,趁热将两份 H_2SO_4 溶液分别用小滴管逐滴地加入到两份热的钡盐溶液中,并用玻璃棒不断搅拌,直至两份 H_2SO_4 溶液加完为止。待 $BaSO_4$ 沉淀下沉后,于上层清液中加入 1~2 滴 0.1mol/L H_2SO_4 溶液,仔细观察沉淀是否完全。沉淀完全后,盖上表面皿(切勿将玻璃棒拿出杯外),放置过夜陈化。也可将沉淀放在水浴或沙浴上,保温 40min,陈化。

(2) 沉淀的过滤和洗涤　按前述操作,用慢速或中速滤纸倾泻法过滤。用稀 H_2SO_4 (用 1mL 1mol/L H_2SO_4 溶液加 100mL 水配成)洗涤沉淀 3~4 次,每次约 10mL。然后将沉淀定量转移到滤纸上,用沉淀帚由上到下擦拭烧杯内壁,并用折叠滤纸时撕下的小片滤纸擦拭杯壁,并将此小片滤纸放于漏斗中,再用稀 H_2SO_4 溶液洗涤 4~6 次,直至洗涤液中不含 Cl^- 为止(检查方法:用试管收集 2mL 滤液,加 1 滴 2mol/L HNO_3 酸化,加入 2 滴 $AgNO_3$ 溶液,若无白色浑浊产生,示 Cl^- 已洗净)。

（3）空坩埚的恒重　将两个洁净的瓷坩埚放在（800±20）℃的马弗炉中灼烧至恒重。第一次灼烧40min，第二次后每次只灼烧20min。灼烧也可在煤气灯上进行。

（4）沉淀的灼烧和恒重　将折叠好的沉淀滤纸包置于已恒重的瓷坩埚中，经烘干、炭化、灰化后，在（800±20）℃马弗炉中灼烧至恒重。计算$BaCl_2·2H_2O$中Ba的含量。

6.3.5　注意事项

（1）滤纸灰化时空气要充足，否则$BaSO_4$易被滤纸的炭还原为灰黑色的BaS：

$$BaSO_4+4C = BaS+4CO\uparrow$$
$$BaSO_4+4CO = BaS+4CO_2\uparrow$$

如遇此情况，可用2～3滴H_2SO_4溶液（1+1），小心加热，冒烟后重新灼烧。

（2）灼烧温度不能太高，如超过950℃，可能有部分$BaSO_4$分解：

$$BaSO_4 = BaO+SO_3\uparrow$$

6.3.6　思考与讨论

（1）为什么要在稀HCl介质中沉淀$BaSO_4$？HCl加入太多有何影响？

（2）为什么沉淀$BaSO_4$时要在热溶液中进行，而在冷却后进行过滤？沉淀后为什么要陈化？

（3）试解释用$BaSO_4$称量法测定Ba^{2+}和测定SO_4^{2-}时，沉淀剂的过量程度有何不同？为什么？

（4）本实验用什么方法来检验沉淀是否洗涤干净？

（5）什么叫灼烧至恒重？

6.4　过磷酸钙中有效磷的含量测定

6.4.1　目的要求

（1）了解钙镁磷肥中有效五氧化二磷含量的测定原理和方法。

（2）掌握晶形沉淀的制备、过滤、洗涤、干燥及恒重等的基本操作技术。

6.4.2　方法原理

用水和碱性柠檬酸铵溶液提取有效磷，提取液中的正磷酸根离子，在酸性介质和丙酮存在下与喹钼柠酮试剂生成黄色磷钼酸喹啉沉淀，其反应式如下：

$$H_3PO_4+3C_9H_7N+12Na_2MoO_4+24HNO_3 = (C_9H_7N)_3H_3[P(Mo_3O_{10})_4]·H_2O\downarrow+11H_2O+24NaNO_3$$

沉淀经过滤、洗涤、干燥后称量。

6.4.3　试剂和仪器

6.4.3.1　仪器设备

4号玻璃过滤坩埚，恒温干燥箱，恒温水浴锅。

6.4.3.2　试剂

分析中，除非另有说明外，限用分析纯试剂和蒸馏水。

(1) 1:1 硝酸（GB/T 626）溶液，钼酸钠，柠檬酸，丙酮，2:3 氨水溶液。

(2) 2g/L 甲基红溶液：称取 0.2g 甲基红溶解于 600mL/L 乙醇 100mL 中。

(3) $c\left(\frac{1}{2}H_2SO_4\right)=0.10$mol/L 的硫酸标准溶液：按 GB/T 601 配制与标定。

(4) 喹钼柠酮试剂的配制

溶液 I：溶解钼酸钠（$Na_2MoO_4 \cdot 2H_2O$）70g 于 150mL 水中。

溶液 II：溶解 60g 柠檬酸（$C_6H_8O_6 \cdot H_2O$）于硝酸（GB/T 626）85mL 和水 150mL 的混合液中，冷却。

溶液 III：在不断搅拌下将溶液 I 缓缓加入溶液 II 中，混匀。

溶液 IV：将硝酸（GB/T 626）35mL 和水 100mL 于 400mL 烧杯中混合，加入喹啉（C_9H_7N）5mL。

溶液 V：将溶液 IV 加入溶液 III 中，混合后放置 24h，过滤，滤液加入丙酮（GB/T 686）280mL，用水稀释至 1000mL，混匀，贮于聚乙烯瓶中。

(5) 碱性柠檬酸铵溶液：1L 溶液中应含有 173g 未风化的结晶柠檬酸和 42g 以氨形式存在的氮，相当于 51g 氨，其配制方法如下。

用移液管吸取氨水 10mL，移入预先装有 400~450mL 水的 500mL 容量瓶中，用水稀释至刻度，混匀。从 500mL 容量瓶中用移液管吸出两份各 25mL 的溶液，分别移入预先装有 25mL 水的 250mL 三角瓶中，各加 2 滴甲基红指示剂，用 0.10mol/L（$1/2H_2SO_4$）标准溶液滴定至红色。1L 氨水内所含氮的质量数（m）按下式计算：

$$m(g) = cV \times 14 \times \left(\frac{500}{25}\right) \times \frac{1000}{1000 \times 10} = 28cV$$

式中　c——硫酸（$1/2H_2SO_4$）标准溶液的浓度，mol/L；

V——滴定消耗硫酸标准溶液的体积，mL；

14——氮原子的摩尔质量，g/mol。

配制 V_1（L）碱性柠檬酸铵溶液所需氨水的体积数（V_2），按下式计算：

$$V_2(L) = \frac{42V_1}{m} = \frac{42V_1}{28cV} = \frac{1.5V_1}{cV}$$

按上式计算的体积（V_2），量取 2:3 氨水溶液，将其注入具有标线的试剂瓶中（瓶中刻划的标线表示欲配制碱性柠檬酸铵的体积）。

根据配制每升碱性柠檬酸铵溶液需要 173g 未风化的结晶柠檬酸，称取所需柠檬酸用量。按每 173g 结晶柠檬酸需用 200~250mL 水溶解的比例，配制成柠檬酸溶液。经分液漏斗将溶液慢慢注入装有氨水的试剂瓶中，同时瓶外用大量水冷却，然后加水到标线，混匀，静置 2 昼夜后使用。

6.4.4　操作步骤

(1) 待测液的制备　准确称取试样约 2.5g 置于 75mL 瓷蒸发皿中，用玻棒将试样磨碎，加入水后重新研磨，将清液过滤于预先加有 1:1 硝酸 5mL 的 250mL 容量瓶中，继续处理沉淀 3 次，每次用水 25mL，然后将沉淀全部冲在滤纸上，并用水洗涤沉淀到容量瓶达 200mL 左右滤液为止，用纯水定容，摇匀，即为试液 I。

将带沉淀的滤纸移入另一只 250mL 容量瓶中，加入碱性柠檬酸铵溶液 100mL，紧塞瓶口，剧烈振摇容量瓶使滤纸碎成纤维状态为止，置容量瓶于（60±1）℃的水浴中保温1h，开始时每隔5min振摇一次，振荡三次后每隔15min振摇一次，取出冷却至室温，用纯水定容，摇匀。用干燥滤纸和器皿过滤，弃去最初滤液，所得滤液为试液Ⅱ。

（2）溶液中磷含量的测定　用移液管分别吸取10～20mL试液Ⅰ和Ⅱ（约含P_2O_5 20mg），一并放入300mL烧杯中，加入1∶1硝酸溶液10mL，用水稀释至约100mL，预热近沸，加入35mL喹钼柠酮试剂，盖上表面皿，加热煮沸30s（以利得到较粗的沉淀颗粒）。取下冷却至室温，用预先干燥至恒重的4号玻璃过滤坩埚抽滤，先将上清液滤完，然后用倾泻法洗涤沉淀1～2次，每次用水25mL，将沉淀移于滤器上，再用水洗涤，所用水共约125～150mL，将坩埚和沉淀一起于（180±2）℃烘箱中干燥45min，移入干燥器中冷却，称重。

按照上述步骤进行空白试验，用过的玻璃过滤坩埚内残存的沉淀可用1∶1氨水和稀碱浸泡到黄色消失，用水洗净烘干备用。

6.4.5　结果计算

$$P_2O_5(\%) = \frac{(m_1 - m_2) \times 0.03207 \times (500/V)}{m_0} \times 100\%$$

式中　m_1——测定所得磷钼酸喹啉的质量，g；

m_2——空白试验所得磷钼酸喹啉的质量，g；

m_0——试样的质量，g；

0.03207——磷钼酸喹啉换算为P_2O_5的系数；

V——吸取试液的总体积，mL。

取平行测定结果的算术平均值作为测定结果；平行测定结果的绝对差值<0.20%；不同实验室测定结果的绝对差值<0.30%。

实训 7　可见分光光度法应用技能训练

7.1　紫外-可见分光光度计操作规程

7.1.1　操作步骤

（1）接通电源，开启仪器开关，钨灯自动点燃，经 20s 左右，氘灯点燃。
（2）打开电脑，启动工作站，进入仪器自检画面，预热至少 10min。
（3）根据需要选择合适的光谱带宽（光谱带宽选择项在仪器自检画面的最上面，请选中要使用的档位并转动样池内壁的旋钮与之对应）。
（4）单击"开始"按钮，便可启动自检程序。全部自检项目"OK"后，出现"自检完成"的提示框，按下"确定"键后，仪器可以进入正常测量工作。
（5）测试结束后，清洗色谱柱，关闭仪器开关，关掉工作站及电脑。
（6）清理实验材料，填写使用记录，打扫实验室。

7.1.2　注意事项

（1）全部整机系统一定要有可靠的接地。
（2）自检前，应检查样品室内是否有挡光物（如比色皿、挡光杆等），有挡光物时仪器自检可能会出错。
（3）自检过程中，不得打开样品室盖，否则自检出错。
（4）不允许用酒精、汽油、乙醚等有机溶液擦洗仪器。
（5）比色皿内溶液以皿高的 2/3～4/5 为宜，不可过满，以防液体溢出腐蚀仪器。
（6）测定时应保持比色皿清洁，池壁上液滴应用擦镜纸擦拭干净，切勿用手捏透光面。测定紫外波长时，需选用石英比色皿。

7.2　工业循环冷却水中铁含量的测定

7.2.1　目的要求

（1）了解邻菲啰啉法测定铁含量的基本原理及基本条件、显色溶液的制备技术。
（2）掌握吸收曲线的绘制和测量波长的选择。
（3）掌握标准曲线法定量的实验技术。

7.2.2　方法原理

邻菲啰啉（又称邻二氮菲）在测定微量铁时，通常以盐酸羟胺还原 Fe^{3+} 为 Fe^{2+}，在

pH 为 2~9 的范围内，Fe^{2+} 与邻菲啰啉反应生成稳定的橙红色配合物，其 $lgK = 21.3$。反应如下：

$$Fe^{2+} + 3 \text{ phen} \longrightarrow [Fe(\text{phen})_3]^{2+}$$

该配合物的最大吸收波长为 510nm。本方法不仅灵敏度高（摩尔吸光系数 $\varepsilon = 1.1 \times 10^4$），而且选择性好。相当于含铁量 40 倍的 Sn^{2+}、Al^{3+}、Ca^{2+}、Mg^{2+}、Zn^{2+}、SiO_3^{2-}，20 倍的 Cr^{3+}、Mn^{2+}、V（V）、PO_4^{3-}、5 倍的 Co^{2+}、Cu^{2+} 等均不干扰测定。

Fe^{2+} 与邻菲啰啉在 pH=2~9 范围内均能显色，但酸度高时，反应较慢，酸度太低时 Fe^{2+} 易水解，所以一般在 pH=5~6 的微酸性溶液中显色较为适宜。

邻菲啰啉与 Fe^{3+} 能生成 3:1 的淡蓝色配合物（$lgK = 14.1$），因此在显色前应先用还原剂盐酸羟胺将 Fe^{3+} 全部还原为 Fe^{2+}。

$$2Fe^{3+} + 2NH_2OH \cdot HCl \Longrightarrow 2Fe^{2+} + N_2\uparrow + 2H_2O + 4H^+ + 2Cl^-$$

方法参照 HG/T 3539《工业循环冷却水中铁含量的测定 邻菲啰啉分光光度法》

7.2.3 仪器与试剂

7.2.3.1 仪器

722 型分光光度计，50mL 容量瓶 7 只/组，10mL、5mL、2mL、1mL 吸量管。

7.2.3.2 试剂

(1) 100μg/mL 的铁标准溶液：准确称取 0.8634g $NH_4Fe(SO_4)_2 \cdot 12H_2O$ 于烧杯中，加入 20mL 1:1 的 HCl 和少量水溶解后，定量转移至 1L 容量瓶中，加水稀释至刻度，摇匀。所得溶液含 Fe^{3+} 100μg/mL。

(2) 10μg/mL 的铁标准溶液：准确移取 25.0mL 100μg/mL 的铁标准溶液于 250mL 容量瓶中，加水稀释至刻度，摇匀。

(3) 10%盐酸羟胺溶液（临用时配制）：称取 10g 盐酸羟胺容于 100mL 水中。

(4) 0.15%邻菲啰啉溶液（新近配制）：称取 0.15g 1,10-邻菲啰啉，先用少许酒精溶解，再用水稀释至 100mL，若不溶可稍加热。

(5) HAc-NaAc 溶液：136g $NaAc \cdot 3H_2O$ 溶于水中，加入 100mL 冰醋酸，稀释至 1000mL。

(6) 2mol/mL 盐酸溶液。

(7) 待测铁溶液。

7.2.4 操作步骤

(1) 吸收曲线的绘制 取标准系列中含 Fe^{3+} 标准溶液 4.00mL 的溶液测绘吸收曲线。用 1cm 比色皿，以空白为参比，从 450nm 测到 550nm，每隔 5nm 测定一次吸光度，吸收峰附近应多测几个点。绘制吸收曲线，根据吸收曲线选择最大吸收峰的波长。

(2) 工作曲线的绘制 分别取 0（空白）、1.00mL、2.00mL、4.00mL、6.00mL、8.00mL、10.00mL 铁标准溶液于 7 个 50mL 容量瓶中，依次分别加入 1mL 盐酸羟胺溶液、

5mL HAc-NaAc 缓冲溶液、5mL 邻菲啰啉溶液，用蒸馏水稀释至刻度，摇匀。放置 10min，用分光光度计于 510nm 处，以空白调零测吸光度。以吸光度为纵坐标，相对应的铁含量为横坐标绘制工作曲线。

（3）水样中铁含量的测定　吸取水样 10.00mL 于 50mL 容量瓶中，依次分别加入 1mL 盐酸羟胺溶液、5mL HAc-NaAc 缓冲溶液、5mL 邻菲啰啉溶液，用蒸馏水稀释至刻度，摇匀。放置 10min，用分光光度计于 510nm 处，以空白调零测吸光度，记录读数。平行测定两次。

7.2.5　计算公式

$$\rho(\text{Fe}, \text{mg/L}) = \frac{m}{10} \times 10^3$$

式中　m——从工作曲线上查出的铁的含量，mg。

7.2.6　数据记录和结果计算

（1）工作曲线的绘制

容量瓶编号	1	2	3	4	5	6	7
铁标准溶液体积/mL							
铁含量 m/mg							
吸光度 A							

（2）水样中铁含量的测定

试样编号	测定次数	1	2
	试样吸光度 A		
	铁含量/(mg/L)		
	测定结果(算术平均值)		
	平行测定结果的绝对差		

7.2.7　思考与讨论

（1）用邻菲啰啉法测微量铁时，在显色前加入盐酸羟胺的作用是什么？
（2）此法所测铁量是试样中总铁量还是 Fe^{2+} 量？
（3）显色时，加入还原剂、显色剂的顺序可否颠倒？为什么？
（4）何谓标准曲线？何谓吸收曲线？各有何实际意义？

7.3　水质　镍的测定

7.3.1　目的要求

（1）掌握丁二酮肟法测定水中镍含量的原理和基本条件。
（2）掌握丁二酮肟法测定镍的显色溶液的制备和操作技术。

7.3.2 方法原理

在氨溶液中，碘存在下，镍与丁二酮肟作用，形成组成比为 1∶4 的酒红色可溶性配合物（以 NiD_2 表示）。于波长 530nm 处进行分光光度法测定。465nm 处吸收最强，ε 为 15000，但由于铁、铝等干扰离子与掩蔽剂酒石酸或柠檬酸盐形成的配合物在此波长有较强的吸收，故测定时选用 520nm 或 530nm，以消除酒石酸铁的干扰。

方法引用 GB 11910《水质　镍的测定　丁二酮肟分光光度法》。

7.3.3 仪器与试剂

7.3.3.1 仪器

可见分光光度计。

7.3.3.2 试剂

7.3.3.3.1　硝酸（HNO_3），密度（ρ_{20}）为 1.40g/mL。

7.3.3.3.2　氨水（$NH_3 \cdot H_2O$），密度（ρ_{20}）为 0.90g/mL。

7.3.3.3.3　高氯酸（$HClO_4$），密度（ρ_{20}）为 1.68g/mL。

7.3.3.3.4　乙醇（C_2H_5OH），95%（v/v）。

7.3.3.3.5　次氯酸钠（NaOCl）溶液，活性氯含量不小于 52g/L。

7.3.3.3.6　正丁醇 [$CH_3(CH_2)_2CH_2OH$]，密度（ρ_{20}）为 0.81g/mL。

7.3.3.3.7　硝酸溶液，1∶1（v/v）。

7.3.3.3.8　硝酸溶液，1∶99（v/v）。

7.3.3.3.9　氢氧化钠溶液，$c(NaOH)=2mol/L$。

7.3.3.3.10　柠檬酸铵 [$(NH_4)_3C_6H_5O_7$] 溶液，500g/L。

7.3.3.3.11　柠檬酸铵 [$(NH_4)_3C_6H_5O_7$] 溶液，200g/L。

7.3.3.3.12　碘溶液，$c(I_2)=0.05mol/L$：称取 12.7g 碘片（I_2），加到含有 25g 碘化钾（KI）的少量水中，研磨溶解后，用水稀释至 1000mL。

7.3.3.3.13　丁二酮肟 [$(CH_3)_2C_2(NOH)_2$] 溶液，5g/L：称取 0.5g 丁二酮肟溶解于 50mL 氨水（7.3.3.2.2）中，用水稀释至 100mL。

7.3.3.3.14　丁二酮肟乙醇溶液，10g/L：称取 1g 丁二酮肟，溶解于 100mL 乙醇（7.3.3.3.4）中。

7.3.3.3.15　Na_2-EDTA[$C_{10}H_{14}N_2O_8Na_2 \cdot 2H_2O$] 溶液，50g/L。

7.3.3.3.16　氨水溶液，1∶1（v/v）。

7.3.3.3.17　氨水溶液，$c(NH_3 \cdot H_2O)=0.5mol/L$。

7.3.3.3.18　盐酸溶液，$c(HCl)=0.5mol/L$。

7.3.3.3.19　氨水-氯化铵缓冲溶液，pH=10±0.2：称取 16.9g 氯化铵（NH_4Cl），加到 143mL 氨水（7.3.3.3.2）中，用水稀释至 250mL。贮存于聚乙烯塑料瓶中，4℃下保存。

7.3.3.3.20　镍标准贮备液，1000mg/L：准确称取金属镍（含量 99.9% 以上）0.1000g 溶解在 10mL 硝酸溶液（7.3.3.3.7）中，加热蒸发至近干，冷却后加硝酸溶液（7.3.3.3.8）溶解，转移到 100mL 容量瓶中，用水稀释至标线。

7.3.3.3.21 镍标准工作溶液，20.0mg/L：取 10.0mL 镍标准贮备液（7.3.3.3.20）于 500mL 容量瓶中，用水稀释至标线。

7.3.3.3.22 酚酞乙醇溶液，1g/L：称取 0.1g 酚酞，溶解于 100mL 乙醇（7.3.3.3.4）中。

7.3.3.3 样品

采样后，立即用硝酸（7.3.3.3.1）调节水样的 pH 值为 1～2。

7.3.4 操作步骤

7.3.4.1 试料

取适量样品（含镍量不得超过 100μg），置于 25mL 容量瓶中并用水稀释至约 10mL，用氢氧化钠溶液（7.3.3.3.9）约 1mL 使呈中性，加 2mL 柠檬酸铵溶液（7.3.3.3.10）。

7.3.4.2 空白试验

在测定的同时应进行空白试验，所用试剂及其用量与在测定中所用的相同，测定步骤亦相同，但用 10.0mL 水代替试料。

7.3.4.3 干扰的消除

在测定条件下，干扰物主要是铁、钴、铜离子，加入 Na_2-EDTA 溶液，可消除 300mg/L 铁、100mg/L 钴及 50mg/L 铜对 5mg/L 镍测定的干扰。若铁、钴、铜的含量超过上述浓度，则可采用丁二酮肟-正丁醇萃取分离除去。

氰化物亦干扰测定，样品经前处理即可消除。若直接制备试料，则可在样品中加 2mL 次氯酸钠溶液（7.3.3.3.5）和 0.5mL 硝酸（7.3.3.3.1）加热分解镍氰配合物。

7.3.4.4 测定

7.3.4.4.1 前处理

除非证明样品的消解处理是不必要的，可直接制备试料（7.3.4.1），否则按下述步骤进行前处理。取样品适量（含镍量不得超过 100μg）于烧杯中，加 0.5mL 硝酸（7.3.3.3.1），置烧杯于电热板上，在近沸状态下蒸发至近干，冷却后，再加 0.5mL 硝酸（7.3.3.3.1）和 0.5mL 高氯酸（7.3.3.3.3）继续加热消解，蒸发至近干。冷却后，用硝酸溶液（7.3.3.3.8）溶解，若溶液仍不清澈，则重复上述操作，直至溶液清澈为止。将溶解液转移到 25mL 容量瓶中，用少量水冲洗烧杯，溶液体积不宜超过 1.5mL，按（7.3.4.1）制备试料。

7.3.4.4.2 显色

于试料中加 1mL 碘溶液（7.3.3.3.12），加水至 20mL，摇匀（注 1），加 2mL 丁二酮肟溶液（7.3.3.3.13），摇匀（注 2）。加 2mL Na_2-EDTA 溶液（7.3.3.3.15），加水至标线，摇匀。

注：1. 加入碘溶液后，必须加水至约 20mL 并摇匀，否则加丁二酮肟后不能正常显色。

2. 必须在加入丁二酮肟溶液并摇匀后再加入 Na_2-EDTA 溶液，否则将不显色。

7.3.4.4.3 测量

用 10mm 比色皿，以水为参比液，在 530nm 波长下测量显色液（7.3.4.4.2）的吸光度并减去空白试验（7.3.4.2）所测的吸光度。

在低于 20℃室温下显色时，配合物吸光度至少在 1h 内不变，否则配合物的吸光度稳定性随温度升高而下降。因此，在此情况下，须在较短时间（15min）内显色测定，且样品测定与绘制曲线的显色时间应尽量一致。

7.3.4.5 校准曲线的绘制

7.3.4.5.1 显色与测量

往 6 个 25mL 容量瓶中，分别加入 0、1.0mL、2.0mL、3.0mL、4.0mL 及 5.0mL 镍标准工作溶液（7.3.3.3.3.1），并加水至 10mL，加 2mL 柠檬酸铵溶液（7.3.3.3.10），以下步骤按 7.3.4.4.2 和 7.3.4.4.3 所述进行显色与测量。

7.3.4.5.2 校准曲线的绘制

以测定的各标准溶液的吸光度（7.3.4.5.1）减去空白试剂（零浓度）的吸光度，和对应的标准溶液的镍含量绘制校准曲线。

7.3.5 结果的表示

镍含量 ρ（mg/L）由回归方程或下式计算：

$$\rho(\text{mg/L}) = \frac{m}{V}$$

式中　m——从校准曲线上查出的镍的含量，μg；
　　　V——测定所取试料的体积，mL。

7.3.6 思考与讨论

（1）显色时加入各种试剂的顺序对测定有何影响？为什么？

（2）为什么不用最大吸收波长测定，而是选择吸收较小的 530nm 处测定？

7.4 尿素中缩二脲含量的测定

7.4.1 目的要求

（1）掌握尿素中缩二脲含量测定方法的原理与操作。

（2）掌握固体样品的处理与测定操作。

7.4.2 方法原理

在酒石酸钾钠的碱性溶液中缩二脲与硫酸铜生成紫红色配合物，其最大吸收波长为 550nm，在此处测定其吸光度，用工作曲线法定量。方法引自 GB/T 2441.2—2010《尿素的测定方法第 2 部分：缩二脲含量　分光光度法》。

7.4.3 试剂与仪器

15g/L 的硫酸铜溶液，50g/L 的酒石酸钾钠碱性溶液，2.00g/L 的缩二脲标准溶液。水浴（30℃±5℃）；分光光度计（带有 3cm 的吸收池）。

7.4.4 操作步骤

（1）标准系列溶液的制备和吸光度的测定　在 8 个 100mL 的容量瓶中，分别加入 0、2.5mL、5.0mL、10.0mL、15.0mL、20.0mL、25.0mL、30.0mL 含缩二脲 2.00mg/mL

的标准溶液，每个容量瓶用水稀释至约 50mL，然后依次分别加入 20.0mL 酒石酸钾钠碱性溶液和 20.0mL 硫酸铜溶液，摇匀，稀释至刻度，把容量瓶浸入（30±5）℃的水浴中约 20min，不时摇动。在 30min 内，以缩二脲吸光度为零的溶液作参比溶液，用 3cm 比色皿，在波长 550nm 处，测定各溶液的吸光度。记录读数。

（2）试液的制备和吸光度的测定　称量约 50g（精确到 0.01g）试样，置于 250mL 烧杯中，加水约 100mL 溶解，用硫酸或氢氧化钠溶液调节溶液的酸度 pH＝7，将溶液定量转移到 250mL 容量瓶中，用水稀释至刻度，摇匀。

分别取含有 20～50mg 缩二脲的上述试液两份于 100mL 容量瓶中，然后依次加入 20.0mL 酒石酸钾钠碱性溶液和 20.0mL 硫酸铜溶液，摇匀，稀释至刻度，把容量瓶浸入（30±5）℃的水浴中约 20min，不时摇动。用与测定标准系列溶液吸光度相同的方法测定吸光度。记录读数。

（3）空白试验　除不用试样外，操作步骤和应用的试剂与测定试样时相同。记录读数。

7.4.5　数据记录

容量瓶编号	含缩二脲 2.00mg/mL 标准溶液								试液		空白
	1	2	3	4	5	6	7	8	9	10	11
移取的体积/mL	0	2.5	5.0	10.0	15.0	20.0	25.0	30.0			
1mL 溶液的缩二脲含量/mg	0	5	10	20	30	40	50	60			
吸光度											

7.4.6　数据处理和结果计算

以 100mL 溶液含缩二脲的质量（mg）为横坐标、相对应的吸光度为纵坐标绘制工作曲线。从工作曲线上查出所测试液吸光度对应的缩二脲的量。

试样中缩二脲含量 w 以质量分数表示，按下式计算：

$$w = \frac{(m_1 - m_2)D}{m} \times 100\%$$

式中　m_1——测得的试液中缩二脲的质量，g；

m_2——测得的空白试液中缩二脲的质量，g；

m——尿素试样的质量，g；

D——试样的总体积与分取的试液体积之比。

所得结果表示至 2 位小数。

试样编号	测定次数	1	2
	m_1/g		
	m_2/g		
	m/g		
	D		
	缩二脲含量 $w/\%$		
	测定结果(算术平均值)/%		
	平行测定结果的绝对差/%		

7.5 水中磷酸盐含量的测定

7.5.1 目的要求

(1) 掌握磷钼蓝分光光度法测定磷含量的原理和方法。
(2) 进一步熟悉分光光度计的构造及使用方法。

7.5.2 方法原理

微量磷的测定常采用磷钼蓝分光光度法。测定时，先将试样中所有磷转化成 PO_4^{3-} 形式，PO_4^{3-} 与钼酸钠在酸性条件下生成黄色磷钼杂多酸，反应如下：

$$H_3PO_4 + 12H_2MoO_4 \Longrightarrow H_3[P(Mo_3O_{10})_4] + 12H_2O$$
磷钼杂多酸（黄色）

该黄色化合物用 $SnCl_2$ 还原生成淡蓝色磷钼蓝，用于分光测定，其反应如下：

$$H_3[P(Mo_3O_{10})_4] + SnCl_2 + 2HCl \Longrightarrow H_3PO_4 \cdot 10MoO_3 \cdot Mo_2O_5（磷钼蓝）+ SnCl_4 + H_2O$$

磷钼蓝的最大吸收波长为 690nm。大量 Fe^{3+} 的存在对测定有影响，可加入 NaF 将 Fe^{3+} 掩蔽起来，从而消除其干扰。

7.5.3 仪器与试剂

721型分光光度计，50mL 容量瓶（7支/组），移液管（10mL、5mL）。

钼酸钠-硫酸混合溶液：溶解 2.5g 钼酸钠于 100mL 5mol/L 的硫酸中。

$SnCl_2$-甘油溶液：溶解 2.5g $SnCl_2$ 于 100mL 甘油中，此溶液可保存数周。

磷标准溶液：称取在 105℃烘箱中烘干的分析纯 KH_2PO_4 0.2067g，溶解于约 200mL 水中，加浓硫酸 1mL，转入 500mL 容量瓶中加水定容。此溶液含磷为 100μg/mL，将此溶液准确稀释 10 倍配制成含磷 10μg/mL 的磷标准溶液。

待测含磷溶液。

7.5.4 操作步骤

(1) 工作曲线的绘制　分别取 0（空白）、2.00mL、4.00mL、6.00mL、8.00mL、10.00mL 磷标准溶液（10μg/mL）于 6 个 50mL 容量瓶中，加水稀释至 40mL 左右，然后分别加入 7mL 钼酸钠-硫酸混合液，摇匀，加入氯化亚锡-甘油溶液 5 滴，用蒸馏水稀释至刻度，摇匀。于 30℃恒温水浴中放置 10min，用分光光度计于波长 660nm 处，以空白为参比测定吸光度。以磷酸根含量 $m(\mu g)$ 为横坐标、相对应的吸光度为纵坐标绘制工作曲线。

(2) 水样的测定　吸取水样 10.00mL 于 50mL 容量瓶中，加入 5mL 氨磺酸，放置 1min，加水稀释至 40mL 左右，其他步骤同工作曲线的绘制。测出吸光度后，在工作曲线上查出磷酸根的质量（μg）。按下式计算磷酸盐的含量。平行测定两次。

$$\rho = \frac{m}{10}$$

式中　ρ——试样中磷酸盐的含量，mg/L；

m——从工作曲线上查出的磷酸根的质量，μg。

7.5.5 数据记录和结果计算

（1）工作曲线的绘制

容量瓶编号	1	2	3	4	5	6
磷酸盐标准溶液体积/mL						
磷酸盐含量 $m/\mu g$						
吸光度 A						

（2）水样中磷酸盐含量的测定

试样编号	测定次数	1	2
	试样吸光度 A		
	磷酸盐含量/(mg/L)		
	测定结果(算术平均值)/(mg/L)		
	平行测定结果的极差/(mg/L)		

7.5.6 思考与讨论

（1）本实验加入 $SnCl_2$ 的作用是什么？
（2）配制钼酸钠溶液时为什么要加硫酸？
（3）本实验为什么要特别注意磷钼蓝有色配合物的稳定时间？
（4）何谓参比溶液？它有何作用？本实验能否采用去离子水作参比溶液？

7.6 水中挥发酚的测定

7.6.1 目的要求

（1）掌握测定方法原理，了解影响实验测定准确度的因素。
（2）掌握用分光光度法测定挥发酚的实验技术。

7.6.2 方法原理

挥发酚类通常指沸点在 230℃ 以下的酚类，属一元酚，是高毒物质。生活饮用水和Ⅰ、Ⅱ类地表水水质挥发酚限值均为 0.002mg/L，污染中最高容许排放浓度为 0.5mg/L（一、二级标准）。测定挥发酚类的方法有 4-氨基安替比林分光光度法、溴化滴定法、气相色谱法等。本实验采用 4-氨基安替比林分光光度法测定废水中挥发酚。碱性条件及铁氰化钾存在下，酚与 4-氨基安替比林形成紫红色配合物，在 510nm 处测定其吸光度，用工作曲线法定量。

7.6.3 仪器与试剂

分光光度计，容量瓶等。

无酚水：于 1L 水样中加入 0.2g 经 200℃ 活化 0.5h 的活性炭粉末，充分振摇后，放置过夜。用双层中速滤纸过滤，滤出液贮于硬质玻璃瓶中备用。或加氢氧化钠使水呈强碱性，并滴加高锰酸钾溶液至紫红色，移入蒸馏瓶中加热蒸馏，收集馏出液备用。

苯酚标准贮备液：称取 1.00g 无色苯酚溶于水，移入 1000mL 容量瓶中，稀释至标线，置于冰箱内备用。该溶液按下述方法标定：吸取 10.00mL 苯酚标准贮备液于 250mL 碘量瓶中，加 100mL 水和 10.00mL 0.1000mol/L 溴酸钾-溴化钾溶液，立即加入 5mL 浓盐酸，盖好瓶塞，轻轻摇匀，于暗处放置 10min。加入 1g 碘化钾，密塞，轻轻摇匀，于暗处放置 5min 后，用 0.125mol/L 硫代硫酸钠标准溶液滴定至淡黄色，加 1mL 淀粉溶液，继续滴定至蓝色刚好褪去，记录用量。以水代替苯酚贮备液做空白试验，记录硫代硫酸钠标准溶液用量。苯酚标准贮备液的浓度按下式计算：

$$\rho = \frac{(V_1 - V_2) c \times 15.68}{V}$$

式中　ρ——苯酚标准贮备液的浓度，mg/L；

　　　V_1——空白试验消耗硫代硫酸钠标准溶液的体积，mL；

　　　V_2——滴定苯酚标准贮备液时消耗硫代硫酸钠标准溶液的体积，mL；

　　　c——硫代硫酸钠标准溶液的浓度，mol/L；

　　　15.68——$\frac{1}{6} C_6H_5OH$ 的摩尔质量，g/mol；

　　　V——取苯酚标准贮备液的体积，mL。

苯酚标准中间液：取适量苯酚标准贮备液，用水稀释至每毫升含 0.010mg 苯酚。使用时当天配制。

2%（质量体积分数）的 4-氨基安替比林溶液：称取 4-氨基安替比林（$C_{11}H_{13}N_3O$）2g 溶于水，稀释至 100mL，置于冰箱内保存，可使用一周。或临用新配。固体试剂易潮解、氧化，宜保存在干燥器中。

8%（质量体积分数）的铁氰化钾溶液：称取 8g 铁氰化钾 $K_3[Fe(CN)_6]$ 溶于水，稀释至 100mL，置于冰箱内保存，可使用一周。或临用新配。

氨-氯化铵缓冲溶液（pH=9.8）：将 20g 氯化铵溶于 100mL 氨水中制得。

7.6.4　操作步骤

（1）水样预处理

① 量取 250mL 水样置于蒸馏瓶中，加数粒小玻璃珠以防暴沸，再加两滴甲基橙指示液，用磷酸溶液调节酸度至 pH=4（溶液呈橙红色），加 5.0mL 硫酸铜溶液（如采样时已加过硫酸铜，则补加适量）。

如加入硫酸铜溶液后产生较多量的黑色硫化铜沉淀，则应摇匀后放置片刻，待沉淀后，再滴加硫酸铜溶液，至不再产生沉淀为止。

② 连接冷凝器，加热蒸馏，至蒸馏出约 225mL 时，停止加热，放冷。向蒸馏瓶中加入 25mL 水，继续蒸馏至馏出液为 250mL 为止。

蒸馏过程中，如发现甲基橙的红色褪去，应在蒸馏结束后，再加 1 滴甲基橙指示液。如发现蒸馏后残液不呈酸性，则应重新取样，增加磷酸加入量，进行蒸馏。

（2）工作曲线的绘制　　分别取 0（空白）、2.00mL、4.00mL、6.00mL、8.00mL、

10.00mL 酚标准溶液（10.0μg/mL）于 6 个 50mL 容量瓶中，依次分别加入蒸馏水 20mL、缓冲溶液 0.5mL、4-氨基安替比林溶液 1mL。每加入一种溶液都要摇匀，最后加入铁氰化钾溶液 1mL，充分摇匀。放置 10min，用分光光度计于波长 510nm 处，以空白为参比测定吸光度。以酚含量 m（μg）为横坐标、相对应的吸光度为纵坐标绘制工作曲线。

（3）水样的测定　吸取水样 10.00mL 于 50mL 容量瓶中，加入蒸馏水 20mL、缓冲液 0.5mL、4-氨基安替比林溶液 1mL。每加入一种溶液都要摇匀，最后加入铁氰化钾溶液 1mL，充分摇匀。放置 10min，用分光光度计于波长 510nm 处，以空白为参比测定吸光度。测出吸光度后，在工作曲线上查出酚的质量（μg）。按下式计算酚的含量。平行测定两次。

$$\rho = \frac{m}{10}$$

式中　ρ——酚含量，mg/L；
　　　m——从工作曲线上查出的酚的质量，μg。

7.6.5　数据记录和结果计算

（1）工作曲线的绘制

容量瓶编号	1	2	3	4	5	6
酚标准溶液体积/mL						
酚含量 m/μg						
吸光度 A						

（2）水样中酚含量的测定

试样编号	测定次数	1	2
	试样吸光度 A		
	酚含量/(mg/L)		
	测定结果(算术平均值)/(mg/L)		
	平行测定结果的极差/(mg/L)		

7.6.6　注意事项

（1）如水样含挥发酚较高，移取适量水样并加至 250mL 进行蒸馏，则在计算时应乘以稀释倍数。如水样中挥发酚类浓度低于 0.5mg/L，则采用 4-氨基安替比林萃取分光光度法测定。

（2）当水样中含游离氯等氧化剂、硫化物、油类、芳香胺类及甲醛、亚硫酸钠等还原剂时，应在蒸馏前先作适当的预处理。

实训 8　电位分析法应用技能训练

8.1　酸度计操作规程及注意事项

8.1.1　操作步骤

（1）接通电源，打开开关，并将功能开关置 pH 挡，接上复合电极预热 20min。

（2）复合电极用纯化水清洗干净，并用滤纸吸干，将复合电极插入一 pH（接近待测溶液的 pH）的标准缓冲溶液中；调节定位旋钮，使仪器显示的 pH 值与该标准缓冲溶液在此温度下的 pH 值相同。

（3）把电极从此 pH 的标准缓冲溶液中取出，用纯化水清洗干净，并用滤纸吸干，插入另一 pH（两个 pH 包含待测溶液 pH）的标准缓冲溶液中，调节斜率旋钮，使仪器显示 pH 值与该溶液在此温度下的 pH 值相同。

（4）把电板从标准缓冲溶液中取出，用纯化水清洗干净，用滤纸吸干，插入被测溶液中，等仪器显示的 pH 值在 1min 内改变不超过±0.05 时，此时仪器显示的 pH 值即是被测溶液的 pH 值。

（5）对弱缓冲溶液（如水）的 pH 值测定，先用邻苯二甲酸氢钾标准缓冲溶液校正仪器后测定供试液，并重取供试液再测，直至 pH 值的读数在 1min 内改变不超过±0.05 为止，然后再用硼砂标准缓冲溶液校正仪器，再如上法测定两次 pH 值的读数相差不超过 0.1，取两次读数的平均值为其 pH 值。

（6）测量完毕，用纯化水冲洗电极，再用滤纸吸干；套上电极保护套（套中盛满电极保护液）。

（7）填写使用登记记录。

8.1.2　注意事项

（1）测定前，按各品种项下的规定，选择两种 pH 值相差 3 个单位的标准缓冲溶液，使供试液的 pH 值处于二者之间。

（2）取与供试液 pH 值较接近的第一种标准缓冲溶液对仪器进行校正（定位），使仪器示值与标准缓冲溶液数值一致。

（3）仪器定位后，再用第二种标准缓冲溶液核对仪器示值，误差应不大于±0.02pH 单位。若大于此偏差，则小心调节斜率，使示值与第二种标准缓冲溶液的表列数值相符。重复上述定位与斜率调节操作，至仪器示值与标准缓冲溶液的规定数值相差不大于±0.02pH 单位。否则，须检查仪器或更换电极后，再行校正至符合要求。

（4）配制标准缓冲溶液与溶解供试品的水，应是新滤过的冷蒸馏水，其 pH 值应为

5.5～7.0。

(5) 标准缓冲溶液一般可使用 2～3 个月，如有浑浊、发霉或沉淀等现象时，则不能继续使用）。

(6) 电极玻璃很薄，使用时要小心保护。

(7) 电极插入溶液后要充分搅拌均匀（2～3min），待溶液静止后（2～3min）再读数。

(8) 复合电极的外参比补充液是 3mol/L 的氯化钾溶液（55.9g 分析纯氯化钾溶解于 250mL 去离子水中）。电极的引出端，必须保持干净和干燥，绝对防止短路。

(9) 仪器标定好后，不能再动定位和斜率旋钮，否则必须重新标定。

8.2 工业循环冷却水 pH 的测定

8.2.1 目的要求

(1) 掌握直接电位法测定溶液 pH 的原理及方法。
(2) 学习精密酸度计的使用方法。

8.2.2 方法原理

根据能斯特方程得出，在 25℃时，电池电动势与 pH 呈线性关系：

$$E = K + 0.0592 \text{pH}$$

式中，K 在一定实验条件下是一个常数；0.0592（V/pH）是电极的响应斜率。测定溶液 pH 时，先测定 pH 已知且与试液 pH 接近的标准缓冲溶液与指示电极、参比电极组成工作电池的电动势 E_s，则

$$E_s = K_s + 0.0592 \text{pH}_s$$

再测定试液与指示电极、参比电极组成工作电池的电动势 E_x，则有

$$E_x = K_x + 0.0592 \text{pH}_x$$

若测量标准缓冲溶液和试液时的条件不变，则 $K_s = K_x$，则有

$$\text{pH}_x = \text{pH}_s + \frac{E_x - E_s}{0.0592}$$

通过分别测定标准缓冲溶液和试液所组成的工作电池的电动势就可求出试液的 pH，这就是 pH 的实用定义。

实际测定时，是用标准缓冲溶液进行定位，即将电极插入标准缓冲溶液中，通过仪器定位旋钮将仪器读数调至标准缓冲溶液的 pH_s 值，然后再将电极插入待测液中，即可读出 pH_x 的值，而不是通过电池电动势来计算求出 pH_x。

在实际测量时，还要进行温度补偿和斜率校正。

8.2.3 试剂与仪器

标准溶液甲（邻苯二甲酸氢钾），标准溶液乙（混合磷酸盐），标准溶液丙（硼砂），配制方法见第一篇中 9.3.2。

试样：酸性、碱性、中性试液各一份。

精密酸度计，231 型玻璃电极，232 型甘汞电极或者 pH 复合电极。

8.2.4 操作步骤

取用两种标准缓冲溶液,其中一种的pH值大于并接近试样的pH值,另一种小于并接近试样的pH值。调节酸度计温度补偿旋钮至标准缓冲溶液的温度。按照下表所标明的数据,依次校正标准缓冲溶液在该温度下的pH值。重复校正直到其读数与标准缓冲溶液的pH_s值相差不超过0.02pH单位。用与水样pH值接近的标准缓冲溶液定位。标准缓冲溶液的pH值见表9-2。

把水样放入一个洁净的烧杯中,并将酸度计的温度补偿旋钮调至所测试样的温度。浸入电极,摇匀,测定,记录读数。平行测定两次。

8.2.5 数据记录和结果计算

测 定 次 数	1	2
试样温度/℃		
pH		
测定结果(算术平均值)		
平行测定结果的绝对差		

8.2.6 思考与讨论

(1) 酸度计测pH时,为什么要用标准缓冲溶液校正仪器?
(2) 温度补偿的原理及作用是什么?

8.3 水中氯离子含量的测定

8.3.1 目的要求

(1) 掌握直接电位法测定氯离子含量的原理和方法。

(2) 学会使用pHS-3C型精密酸度计或通用离子计。

8.3.2 方法原理

如实图8-1所示,以氯离子选择性电极为指示电极,双液接甘汞电极为参比电极,插入试液中组成工作电池。当氯离子浓度在$1 \sim 10^{-4}$ mol/L范围内时,在一定的条件下,电池电动势与氯离子活度的对数呈线性关系。

$$E = K' - \frac{2.303RT}{nF} \lg a_{Cl^-}$$

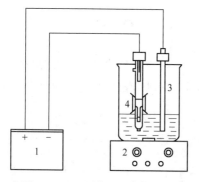

实图8-1 Cl^-测定的工作电池示意图
1—离子计;2—电磁搅拌器;3—Cl^-电极;
4—双液接甘汞电极

分析工作中要求测定的是离子的浓度c_i,根据$a_i = \gamma_i c_i$的关系,可以在标准溶液和被测溶液中加入总离子强度调节缓冲溶液(TISAB),

使溶液的离子强度保持恒定，从而使活度系数 γ_i 为一常数，$\lg\gamma_i$ 可并入 K' 项中以 K 表示，设 $T=298K$，则上式可变为：

$$E = K - 0.0592\lg c_{Cl^-}$$

即电池电动势与被测离子浓度的对数呈线性关系。

一般的离子选择性电极都有其特定的 pH 使用范围，本实验所用的 301 型氯离子选择性电极的最佳 pH 范围为 2~7，这个 pH 范围通过加入总离子强度调节缓冲溶液（TISAB）来控制。

8.3.3 试剂与仪器

1.00mol/L NaCl 标准溶液，TISAB（由 $NaNO_3$ 加 HNO_3 组成，pH 为 2~3）。

pHS-3C 型酸度计，301 型氯离子选择性电极，217 型双液接甘汞电极（内盐桥为饱和 KCl 溶液，外盐桥为 0.1mol/L KNO_3 溶液），电磁搅拌器。

8.3.4 操作步骤

（1）标准曲线的制作

① 氯离子系列标准溶液的配制　吸取 1.00mol/L 氯离子标准溶液 10.00mL 置于 100mL 容量瓶中，加入 TISAB 10mL，用蒸馏水稀释至刻度，摇匀，得 pCl=1 的溶液。

吸取 pCl=1 的溶液 10.00mL 置于另一 100mL 容量瓶中，加入 TISAB 9mL，用蒸馏水稀释至刻度，摇匀，得 pCl=2 的溶液。

吸取 pCl=2 的溶液 10.00mL 置于 100mL 容量瓶中，加入 TISAB 9mL，配得 pCl=3 的溶液，用同样的方法依次配制 pCl=4、pCl=5 的溶液。

② 氯离子系列标准溶液平衡电动势的测定　将标准溶液系列由稀到浓逐个转入小烧杯中，将指示电极和参比电极浸入被测溶液中，加入搅拌子，开动电磁搅拌器，按下读数开关，这时指针所指位置即为被测液的电动势值。若指针超出读数刻度，可调节分挡开关到适当的位置，使指针在可读范围内。待指针无明显变化即可读数。

pCl	1	2	3	4	5
E/mV					

（2）试样中氯离子的测定

① 吸取试样 10.00mL 置于 100mL 容量瓶中，加 10mL TISAB，加蒸馏水稀释至刻度，测定其电位值 E_x。

② 如欲测定自来水中的氯离子含量，可精确量取自来水 50.00mL 于 100mL 容量瓶中，加 10mL TISAB，加蒸馏水稀释至刻度，摇匀，以上述同样方法测定其电位值。

（3）饱和 $PbCl_2$ 溶液平衡电动势的测定　用移液管吸取 10mL $PbCl_2$ 饱和溶液至 100mL 容量瓶中，加入 10mL TISAB，用去离子水稀释至刻度，测定其电位值 E_x，计算 $PbCl_2$ 的溶度积。

8.3.5 数据处理

（1）绘制工作曲线：按照氯离子系列标准溶液的数据，以电位值 E 为纵坐标，pCl 为横坐标绘制标准曲线。

(2) 在标准曲线上找出 E_x 值相应的 pCl，求容量瓶中氯离子的浓度，换算出试样中氯离子的总含量，以 mg/L 表示，并求出饱和 $PbCl_2$ 中 [Cl^-]，计算出 $K_{sp}(PbCl_2)$。

(3) 将工作曲线的回归方程算出，同时可得到相关系数 r，以检验工作曲线的线性（一般 $r>0.995$），将未知样的 E_x 代入方程，即可计算得到试样中的氯离子含量。

8.3.6 注意事项

(1) 氯离子选择性电极在使用前应在 10^{-3} mol/L NaCl 溶液中浸泡活化 1h，再用去离子水反复清洗至空白电位值达 -260 mV 以上方可使用，这样可缩短电极响应时间并改善线性关系；电极响应膜切勿用手指或尖硬的东西碰划，以免沾上油污或损坏，影响测定；使用后立即用去离子水反复冲洗，以延长电极使用寿命。

(2) 双液接甘汞电极在使用前应拔去加在 KCl 溶液小孔处的橡皮塞，以保持足够的液压差，并检查 KCl 溶液是否足够；由于测定的是 Cl^-，为防止电极中的 Cl^- 渗入被测液而影响测定，需要加 0.1mol/L KNO_3 溶液作为外盐桥。由于 Cl^- 不断渗入外盐桥，所以外盐桥内的 KNO_3 溶液不能长期使用，应在每次实验后将其倒掉洗净、放干，在下次使用时重新加入 0.1mol/L KNO_3 溶液。

(3) 安装电极时，两支电极不要彼此接触，也不要碰到杯底或杯壁。

(4) 每次测定后，必须先将读数开关放开，再使电极离开被测液，以免指针剧烈摇摆。

(5) 每次测试前，需要少量被测液将电极与烧杯淋洗三次。

8.3.7 思考与讨论

(1) 为什么要加入总离子强度调节缓冲溶液？

(2) 本实验中与电极响应的是氯离子的活度还是浓度？为什么？

(3) 氯离子选择性电极在使用前为什么要浸泡活化 1h？

(4) 本实验中为什么要用双液接甘汞电极而不用一般的甘汞电极？使用双液接甘汞电极时应注意什么？

8.4 生活饮用水中氟化物含量的测定

8.4.1 目的要求

(1) 了解离子选择性电极法测定离子含量的原理。

(2) 掌握标准曲线法和标准加入法测定水中微量氟的方法。

(3) 了解总离子强度调节缓冲溶液的意义和作用。

8.4.2 方法原理

把离子选择性电极与参比电极插入待测溶液中组成电池，其电动势与离子活度之间的关系式为：

$$E = K \pm \frac{0.0592}{n} \lg a_i$$

如果离子选择性电极作正极，被测离子为阳离子时，式中 K 后面的符号取正号；被测离子为阴离子时取负号。

在实际分析工作中需要测定的是浓度而不是活度，为此将活度与浓度的关系 $a = \gamma c$ 代入上式中可得

$$E = K \pm \frac{0.0592}{n} \lg \gamma_i \pm \frac{0.0592}{n} \lg c_i$$

如在溶液中加入 TISAB，维持溶液离子强度不变，则 γ_i 可认为是一个常数，可将上式中的两个常数项合并，得

$$E = K' \pm \frac{0.0592}{n} \lg c_i$$

采用标准曲线法或标准加入法定量。

8.4.3 试剂

所用水为去离子水或无氟蒸馏水。

氟化物标准贮备液：称取 0.2210g 基准氟化钠（NaF，预先于 105～110℃烘干 2h 或者于 500～650℃烘干约 40min，冷却），用水溶解后转入 1000mL 容量瓶中，稀释至标线，摇匀。贮存在聚乙烯瓶中。此溶液每毫升含氟离子 100μg。

乙酸钠溶液：称取 15g 乙酸钠（CH_3COONa）溶于水，并稀释至 100mL。

盐酸溶液（2mol/L）。

总离子强度调节缓冲溶液（TISAB）：称取 58.8g 二水合柠檬酸钠和 85g 硝酸钠，加水溶解，用盐酸调节 pH 至 5～6，转入 1000mL 容量瓶中，稀释至标线，摇匀。

水样 1、2。

8.4.4 操作步骤

（1）标准曲线法　分别取 25.00mL 水样两份于 100mL 容量瓶中，用乙酸钠或盐酸溶液调节至近中性，加 10mL 总离子强度调节缓冲溶液，用水稀释至刻度，分别移入 100mL 聚乙烯杯中，放入一支塑料搅拌子，按浓度由低到高的顺序，依次插入电极，连续搅拌溶液，读取搅拌状态下的稳态电位值，记录读数 E_1。

在每次测量之前，都要用水将电极冲洗净，并用滤纸吸去水分。

分别取 10.0μg/mL 氟化钠标准溶液 0.20mL、0.40mL、1.00mL、1.50mL、2.00mL、3.00mL 于 50mL 容量瓶中，各加水至 10mL，再各加总离子强度调节缓冲溶液 5mL，用水稀释至刻度。按上述测定水样的步骤在相同的条件下分别测定此标准系列的电位，记录读数。

（2）标准加入法　准确加入 25.00mL 待测水样于 100mL 容量瓶中，再准确加入 1.00mL 浓度为 100μg/mL 的氟标准溶液，然后加入 TISAB 溶液 10mL，用去离子水稀释至刻度，摇匀。将其移入 100mL 聚乙烯杯中，放入一支塑料搅拌子，插入电极，连续搅拌溶液，待电位稳定后，在继续搅拌下读取电位值，记录读数 E_2。然后向溶液中加入 TISAB 溶液 10mL、去离子水 90mL，继续搅拌，待电位值稳定后，读其平衡电位值，记录读数 E_3。

8.4.5 数据记录

（1）工作曲线法

样品编号	含 10.0μg/mL 氟化钠的标准溶液					水 样	
	1	2	3	4	5	7	8
所取体积/mL							
$pF=-\lg c_F$							
电位/mV							

以 pF 为横坐标,以测得的电位(mV)为纵坐标绘制标准曲线,从曲线上查出所测水样的浓度。

水样中氟化物的含量 ρ_F(mg/L) 用下式计算:

$$\rho_F = \frac{c_F \times 100}{25.00}$$

式中 c_F——从标准曲线上查得的 pF 计算出的以 μg/mL 表示的氟化物量。

试样编号	测定次数	1	2
	水样中的氟含量 ρ_F/(mg/L)		
	测定结果平均值/(mg/L)		
	平行测定结果之差/(mg/L)		

(2) 标准加入法

溶液	待测水样	加标后待测水样	稀释一倍后
E/mV			

电极斜率 S 的实际值与理论值常有出入,可由下式计算得到:

$$S = \frac{E_3 - E_2}{\lg 2}$$

水样试液中的氟含量为: $c_x = \Delta c (10^{\Delta E/S} - 1)^{-1}$

水样中氟含量(mg/L)为: $c_F = \dfrac{c_x \times 100}{25.00}$

8.5 电位滴定法测定硫酸亚铁的含量

8.5.1 目的要求

(1) 学习电位滴定法的基本原理和实验操作。
(2) 掌握电位滴定曲线的绘制和确定终点的方法。

8.5.2 方法原理

指示电极铂电极和参比电极在溶液中组成原电池,滴定液不断加入,离子浓度不断变化,指示电极电位发生变化,在化学计量点附近,由于离子浓度的突变,电位产生突跃。以此为测量终点。用 $K_2Cr_2O_7$ 滴定 Fe^{2+}:

$$Cr_2O_7^{2-} + 6Fe^{2+} + 14H^+ \longrightarrow 2Cr^{3+} + 6Fe^{3+} + 7H_2O$$

对任何一对氧化还原体系,插入不参与反应的惰性电极(铂电极),其电位取决于氧化还原产物的浓度比值。此实验中 Fe^{3+}、Fe^{2+} 的活度比值发生变化，铂电极电位随着发生变化，用作图法来确定终点。

8.5.3　试剂与仪器

$K_2Cr_2O_7$（0.01695mol/L）：准确称取 4.9032g 在 120℃烘干的 $K_2Cr_2O_7$，溶于水中，转移至 1000mL 容量瓶中，稀释至刻度。

Fe^{2+} 试液：称取 27.8g$(NH_4)_2Fe(SO_4)_2$，溶于水中，加入硫酸-磷酸混合酸 5mL，转移至 1000mL 容量瓶中，稀释至刻度。

酸度计，铂电极，甘汞电极，搅拌器，滴定管（25mL）。

8.5.4　操作步骤

（1）电极检查准备　为了指示灵敏，铂电极应清洁光亮，先放在 10%HNO_3 溶液中煮沸 5min，使用前用 HCl 溶液浸泡片刻后，用水洗净。

（2）预滴定　移取 Fe^{2+} 试液 25.00mL 于 100mL 烧杯中，加入混酸 10mL，稀释至 50mL，放入搅拌转子，插入电极，粗滴一次了解终点范围，观察颜色变化和对应电位值。

（3）试液的滴定　移取 Fe^{2+} 试液 25.00mL 于 100mL 烧杯中，加入混酸 10mL，稀释至 50mL，放入搅拌转子，插入电极，开动搅拌器，记录滴定剂加入体积和相应电位值 E。化学计量点附近每次只能加入滴定剂 0.1mL，记录相应的电位值。

8.5.5　数据记录与处理

V/mL												
E/mV												

作 E-V 曲线，确定终点时滴定剂消耗的体积。计算试液中 Fe^{2+} 的浓度。

8.5.6　思考与讨论

（1）电位滴定法的基本原理是什么？有哪些确定终点的方法？

（2）试比较直接电位法和电位滴定法的特点。为什么一般说后者较准确？

实训 9　气相色谱法应用技能训练

9.1　气相色谱仪操作规程及注意事项

9.1.1　载气钢瓶的使用规程

（1）钢瓶必须分类保管，直立固定，远离热源，避免暴晒及强烈震动，室内氢气存放量不得超过两瓶。

（2）氧气瓶及专用工具严禁与油类接触。

（3）钢瓶上的氧气表要专用，安装时螺扣要上紧。

（4）操作时严禁敲打，发现漏气须立即修好。

（5）用后气瓶的剩余残压不应少于 980kPa。

（6）氢气压力表系反向螺纹，安装拆卸时应注意防止损坏螺纹。

9.1.2　减压阀的使用及注意事项

（1）在气相色谱分析中，钢瓶供气压力在 9.8~14.7MPa。

（2）减压阀与钢瓶配套使用，不同气体钢瓶所用的减压阀是不同的。氢气减压阀接头为反向螺纹，安装时需小心。使用时需缓慢调节手轮，使用后必须旋松调节手轮和关闭钢瓶阀门。

（3）关闭气源时，先关闭减压阀，后关闭钢瓶阀门，再开启减压阀，排出减压阀内气体，最后松开调节螺杆。

9.1.3　热导检测器的使用及注意事项

（1）开启热导池电源前，必须先通载气。

（2）稳压阀、针形阀的调节须缓慢进行。稳压阀不工作时，必须放松调节手柄。针形阀不工作时，应将阀门处于"开"的状态。

（3）各室升温要缓慢，防止超温。

（4）更换汽化室密封垫片时，应将热导池电源关闭。若流量计浮子突然下落到底，也应首先关闭该电源。

（5）桥电流不得超过允许值。

9.1.4　氢火焰离子化检测器的使用及注意事项

（1）通氢气后，待管道中残余气体排出后，应及时点火，并保证火焰是点着的。

（2）使用 FID 时，离子室外罩须罩住，以保证良好的屏蔽和防止空气侵入。如果离子室积水，可将端盖取下，待离子室温度较高时再盖上。工作状态下，取下检测器罩盖，不能触及极化极，以防触电。

（3）离子室温度应大于100℃，待色谱柱室温度稳定后，再点火，否则离子室易积水，影响电极绝缘而使基线不稳。

9.1.5 微量注射器的使用及注意事项

（1）微量注射器是易碎器械，使用时应多加小心，不用时要洗净放入盒内，不要随便玩弄，来回空抽，否则会严重磨损，损坏气密性，降低准确度。

（2）微量注射器在使用前后都须用丙酮等溶剂清洗。

（3）对 $10\sim100\mu L$ 的注射器，如遇针尖堵塞，宜用直径为 0.1mm 的细钢丝耐心穿通，不能用火烧的方法。

（4）硅橡胶垫在几十次进样后，容易漏气，需及时更换。

（5）用微量注射器取液体试样，应先用少量试样洗涤多次，再慢慢抽入试样，并稍多于需要量。如内有气泡则将针头朝上，使气泡上升排出，再将过量的试样排出，用滤纸吸去针尖外所沾试样。注意切勿使针头内的试样流失。

（6）取好样后应立即进样，进样时，注射器应与进样口垂直，针尖刺穿硅橡胶垫圈，插到底后迅速注入试样，完成后立即拔出注射器，整个动作应进行得稳当、连贯、迅速。针尖在进样器中的位置、插入速度、停留时间和拔出速度等都会影响进样的重复性，操作时应注意。

9.1.6 色谱仪的操作要点

（1）参照所属仪器的说明书摆放好仪器，将有关插头对号入座，接地线要牢固接地。

（2）将色谱柱接入气路，检查气路是否漏气，熟悉高压气瓶的用法；开总压阀，然后调节减压阀（使压力为 $2\times10^5 Pa$），再调节稳压阀、针形阀，使载气流速达到所需要求。

（3）加热色谱柱至所需温度（波动值<0.5℃）。加热汽化室，使其温度稍高于样品组分的最高沸点。加热检测器，使其温度与柱温相同或稍高，切勿低于柱温，以防样品蒸气冷凝污染检测器。

（4）打开检测器温压开关，开动记录仪放大部件（对氢火焰离子化检测器是启动直流放大器）。调节检测器，使基线稳定，定好零点，即可开始进样分析。

（5）若样品为液体，可直接用微量注射器由进样口注入；若样品为气体，即可用气体六通阀或直接用注射器进样。

（6）条件的选择 在选好色谱柱的前提下，还应注意下述各点。

① 载气流速 用氢作载气时，一般填充柱的载气流速为 $5\sim10 cm/s$ 的线性速度。适当的流速，有利于提高分辨率。

② 柱温 通常采用与样品平均沸点相等或高出10℃的柱温为宜。但是，在气-液色谱中，流动相以恒温进入色谱柱时，将使相似化合物早馏出峰互相重叠，晚馏出峰宽度增加。若改为单阶梯式或多阶梯式线性程序升温方式，则可大大提高其分辨率。在选择初步温度（化合物中最低沸点）、升温速率（$0.5\sim6$℃/min）和最终温度（化合物中最高沸点，但不高于固定相的沸点）的基础上，经过试验就可找出与理想分辨率有关的柱温。

③ 进样的体积与速度 普通填充柱的气体样品进样量为 $0.1\sim1 mL$，液体样品为0.1～

2μL。进样体积过大，会使峰形扁平甚至重叠，有时还会出现畸形峰，不利于测量面积。此外，氢火焰离子化检测器的进样量应比热导检测器小。至于进样速度，原则上要求越快越好，这样可提高分离效果，降低进样误差。

9.2 苯系混合物的分析

9.2.1 目的要求

(1) 了解苯系混合物的气相色谱分离分析方法。
(2) 学习柱效能的测定。
(3) 学习用纯物质保留值定性的方法。
(4) 掌握相对校正因子的测定和归一化定量方法。

9.2.2 方法原理

苯系物系指苯、甲苯、乙苯、二甲苯（包括对位、间位和邻位异构体）乃至异丙苯、三甲苯等，在工业二甲苯中常存在这些组分，需用色谱方法进行分析。使用有机皂土作固定液，能使间二甲苯和对二甲苯分开，但不能使乙苯和对二甲苯分开，因此使用有机皂土配入适当量邻苯二甲酸二壬酯作固定液即能将各组分分开，其色谱图如实图 9-1 所示。

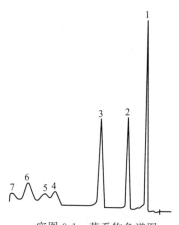

实图 9-1 苯系物色谱图
1—己烷；2—苯；3—甲苯；
4—乙苯；5—对二甲苯；
6—间二甲苯；7—邻二甲苯

在固定色谱条件（色谱柱、柱温、载气流速）下，某一组分的流出时间不受其他组分的影响。有纯粹样品时，直接对照保留时间（记录纸速固定时，对照峰的位置）即可确定试样的化学组成。由于在同一柱上不同的组分可能有相同的保留时间，所以在鉴定时往往要用到两种以上不同极性固定液配成的柱子。

(1) 用纯物质保留值对照定性 在确定的色谱条件下，每一物质有一个确定的保留值，所以在相同条件下，未知物的保留值和已知物的保留值相同时，就可以认为未知物即用于对照的已知纯物质。

(2) 校正因子的测定

$$f'_{i/s} = \frac{f_i}{f_s} = \frac{m_i A_s}{m_s A_i}$$

配制组分 i 和标准 s 的质量比 m_i/m_s 为已知的标准样。进样后测出它们的峰面积之比 A_i/A_s，即可按上式计算 $f'_{i/s}$。进样多少，不必准确计量。只要是同类检测器，色谱操作条件不同时，相对校正因子基本上保持恒定。

(3) 归一化法定量 当样品中所有组分均出峰时，在测得各组分的相对校正因子后，将样品中所有组分的峰面积测出，即可计算出各组分的含量：

$$w_i = \frac{f'_{i/s} A_i}{\sum f'_{i/s} A_i} \times 100\%$$

（4）分离度的计算　分离度是从色谱峰判断相邻两组分（或称物质对）在色谱柱中总分离效能的指标，用 R 表示，其定义为相邻两峰保留时间之差与两峰基线宽度之和的一半的比值，即

$$R = \frac{t_{R2} - t_{R1}}{\frac{1}{2}(W_{b2} + W_{b1})}$$

9.2.3　试剂与仪器

101 白色载体（60～80 目）。

苯（分析纯），甲苯（分析纯），有机皂土-34，邻苯二甲酸二壬酯。

气相色谱仪。

秒表，10mL 注射器，1μL 微量注射器，皂膜流量计。

载气钢瓶：用热导检测器时只需 H_2；用氢火焰离子化检测器时需 N_2、H_2 和空气。

9.2.4　操作步骤

（1）色谱柱的准备

① 固定相配比：有机皂土-34：邻苯二甲酸二壬酯：101 载体＝3：2.5：100。

② 称取 101 载体约 40g。另用两个小烧杯分别称取有机皂土约 1.2g 和邻苯二甲酸二壬酯约 1.0g，先加少量苯于有机皂土中，用玻璃棒调成糊状至无结块为止；另用少量苯溶解邻苯二甲酸二壬酯。然后将两者混合，搅和均匀，再用苯稀释至体积稍大于载体体积。然后将此溶液转入配有回流冷凝器的烧瓶中，将称好的载体加入，安上回流冷凝器，在水浴上于 78℃ 回流加热 2h，取去冷凝器。将固定相倾入大蒸发皿中，在通风橱中使大量的苯挥发，然后在 60℃ 烘 6h，置干燥器中冷却，用 60～80 目筛筛过，保存在干燥器中备用。

③ 装柱及老化：取长 2m、内径 4mm 的不锈钢色谱柱管，洗净，烘干。将固定相装入色谱柱。装好后将色谱柱安装入色谱仪。通入载气（30～40mL/min）于 95℃ 老化 8h。然后接好检测器，检查是否漏气。再照热导检测器（或氢火焰离子化检测器）操作方法进行分析。

（2）苯系物的分析　参考热导检测器或氢火焰离子化检测器操作方法，开动仪器，待基线走直后迅速进样。从进样起即开始按动秒表，记下组分的保留时间。操作条件见下表：

色谱操作条件	热导检测器	氢火焰离子化检测器	色谱操作条件	热导检测器	氢火焰离子化检测器
柱温/℃	60	90	桥电流/mA	130	
检测器温度/℃	110	100	纸速/(mm/h)	600	600
汽化室温度/℃	90	90	进样量/μL	1	0.5～1
载气流速/(mL/min)	H_2 50	N_2 25, H_2 40			

9.2.5　数据记录和结果计算

室温：　　　　　　　　　大气压：　　　　　　　　柱温：

皂膜流量计测得流速：　　　柱后流速 F_0：

（1）计算各组分的保留值并列表如下。

保留值	空气	苯	甲苯	乙苯	对二甲苯	间二甲苯	邻二甲苯
保留时间 t_R							
调整保留时间 t'_R							
保留体积 V_R							
调整保留体积 V'_R							
相对保留值 r_{12}							

(2) 相对校正因子的测定　准确称取被测组分甲苯和标准物苯,在与苯系物分析相同的条件下进样分析(注意使进样量在线性范围内),测量各峰的面积,计算相对质量校正因子。用不同检测器时各组分的质量校正因子见下表。

组　分	f_i(热导检测器)		f_i(氢焰检测器)	
	文献值	测定值	文献值	测定值
苯	0.78		0.89	
甲苯	0.79		0.94	
乙苯	0.82		0.97	
对二甲苯	0.81		1.00	
间二甲苯	0.81		0.96	
邻二甲苯	0.84		0.98	

(3) 用归一化法计算各组分含量　取下色谱图,量出每一组分的峰高和半峰宽,计算出峰面积,再用归一化法计算出各组分的含量。

(4) 分离度的测定　在色谱图上画出整个谱图的基线,量出任何相邻两峰(如甲苯与乙苯)的基线宽度和两个保留时间差(由保留时间差与纸速可以算出两峰顶的距离)。计算相邻两组分的分离度。

9.2.6　思考与讨论

(1) 苯系物中主要有哪些组分?为什么说用色谱方法分离最好?
(2) 如何测定柱后流速?
(3) 保留值在色谱定性、定量分析中各有什么意义?
(4) 分离度的意义是什么?如何从测得相邻两组分的分离度判断其分离情况?

9.3　丁醇异构体混合物的分析

9.3.1　目的要求

(1) 学会使用归一化法对样品进行定量分析测定。
(2) 掌握 102G 气相色谱仪的结构、操作步骤及维护。
(3) 学习 TCD 检测器的原理。

9.3.2　方法原理

邻苯二甲酸二壬酯是一种常用的具有中等极性的固定液,用它制备的 DNP 色谱柱对醇类有较好的选择性。四种丁醇异构体化合物,在一定的色谱操作条件下,可以完全分离,而且分析时间短,只需几分钟。采用保留时间定性,归一化法定量。

9.3.3 试剂与仪器

氢气，异丁醇，仲丁醇，叔丁醇，正丁醇（A.R.）。
混合试样。
102G 气相色谱仪，色谱柱 DNP，微量进样器（$1\mu L$、$5\mu L$），秒表。

9.3.4 操作步骤

（1）仪器操作参数的设置　N_2 流速，$20 \sim 30 mL/min$；柱温，$75 \sim 80 ℃$；汽化室温度，$160 ℃$；热导检测器温度，$80 ℃$；桥电流，$150 mA$；纸速，$300 mm/h$；衰减，$1:1$。

（2）混合物试样的配制　用一干燥洁净的青霉素小瓶称取 0.5g 叔丁醇、0.6g 仲丁醇、0.5g 异丁醇、0.5g 正丁醇（称准至 0.001g），混合均匀，备用。

（3）混合试样的测定　待仪器稳定，基线平直后，用 $1\mu L$ 微量注射器吸取混合试样 $0.6\mu L$ 进样分析，记录结果。平行测定两次。

9.3.5 数据记录和处理

将各组分的峰高、半峰宽、峰面积记录于下表。

组　分	f'_i	h_i/mm				$W_{1/2}/mm$				A/mm^2	w_i
		1	2	3	$\bar{h}$	1	2	3	$\overline{W}_{1/2}$		
叔丁醇	0.98										
仲丁醇	0.97										
异丁醇	0.98										
正丁醇	1.00										

按下式计算各组分的质量分数：

$$w_i = \frac{f'_{i/s} A_i}{\sum f'_{i/s} A_i} \times 100\%$$

9.4　乙醇中微量水分的分析

9.4.1 目的要求

（1）掌握内标定量法的应用。
（2）了解聚合物固定相的色谱特性。
（3）熟悉气相色谱仪的操作使用。

9.4.2 方法原理

有机物中微量水分的分离，选用有机高分子聚合物固定相（如 GDX 类）。其特点是憎水性，分离时水峰在前，出峰很快，且峰形对称，而有机物出峰在后，主峰对水峰的测定无干扰。

为了校准和减少由于操作条件的波动而对分析结果产生的影响，实验采用内标法定量。

内标法是在试样中加入一定量的纯物质作为内标物来测定组分的含量。具体做法是首先准确称取 $m_i(g)$ 待测组分的纯物质,加入 $m_s(g)$ 内标物,混合均匀后进样测定,根据待测组分和内标物的质量、相应的峰面积,求出待测组分对内标物的相对校正因子:

$$f'_{i/s} = \frac{f_i}{f_s} = \frac{m_i h_s}{m_s h_i}$$

然后准确称取 $m(g)$ 试样,加入 $m_s(g)$ 内标物,根据试样和内标物的质量比及相应的峰面积之比,由下式计算待测组分的含量:

$$w_i = \frac{m_i}{m} \times 100\% = f'_{i/s} \frac{h_i}{h_s} \frac{m_s}{m} \times 100\%$$

内标法的优点是定量准确。因为该法是用待测组分和内标物的峰面积的相对值进行计算,所以不要求严格控制进样量和操作条件,试样中含有不出峰的组分时也能使用,但每次分析都要准确称取或量取试样和内标物的量,比较费时。

内标物应是样品中不存在的纯物质,能与试样互溶,色谱峰位于待测组分的色谱峰的中间,又能完全分开,内标物的加入量也要接近被测组分的含量。

本实验采用甲醇为内标物,其色谱峰在乙醇和水之间。

9.4.3 试剂与仪器

401 有机单体,甲醇,无水乙醇。

气相色谱仪,微量注射器(10mL、100mL),容量瓶(10mL)。

9.4.4 操作步骤

(1) 色谱仪操作参数的设置　H_2 作载气,流量 25mL/min,柱温 90℃,汽化室温度 120℃,桥电流 160mA。衰减倍数、记录仪纸速适当选择,基线稳定后即可进样。

(2) 峰高相对校正因子的测定　配制内标标准溶液,取干净青霉素小瓶称重,加入蒸馏水 2 滴后称重,再加入无水甲醇 2 滴后称重,记录数据,分别得到 m_{H_2O}、m_{CH_3OH}。

摇匀后,吸取 1μL 标准溶液进样,记录色谱图,测量水及甲醇峰高。

(3) 内标法定量　取干净青霉素小瓶称重,加入乙醇样 2 滴后称重,再加入无水甲醇 10 滴后称重,记录数据,分别得到 $m_{试样}$、m_{CH_3OH}。

摇匀后,取 3μL 进样,记录色谱图。测量水及甲醇的峰高。

9.4.5 数据处理

(1) 水相对于甲醇的峰高相对校正因子的测定

$m_{H_2O} = \underline{\qquad}$ g　　　$m_{CH_3OH} = \underline{\qquad}$ g

$h_{H_2O} = \underline{\qquad}$ mm　　$h_{CH_3OH} = \underline{\qquad}$ mm

计算　$f'_{i/s} = \dfrac{m_i h_s}{m_s h_i}$

(2) 计算乙醇中水的质量分数

$m_{试样} = \underline{\qquad}$ g　　　$m'_{CH_3OH} = \underline{\qquad}$ g

$h_{H_2O} = \underline{\qquad}$ mm　　$h'_{CH_3OH} = \underline{\qquad}$ mm

计算　$w_i = \dfrac{m_i}{m} \times 100\% = f'_{i/s} \dfrac{h_i}{h_s} \dfrac{m_s}{m} \times 100\%$

9.4.6 思考与讨论

(1) 内标法有何优点？什么情况下采用内标法较方便？

(2) 实验什么可以采用峰高进行定量？与面积法比较各有什么优点？

9.5 丙酮中微量水分的测定

9.5.1 目的要求

(1) 掌握标准加入法测定丙酮中水分的原理。

(2) 掌握标准加入法测定丙酮中水分的操作技术。

9.5.2 方法原理

首先在一定的色谱条件下作出待分析样品的色谱图，测定其中欲测组分 i 的峰面积 A_i (或峰高 h_i)。然后在该样品中准确加入定量欲测组分 i 的标样或纯物质(与样品相比，欲测组分的浓度增量为 $\Delta w_i = \dfrac{m_s}{m_{样}} \times 100\%$)，在完全相同的色谱条件下，作出已加入欲测组分 i 标样或纯物质后的样品的色谱图，测定这时欲测组分 i 的峰面积 A'_i (或峰高 h'_i)，此时待测组分的含量计算方法为：

$$w_i = f_i A_i$$
$$w_i + \Delta w_i = f_i A'_i$$
$$w_i = \Delta w_i \dfrac{A_i}{A'_i - A_i} \quad \text{或} \quad w_i = \Delta w_i \dfrac{h_i}{h'_i - h_i}$$

式中　h_i——试样中水峰的峰高；

　　　h'_i——外加水标样后水峰的峰高。

9.5.3 试剂与仪器

纯水，纯丙酮，丙酮试样。

色谱仪，色谱柱（GDX101），微量进样器。

9.5.4 操作步骤

(1) 外加水标准溶液的制备与测定　取一个干燥且洁净的 10mL 容量瓶，准确称取其质量，然后用注射器加入 10~20μL 水，称取瓶+水的质量，计算出外加水的质量；再加入 6mL 丙酮试样，再次称量，并计算出丙酮样品的质量，然后用无水乙醇稀释至刻度。用注射器吸取 3μL 外加水标样进样，出峰后，记录水峰的峰高。平行进样三次。

(2) 丙酮试样的制备与测定　取一个干燥且洁净的 10mL 容量瓶，加入 6mL 丙酮试样，用无水乙醇稀释至刻度。用注射器吸取 3μL 丙酮试样进样，出峰后，记录水峰的峰高。平行进样三次。

9.5.5 数据记录和结果计算

（1）样品的质量

物 质 m/g	外 加 水	丙酮试样

（2）水峰的峰高

项 目	$h_水/mm$			
	1	2	3	平均值
丙酮试样				
外加水标样				

（3）丙酮中水分含量＝＿＿＿＿＿＿＿＿＿＿＿＿。

9.6 白酒中甲醇的测定

9.6.1 目的要求

（1）了解气相色谱仪（带有氢火焰离子化检测器）的使用方法。
（2）掌握外标法定量的原理。
（3）了解气相色谱法在产品质量控制中的应用。

9.6.2 方法原理

试样被汽化后，随同载气进入色谱柱，由于不同组分在流动相（载气）和固定相间分配系数的差异，当两相作相对运动时，各组分在两相中经多次分配而被分离。

在酿造白酒的过程中，不可避免地有甲醇产生。根据国家标准（GB 10343—2008），食用酒精中甲醇含量应低于 0.1g/L（优级）或 0.6g/L（普通级）。

利用气相色谱可分离、检测白酒中的甲醇含量。在相同的操作条件下，分别将等量的试样和含甲醇的标准样进行色谱分析，由保留时间可确定试样中是否含有甲醇，比较试样和标准样中甲醇峰的峰高，可确定试样中甲醇的含量。

9.6.3 试剂与仪器

甲醇（色谱纯）。无甲醇的乙醇：取 $0.5\mu L$ 乙醇进样，无甲醇峰即可。
气相色谱仪（带有氢火焰离子化检测器），$1\mu L$ 微量注射器。

9.6.4 色谱条件

色谱柱：长 2m、内径 3mm 的不锈钢柱；载体为 GDX-102（80～100 目）。
流速：载气（N_2），37mL/min；氢气（H_2），37mL/min；空气，450mL/min。
进样量：$0.5\mu L$。柱温：150℃。检测器温度：200℃。汽化室温度：170℃。

9.6.5 操作步骤

（1）标准溶液的配制　用体积分数为60％的乙醇水溶液作溶剂，分别配制浓度为0.1g/L、0.6g/L的甲醇标准溶液。

（2）操作　通载气后，启动仪器，设定以上温度条件。待温度升至所需值时，打开氢气和空气，点燃FID（点火时，H_2的流量可大些），缓缓调节N_2、H_2及空气的流量，至信噪比较佳时为止。待基线平稳后即可进样分析。

在上述色谱条件下进0.5μL标准溶液，得到色谱图，记录甲醇的保留时间。在相同条件下进白酒样品0.5μL，得到色谱图，根据保留时间确定甲醇峰。

9.6.6 结果计算

测量两个色谱图上甲醇峰的峰高。按下式计算白酒样品中甲醇的含量：

$$\rho = \rho_s \times \frac{h}{h_s}$$

式中　ρ——白酒样品中甲醇的质量浓度，g/L；
　　　ρ_s——标准溶液中甲醇的质量浓度，g/L；
　　　h——白酒样品中甲醇的峰高，mm；
　　　h_s——标准溶液中甲醇的峰高，mm。

比较h和h_s的大小即可判断白酒中甲醇是否超标。

9.6.7 思考与讨论

（1）为什么甲醇标准溶液要以60％乙醇水溶液为溶剂配制？配制甲醇标准溶液还需要注意些什么？

（2）外标法定量的特点是什么？外标法定量的主要误差来源有哪些？

（3）如何检查FID是否点燃？

附录

一、原子量表

本表数据源自 2005 年 IUPAC 元素周期表。本表方括号内的原子量为放射性元素的半衰期最长的同位素质量数。原子量末位数的不确定度加注在其后的圆括号内。

原子序数	元素名称	元素符号	原子量	原子序数	元素名称	元素符号	原子量	原子序数	元素名称	元素符号	原子量	原子序数	元素名称	元素符号	原子量
1	氢	H	1.00794(7)	31	镓	Ga	69.723(1)	61	钷	Pm	[145]	91	镤	Pa	231.03588(2)
2	氦	He	4.002602(2)	32	锗	Ge	72.64(1)	62	钐	Sm	150.36(2)	92	铀	U	238.02891(3)
3	锂	Li	6.941(2)	33	砷	As	74.92160(2)	63	铕	Eu	151.964(1)	93	镎	Np	[237]
4	铍	Be	9.012182(3)	34	硒	Se	78.96(3)	64	钆	Gd	157.25(3)	94	钚	Pu	[244]
5	硼	B	10.811(7)	35	溴	Br	79.904(1)	65	铽	Tb	158.92535(2)	95	镅	Am	[243]
6	碳	C	12.017(8)	36	氪	Kr	83.798(2)	66	镝	Dy	162.500(1)	96	锔	Cm	[247]
7	氮	N	14.0067(2)	37	铷	Rb	85.4678(3)	67	钬	Ho	164.93032(2)	97	锫	Bk	[247]
8	氧	O	15.9994(3)	38	锶	Sr	87.62(1)	68	铒	Er	167.259(3)	98	锎	Cf	[251]
9	氟	F	18.9984032(5)	39	钇	Y	88.90585(2)	69	铥	Tm	168.93421(2)	99	锿	Es	[252]
10	氖	Ne	20.1797(6)	40	锆	Zr	91.224(2)	70	镱	Yb	173.04(3)	100	镄	Fm	[257]
11	钠	Na	22.98976928(2)	41	铌	Nb	92.90638(2)	71	镥	Lu	174.967(1)	101	钔	Md	[258]
12	镁	Mg	24.3050(6)	42	钼	Mo	95.94(2)	72	铪	Hf	178.49(2)	102	锘	No	[259]
13	铝	Al	26.9815386(8)	43	锝	Tc	[97.9072]	73	钽	Ta	180.94788(2)	103	铹	Lr	[262]
14	硅	Si	28.0855(3)	44	钌	Ru	101.07(2)	74	钨	W	183.84(1)	104	鿫	Rf	[261]
15	磷	P	30.973762(2)	45	铑	Rh	102.90550(2)	75	铼	Re	186.207(1)	105	𨧀	Db	[262]
16	硫	S	32.065(5)	46	钯	Pd	106.42(1)	76	锇	Os	190.23(3)	106	𨭎	Sg	[266]
17	氯	Cl	35.453(2)	47	银	Ag	107.8682(2)	77	铱	Ir	192.217(3)	107	𨨏	Bh	[264]
18	氩	Ar	39.948(1)	48	镉	Cd	112.411(8)	78	铂	Pt	195.084(9)	108	𨭆	Hs	[277]
19	钾	K	39.0983(1)	49	铟	In	114.818(3)	79	金	Au	196.966569(4)	109	鿏	Mt	[268]
20	钙	Ca	40.078(4)	50	锡	Sn	118.710(7)	80	汞	Hg	200.59(2)	110	𫟼	Ds	[271]
21	钪	Sc	44.955912(6)	51	锑	Sb	121.760(1)	81	铊	Tl	204.3833(2)	111	𬬭	Rg	[272]
22	钛	Ti	47.867(1)	52	碲	Te	127.60(3)	82	铅	Pb	207.2(1)	112		Uub	[285]
23	钒	V	50.9415(1)	53	碘	I	126.90447(3)	83	铋	Bi	208.98040(1)	113		Uut	[284]
24	铬	Cr	51.9961(6)	54	氙	Xe	131.293(6)	84	钋	Po	[208.9824]	114		Uuq	[289]
25	锰	Mn	54.938045(5)	55	铯	Cs	132.9054519(2)	85	砹	At	[209.9871]	115		Uup	[288]
26	铁	Fe	55.845(2)	56	钡	Ba	137.327(7)	86	氡	Rn	[222.0176]	116		Uuh	[292]
27	钴	Co	58.933195(5)	57	镧	La	138.90547(7)	87	钫	Fr	[223]	117		Uus	[291]
28	镍	Ni	58.6934(2)	58	铈	Ce	140.116(1)	88	镭	Ra	[226]	118		Uuo	[293]
29	铜	Cu	63.546(3)	59	镨	Pr	140.90765(2)	89	锕	Ac	[227]				
30	锌	Zn	65.409(4)	60	钕	Nd	144.242(3)	90	钍	Th	232.03806(2)				

二、常见化合物分子量表

（根据 2005 年公布的原子量计算）

分子式	分子量	分子式	分子量
$AgBr$	187.77	KOH	56.106
$AgCl$	143.32	K_2PtCl_6	486.00
AgI	234.77	$KSCN$	97.182
$AgNO_3$	169.87	$MgCO_3$	84.314
Al_2O_3	101.96	$MgCl_2$	95.211
As_2O_3	197.84	$MgSO_4 \cdot 7H_2O$	246.48
$BaCl_2 \cdot 2H_2O$	244.26	$MgNH_4PO_4 \cdot 6H_2O$	245.41
BaO	153.33	MgO	40.304
$Ba(OH)_2 \cdot 8H_2O$	315.47	$Mg(OH)_2$	58.320
$BaSO_4$	233.39	$Mg_2P_2O_7$	222.55
$CaCO_3$	100.09	$Na_2B_4O_7 \cdot 10H_2O$	381.37
CaO	56.077	$NaBr$	102.89
$Ca(OH)_2$	74.093	$NaCl$	58.489
CO_2	44.010	Na_2CO_3	105.99
CuO	79.545	$NaHCO_3$	84.007
Cu_2O	143.09	$Na_2HPO_4 \cdot 12H_2O$	358.14
$CuSO_4 \cdot 5H_2O$	249.69	$NaNO_2$	69.000
FeO	71.844	Na_2O	61.979
Fe_2O_3	159.69	$NaOH$	39.997
$FeSO_4 \cdot 7H_2O$	278.02	$Na_2S_2O_3$	158.11
$FeSO_4 \cdot (NH_4)_2SO_4 \cdot 6H_2O$	392.14	$Na_2S_2O_3 \cdot 5H_2O$	248.19
H_3BO_3	61.833	NH_3	17.031
HCl	36.461	NH_4Cl	53.491
$HClO_4$	100.46	NH_4OH	35.046
HNO_3	63.013	$(NH_4)_3PO_4 \cdot 12MoO_3$	1876.4
H_2O	18.015	$(NH_4)_2SO_4$	132.14
H_2O_2	34.015	$PbCrO_4$	321.19
H_3PO_4	97.995	PbO_2	239.20
H_2SO_4	98.080	$PbSO_4$	303.26
I_2	253.81	P_2O_5	141.94
$KAl(SO_4)_2 \cdot 12H_2O$	474.39	SiO_2	60.085
KBr	119.00	SO_2	64.065
$KBrO_3$	167.00	SO_3	80.064
KCl	74.551	ZnO	81.408
$KClO_4$	138.55	CH_3COOH（醋酸）	60.052
K_2CO_3	138.21	$H_2C_2O_4 \cdot 2H_2O$	126.07
K_2CrO_4	194.19	$KHC_4H_4O_6$	188.18
$K_2Cr_2O_7$	294.19	$KHC_8H_4O_4$	204.22
KH_2PO_4	136.09	$K(SbO)C_4H_4O_6 \cdot \frac{1}{2}H_2O$（酒石酸锑钾）	333.93
$KHSO_4$	136.17		
KI	166.00	$Na_2C_2O_4$（草酸钠）	134.00
KIO_3	214.00	$NaC_7H_5O_2$（苯甲酸钠）	144.11
$KIO_3 \cdot HIO_3$	389.91	$Na_3C_6H_5O_7 \cdot 2H_2O$	294.12
$KMnO_4$	158.03	$Na_2H_2C_{10}H_{12}O_8N_2 \cdot 2H_2O$（EDTA 二钠盐）	372.24
KNO_2	85.100		

三、实验室常用酸、碱的密度和浓度（298K）

试剂名称	密度(20℃)/(g/mL)	物质的量浓度/(mol/L)	质量分数
浓硫酸	1.84	18.0	0.960
浓盐酸	1.19	12.1	0.372
浓硝酸	1.42	15.9	0.704
磷酸	1.70	14.8	0.855
高氯酸	1.68	11.85	0.710
冰醋酸	1.05	17.45	0.998
氢氟酸	1.13	22.5	0.400
氢溴酸	1.49	8.6	0.470
浓氨水	0.90	14.53	0.566
浓氢氧化钠	1.54	19.4	0.505

四、弱电解质的离解常数（298K）

弱电解质	离解常数 K	弱电解质	离解常数 K
H_3AlO_3	$K_1=6.31\times10^{-12}$	H_2S	$K_1=1.07\times10^{-7}$
$HSb(OH)_6$	$K=2.82\times10^{-3}$		$K_2=1.26\times10^{-13}$
$HAsO_2$	$K=6.61\times10^{-10}$	$HBrO$	$K=2.51\times10^{-9}$
H_3AsO_4	$K_1=6.03\times10^{-3}$	$HClO$	$K=2.88\times10^{-8}$
	$K_2=1.05\times10^{-7}$	HIO	$K=2.29\times10^{-11}$
	$K_3=3.16\times10^{-12}$	HIO_3	$K=0.16$
H_3BO_3	$K_1=5.57\times10^{-16}$	HNO_2	$K=7.24\times10^{-4}$
	$K_2=1.82\times10^{-13}$	H_3PO_4	$K_1=7.08\times10^{-3}$
	$K_3=1.58\times10^{-14}$		$K_2=6.31\times10^{-8}$
$H_2B_4O_7$	$K_1=1.00\times10^{-4}$		$K_3=4.17\times10^{-13}$
	$K_2=1.00\times10^{-9}$	H_2SiO_3	$K_1=1.70\times10^{-10}$
H_2CO_3	$K_1=4.37\times10^{-7}$		$K_2=1.58\times10^{-12}$
	$K_2=4.68\times10^{-11}$	H_2SO_4	$K_1=1.29\times10^{-2}$
$H_2C_2O_4$	$K_1=5.37\times10^{-2}$		$K_2=6.17\times10^{-8}$
	$K_2=5.37\times10^{-5}$	$H_2S_2O_3$	$K_1=0.25$
H_2CrO_4	$K_1=1.80\times10^{-1}$		$K_2=0.03\sim0.02$
	$K_2=3.16\times10^{-7}$	$HCOOH$	$K=1.77\times10^{-4}$
HCN	$K=6.16\times10^{-10}$	CH_3COOH	$K=1.75\times10^{-5}$
HF	$K=6.61\times10^{-4}$	$NH_3\cdot H_2O$	$K=1.76\times10^{-5}$
H_2O_2	$K_1=2.24\times10^{-12}$		

五、EDTA 的 lg$\alpha_{Y(H)}$ 值

pH	lg$\alpha_{Y(H)}$	pH	lg$\alpha_{Y(H)}$	pH	lg$\alpha_{Y(H)}$	pH	lg$\alpha_{Y(H)}$	pH	lg$\alpha_{Y(H)}$
0.0	23.64	2.5	11.90	5.0	6.45	7.5	2.78	10.0	0.45
0.1	23.06	2.6	11.62	5.1	6.26	7.6	2.68	10.1	0.39
0.2	22.47	2.7	11.35	5.2	6.07	7.7	2.57	10.2	0.33
0.3	21.89	2.8	11.09	5.3	5.88	7.8	2.47	10.3	0.28
0.4	21.32	2.9	10.84	5.4	5.69	7.9	2.37	10.4	0.24
0.5	20.75	3.0	10.60	5.5	5.51	8.0	2.27	10.5	0.20
0.6	20.18	3.1	10.37	5.6	5.33	8.1	2.17	10.6	0.16
0.7	19.62	3.2	10.14	5.7	5.15	8.2	2.07	10.7	0.13
0.8	19.08	3.3	9.92	5.8	4.98	8.3	1.97	10.8	0.11
0.9	18.54	3.4	9.70	5.9	4.81	8.4	1.87	10.9	0.09
1.0	18.01	3.5	9.48	6.0	4.65	8.5	1.77	11.0	0.07
1.1	17.49	3.6	9.27	6.1	4.49	8.6	1.67	11.1	0.06
1.2	16.98	3.7	9.06	6.2	4.34	8.7	1.57	11.2	0.05
1.3	16.49	3.8	8.85	6.3	4.20	8.8	1.48	11.3	0.04
1.4	16.02	3.9	8.65	6.4	4.06	8.9	1.38	11.4	0.03
1.5	15.55	4.0	8.44	6.5	3.92	9.0	1.28	11.5	0.02
1.6	15.11	4.1	8.24	6.6	3.79	9.1	1.19	11.6	0.02
1.7	14.68	4.2	8.04	6.7	3.67	9.2	1.10	11.7	0.02
1.8	14.27	4.3	7.84	6.8	3.55	9.3	1.01	11.8	0.01
1.9	13.88	4.4	7.64	6.9	3.43	9.4	0.92	11.9	0.01
2.0	13.51	4.5	7.44	7.0	3.32	9.5	0.83	12.0	0.01
2.1	13.16	4.6	7.24	7.1	3.21	9.6	0.75	12.1	0.01
2.2	12.82	4.7	7.04	7.2	3.10	9.7	0.67	12.2	0.005
2.3	12.50	4.8	6.84	7.3	2.99	9.8	0.59	13.0	0.0008
2.4	12.19	4.9	6.65	7.4	2.88	9.9	0.52	13.9	0.0001

六、常见指示剂的配制

（一）酸碱指示剂

序号	名称	pH 变色范围	酸式色	碱式色	pK_a	浓度
1	甲基紫（第一次变色）	0.13~0.5	黄色	绿色	0.8	0.1%水溶液
2	甲酚红（第一次变色）	0.2~1.8	红色	黄色	—	0.04%乙醇(50%)溶液
3	甲基紫（第二次变色）	1.0~1.5	绿色	蓝色	—	0.1%水溶液
4	百里酚蓝（第一次变色）	1.2~2.8	红色	黄色	1.65	0.1%乙醇(20%)溶液
5	茜素黄 R（第一次变色）	1.9~3.3	红色	黄色	—	0.1%水溶液
6	甲基紫（第三次变色）	2.0~3.0	蓝色	紫色	—	0.1%水溶液
7	甲基黄	2.9~4.0	红色	黄色	3.3	0.1%乙醇(90%)溶液
8	溴酚蓝	3.0~4.6	黄色	蓝色	3.85	0.1%乙醇(20%)溶液
9	甲基橙	3.1~4.4	红色	黄色	3.40	0.1%水溶液
10	溴甲酚绿	3.8~5.4	黄色	蓝色	4.68	0.1%乙醇(20%)溶液
11	甲基红	4.4~6.2	红色	黄色	4.95	0.1%乙醇(60%)溶液
12	溴百里酚蓝	6.0~7.6	黄色	蓝色	7.1	0.1%乙醇(20%)

续表

序号	名称	pH变色范围	酸式色	碱式色	pK_a	浓度
13	中性红	6.8~8.0	红色	黄色	7.4	0.1%乙醇(60%)溶液
14	酚红	6.8~8.0	黄色	红色	7.9	0.1%乙醇(20%)溶液
15	甲酚红(第二次变色)	7.2~8.8	黄色	红色	8.2	0.04%乙醇(50%)溶液
16	百里酚蓝(第二次变色)	8.0~9.6	黄色	蓝色	8.9	0.1%乙醇(20%)溶液
17	酚酞	8.2~10.0	无色	紫红色	9.4	0.1%乙醇(60%)溶液
18	百里酚酞	9.4~10.6	无色	蓝色	10.0	0.1%乙醇(90%)溶液
19	茜素黄R(第二次变色)	10.1~12.1	黄色	紫色	11.16	0.1%水溶液
20	靛胭脂红	11.6~14.0	蓝色	黄色	12.2	25%乙醇(50%)溶液

(二)酸碱混合指示剂

序号	指示剂名称	浓度	组成	变色点	酸式色	碱式色
1	甲基黄	0.1%乙醇溶液	1:1	3.28	蓝紫色	绿色
	亚甲基蓝	0.1%乙醇溶液				
2	甲基橙	0.1%水溶液	1:1	4.3	紫色	绿色
	苯胺蓝	0.1%水溶液				
3	溴甲酚绿	0.1%乙醇溶液	3:1	5.1	酒红色	绿色
	甲基红	0.2%乙醇溶液				
4	溴甲酚绿钠盐	0.1%水溶液	1:1	6.1	黄绿色	蓝紫色
	氯酚红钠盐	0.1%水溶液				
5	中性红	0.1%乙醇溶液	1:1	7.0	蓝紫色	绿色
	亚甲基蓝	0.1%乙醇溶液				
6	中性红	0.1%乙醇溶液	1:1	7.2	玫瑰红色	绿色
	溴百里酚蓝	0.1%乙醇溶液				
7	甲酚红钠盐	0.1%水溶液	1:3	8.3	黄色	紫色
	百里酚蓝钠盐	0.1%水溶液				
8	酚酞	0.1%乙醇溶液	1:2	8.9	绿色	紫色
	甲基绿	0.1%乙醇溶液				
9	酚酞	0.1%乙醇溶液	1:1	9.9	无色	紫色
	百里酚酞	0.1%乙醇溶液				
10	百里酚酞	0.1%乙醇溶液	2:1	10.2	黄色	绿色
	茜素黄	0.1%乙醇溶液				

注：混合酸碱指示剂要保存在深色瓶中。

(三)金属指示剂

名称	起点颜色	终点颜色	浓度	适用pH范围	被滴定离子	干扰离子
铬黑T	蓝色	葡萄红色	与固体NaCl混合物(1:100)	6.0~11.0	Ca^{2+},Cd^{2+},Hg^{2+},Mg^{2+},Mn^{2+},Pb^{2+},Zn^{2+}	Al^{3+},Co^{2+},Cu^{2+},Fe^{3+},Ga^{3+},In^{3+},Ni^{2+},$Ti(IV)$

续表

名称	起点颜色	终点颜色	浓度	适用pH范围	被滴定离子	干扰离子
二甲酚橙	柠檬黄色	红色	0.5%乙醇溶液	5.0~6.0	Cd^{2+},Hg^{2+},La^{3+},Pb^{2+},Zn^{2+}	—
				2.5	Bi^{3+},Th^{4+}	
茜素	红色	黄色	—	2.8	Th^{4+}	—
钙试剂	亮蓝色	深红色	与固体NaCl混合物(1:100)	>12.0	Ca^{2+}	—
酸性铬紫B	橙色	红色	—	4.0	Fe^{3+}	—
甲基百里酚蓝	灰色	蓝色	1%与固体KNO_3混合物	10.5	Ba^{2+},Ca^{2+},Mg^{2+},Mn^{2+},Sr^{2+}	Bi^{3+},Cd^{2+},Co^{2+},Hg^{2+},Pb^{2+},Sc^{3+},Th^{4+},Zn^{2+}
溴酚红	红色	橙黄色	—	2.0~3.0	Bi^{3+}	—
	蓝紫色	红色		7.0~8.0	Cd^{2+},Co^{2+},Mg^{2+},Mn^{2+},Ni^{3+}	
	蓝色	红色		4.0	Pb^{2+}	
	浅蓝色	红色		4.0~6.0	Re^{3+}	
铝试剂	酒红色	黄色	—	8.5~10.0	Ca^{2+},Mg^{2+}	
	红色	蓝紫色		4.4	Al^{3+}	
	紫色	淡黄色		1.0~2.0	Fe^{3+}	
偶氮胂Ⅲ	蓝色	红色	—	10.0	Ca^{2+},Mg^{2+}	—

（四）氧化还原指示剂

序号	名称	氧化型颜色	还原型颜色	E_{ind}/V	浓度
1	二苯胺	紫色	无色	+0.76	1%浓硫酸溶液
2	二苯胺磺酸钠	紫红色	无色	+0.84	0.2%水溶液
3	亚甲基蓝	蓝色	无色	+0.532	0.1%水溶液
4	中性红	红色	无色	+0.24	0.1%乙醇溶液
5	喹啉黄	无色	黄色	—	0.1%水溶液
6	淀粉	蓝色	无色	+0.53	0.1%水溶液
7	孔雀绿	棕色	蓝色	—	0.05%水溶液
8	劳氏紫	紫色	无色	+0.06	0.1%水溶液
9	邻菲啰啉-亚铁	浅蓝色	红色	+1.06	(1.485g邻菲啰啉+0.695g硫酸亚铁)溶于100mL水
10	酸性绿	橘红色	黄绿色	+0.96	0.1%水溶液

（五）吸附指示剂

序号	名称	被滴定离子	滴定剂	起点颜色	终点颜色	浓度
1	荧光黄	Cl^-,Br^-,SCN^-	Ag^+	黄绿色	玫瑰红色	0.1%乙醇溶液
		I^-			橙色	
2	二氯(P)荧光黄	Cl^-,Br^-	Ag^+	红紫色	蓝紫色	0.1%乙醇(60%~70%)溶液
		SCN^-		玫瑰红色	红紫色	
		I^-		黄绿色	橙色	

续表

序号	名称	被滴定离子	滴定剂	起点颜色	终点颜色	浓度
3	曙红	Br^-,I^-,SCN^-	Ag^+	橙色	深红色	0.5%水溶液
		Pb^{2+}	MoO_4^{2-}	红紫色	橙色	
4	溴酚蓝	Cl^-,Br^-,SCN^-	Ag^+	黄色	蓝色	0.1%钠盐水溶液
		I^-		黄绿色	蓝绿色	
		TeO_3^{2-}		紫红色	蓝色	
5	溴甲酚绿	Cl^-	Ag^+	紫色	浅蓝绿色	0.1%乙醇溶液(酸性)
6	二甲酚橙	Cl^-	Ag^+	玫瑰红色	灰蓝色	0.2%水溶液
		Br^-,I^-			灰绿色	
7	罗丹明6G	Cl^-,Br^-	Ag^+	红紫色	橙色	0.1%水溶液
		Ag^+	Br^-	橙色	红紫色	
8	品红	Cl^-	Ag^+	红紫色	玫瑰红色	0.1%乙醇溶液
		Br^-,I^-		橙色		
		SCN^-		浅蓝色		
9	刚果红	Cl^-,Br^-,I^-	Ag^+	红色	蓝色	0.1%水溶液
10	茜素红S	SO_4^{2-}	Ba^{2+}	黄色	玫瑰红色	0.4%水溶液
		$[Fe(CN)_6]^{4-}$	Pb^{2+}			
11	偶氮氯膦Ⅲ	SO_4^{2-}	Ba^{2+}	红色	蓝绿色	—
12	甲基红	F^-	Ce^{3+}	黄色	玫瑰红色	
			$Y(NO_3)_3$			
13	二苯胺	Zn^{2+}	$[Fe(CN)_6]^{4-}$	蓝色	黄绿色	1%的硫酸(96%)溶液
14	邻二甲氧基联苯胺	Zn^{2+},Pb^{2+}	$[Fe(CN)_6]^{4-}$	紫色	无色	1%的硫酸溶液
15	酸性玫瑰红	Ag^+	MoO_4^{2-}	无色	紫红	0.1%水溶液

七、常用缓冲溶液的配制

(一)pH标准缓冲溶液的配制和pH值

名称	配制	不同温度时的pH值								
		0℃	5℃	10℃	15℃	20℃	25℃	30℃	35℃	40℃
草酸盐标准缓冲溶液	$c[KH_3(C_2O_4)_2 \cdot 2H_2O]$为0.05mol/L,称取12.71g四草酸钾$[KH_3(C_2O_4)_2 \cdot 2H_2O]$溶于无二氧化碳的水中,稀释至1000mL	1.67	1.67	1.67	1.67	1.68	1.68	1.69	1.69	1.69
		不同温度时的pH值								
		45℃	50℃	55℃	60℃	70℃	80℃	90℃	95℃	
		1.70	1.71	1.72	1.72	1.74	1.77	1.79	1.81	—
酒石酸盐标准缓冲溶液	在25℃时,用无二氧化碳的水溶解外消旋的酒石酸氢钾($KHC_4H_4O_6$),并剧烈振摇至成饱和溶液	不同温度时的pH值								
		0℃	5℃	10℃	15℃	20℃	25℃	30℃	35℃	40℃
		—	—	—	—	—	3.56	3.55	3.55	3.55
		不同温度时的pH值								
		45℃	50℃	55℃	60℃	70℃	80℃	90℃	95℃	
		3.55	3.55	3.55	3.56	3.58	3.61	3.65	3.67	—

续表

名称	配制	不同温度时的pH值								
苯二甲酸氢盐标准缓冲溶液	$c(C_6H_4CO_2HCO_2K)$ 为 0.05mol/L,称取于 $(115.0±5.0)$℃干燥 2～3h 的邻苯二甲酸氢钾 $(KHC_8H_4O_4)$ 10.21g,溶于无 CO_2 的蒸馏水,并稀释至 1000mL(注:可用于酸度计校准)	0℃	5℃	10℃	15℃	20℃	25℃	30℃	35℃	40℃
		4.00	4.00	4.00	4.00	4.00	4.01	4.01	4.02	4.04
		45℃	50℃	55℃	60℃	70℃	80℃	90℃	95℃	—
		4.05	4.06	4.08	4.09	4.13	4.16	4.21	4.23	—
磷酸盐标准缓冲溶液	分别称取在 $(115.0±5.0)$℃干燥 2～3h 的磷酸氢二钠 (Na_2HPO_4) $(3.53±0.01)$g 和磷酸二氢钾 (KH_2PO_4) $(3.39±0.01)$g,溶于预先煮沸过 15～30min 并迅速冷却的蒸馏水中,并稀释至 1000mL(注:可用于酸度计校准)	0℃	5℃	10℃	15℃	20℃	25℃	30℃	35℃	40℃
		6.98	6.95	6.92	6.90	6.88	6.86	6.85	6.84	6.84
		45℃	50℃	55℃	60℃	70℃	80℃	90℃	95℃	—
		6.83	6.83	6.83	6.84	6.85	6.86	6.88	6.89	—
硼酸盐标准缓冲溶液	称取硼砂 $(Na_2B_4O_7·10H_2O)$ $(3.80±0.01)$g(注意:不能烘!),溶于预先煮沸过 15～30min 并迅速冷却的蒸馏水中,并稀释至 1000mL。置聚乙烯塑料瓶中密闭保存。存放时要防止空气中的 CO_2 进入(注:可用于酸度计校准)	0℃	5℃	10℃	15℃	20℃	25℃	30℃	35℃	40℃
		9.46	9.40	9.33	9.27	9.22	9.18	9.14	9.10	9.06
		45℃	50℃	55℃	60℃	70℃	80℃	90℃	95℃	—
		9.04	9.01	8.99	8.96	8.92	8.89	8.85	8.83	—
氢氧化钙标准缓冲溶液	在 25℃,用无二氧化碳的蒸馏水制备氢氧化钙的饱和溶液。氢氧化钙溶液的浓度 $c[1/2Ca(OH)_2]$ 应在 0.0400～0.0412mol/L。氢氧化钙溶液的浓度可以酚红为指示剂,用盐酸标准溶液 $[c(HCl)=0.1mol/L]$ 滴定测出。存放时要防止空气中的二氧化碳进入。出现混浊应弃去重新配制	0℃	5℃	10℃	15℃	20℃	25℃	30℃	35℃	40℃
		13.42	13.21	13.00	12.81	12.63	12.45	12.30	12.14	11.98
		45℃	50℃	55℃	60℃	70℃	80℃	90℃	95℃	—
		11.84	11.71	11.57	11.45	—	—	—	—	—

注:为保证 pH 值的准确度,上述标准缓冲溶液必须使用 pH 基准试剂配制。

(二) 常用 pH 缓冲溶液的配制和 pH

序号	溶液名称	配制方法	pH
1	氯化钾-盐酸	13.0mL 0.2mol/L HCl 与 25.0mL 0.2mol/L KCl 混合均匀后,加水稀释至 100mL	1.7
2	氨基乙酸-盐酸	在 500mL 水中溶解氨基乙酸 150g,加 480mL 浓盐酸,再加水稀释至 1L	2.3
3	一氯乙酸-氢氧化钠	在 200mL 水中溶解 2g 一氯乙酸后,加 40g NaOH,溶解完全后再加水稀释至 1L	2.8
4	邻苯二甲酸氢钾-盐酸	把 25.0mL 0.2mol/L 的邻苯二甲酸氢钾溶液与 6.0mL 0.1mol/L HCl 混合均匀,加水稀释至 100mL	3.6
5	邻苯二甲酸氢钾-氢氧化钠	把 25.0mL 0.2mol/L 的邻苯二甲酸氢钾溶液与 17.5mL 0.1mol/L NaOH 混合均匀,加水稀释至 100mL	4.8
6	六亚甲基四胺-盐酸	在 200mL 水中溶解六亚甲基四胺 40g,加浓 HCl 10mL,再加水稀释至 1L	5.4
7	磷酸二氢钾-氢氧化钠	把 25.0mL 0.2mol/L 的磷酸二氢钾与 23.6mL 0.1mol/L NaOH 混合均匀,加水稀释至 100mL	6.8

续表

序号	溶液名称	配制方法	pH
8	硼酸-氯化钾-氢氧化钠	把 25.0mL 0.2mol/L 的硼酸-氯化钾与 4.0mL 0.1mol/L NaOH 混合均匀,加水稀释至 100mL	8.0
9	氯化铵-氨水	把 0.1mol/L 氯化铵与 0.1mol/L 氨水以 2:1 比例混合均匀	9.1
10	硼酸-氯化钾-氢氧化钠	把 25.0mL 0.2mol/L 的硼酸-氯化钾与 43.9mL 0.1mol/L NaOH 混合均匀,加水稀释至 100mL	10.0
11	氨基乙酸-氯化钠-氢氧化钠	把 49.0mL 0.1mol/L 氨基乙酸-氯化钠与 51.0mL 0.1mol/L NaOH 混合均匀	11.6
12	磷酸氢二钠-氢氧化钠	把 50.0mL 0.05mol/L Na_2HPO_4 与 26.9mL 0.1mol/L NaOH 混合均匀,加水稀释至 100mL	12.0
13	氯化钾-氢氧化钠	把 25.0mL 0.2mol/L KCl 与 66.0mL 0.2mol/L NaOH 混合均匀,加水稀释至 100mL	13.0

八、难溶化合物的溶度积常数 K_{sp}（298K）

难溶化合物	K_{sp}	难溶化合物	K_{sp}
AgCl	1.77×10^{-10}	$Fe(OH)_2$	4.87×10^{-17}
AgBr	5.35×10^{-13}	$Fe(OH)_3$	2.64×10^{-39}
AgI	8.51×10^{-17}	FeS	1.59×10^{-19}
Ag_2CO_3	8.45×10^{-12}	Hg_2Cl_2	1.45×10^{-18}
Ag_2CrO_4	1.12×10^{-12}	HgS(黑)	6.44×10^{-53}
Ag_2SO_4	1.20×10^{-5}	$MgNH_4PO_4$	2.5×10^{-13}
$Ag_2S(\alpha)$	6.69×10^{-50}	$MgCO_3$	6.82×10^{-6}
$Ag_2S(\beta)$	1.09×10^{-49}	$Mg(OH)_2$	5.61×10^{-12}
$Al(OH)_3$	2×10^{-33}	$Mn(OH)_2$	2.06×10^{-13}
$BaCO_3$	2.58×10^{-9}	MnS	4.65×10^{-14}
$BaSO_4$	1.07×10^{-10}	$Ni(OH)_2$	5.47×10^{-16}
$BaCrO_4$	1.17×10^{-10}	NiS	1.07×10^{-21}
$CaCO_3$	4.96×10^{-9}	$PbCl_2$	1.17×10^{-5}
$CaC_2O_4 \cdot H_2O$	2.34×10^{-9}	$PbCO_3$	1.46×10^{-13}
CaF_2	1.46×10^{-10}	$PbCrO_4$	1.77×10^{-14}
$Ca_3(PO_4)_2$	2.07×10^{-33}	PbF_2	7.12×10^{-7}
$CaSO_4$	7.10×10^{-5}	$PbSO_4$	1.82×10^{-8}
$Cd(OH)_2$	5.27×10^{-15}	PbS	9.04×10^{-29}
CdS	1.40×10^{-29}	PbI_2	8.49×10^{-9}
$Co(OH)_2$(桃红)	1.09×10^{-15}	$Pb(OH)_2$	1.42×10^{-20}
$Co(OH)_2$(蓝)	5.92×10^{-15}	$SrCO_3$	5.60×10^{-10}
$CoS(\alpha)$	4.0×10^{-21}	$SrSO_4$	3.44×10^{-7}
$CoS(\beta)$	2.0×10^{-25}	$Sn(OH)_2$	5.45×10^{-27}
$Cr(OH)_3$	7.0×10^{-31}	$ZnCO_3$	1.19×10^{-10}
CuI	1.27×10^{-12}	$Zn(OH)_2(\gamma)$	6.68×10^{-17}
CuS	1.27×10^{-36}	ZnS	2.93×10^{-25}

九、标准电极电位（298K）

1. 在酸性溶液中

电极反应	$\varphi^{\ominus}/\text{V}$	电极反应	$\varphi^{\ominus}/\text{V}$
$Li^+ + e \rightleftharpoons Li$	-3.0401	$Ag_2CrO_4 + 2e \rightleftharpoons 2Ag + CrO_4^{2-}$	0.4470
$Rb^+ + e \rightleftharpoons Rb$	-2.98	$H_2SO_3 + 4H^+ + 4e \rightleftharpoons S + 3H_2O$	0.449
$K^+ + e \rightleftharpoons K$	-2.9315	$Ag_2C_2O_4 + 2e \rightleftharpoons 2Ag + C_2O_4^{2-}$	0.4647
$Cs^+ + e \rightleftharpoons Cs$	-2.92	$Cu^+ + e \rightleftharpoons Cu$	0.521
$Ba^{2+} + 2e \rightleftharpoons Ba$	-2.912	$I_2 + 2e \rightleftharpoons 2I^-$	0.535
$Sr^{2+} + 2e \rightleftharpoons Sr$	-2.89	$I_3^- + 2e \rightleftharpoons 3I^-$	0.536
$Ca^{2+} + 2e \rightleftharpoons Ca$	-2.868	$O_2 + 2H^+ + 2e \rightleftharpoons H_2O_2$	0.682
$Na^+ + e \rightleftharpoons Na$	-2.71	$Fe^{3+} + e \rightleftharpoons Fe^{2+}$	0.771
$La^{3+} + 3e \rightleftharpoons La$	-2.522	$Hg_2^{2+} + 2e \rightleftharpoons 2Hg$	0.7973
$Ce^{3+} + 3e \rightleftharpoons Ce$	-2.483	$Ag^+ + e \rightleftharpoons Ag$	0.7991
$Mg^{2+} + 2e \rightleftharpoons Mg$	-2.372	$Hg^{2+} + 2e \rightleftharpoons Hg$	0.851
$Y^{3+} + 3e \rightleftharpoons Y$	-2.372	$2Hg^{2+} + 2e \rightleftharpoons Hg_2^{2+}$	0.920
$[AlF_6]^{3-} + 3e \rightleftharpoons Al + 6F^-$	-2.069	$NO_3^- + 3H^+ + 2e \rightleftharpoons HNO_2 + H_2O$	0.934
$Be^{2+} + 2e \rightleftharpoons Be$	-1.847	$NO_3^- + 4H^+ + 3e \rightleftharpoons NO + 2H_2O$	0.957
$Al^{3+} + 3e \rightleftharpoons Al$	-1.662	$HNO_2 + H^+ + e \rightleftharpoons NO + H_2O$	0.983
$[SiF_6]^{3-} + 3e \rightleftharpoons Si + 6F^-$	-1.24	$Br_2(l) + 2e \rightleftharpoons 2Br^-$	1.066
$Mn^{2+} + 2e \rightleftharpoons Mn$	-1.185	$IO_3^- + 6H^+ + 6e \rightleftharpoons I^- + 3H_2O$	1.085
$Cr^{2+} + 2e \rightleftharpoons Cr$	-0.913	$Cu^{2+} + 2CN^- + e \rightleftharpoons [Cu(CN)_2]^-$	1.103
$H_3BO_3 + 3H^+ + 3e \rightleftharpoons B + 3H_2O$	-0.8698	$ClO_4^- + 2H^+ + 2e \rightleftharpoons ClO_3^- + H_2O$	1.189
$Zn^{2+} + 2e \rightleftharpoons Zn(Hg)$	-0.7628	$2IO_3^- + 12H^+ + 10e \rightleftharpoons I_2 + 6H_2O$	1.195
$Zn^{2+} + 2e \rightleftharpoons Zn$	-0.7618	$ClO_3^- + 3H^+ + 2e \rightleftharpoons HClO_2 + H_2O$	1.214
$Cr^{3+} + 3e \rightleftharpoons Cr$	-0.744	$MnO_2 + 4H^+ + 2e \rightleftharpoons Mn^{2+} + 2H_2O$	1.224
$Fe^{2+} + 2e \rightleftharpoons Fe$	-0.447	$O_2 + 4H^+ + 4e \rightleftharpoons 2H_2O$	1.229
$Cd^{2+} + 2e \rightleftharpoons Cd$	-0.4030	$Cr_2O_7^{2-} + 14H^+ + 6e \rightleftharpoons 2Cr^{3+} + 7H_2O$	1.33
$PbSO_4 + 2e \rightleftharpoons Pb + SO_4^{2-}$	-0.3588	$Cl_2 + 2e \rightleftharpoons 2Cl^-$	1.358
$Co^{2+} + 2e \rightleftharpoons Co$	-0.28	$ClO_4^- + 8H^+ + 8e \rightleftharpoons Cl^- + 4H_2O$	1.389
$Ni^{2+} + 2e \rightleftharpoons Ni$	-0.257	$2ClO_4^- + 16H^+ + 14e \rightleftharpoons Cl_2 + 8H_2O$	1.39
$Mo^{3+} + 3e \rightleftharpoons Mo$	-0.200	$BrO_3^- + 6H^+ + 6e \rightleftharpoons Br^- + 3H_2O$	1.423
$AgI + e \rightleftharpoons Ag + I^-$	-0.15224	$ClO_3^- + 6H^+ + 6e \rightleftharpoons Cl^- + 3H_2O$	1.451
$Sn^{2+} + 2e \rightleftharpoons Sn$	-0.1375	$2ClO_3^- + 12H^+ + 10e \rightleftharpoons Cl_2 + 6H_2O$	1.47
$Pb^{2+} + 2e \rightleftharpoons Pb$	-0.1262	$2BrO_3^- + 12H^+ + 10e \rightleftharpoons Br_2 + 6H_2O$	1.482
$Fe^{3+} + 3e \rightleftharpoons Fe$	-0.0037	$HClO + H^+ + 2e \rightleftharpoons Cl^- + H_2O$	1.482
$2H^+ + 2e \rightleftharpoons H_2$	0	$MnO_4^- + 8H^+ + 5e \rightleftharpoons Mn^{2+} + 4H_2O$	1.507
$AgBr + e \rightleftharpoons Ag + Br^-$	0.07133	$HClO_2 + 3H^+ + 4e \rightleftharpoons Cl^- + 2H_2O$	1.570
$S_4O_6^{2-} + 2e \rightleftharpoons 2S_2O_3^{2-}$	0.08	$Ce^{4+} + e \rightleftharpoons Ce^{3+}$	1.61
$S + 2H^+ + 2e \rightleftharpoons H_2S(aq)$	0.142	$2HClO_2 + 6H^+ + 6e \rightleftharpoons Cl_2 + 4H_2O$	1.628
$Sn^{4+} + 2e \rightleftharpoons Sn^{2+}$	0.151	$HClO_2 + 2H^+ + 2e \rightleftharpoons HClO + H_2O$	1.645
$Cu^{2+} + e \rightleftharpoons Cu^+$	0.158	$MnO_4^- + 4H^+ + 3e \rightleftharpoons MnO_2 + 2H_2O$	1.679
$SO_4^{2-} + 4H^+ + 2e \rightleftharpoons H_2SO_3 + H_2O$	0.172	$PbO_2 + SO_4^{2-} + 4H^+ + 2e \rightleftharpoons PbSO_4 + 2H_2O$	1.6931
$AgCl + e \rightleftharpoons Ag + Cl^-$	0.22233	$Au^{3+} + 3e \rightleftharpoons Au$	1.692
$Hg_2Cl_2 + 2e \rightleftharpoons 2Hg + 2Cl^-$	0.26808	$H_2O_2 + 2H^+ + 2e \rightleftharpoons 2H_2O$	1.776
$Cu^{2+} + 2e \rightleftharpoons Cu$	0.3419	$S_2O_8^{2-} + 2e \rightleftharpoons 2SO_4^{2-}$	2.010
$Cu^{2+} + 2e \rightleftharpoons Cu(Hg)$	0.345	$F_2 + 2e \rightleftharpoons 2F^-$	2.866
$[Fe(CN)_6]^{3-} + e \rightleftharpoons [Fe(CN)_6]^{4-}$	0.358	$F_2 + 2H^+ + 2e \rightleftharpoons 2HF$	3.053

2. 在碱性溶液中

电极反应	$\varphi^{\ominus}/V$	电极反应	$\varphi^{\ominus}/V$
$Ca(OH)_2 + 2e \rightleftharpoons Ca + 2OH^-$	−3.02	$Cu(OH)_2 + 2e \rightleftharpoons Cu + 2OH^-$	−0.222
$Ba(OH)_2 + 2e \rightleftharpoons Ba + 2OH^-$	−2.99	$O_2 + 2H_2O + 2e \rightleftharpoons H_2O_2 + 2OH^-$	−0.146
$Mg(OH)_2 + 2e \rightleftharpoons Mg + 2OH^-$	−2.690	$CrO_4^{2-} + 4H_2O + 3e \rightleftharpoons Cr(OH)_3 + 5OH^-$	−0.13
$Mn(OH)_2 + 2e \rightleftharpoons Mn + 2OH^-$	1.56	$[Co(NH_3)_6]^{3+} + e \rightleftharpoons [Co(NH_3)_6]^{2+}$	0.108
$Cr(OH)_3 + 3e \rightleftharpoons Cr + 3OH^-$	−1.48	$IO_3^- + 3H_2O + 6e \rightleftharpoons I^- + 6OH^-$	0.26
$ZnO_2^{2-} + 2H_2O + 2e \rightleftharpoons Zn + 4OH^-$	−1.215	$O_2 + 2H_2O + 4e \rightleftharpoons 4OH^-$	0.401
$SO_4^{2-} + H_2O + 2e \rightleftharpoons SO_3^{2-} + 2OH^-$	−0.93	$MnO_4^- + e \rightleftharpoons MnO_4^{2-}$	0.564
$P + 3H_2O + 3e \rightleftharpoons PH_3 + 3OH^-$	−0.87	$MnO_4^- + 2H_2O + 3e \rightleftharpoons MnO_2 + 4OH^-$	0.588
$2H_2O + 2e \rightleftharpoons H_2 + 2OH^-$	−0.8277	$BrO_3^- + 3H_2O + 6e \rightleftharpoons Br^- + 6OH^-$	0.61
$Fe(OH)_3 + e \rightleftharpoons Fe(OH)_2 + OH^-$	−0.56	$ClO_3^- + 3H_2O + 6e \rightleftharpoons Cl^- + 6OH^-$	0.62
$S + 2e \rightleftharpoons S^{2-}$	−0.476	$ClO^- + H_2O + 2e \rightleftharpoons Cl^- + 2OH^-$	0.841
$Cu_2O + H_2O + 2e \rightleftharpoons 2Cu + 2OH^-$	−0.360		

参 考 文 献

[1] 武汉大学. 分析化学. 第 4 版. 北京：高等教育出版社，2000.
[2] 于世林，苗凤琴. 分析化学. 第 2 版. 北京：化学工业出版社，2006.
[3] 苗凤琴，于世林. 分析化学实验. 第 2 版. 北京：化学工业出版社，2006.
[4] 黄一石，乔子荣. 定量化学分析. 北京：化学工业出版社，2005.
[5] 刘世纯. 实用分析化验工读本. 第 2 版. 北京：化学工业出版社，2005.
[6] 朱明华. 仪器分析. 北京：高等教育出版社，2000.
[7] 谭相成. 仪器分析. 第 3 版. 北京：化学工业出版社，2008.
[8] 王令今，王桂花. 分析化学计算基础. 北京：化学工业出版社，2002.
[9] 黄一石，吴朝华，杨小林. 仪器分析. 第 2 版. 北京：化学工业出版社，2008.
[10] 张振宇. 化工分析. 第 3 版. 北京：化学工业出版社，2007.
[11] ＪＡ迪安. 分析化学手册. 北京：科学出版社，2003.
[12] 李继睿，杨迅，静室元. 仪器分析. 北京：化学工业出版社，2010.